U0310846

贺超 张予 编著

Illustrator

让设计更精彩

清华大学出版社

北京

内 容 简 介

本书全面、深入地解读了 Illustrator CS5 的各项功能和使用技巧。全书采用从设计欣赏到软件功能讲解、再到实际案例制作的方式，将软件学习与设计实践完美结合。书中对软件功能的讲解不仅完整翔实，实例更多达138个，既有绘图、封套、符号、效果、3D 等 Illustrator 功能学习实例；也有封面、VI、产品造型、POP 广告、字体、海报、插画、包装、动画等设计项目的具体应用实例。

本书适合Illustrator读者，对平面设计行业的从业人员也有很强的参考价值。

图书在版编目（CIP）数据

Illustrator让设计更精彩/贺超，张予编著. --北京：清华大学出版社，2013.5

ISBN 978-7-302-29359-0

Ⅰ．①I… Ⅱ．①贺… ②张… Ⅲ．①图像处理软件 Ⅳ．①TP391.41

中国版本图书馆CIP数据核字（2012）第156911号

责任编辑：陈绿春
封面设计：潘国文
责任校对：徐俊伟
责任印制：李红英

出版发行：清华大学出版社
　　　　网　　　址：http://www.tup.com.cn，http://www.wqbook.com
　　　　地　　　址：北京清华大学学研大厦 A 座　　　　邮　　编：100084
　　　　社 总 机：010-62770175　　　　　　　　邮　　购：010-62786544
　　　　投稿与读者服务：010-62776969，c-service@tup.tsinghua.edu.cn
　　　　质 量 反 馈：010-62772015，zhiliang@tup.tsinghua.edu.cn
印 刷 者：北京世知印务有限公司
装 订 者：三河市新茂装订有限公司
经　　销：全国新华书店
开　　本：210mm×285mm　　　　**印　张**：27.5　　　　**字　数**：821 千字
　　　　　附光盘 1 张
版　　次：2013 年 5 月第 1 版　　　　**印　次**：2013 年 5 月第 1 次印刷
印　　数：1～4000
定　　价：95.00 元

产品编号：041598-01

前言

在上本书再版之后，张予跟我聊天说要不要写一本能面向初级软件用户的教程书，相比之前需要解决各种难题的质感教程，这样的内容的确立刻就吸引了我，各种创意涌现出来，于是就着手开始准备，从无到有，差不多用了近两年的时间。

写作之初首先要面临的是如何开始的问题，因为之前写的书都是面向资深用户的，很多内容可以简单地表述一下，但是忽然遇到初级教程，感觉一下就要写出很详细的内容，这样的教程写起来非常啰嗦，也会让人觉得烦躁，所以我就在站酷上发表了一些借鉴国外教程的步骤设计技巧的初级教程，然后再通过站酷上的评论总结出需要改进的地方，于是我们就看到了现在这本书中的实例步骤描述方式。有了这样的开始，接下来的写作就容易的多，总得来说，书中的实例步骤讲解的比较"活"，我并不希望通过命令式的描述方式让读者觉得这是必须遵守的步骤——软件的操作完全可以多样化，即兴化，也不会可以去强调设计绘制操作中的各种数值，甚至大多数实例中都省略了"新建画布"等等类似的讲解，我相信，通过完整地学习了书中的内容，这些事情都可以自己解决，毕竟把书中的实例使用书中讲解的技巧临摹出来并没有多大意义，我们要学习的是解决一类问题的方式技巧。

我一直都喜欢使用"提示"来对教程内容做一些适当的补充，这本书也不例外，并且还很多，不要小看了这些提示，它们有的告诉你在进行某个操作时可能会遇到的问题，有的告诉你需要注意的问题，有的解释了操作的原理——一个资深的设计师插画师与入门级别的设计师插画师的区别并不完全在于他们对软件操作技巧的掌握多少，而更多是在于这些经验性质的技巧累积的多少。

所谓"知己知彼，百战不殆"，在看了很多各家的Illustrator教程之后，我觉得这种千篇一律的形式作业实在让人无奈，所以我就想如何能为我的读者带来新鲜并更实用的感觉，于是，在在本书中，我们就能看到"由'圆'引发的创意"这样名字听上去很奇怪，但是却在探讨软件中最直接的创意技巧的章节、"探索Illustrator神秘宝藏"这种通过绝对原创实例组成的能开发思路的章节，以及"创意生活"，将Illustrator也变得与Photoshop一样，成为一种现代人的"生活方式"，设计与绘制自己的生活，Illustrator要比以往要更平易近人。

参与本书编写的除封面署名外，还包括高杰梅、张学生、尤理、赵海权、王崴、武玥、于东梅、刘海营、刘海孝、刘彩霞、刘金峰、韩化冰、赵令中、李洁、刘婷、刘小婷、孟庆根、高红梅、梁新浦、逄海杰、张暖、冀红超、赵禄、吕超、吴浩、苏刘杰、贺超、王磊、梁茜、刘玮、胡亚军、苏煜、羡学强、曾鹏、林必富、贺欣、贾斌、叶祺立、陈伟杰、王敬、张爽、催飞乐、靳李莉、李铮、陈忠、李建宇、丁萍等人。

书中讲解的技巧步骤难免有一些不足之处，如果你发现了更好的解决办法可以将问题和解决办法告诉我们，我们的联系方式是studio11@vip.QQ.com。

豆瓣：http://www.douban.com/people/dbhe/

新浪微薄：http://weibo.com/dbhe

Part1 我们需要知道的一些常识

Part 2 我们在用Illustrator做什么?

Contents 目录

Part 4　工作、生活体验馆

11　文字情绪

01　软件版本历史

1.1   软件版本历史

　　大概 5、6 年前，我听说如果将来要在计算机上作设计，就需要学会用一些软件，有人说 Photoshop 是最常用的，于是就从 Photoshop 学起，这时使用的大概是 Photoshop 7.0，虽然该版本现在看上去有些老了。但在此前，我一直都使用 Windows 自带的绘图软件画一些插画，比较起来，Photoshop 7.0 简直太先进了。我看到同学用 Photoshop 绘画，也尝试着去画，画完了还挺高兴，跑去打印店打印出来，结果画面都是虚的。画面虚的问题现在很好理解了，那是因为在绘画之前没有设置相应的分辨率，但当时什么也不懂，就觉得用 Photoshop 画的画 "虚" 是个难以解决的严重问题。在那段时间又听说有一种矢量软件可以解决这个问题，不管怎么 "印" 都没有问题，于是，抱着能解决 "严重问题" 的心态，我尝试了 Illustrator。起初我还在 Illustrator 中找像 Photoshop 一样的羽化笔刷，"钢笔工具" 根本不会用（当时连 Photoshop 中的 "钢笔工具" 也没用过），只会用 "铅笔工具"，画出来的结果自然是没有马赛克的，但是笔触的效果也没有。

　　我记得当时使用的用一朵花作为图标的 Illustrator，大概是 Illustrator CS（Photoshop 的图标也已经是一片羽毛了），还好我没有因为 Illustrator 没有笔触效果就此放弃，反而对它产生了浓厚的兴趣。后来，我买了数位板，配合各种功能，一切变得更有趣了，从那时候到现在，计算机已经更新了好几代，原来的大多数文件也早已不知去向，但是还是能找到

图1-1　怪兽

一些当时觉得满意的作品（这也变成了我后来绘画的一种风格），如图1-1所示，还尝试使用各种当时Photoshop中没有的功能制作的小插图，如图1-2所示的插图使用了"绕转工具"，但是感觉这种风格还是很有突破性的。

除了一些零零散散的作品，还有一些较完整的作品，融合了我当时的各种创意，其中使用了图案填充和各种画笔。其实现在回忆起来觉得学习Illustrator真的还没遇到什么困难，一直都是很简单地、循序渐进地在不断尝试中逐渐学会了各种有趣的技巧。如图1-3所示。

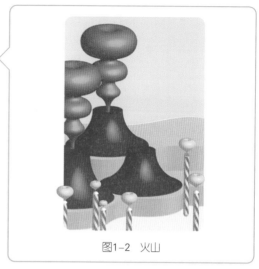

图1-2 火山

图1-3 兔子

一个日本的艺术家的矢量绘画给了我很多启发，在我的上一本书中也有介绍到这位艺术家的超写实矢量作品，他的作品实在是太逼真了，让人感觉那就是照片，如图1-4所示的"蔬菜"作品（"网格工具"绘制），还有如图1-5和图1-6所示的"圆号"作品（大概是"钢笔工具"绘制的）。在我看来那是Illustrator的一个极限，虽然这种超写实的风格直到现在还是有很大的争议，但是在那时候，知道用"网格工具"这样神奇的工具，不管怎样都是要尝试一下的，那时候，我不知道"网格工具"会有后来我总结出来的各种技巧，也没有关于网格绘制的教程参考，但是，不知道为什么，第1幅作品就绘制出来了，如图1-7所示，就是后来在我的书中作为实例的"睡莲"。当时是作

图1-4 蔬菜

为我的一次课上作业画的，但发布到网络上后，却给我带来了一次写书的机会，很突然的机会。虽然我不得不承认当时写的书的确要现学现卖，也要感谢在写书的过程中认识了很多这方面的高手，在他们的帮助下，这本书终于在2008年出版了，当时介绍的软件是Illustrator CS3。

图1-5　圆号

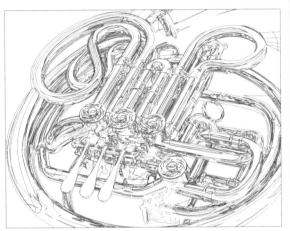

图1-6　圆号网线

图1-7　睡莲

在写这本书的前一年，得知当时以睡莲为实例写的第1本书要再版，原本是打算把第1版中出现的一些错误纠正，技巧再改进一下出版就可以了，但是却总感觉有些过意不去，于是就按照原来的实例，添加了一些新的实例，重新写了一本轻量化的，之前的步骤一概没用，毕竟书出版后的这几年我也没有闲着，各种设计做了不少，插画也作过几次个人展览，除了软件版本更新（Illustrator CS4）带来的新功能，还有很多工作经验与技巧需要重新归纳到书中，但因为它是一本讲解写实技巧的书，所以有很多技巧都没办法涉及到其中，不过瘾，于是在这本轻量化的再版书出版后，就着手考虑现在你们看到的这本。这时候，软件版本已经是Illustrator CS5了，Illustrator的功能越来越强大，能够讲解的内容也越来越多。说起来，这本来是一个介绍版本历史的专业描述的章节，但好像除了一些个人经历，基本上没有涉及到版本的知识。其实我个人感觉，了解各个版本之间的关系并不是十分重要的知识，并且这些知识在大多数Illustator教程书上都会介绍到，

所以，不想浪费精力去组织那些历史过程，只是想说，现在的Illustrator也有羽化的画笔，当时Illustrator让Photoshop望尘莫及的3D功能，现在Photoshop上也有了，随着一年一年的累积，软件版本的不断升级，从CS到现在的CS5，启动界面变化如图1-8～图1-12所示，软件的功能变得极其丰富，也越来越完善，很多人固执于较低版本的软件，理由的"稳定"，其实真没有必要，这样我想起一个成语为"因噎废食"。新版本的软件不管怎么变化，在结构布局上还是会保持一定的惯性，有的人因为不习惯新版本的结构也不喜欢用较新的版本，我觉得也没有必要，适应的时间是极其短暂的，但是使用新版本后带来的收益却是长远的。

图1-8　Illustrator CS启动界面

图1-9　Illustrator CS2启动界面

图1-10　Illustrator CS3启动界面

图1-11　Illustrator CS4启动界面

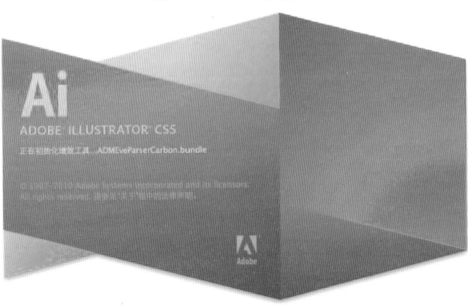

图1-12　Illustrator CS5启动界面

02　什么是矢量

2.1　什么是矢量

"矢量"是什么？"矢量"是让我转投Illustrator阵营的一个动力，那么，它具体是指什么？"矢量"在数学与物理领域指的是一种既有大小又有方向的量，如果感觉这句话很难懂，可以这样理解：矢量图可以无限放大，永不变形。我们常说的"矢量"一般都是特指"矢量图"。我想用一个图示来说明一下它的特性，如图2-1所示为A点向B、C、D3个方向分别射出一条线，这3条线拥有固定的大小和比例，假设橙色的矩形区域内的3条线比例为3:5:4（这是初中几何题中常见的比例），那么，这个橙色的矩形就由这个比例控制，如果将橙色矩形放大，3条线的比例不变，只是数值增大，即可形成绿色矩形的大小，即将橙色的矩形放大，但是因为控制矩形的3条线的比例不变，所以形成的矩形也不会发生形态的变化（只是大小变化，形态不变指的是不发生变形）。

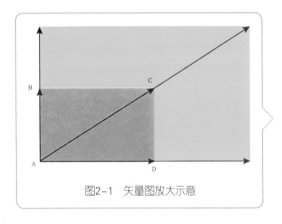

图2-1　矢量图放大示意

那么，在Photoshop中按住Shift键放大一个对象，形态也不变，只是大小变化了，那不也是矢量吗？这里就说到了一个"关键"，首先说明Photoshop中那种情况并不是矢量，矢量对象的形态是由方向和数值控制的，也就是形态的变化等于数值的变化，最终呈现出的形态是数值实时计算出的结果，图像不会变虚，也就不会出现"马赛克"，而在Photoshop中就完全不是这种情况了，对象的变大是通过在原始的对象中插入额外的"像素"完成近似的图形，额外增加的像素并不能完全融入到原来的对象中，所以就会出现"马赛克"，图像也就变虚了。如图2-2和图2-3所示。

图2-2 矢量图放大效果　　　　　　　图2-3 位图放大效果

我觉得了解什么是"矢量"，最大的意义就在于转变观念，很多人长时间使用Photoshop、Painter或Fireworks之类的位图软件或者"类"矢量软件会养成一些习惯，例如，习惯Photoshop中的画笔涂抹上色的办法，如图2-4所示，觉得Illustrator中的"涂色"功能为什么那么弱，但如果适应了Illustrator，就会觉得在Photoshop中为什么要涂色？直接使用一个轮廓的填充色不就好了吗，如图2-5所示。前面也讲到过曾经在Illustrator中找羽化画笔的事情，当时是没有的，但是在新版本已经有类似的功能了，虽然不能达到Photoshop的水平，只是一种近似的模拟，仔细看还是有浓重的"矢量"感觉，如果非要追求Photoshop那种细腻的效果，肯定是会"抓狂"的。

图2-4 Photoshop涂抹上色效果　　　　图2-5 Illustrator轮廓填充色

尽管Illustrator的矢量性质导致它本身的风格有一定限制，但是在一些艺术家及插画家的"经营"下，

也显露出一些特别的气质，如图2-6和图2-7所示，它们形成了一种风格，这种风格就是"矢量艺术"。

图2-6　Couture

图2-7　枯森林

03 软件的常用设置

- 文档色彩模式
- 分辨率
- 尺寸与单位
- 文件格式

图3-1　RGB颜色

图3-2　RGB颜色叠加模型

3.1　文档色彩模式

Illustrator中涉及到作为一个设计师或插画师最常用的两种颜色模式，即是在新建文档中可供选择的两种模式——RGB模式和CMYK模式，它们分别针对不同的情况，RGB包含3个通道——红色、绿色、蓝色，如图3-1所示，这3种颜色完全混合后会产生白色，如图3-2所示。如果不明白为什么会叠加出白色？想想彩虹的7种颜色的光混合出的不也是白色的光吗，所以，RGB颜色模式代表的是"光"的颜色，具体的原理是3种颜色的亮度叠加，叠加形成的颜色亮度是这三者的总和，所以其实是"亮到变成白色"。

提示　RGB颜色模式下，在软件中将RGB颜色直接叠加在一起是不会越叠加越亮的。前面讲解的叠加产生白色的原理不适用于设计绘制。

RGB颜色的色域很广阔，几乎包含了人类眼睛能感受到的所有颜色，其中就包含一些极亮的颜色，适合设计绘制一些用于屏幕显示的作品（例如图标），能够实现艳丽夺目的效果。另外RGB色有时也用来模拟一些印刷上的专色。

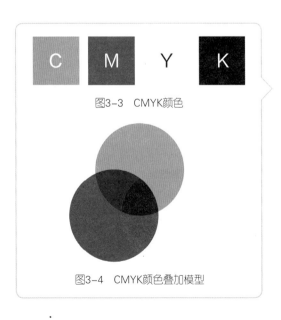

图3-3　CMYK颜色

图3-4　CMYK颜色叠加模型

CMYK 是印刷上使用的一种颜色模式，其包含一组三原色和黑色，如图 3-3 所示。我们在小时候就会接触到"红、黄、蓝"组成的三原色，红色与黄色叠加，组成稍暗的橙色，蓝色与红色叠加形成更暗的紫色……橙色、绿色、紫色最终混合成黑色，观察这个现象，能发现 CMYK 的混色效果与 RGB 刚好是相反的，不同的颜色叠加的次数越多，最终形成的颜色越暗，如图 3-4 所示。其实，与我们印象中的三原色稍微有些不同，CMYK 颜色中的三原色准确地说应该称为"色料三原色"，从它们的名称中也能看出，蓝色不是"B——Blue"，而是"C"，是"Cyan"的缩写，指的是青色色料；红色也不是"R——Red"，而是"M"，是"Magenta"的缩写，是一种洋红色的色料，也称为"品红"；"Y"就是正常的黄色色料，是"Yellow"的缩写。除了色料三原色，最后还有一个黑色（Black）缩写为"K"，之所以不用开头字母是为了与"Blue"区分吧，黑色的作用是比较特殊的，除了能够加强颜色的暗度，大多数时候还是单独发挥作用的，例如，书籍印刷中的黑色文字，如果使用色料三原色叠加制作印刷文字所需要的黑色，不但不够黑、浪费材料还会有重叠对齐难度高的问题，这时，直接使用黑色，所有的问题就迎刃而解了，如图3-5所示。

CMYK颜色的色域就要窄很多，只能够表现出四色油墨混合出的各种颜色，适合于印刷时使用。

提示 为什么会被要求检查排版设计中黑色文字的成分？我想不用多解释，看了上面的介绍也会明白一些，虽然很多人都明白这个道理，但是在实际应用中还是会出现很多问题，这个只能靠个人注意了。

在软件中，RGB颜色与CMYK颜色是可以互相转换的，RGB颜色在转换成为CMYK颜色后会"丢失"一部分颜色，能够看到画面明显黯淡了许多，再次切换回RGB颜色后，黯淡的颜色也不会恢复（在一定的步骤之内可以通过"撤销"操作恢复RGB颜色的原本状态）；CMYK颜色也可以转换成为RGB颜色，转换的结果几乎不会有任何变化，因为CMYK的色域几乎完全包含在RGB颜色的色域之内，如图3-6所示。任何CMYK颜色能显示的颜色，RGB颜色都能显示。如果再切换回CMYK颜色，还是几乎不会有变化，也就是CMYK颜色切换RGB颜色的过程是可逆的，但是RGB颜色切换CMYK颜色的过程是不可逆的，所以，在设计绘制时一定要注意事先选好颜色模式，否则真是回天乏术，多数情况下只能是重新设置一遍颜色了。

提示 如何切换颜色模式？在"文件" > "文档颜色模式"子菜单中有两个选项，可以控制整个文档的颜色模式。

不同颜色模式文档的"色板"面板与"颜色"面板中对应的颜色模式也不同，软件默认的"色板"面板有两套，颜色的排列组合十分类似，但是分成RGB版和CMYK版，如图3-7所示，在切换文档颜色模式后，这些面板的颜色模式并不会随之发生变化，需要单独调整，调整的方式都是单击面板右上角的菜单按钮，在弹出的菜单中找到对应的选项。在"色板"面板中执行"打开色板库" > "默认色板" > "基本的RGB或CMYK命令；"颜色"面板则简单很多，在弹出的菜单中勾选相应的颜色模式选项即可。

BLACK

BLACK

图3-5　上侧为三色叠加黑色，下侧为单的黑色

图3-6　色域示意图 黑色线条围绕的区域代表RGB颜色色域，白色线条围绕区域代表CMYK颜色色域

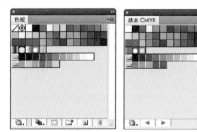

图3-7　在RGB颜色模式下的默认色板（RGB）和基本CMYK色板

3.2 分辨率

分辨率是个纠结不清的东西，因为分辨率有非常多的种类，其中经常会用到的有两种，在软件中使用一种单位是"ppi"的分辨率，而实际印刷时则使用以"dpi"为单位的分辨率，两种完全不同，但是在日常设计绘制中，却经常被混为一谈。我们习惯软件中设置的300ppi分辨率，大多数情况下并不是印刷中需要的300dpi分辨率。到底为什么是这样的呢？那要从这两种分辨率分别代表的含义讲解："ppi"，是用于屏幕显示的分辨率，代表的意思是像素每英尺，即每英尺中包含多少像素，"dpi"代表的意识是"点每英尺"，用于印刷中的每英尺中能"塞"下多少点。

像素的大小没办法界定，例如，一台普通的计算机显示器的分辨率通常是72ppi，即每英寸中包含72个像素点，而一些手持设备的分辨率可以达到300ppi以上，如图3-8所示。也就是每英寸的大小上可以容纳300个像素，像素与像素之间是没有"空隙"的，之所以计算机显示器屏幕上每英寸能容纳的像素数量，比手持设备的屏幕上每英寸容纳的像素数量少，是因为像素点的大小不同，也就是说像素本身没有固定的大小，也无法界定其大小。

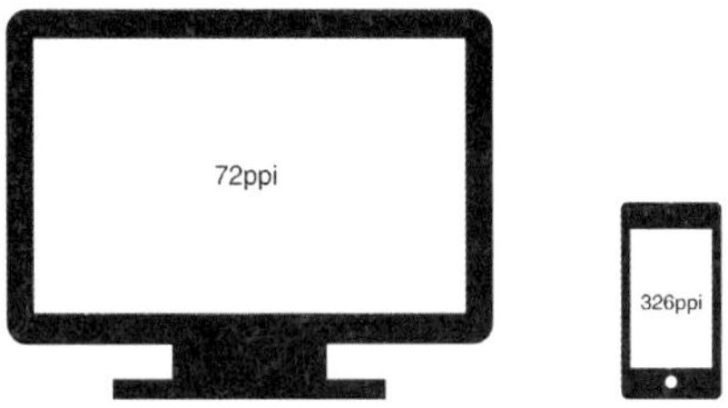

与像素不同，点的大小是固定的，通常使用它的另一个名称——"磅"，1磅的大小是0.3527毫米，无法界定大小的像素点与有固定大小的印刷点之间没法作比较。虽然无法比较，但是通常情况下，两者的最终效果差别不会很大，所以就默认300ppi是印刷的300dpi。

在Illustrator中一般并不直接去建立一个较大尺寸的设计绘制对象的原尺寸文档，通常都会考虑到软件的运行能力，适当地按照1:5、1:10或者更夸张的1:100的比例缩小，缩小后的文件在导出后就需要增大分辨率以保证最终的文件尺寸能在正确的分辨率下打印出来。这里有一个保证文件尺寸与印刷分辨率的作法：需要在Photoshop中完成的，将从Illustrator中输出的图像，将输入位图图像的分辨率按照比例设置得大一些（最大能到2400ppi），如图3-9所示。将图片在Photoshop中打开，并在"图像大小"对话框中把"重定义图片的像素"选项勾掉，并把Illustrator输出的图像的宽度和高度调整到最终需要印刷的尺寸或把分辨率降低到需要的大小，如图3-10所示，完成设置后，单击"确定"按钮即可。

图3-8 普通屏幕分辨率和个别手持设备分辨率

图3-9 Illustrator导出PNG图片设置

图3-10 Photoshop "图像大小"对话框

Illustrator不是矢量软件吗？为什么还要纠结于最终的印刷分辨率，其实，我也不想纠结，只是目前大多数印刷设备还不支持矢量直接输出，几乎所有的矢量文件最终都要导成位图用作印刷或打印。而矢量的好处就是可以导出相当大的文件却没有"马赛克"。

不同的对象需要的分辨率并不同，屏幕显示需要72ppi分辨率，这个分辨率用于网页或其他一些在屏幕上显示的对象。通常的印刷需要300dpi（注意单位的变化）需要这种分辨率标准的对象一般包括：书籍、折页、宣传单页等，当然有时候客户提供的文件或素材并不能达到300dpi，如果实在是没有替换可供选择的，能够将文件或素材的分辨率保持在200dpi以上也可行。有一些特殊的设计对象，例如，户外的巨幅广告，需要的分辨率有时候可能是20dpi甚至更低，如图3-11所示的围挡设计，这种设计的成品尺寸大多都在10米以上，不可能使用很高的分辨率去制作，也因为使用了较低的分辨率喷绘，所以成品质量也不会很高，大致如图3-12所示。另外像报纸一类的印刷品需要的分辨率也各有不同，这个就需要在实际设计中慢慢积累经验了。

图3-11　巨幅围挡设计

图3-12　模拟最终效果

在使用Illustrator时，最先要设置的分辨率是"新建文档"对话框中的，如图3-13所示。但是此处的"分辨率"并非指全文档的分辨率，所以它的名字也不是"文档分辨率"，而是"栅格效果"，指的是在文档中对一些矢量对象"栅格化"效果后的位图分辨率，由此，"栅格效果"后面选项中提供的分辨率数值也没有足够精确，只是一个范围，所以在制作印刷文档时，为了避免这些部分分辨率不足，一般都选用最大值300ppi。当然，学习了前面的知识也会了解，不是所有的印刷品都需要300ppi（dpi）。

图3-13　"新建文档"对话框

3.3　尺寸与单位

我们熟悉的尺寸单位，诸如厘米、毫米、英寸等，这些单位在Illustrator中也存在，并对应了设计或绘制对象的实际大小，根据用户的习惯及各种行业要求，软件中也提供了其他一些尺寸单位，了解一下这些单位并能对应到实际的感觉，对将来的设计绘制是很有帮助的，因为通常在作设计时面对的只是屏幕，而对实际大小不能很了解，所以经常需要将屏幕上看到的文件缩小到实际大小看一下感觉。

> **提示** Illustrator与Photoshop中的"实际大小"或者"实际像素"模式，显示出的效果都不是对象的实际大小，如果使用屏幕分辨率在72ppi左右，那在Illustrator中，将画板放大到150%的时候看到的大小大约是对象实际印刷出来的大小。

图3-14　正常大小画布　　图3-15　极小的画布

图3-16　"存储为"对话框

图3-17　"格式"下拉菜单

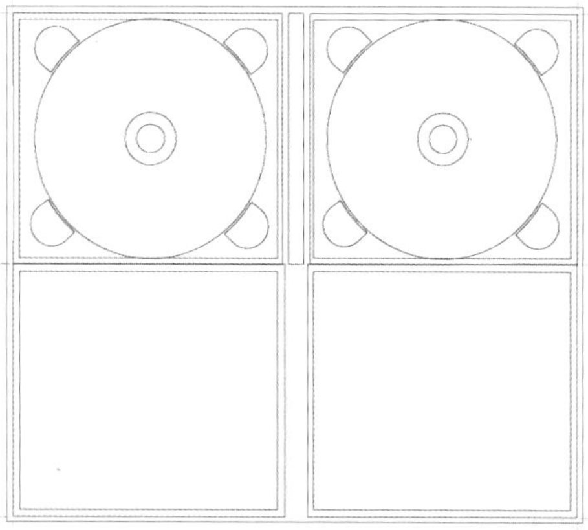

图3-18　CD盒设计模板文件效果

具体的各种单位代表的含义我不想看啰嗦了，因为网上的介绍比我说得更准确。我只想说一点，不要因为Illustrator是矢量软件，绘制出的对象可以任意缩放，就忽略尺寸的设置。举一个例子：如图3-14所示为在相对正确设置画布大小的情况下，使用白色的线条绘制出小鸟的翅膀，默认线条粗细为1磅，这样的线条粗细刚刚好，再如图3-15所示为在设置极小的画布的情况下绘制小鸟的翅膀，默认1磅粗细的线条会非常粗，如果想要达到预期的效果就需要额外调整，并且在不进行额外设置的情况下，以后的任何绘制都会遇到需要调整粗细的问题，所以设置不合理的画布会影响绘制操作的效率，当然也会影响绘画的情绪。

3.4　文件格式

使用Illustrator进行设计绘制后直接储存，在第1次存储时将弹出"存储为"对话框，如图3-16所示，其中有文件存储的路径和文件名等，其中文件的格式将被默认定义为ai格式，该格式是Illustrator的标准文件格式，文件的矢量形式不会被更改，此外还有几种保持矢量的格式可以选择，如图3-17所示；EPS格式比较普遍，可以作为一种交换格式，因为设计绘画中使用的大多数程序都支持这一格式，所以，在遇到某软件生成的文件另一个软件打不开的情况，即可考虑使用EPS格式；AIT格式是一种模板文件，可以将设计绘制的对象储存为一种方便以后调用的模板文件，存储的文件可以通过执行"文件">"从模板新建"命令打开，并且软件中也提供了很多种模板文件，如图3-18所示的"CD盒设计"模板；下一项格式是PDF格式，这是最熟悉的一种格式了，记得在很久以前的某些Illustrator版本中，PDF格式是在"导出"菜单中的（也可能是我记错了，万一要是找不到即可去"导出"菜单下看看），PDF优点众多，也是设计师和插画师经常使用的一种格式，但是有时候也行不通，当给一些客户发去一份PDF文件时，他们给的回复往往都是打不开，我说可以下载一个叫Adobe Reader的免费软件阅读，但是他们并不愿意……这也是没办法的事情。在导出PDF文件之前，先询问一下你的客户；FXG格式是适用于Flash平台的图形交换格式，也许是跟我目前的工作有关，我还没有机会用到这个格式；最后两个格式是与SVG格式相关的，关于SVG，说实话，我只用过SVG滤镜产生的效果，还没有真正涉及到它的优势部分，从网络上查到了一些关于这种格式的一些信息，它是一种用于网络矢量图形显示的格式，但是目前大多数浏览器又不支持它，真是一个矛盾的格式，尽管如此，它的前景还是被看好的，可能在不久的将来会大有作为吧。

不同版本的Illustrator导出的AI文件有时候并不能完全兼容，尤其是涉及到一些新增功能的情况下，拥有新功能的版本导出的文件，使用较低版本软件打开时经常会出现问题，出现的问题有很多，例如缺失文件，某些部分被"扩展"等，为了避免在传输文件后发生此类问题，也需要先确认对方的软件版本，然后导出相应版本的文件发送给对方。关于导出不同版本的AI文件，很多人问过我怎么导，我就简单地回答说在存储为的时候选择一下就好了，如是问问题的人回去实验了一下发现竟然找不到选择版本的选项，就问我你确定是在存储为的时候吗？我说"确定"的同时自己也有点含糊，于是就自己实验了一下，于是就明白了，原来存储为是一个两层的窗口，在关闭"存储为"对话框后，还会弹出另外一个"Illustrator选项"对话框，如图3-19所示，在该对话框中的"版本"下拉菜单中，可以进行版本的选择，如图3-20所示。

除了以上几种在存储、存储为的时候会遇到的格式之外，Illustrator还在"导出"的时候安排了一些其他的格式，"导出"对话框如图3-21所示。可以选择的格式，如图3-22所示。

图3-19 "Illustrator选项"对话框

图3-20 "版本"下拉菜单

图3-21 "导出"对话框

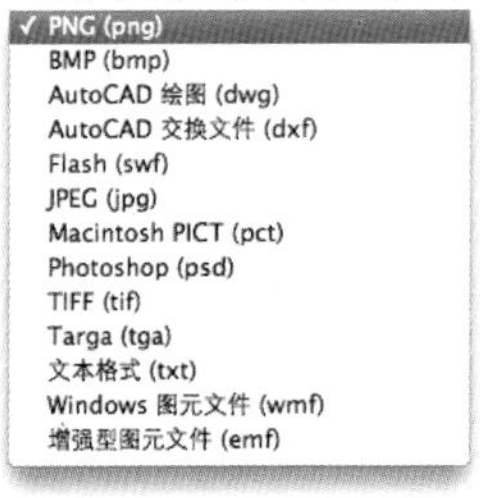

图3-22 "格式"下拉菜单

我讲解一些经常使用的，首先是PNG格式，我们常在一些图标文件中看到这种格式，如图3-23所示，这种格式最大的特点是支持透明，文件质量高，又不会太大；BMP格式是当年在Windows绘图器时期必定要用到的一种格式，但是现在已经不常用了，因为这种没有压缩，产生的文件"太大了"，随便一张小小的图片就可能是几兆的大小，如果要上传到网络或传输给别人都是不方便的。SWF格式通常在绘制一些Flash中需要的元件时使用这个格式导出文件，然后再导入到Flash的元件库中即可；JPG格式，我想没有人不知道这种格式吧，太常见了，我习惯使用这种格式导出一些预览文件，因为JPG本身压缩得比较严重，图片的精度一般，如图3-24所示，文件质量低，所以文件也比较小；PSD格式，这是最近才经常使用的一种导出格式，导出的文件就是Photoshop的文件，导出的文件从Photoshop中打开再次进行编辑，非常方便；TIFF格式，现在几乎不使用这种格式了，之前因为我住的地方附近的打印店经常需要这种格式打印

（只是他们觉得这种格式应用起来比较方便吧，实际没有什么成立的理由），TIFF格式的文件保存的信息多，但是体积巨大，同样的文件导出JPG格式的文件只需要其1/10的大小。

提示 Illustrator导出PSD格式时，有一个"写入图层"选项，很多人以为勾选了这个选项就能将Illustrator导出分层文件，实际也是能的，但是有一个问题——软件导出就是Illustrator中的图层，如果还不明白的话，需要给你一些提示，Illustrator中的"图层"面板是分成"图层"和"路径"两个部分的，图层下面有路径，按照通常的绘制习惯，产生的是一层一层的路径，而不是图层，手动建立的图层很少。那就没有将路径变成图层的办法了吗？当然有，单击"图层"面板的菜单按钮，在弹出的菜单中执行"释放到图层"（有两种模式）命令，所有的路径就会被分配到一个一个的新图层中，此时再导出PSD格式，产生的文件就是货真价实的分层文件了。

图3-23　PNG格式文件的透明效果

图3-24　质量低的JPG格式文件

04　软件操作界面介绍

- 界面分配
- 常用布局
- 首选项与个人习惯

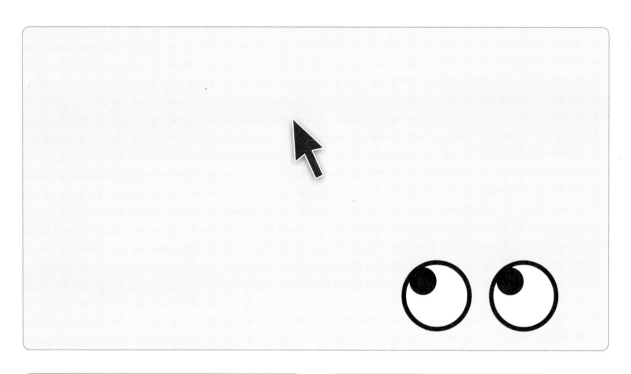

4.1 界面分配

软件在经过"启动界面"（每种版本的启动界面都不同，而后面所说的操作界面却大同小异）后，呈现给我们的就是操作界面，如图4-1所示。界面由很多部分组成，各项功能分配在不同的区域。如果你是一个初学者，对软件的各项功能还不是很熟悉，那本节将会帮到你，如果不是初学者，可以跳过本节了。

图4-1　Illustrator软件操作界面

在开始讲解之前，先要做一些准备，在软件的最上端，找到一排菜单（菜单栏），执行"窗口">"工作区">"基本工作区"命令。软件会自动调整界面为最基本的样式，这种界面样式如图4-2所示。

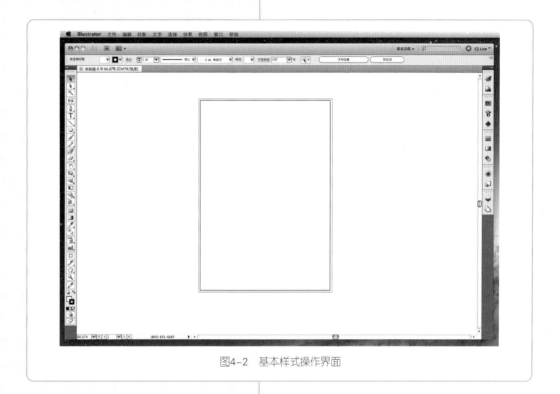

图4-2　基本样式操作界面

软件的操作界面可以分成几个区域，包括：上、下、左、右及中间5个部分，先从左侧开始讲起，位于界面最左侧的是"工具栏"，通常称之为"工具箱"，如图4-3所示，它真的很像一个长条形状的箱子，"箱子"里面放了需要使用的所有工具，现在还不需要讲解这些工具的功能，后面章节就是按照这些工具的功能分类进行编写的，所以以后再进行具体的功能讲解。在一些后来的版本中工具箱可以由双栏变成图中所示的单栏，双栏的效果如图4-4所示。通过单击工具栏左上角的三角图标切换，双栏变单栏的改变增加了可操作的面积，是个很不错的改进。另外工具箱默认状态是贴紧屏幕左侧的，如果拖曳工具箱上端的点状区域，工具箱可以成为独立的"窗口"，如果因为被工具箱挡住而看不到左侧的参考线，即可将其拖开。最后，涉及到一个如何从工具箱中选择工具的技巧，我经常在讲解一些工具时，有人就会问"你用的软件是什么版本的，为什么我的工具箱里面没有这个工具？"我会说这个工具什么版本都有，只是你没找到而已，仔细观察工具箱中的有些工具右侧有一个小三角图标，有这个图标就表示这个工具是一组系列工具，单击并保持一段时间，

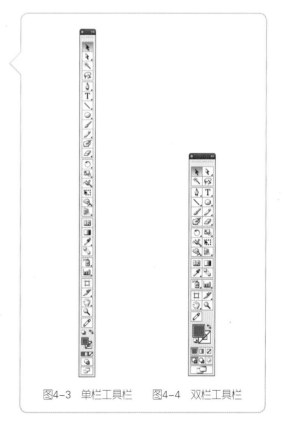

图4-3　单栏工具栏　　图4-4　双栏工具栏

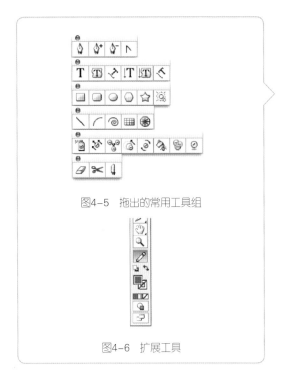

图4-5 拖出的常用工具组

图4-6 扩展工具

这一组工具就会被全部展开，然后即可选择隐藏在里面的工具了，另外，这种成组的工具也可以被单独拖出，只要在展开的系列工具组的右侧单击"拖出"部分，即可独立于工具箱存在了，如图4-5所示。要说这样做的好处是什么？就是有些成组的工具每一个都是很常用的（例如"钢笔工具"系列），如果总是通过单击等待的方式选取，未免太麻烦了，此时把它们直接摆放在外面，选用的时候就很方便了。

提示 如果观察得够仔细，会发现我的工具箱中多了一个你们没有的工具，如图4-6所示，其实，工具箱上的工具是可以通过插件扩展的，如果有兴趣可以自己寻找一些插件并安装，能够使用的功能就更多了。另外，工具箱也是属于"窗口"的一种，所以，如果工具箱找不到了，可以在"窗口"菜单中找到并重新打开。

接下来要说一下最上面的菜单栏、状态栏、标签栏等，如图4-7所示。这个部分在两种操作系统下稍微有些不同，按照最通用的状态讲解，在讲解之前还是要设置一些东西，从位于最上端的菜单栏中执行"窗口"＞"应用程序框架或应用程序栏"命令，将其勾选（如果是没设置过的新安装软件，这一步可以忽略），操作完成后出现的是一个完整的上端界面部分。

图4-7 菜单栏、程序栏、状态栏和标签栏

其中最上层的是"菜单栏"，我们用到的所有命令都要从此处选取，在其下方的是应用程序栏，在这一栏中可以快速切换Bridge软件，或者对建立的文档进行各种形式的排列，在右侧还可以快速设置软件界面布局及使用一些网络功能。在Windows系统中运行的Illustrator的菜单栏与程序栏集成在一起。

在程序栏的下方是"控制栏"，我们进行的各项操作所涉及到的各种控制选项及软件根据选择的工具或对象进行判断，可能用到的功能都会呈现在这一栏中。

上面的菜单栏中最底端的一层是"选项卡"栏，当多个文档同时存在的情况下，可以管理文档，像浏览器的标签一样，通过单击切换到不同的文件。如果不习惯这种选项卡的模式，可以在"首选项"（Ctrl+K）对话框中的"用户界面"中勾选掉"以选项卡方式打开文档"选项。

上端的界面介绍完成后，再介绍一下右侧的部分，如图4-8所示。这一部分在后面的教程中会被称为"面板"，各项面板的功能可以配合工具箱中的工具使用，例如，"画笔"面板配合"画笔工具"使用，或者单独作为一个功能存在，例如，"图层"面板。与工具箱有类似的展开与折叠功能，展开效果如图4-9所示。

提示 面板之间有自动吸附功能，两个面板靠紧在一起会被集成到一起，或者直接将一个面板拖曳到另一个面板上，则能更进一步集成为面板编组。每个面板的右上角都有一个小图标，在后面的教程中，直接被简略地称为"面板的右上角"，单击这个图标，可以打开弹出菜单，其中有面板的扩展功能。

周围的界面还剩下下端的状态栏，如图4-10所示，这一栏主要提供了一些关于画板或工具的即时信息。

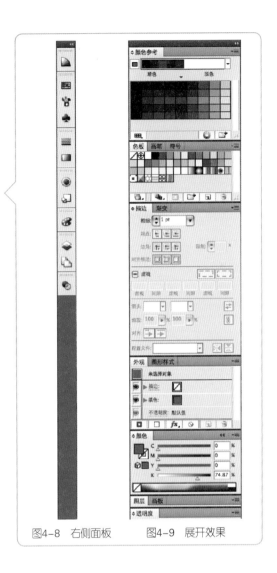

图4-8 右侧面板 　　图4-9 展开效果

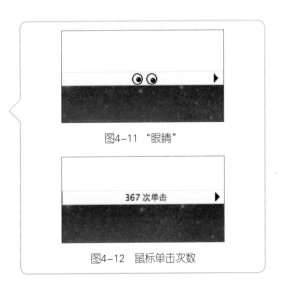

图4-11 "眼睛"

图4-12 鼠标单击次数

图4-10 状态栏

提示 这一栏中一直以来都隐藏了一个"彩蛋"，如果按住Alt键，单击状态栏中呈现温习信息那个区域右侧的符号（Mac版与Win版不同），可以弹出很多有趣或奇怪的选项，例如，可以出现一双随着鼠标转动的眼睛，或者某人家里的电话号码，或者鼠标单击的次数等，如图4-11和图4-12所示。

四周的界面介绍完了，那就只剩下中间的部分了，中间的部分就是使用各种工具、面板或者菜单命令"施展拳脚"的地方。主要由画布和画板构成，画布指的是整个的背景部分，画板是黑色方框内限定的部分。

4.2   常用布局

之前的讲解全都是在"基本功能"布局下的，其实这种布局方式是可以任意拖曳调整的，软件默认了多种适合不同设计绘制形式的布局，如图4-13

和图4-14所示。我也喜欢把经常使用的面板拖放到画布周围，并存储为自定义的布局方式，另外，想要存储自己的布局方式或者切换不同的工作区，都在"窗口">"工作区"子菜单中。

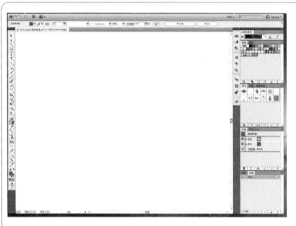

图4-13   Web模式布局

图4-14   类似Photoshop的布局

4.3   首选项与个人习惯

软件的"首选项"就像一个主控台，很多细节参数的调整都可以在首选项中完成，按快捷键Ctrl+K打开"首选项"，如图4-15所示。左侧下拉列表中默认的是"常规"选项，在"常规"中经常需要设置的是"键盘增量"参数，设置这一项的数值可以控制每次按箭头键，可以位移对象的距离，例如，将键盘增量的数值设置为1，每按一次箭头键，对象将朝箭头所指方向移动1像素的距离。设置为1可以很方便地进行网页设计操作，如果将数值设置的很小，每次位移的距离不明显，则可以完成十分精准的对齐操作，适合在制作一些实际成品尺寸

较大的绘制设计操作，因为计算机里的一小点误差在被放大后就会产生很明显的误差。

"常规"中还剩下一些其他的选项，有些是软件默认的，有些不是，功能如同其名称，自己实验一下就可以了，这些功能在普通的设计绘制中并不算常用。从左上角的下拉列表中选择或在右侧单击"下一项"按钮，可以跳转到下一个首选项设置界面，如图4-16所示。这个界面是"选择和锚点显示"，最常用的设置是"选择"栏内的"容差"参数，设置该数值可以使用"选择工具"选择画布上的对象时更容易，"容差"数值越小，就需要单击

图4-15   默认"首选项"对话框

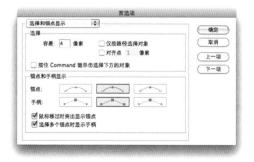

图4-16   选择和锚点显示

的非常精准才能选中对象，否则反之，但是该数值并不是越大越好，太大了很容易造成误选。另外，在"锚点和手柄显示"中可以设置"锚点"和"手柄"的显示样式，分别提供了3个样式，它们的区别是"大小"不同，需要根据自己的视力仔细选择。

继续看一下下一项首选项的设置功能，如图4-17所示，这组功能是用来控制文字的，所以我很少更改这一界面中的功能。勾选"显示亚洲文字选项"可以在字体下拉列表中显示亚洲文字，并不是不勾选就不显示汉字和一些其他亚洲国家的文字，而是勾选该选项后在"字符"面板中会多出一些适用于亚洲文字的设置选项。

图4-17 文字

"文字"的下一项是"单位"，如图4-18所示，该界面中的各种单位设置很常用，"常规"选项用来控制整个文档的单位，包括，标尺单位、画板尺寸单位、绘制对象的尺寸单位等，描边默认单位是"PT"，但是在之前的网页设计项目中把单位改成了"像素"，这样更容易控制在"对齐像素"模式下的描边。至于文字，一般情况下都是PT，我们也很适应这种单位所能呈现的视觉大小了，不是吗？不过有个问题，在Word之类的软件中有时会使用"号"作为文字的单位，有时不懂该如何设计的客户总是会描述说："我要Word里多少号的文字"，所以，只能是进行一下换算，大概是这样的：8号的文字相当于5磅（可以做一些名片之类的，但是有点小），小5号的文字相当于9磅（印刷后看起来比较舒服），小4号相当于12磅（可以作为普通网页字体大小），4号相当于14磅，3号相当于16磅，小2号相当于18磅，2号相当于22磅，小1号相当于24磅，小初号相当于36磅，初号是42磅。

图4-18 单位

"单位"的下一项是"参考线和网格"，如图4-19所示。在该界面中可以根据个人的习惯和喜好设置参考线和网格的样式，我比较喜欢灰色的参考线，因为灰色颜色不会太干扰其他的内容。

"参考线和网格"的下一项是"智能参考线"，如图4-20所示，该界面中的设置功能比较多，我们会在后面有详细介绍，跳过"智能参考线"与"切片"看到的是"连

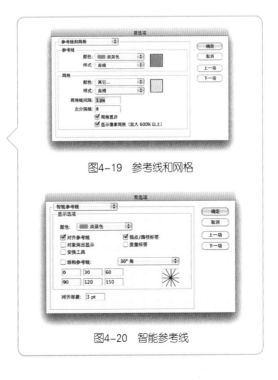

图4-19 参考线和网格

图4-20 智能参考线

图4-21　连字

图4-22　红色标记文字有连字符

图4-23　增效工具和暂存盘

字"设置界面，如图4-21所示。这里只需要解释一下什么是"连字"就好了，其他的就是面板的字面描述功能了，所谓的"连字"，尤其是在英文两端对齐的版式中最常见——一段文字右侧结束时遇到一个长单词，这个单词影响正常对齐，所以会采用断开并放到下一行的方式，并用一个连字符连接，这就是所谓的"连字"，如图4-22所示。

提示 "连字效果"选项需要在"段落"面板的菜单中勾选。

"增效工具和暂存盘"是"连字"的下一项，如图4-23所示，现在的计算机配置都很高了，所以不常见了，在以前，我们在设计绘制一些图形时经常会跳出一个"暂存盘已满，不能读"的警示对话框，然后，就不能储存了，其实造成这个问题的就是那句废话——"暂存盘已满"，如果遇到这个问题，可以打开这个界面，将暂存盘设置得多一些，不知道现在还需不需要重启软件了（抱歉，个人经验总结总是经不住时间的洗礼），如果需要重启软件，但是又不能存？那怎么办，解决办法是按快捷键Ctrl+Y，将设计绘制对象变成轮廓效果，即可轻松储存再重启了。

跳过"用户界面"（内容太简单），到了"文件处理与剪贴板"，该界面如果不是要写这本书，我从来没有在其上面停留过半秒钟，因为我也不是很熟悉，一直使用默认，所以就跳过吧，但是在这里要解释一个问题，之前写教程的时候会用比较"科学"的描述方法描述如何复制文件——"将文件复制到剪贴板，备用"，结果这句话造成了很多困扰，有很多人不知道剪贴板在哪，感觉就像Press any key to continue的any key一样。其实，复制到"剪贴板"的意思就是按快捷键Ctrl+C复制，至于剪贴板，我们是看不到的，是在后台存在的一个暂时的储存空间，当按快捷键Ctrl+V时，被复制的文件就从后台运行的剪贴板中调用出来了，就是这样。

最后一项是"黑色外观"，软件很贴心地提供了"说明"，只要鼠标经过相应功能，软件都在给出一段说明文字，所以就不用我过多解释了。

介绍到此，第1篇已经全部完成了，让我们做好以上这些准备工作，开始下面的学习吧。

05　画布操作

- 文档设置
- 辅助设置
- 模式设置

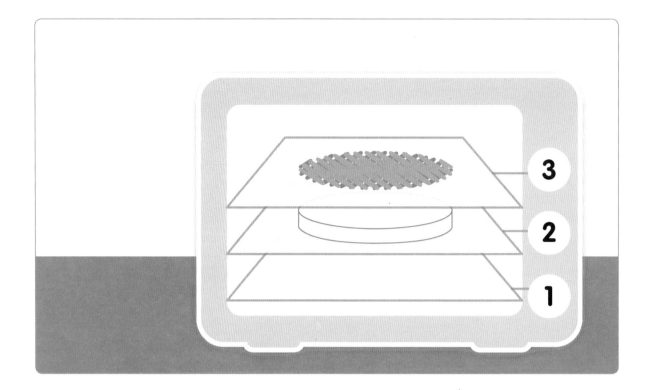

5.1 文档设置

Illustrator就像一台机器，在加工创意产品之前，必须先要学会如何操作它，并根据这台机器的特长和性能，最大限度地发挥它的作用。面对这样一台功能众多的"机器"，很多人不知道如何着手，是临摹实例还是自由创作？还是先从自己喜欢的开始学习，还是按部就班、循序渐渐？不管怎样，开始总是稍微有些困难的，如果你没有好的想法去启动自己的Illustrator学习计划，可以看看我们在用Illustrator做什么。

我会把操作Illustrator的过程分成："画布操作"、"绘制操作"、"外观操作"3个阶段。注意，它们之间有时是互相交错的，所以并不存在严格的前后顺序，但是初学者完全可以按照这个操作顺序开始学习，当熟练掌握了各项技巧之后，这种前后顺序也就"神马都是浮云"了，所以，从现在开始加油吧！

整个 Illustrator就像一个烤箱，我们有相当于烤箱托盘的"画板操作"部分，然后在托盘上放上面包，我们可以通过各种技巧制作出一个有趣的创意十足的蛋糕的基本样式，这一部分相当于"绘制操作"，有了这个蛋糕之后，我们就可以在蛋糕上进行各种装饰，直到最后完成，这一部分操作相当于"外观操作"，经过这样3个步骤的操作，我们的作品就完成了。

在制作面包之前首先要根据要烤的面包大小来选择合适尺寸的托盘，所以"画布操作"内最主要的是"文档设置"；然后烤箱内需要支架，这部分是"辅助设置"；此外还有烘烤模式的设定，这部分就是"模式设置"。

提示 选择合适尺寸的画板（新建文档里最重要的设置就是画板设置），这一步至关重要，不要一直使用Illustrator的默认设置，花点时间仔细阅读一下"新建文档"对话框的各项设置很有必要。现在，你可能对如何设置"烤箱"还不是很了解，那么，继续阅读下面的内容吧。

5.1.1 新建文档

在开始创作前，需要对即将创作内容的各项事宜有一定的计划，以一幅插画的创作为例，首先需要知道这幅插画是用在何种媒体上的，如果是印刷媒体，那么通常会将尺寸单位设置成为印刷中用的尺寸单位，例如，毫米、厘米、英寸等，选择的分辨率也会根据印刷媒介的不同要求提高至300ppi（dpi）左右，颜色模式一般选用印刷机容易实现的CMYK颜色模式（印刷四色），并且还要因为印刷裁切等原因考虑作品的出血问题；如果是用在屏幕显示上，那通常会使用"像素"作为作品的尺寸单位，同时，分辨率保持在72ppi即可，因为屏幕上可以显示的颜色可以更多，所以作品的颜色也选用色域更为宽广的RGB颜色模式，也因为不涉及到印刷误差等问题，所以也不需要设置出血。计划完这些与画面几乎无关的事情之后，当然还需要对这幅插画有一些内容上的构想，根据插画的构图和细节呈现度去选择合适的尺寸，避免出现插画画完了，却不符合版面的要求，或者因为尺寸问题而导致细节太小看不清、画幅太大没细节等问题。复习第3章"软件常用设置"，可以加深对本节学习各项设置的理解。

图5-1　基本画板设置

　　启动Illustrator软件，按快捷键Ctrl+N或执行"文件"＞"新建"命令，打开"新建文档"对话框，计划一下下面的工作再进行最合适的设置，设置完成后，单击"确定"按钮，即可建立一个完美的新文档了，我做了这样的设置，如图5-1所示，该文档预创作一幅尺寸为"大16开"的印刷用的竖向插画。

图5-2　在新建文档窗口中设置多画板

5.1.2　多画板功能、导出文件、裁切标记、切片工具

　　除了在"新建文档"对话框中设置单独的画板，Illustrator CS4 版本之后还提供了更方便的"多画板"功能，可以在一个操作界面（画布）上存在多个画板。与单独建立的画板一样，多画板也可以在"新建文档"对话框中定义，即在"画板数量"文本框输入需要的画板数量，并在后面选择画板的排列方式，如图 5-2 所示。这样创建出的画板会按照既定模式，以相同的大小整齐排列，如图 5-3 所示；

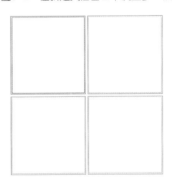

图5-3　画板排列形式

如果新建文档时没有建立多画板，还可以使用"画板"面板新建画板，如图 5-4 所示，效果与"新建文档"时建立的多画板是相同的。觉得以上两种办法都太机械了？那么，可以使用工具箱内的"画板工具"任意绘制不同大小、位置的画板，也可以更改已建立画板的大小和位置等。绘制出的效果，如图 5-5 所示。

图5-4　画板面板

　　既然有这么多方法来建立画板，说明该功能还是很重要的，但是建立那么多画板究竟有什么用处呢？在绘制单独

图5-5　随意排列的画板

内容上,多画板的作用不是很明显,但是在创作一些关联性较强的作品时就非常方便了,例如:系列海报、名片、折页、书籍等。同时,多画板也担负着导出多种文件的艰巨使命,例如,必要区域输出、多页 PDF 文件输出、文件分散输出、局部输出、更改构图、方案比较等。

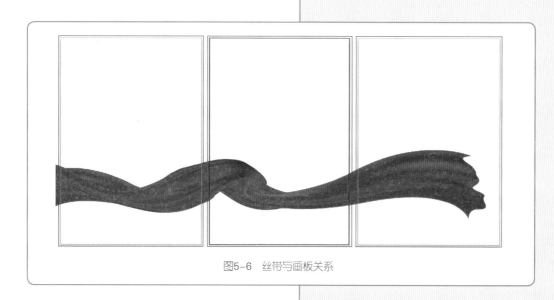

图5-6   丝带与画板关系

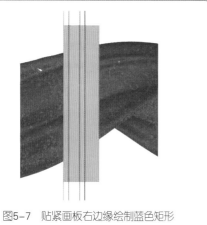

图5-7   贴紧画板右边缘绘制蓝色矩形

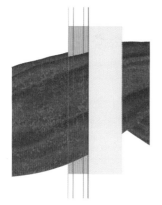

图5-8   移动到下一个画板的左边缘并贴紧

之前设计过一款系列海报,客户需要使用一条红色的丝带贯几张并列张贴的海报,丝带需要看起来是连续的,以传达是一个整体的理念,每张海报的内容是独立的,只有丝带是连续的,这样的设计如果分开创作就会在对齐不规则的丝带上浪费很多时间,我想如果将它们并列在一起,在一个界面上操作就方便多了,于是这里使用了多画板功能,将几张海报按照一定的间距并列排好,只使用一条丝带作为素材。丝带与画板的位置关系,如图5-6所示。

考虑到出血的问题,所以3张海报不能紧贴在一起,中间要留出必要的空隙(出血和超出范围的素材的空间),这样会稍微影响丝带连接,但是整体的趋势不会改变。如果要求比较苛刻,也可以使用做参考标记的方法,按住Shift+Alt键,水平移动并复制丝带,如图5-7和图5-8所示,这里用了一个蓝色的矩形作为参考,矩形的左侧靠在"画板1"的右侧,如果精确裁剪,"画板1"中的丝带将从这里被裁断,浅蓝色的矩形表示水平复制后的位置,矩形的左侧靠在"画板2"的左侧。这样就不能只是一条丝带了,调整位置之后需要对每张海报里的丝带进行"剪切蒙版"操作,使之不互相影响,剪切蒙版操作会在"6.5形状修改"一节介绍。

提示 使用"画板工具"移动画板会导致画板内的内容也随之移动,如果想保持内容不动可以选中内容,锁定路径,快捷键为Ctrl+2,一次性全部取消解锁的快捷键只需要再加上Shift键。2键与W键是"邻居",所以不要按错,一不小心按了快捷键Ctrl+W,再一慌神儿,文件就关掉了,除了上述锁定对象的办法,还可以在控制栏中找到"移动/复制带画板的图稿"按钮,单击该按钮关闭该功能。

更多功能可以在"工具箱"中双击"画板工具"打开"画板选项"对话框,或单击"画板面板"菜单按钮查看,都是一些简单的功能。

接着用上面的丝带海报做一个导出文件的讲解,使用"多画板"制作的系列海报需要使用 PDF 格式的方式输出,执行"文件">"存储为"命令,打开"存储为"对话框,如图 5-9 所示,"使用画板"选项被默认选中,不能更改,可以选择"全部"或"范围"选项,选择全部,软件会导出一个多页的 PDF 文件,如果选择范围,可以根据需要,在后面的文本框内输入需要导出的画板编号,导出相应的 PDF 文件。很多人不喜欢导出,直接使用原文件作为印刷或传输用途,这是一种不保险的办法,不但因为原文件不能直接印刷(实际印刷时,基本都有导出的过程),还会因为不同版本的功能不同而发生文件内容缺失的问题——多画板就是一个较低版本没有的功能。

图5-9 "存储为"对话框

提示 在"工具箱"中单击"画板工具"即可,在每个画板的左上角显示画板编号。使用"范围"要注意的输入方式,如果是一个范围,数字之间需要用"-"隔开,如"1-4",这样会导出画板1到画板4,共4个画板的内容,如果是有间隔的,数字之间需要使用","隔开,如"1,4",这样就会导出第1个画板和第4个画板,共2个画板的内容。

以前在使用 Illustrator 时,经常会在画板周围摆好多图片素材、备选方案之类的不需要导出的额外内容,在整幅作品创作完成后也不管画板周围的额外内容就

直接导出位图。结果发现,Illustrator 导出的文件总是包含了画板内与外的所有内容,如下页图 5-10 所示(左侧的为素材,右侧为要导出的部分),直接导出后,每次都需要使用其他软件重新裁切,十分麻烦。其实,那时不知道有"创建裁剪标记"功能,只需要在画板上绘制出轮廓(可以使用"钢笔工具"、"形状工具"等),覆盖住需要导出的区域,保持绘制出轮廓的选中状态,执行"对象">"创建裁剪标记"命令,软件就会以绘制的区域自动扩展成一个矩形的区域,如图 5-11 所示。注意是矩形的区域,所以在矩形区域内的额外内容还是会被导出的。

提示 想试图了解这些奇妙的花朵是如何绘制的吗? 可以告诉你这是通过插件绘制的, Illustrator的各种插件有很多, 很有趣, 自己搜索一下吧!

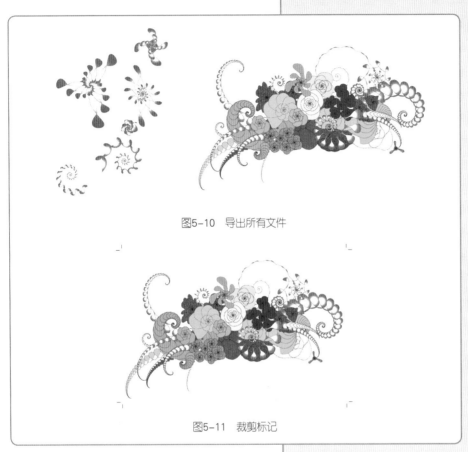

图5-10　导出所有文件

图5-11　裁剪标记

从多画板忽然说到"裁剪标记"是跑题了吗? 当然不是, 而是因为新增的画板功能也有类似"剪标记"功能, 配合"画板工具"划出需要导出的内容, 例如, 下面是关于两只猫的插图, 它们是在一个画板上绘制的, 如果想导出左边这只猫的插图, 即可使用"画板工具"把它"划"出来, 如图5-12所示。记住这个区域(其实是新画板)的

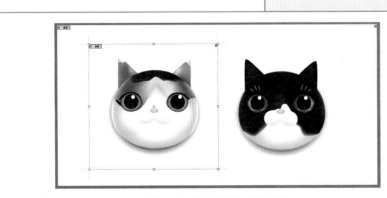

图5-12　"画笔工具"划分区域

编号，然后执行"对象" > "导出"命令打开"导出"对话框，勾选"使用画板"选项，在后面选择"范围"选项，并输入编号，如图5-13所示，点击"导出"按钮，在"导出"对话框中选择"范围"选项并输入画板编号2，即可导出需要的内容了。前面讲解的数值输入方式同样适用于这里。

提示 "画板工具"是智能的，如果使用"画板工具"在某一个编组对象上单击，"画板工具"会自动将该对象"框"起来，赶快试试看吧！

Illustrator也有用于网页设计的"切片工具"，熟悉网页设计的读者一定不会对这个工具感到陌生，使用该工具切割画面后，可以使用"存储为Web和设备所用格式"功能导出，会生成一个HTML文件和一个图片文件夹，这是网页制作经常用到的技巧，但是，我想说，如果想一下导出一个画面中各种"小零件"时，除了"画板工具"，"切片工具"也是个不错的选择。

图5-13　导出设置

5.1.3　最"简单"的画布操作

很多人创作的时候比较有激情，不喜欢有画板的条框限制，可以使用"隐藏画板"功能，按快捷键Ctrl+Shift+H，画板就被隐藏了，再按一次，画板就会出现。虽然画板被隐藏了，但是它的作用并没有一起隐藏，导出文件时还是要注意的，另外没有画板的提示，很容易把文件画得特别大或特别小，导致需要调整一些路径粗细的问题，增加额外的工作量。

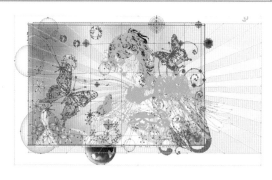

图5-14　显示与隐藏边缘的效果

对于一些路径繁多而又没有必要太在意它们的节点情况时（例如使用"铅笔工具"绘制），还可以使用"隐藏边缘"功能快捷键是Ctrl+H，显示与隐藏边缘的效果如图5-14所示。如果还想更彻底一些，就干脆把"定界框"也隐藏了，快捷键是Ctrl+Shift+B，本书中出现的绝大多数图片都是隐藏定界框后的效果。这些功能都可以按同样的快捷键进行隐藏或开启，并且，在"视图"菜单中都可以找到对应的命令。

提示 曾经在上课时，有学生问我为什么绘制的图形周围那一圈很方便的、可以调节大小和旋转方向的方框没有了（其实他说的就是"定界框"），当然我的解释就是隐藏了"定界框"。如果你的这个很方便的"方框"消失了，快看看是不是隐藏了它吧。

5.1.4 移动与缩放画布

说了好多关于画板这个"烤箱托盘"的相关知识，这里还有一个与"烤箱托盘"形影不离的"手套"，有了这个"手套"就可以方便地移动烤箱的托盘，这就是"抓手工具"，用来拖曳画布到适宜操作或查看的位置，在没有文字输入的情况下，按住空格键，"抓手工具"就会现形，保持空格键的按下状态，使用鼠标即可拖曳画布了，注意它移动的不是画板上的内容，而是整个画布（包括画板）。此外，工具箱里还有放大镜——"缩放工具"，默认状态下，"缩放工具"的作用是"放大"，按住 Alt 键就会变成"缩小镜"，它可以以"框选缩放"的形式直接将想看仔细的区域"缩放"到最适查看的状态。我比较习惯使用快捷键进行缩放操作，放大的快捷键是 Ctrl + +，缩小的快捷键是 Ctrl + −，但是快捷键不能"框选"缩放，所以需要配合"抓手工具"移动位置。

提示 很多时候，不小心拖曳了软件下端或右侧的滚动条，画布就不知道滚动到哪去了，或者放大、放大再放大，要恢复的时候还需要按好多次缩小的快捷键，此时可以试试快捷键Ctrl+0。

5.2 辅助设置

辅助设置是"烤箱"内的各种支架，这些辅助线虽然能够看到，但是不会呈现在最终的结果里，就像蛋糕里没有金属框子一样，也正是这些默默奉献的"支架"的幕后工作，我们的操作才能更加规范与便捷。

5.2.1 参考线

在众多种类的"支架"中最常用的就是参考线。参考线可以从标尺中拖出，有横向和竖向两种，用于界定横向、竖向的位置或靠齐操作等，但是不要以为参考线和标尺是一种东西，尽管我们使用的大多数参考线来自标尺，但是两者是独立的。按快捷键 Ctrl+R 可以显示或隐藏标尺，按快捷键 Ctrl+; 可以显示或隐藏参考线。把标尺搁一边，先来看看参考线和网格的功能，打开"首选项"对话框（快捷键 Ctrl+K），找到"参考线和网格"选项，如图 5-15 所示，可以看到简单的设置选项，在这里可以设置参考线的颜色和显示形式，觉得蓝色的参考线与蓝色的定界框颜色太近似，不妨把参考线的颜色换成定界框不常出现的颜色；将参考线设置成虚线的模式，还可以避免与一些绘制出的线条混淆（但是这样的参考线不是很清晰）。

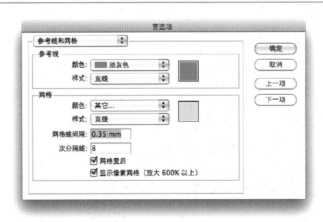

图5-15 "参考线和网格"选项

提示 定界框的颜色与图层有关，软件默认不同图层的定界框颜色是不同的，但是也可以随意更改，在第1篇的介绍中，我将参考线颜色更改成了浅灰色。我喜欢用这种颜色的辅助线，因为软件默认的灰色定界框图层出现的位置比较靠后，而我通常不会建立那么多新图层。

这里勾选"显示像素网格"选项，后面需要用到它。

默认的"参考线"是锁定的，可以在画布空白处单击右键，在弹出菜单中勾选掉"锁定参考线"选项进行解锁，解锁后的参考线可以任意移动或删除，移动到适当位置后可以再次将在快捷菜单中勾选"锁定参考线"选项将其锁定。横平竖直的参考线适合做一些规范的参考，例如，确定书籍内页的版芯，如图5-16所示，十字交叉的参考线确定了排版内容的位置还有分栏等。除了锁定和解锁参考线，在未锁定的参考线上单击右键，弹出的菜单中还有一个"释放参考线"命令，该命令会把参考线转变成路径，因为从标尺中拖出的参考线会被转变成"无限延伸"的线条，所以这个操作通常会应用在下面将要介绍的"自制参考线"上。

自制参考线也是由一个快捷菜单命令产生的，在绘制出的大部分独立对象上单击右键，即可找到"创建参考线"命令，执行该命令之后，绘制的自由对象就会被转换为自由形态的参考线，称之为"自制参考线"，自制参考线多种多样，如图5-17所示。我喜欢用这种参考线当作"底稿草图"，因为参考线不会被任何对象覆盖，可以清楚地看到接下来要绘制的部分和位置。

绘制一个五角星的图案是很容易的（只要使用"星形工具"即可），但是要绘制一个"一笔五角星"就需要思考一番了，想一下其实不算很复杂，借助"自制参考线"的帮助就更容易实现了，下面来看看如何绘制"一笔五角星"。

Step1 绘制五边形

使用工具箱中的"多边形工具"在画板上单击，打开"设置"对话框，将默认的边数6改成5，尺寸根据画板大小自由填写，形状的绘制与应用将在"6.3形状工具"一节中有具体介绍，绘制出五边形，如图5-18所示。

在绘制出的五边形上单击右键，在弹出的菜单中执行"创建参考线"命令，即可绘制出如图5-19所示的五边形参考线。

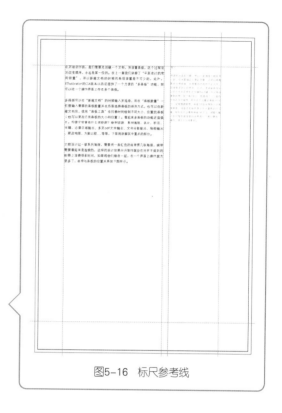

图5-16 标尺参考线

图5-17 自制参考线

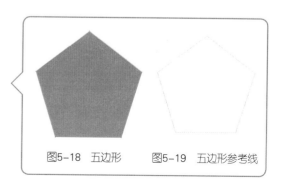

图5-18 五边形　　图5-19 五边形参考线

Step2 从顶点绘制

一笔画出一个五角星应该是必备技能吧，这里将纸和笔的操作放到电脑里，即使用"钢笔工具"，按照平常的绘制顺序，依次连接五边形的 5 个顶点，最后汇合到一起，一个五角星的形状就绘制完成了，如图 5-20 所示。单单是绘制一个"一笔五角星"的意义不大，所以做了一些简单的扩展，如图 5-21 和图 5-22 所示。

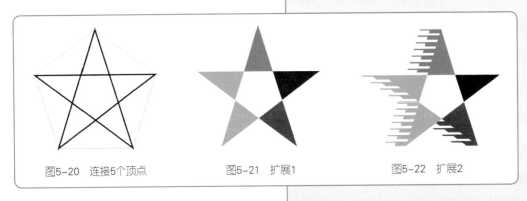

图5-20 连接5个顶点   图5-21 扩展1   图5-22 扩展2

提示 如果将这个五角星填色，会发现颜色是整体变化的，也就是不会产生每个角一种颜色的效果，此时可以试试"实时上色工具"。

5.2.2 网格

与参考线在同一个设置对话框的网格辅助线，它们有着类似的功能。按快捷键Ctrl+'可以开启或隐藏网格，网格可以方便进行一些规范的设计，例如，标识、规范等，如图5-23所示。网格还有一个方便的作用是"对齐网格"，该功能可以在没有显示网格的情况下，将绘制的对象自动与网格对齐，省去了调整的麻烦。

图5-23 标识

5.2.3 智能参考线

除了前面介绍的普通参考线，还有一种更聪明的参考线，称为"智能参考线"。这是一种能够根据绘制对象做出判断的"提示性"参考线，再来看一下它在"首选项"对话框中的设置，如图5-24所示。可以看到，智能参考线提供了比普通参考线更多的设置选项，除了设置颜色之外，还可以对其功能进行筛选，勾选之后，相应功能就会被启用。勾选"对齐参考线"选项后，绘制贴紧参考线的对象，对象会与普通横、竖向参考线完全对齐，甚至可以对齐曲线参考线的切线，这个功能会解决误差的问题，配合普通的参考线创作出精确的作品；勾选"锚点/路径标签"选项，可以在鼠标经过"锚点"或"路径"时提示该

图5-24 智能参考线设置

位置的锚点标签或路径标签，锚点与路径这个一眼就看明白了，还要故意让其显示，这样有什么用处呢？从后面的"宝石"实例中可以详细了解到；勾选"对象突出显示"选项会在鼠标经过对象时沿着对象边缘显示线框，它可以让你在一堆混乱的对象中，了解到各个对象的边界在哪里；勾选"度量标签"选项后，会在移动、旋转对象时显示对象各种度量的标签；勾选"变换工具"选项后会在比例缩放、旋转和倾斜对象时显示信息；勾选"结构参考线"选项，并选择需要的参考线角度或在下面的文本框内输数值，在画板上绘制时，软件就会判断新绘制出对象与已有对象的角度从而进行提示。"对齐容差"参数用来控制软件判断对象到底靠多近就转换为重合或对齐的数值，数值越小，越不容易对齐，反之越容易。

提示 我在查阅Illustrator使用手册时发现了一个特别标注的地方，就是在勾选"对齐网格"或"像素预览"选项时，无法使用智能参考线，另外智能参考线虽然功能强大，但是不要一下子把全部功能都启用，因为那样会很混乱，造成创作上的困扰。

实例：宝石实例

我经常用一些简单的形状，创作一些立体的形态，如图5-25所示，看起来像宝石一样。为了保证宝石的这些面都能很好的衔接，开启了"智能参考线"功能，在"首选项智能参考线"对话框中启用了"锚点/路径标签"功能，所以每次要将宝石的一个面的一个顶点与其他面的顶点对齐时，智能参考线都会提示，鼠标悬停的位置是锚点还是路径，如果是锚点，我就会毫不犹豫地点下去，当然，结果也是完全对齐的，真的很方便，下面说一下宝石绘制的详细步骤，部分知识涉及到后面章节才会讲解的内容，但是都不会太难。

■ Step1 任意绘制一个面

在绘制时为了尽量减少尖锐的形状出现，参考了足球的结构，虽然最终结果与足球相去甚远，但是仔细观察还是会发现这个宝石中只存在五边形和六边形。所以这一步就是使用"钢笔工具"任意绘制一个五边形，如图5-26所示。"钢笔工具"的用法会在"6.2贝赛尔曲线"一节中介绍。

■ Step2 绘制其他面

开启了智能参考线之后，即可使用"钢笔工具"继续添加其他面了，如图5-27所示。不必临摹实例，发挥自己的想象力即可。

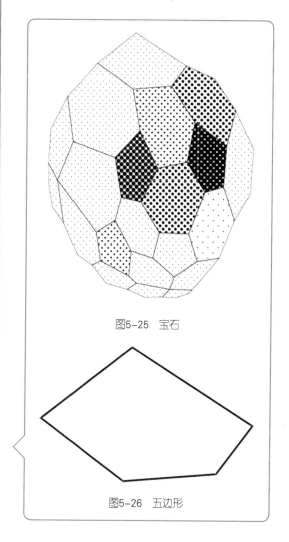

图5-25 宝石

图5-26 五边形

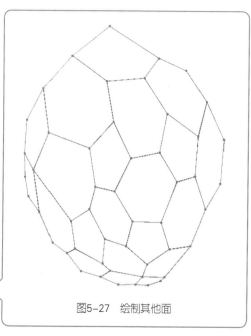

图5-27 绘制其他面

提示 使用"钢笔工具"时会因为"钢笔工具"自动识别刚绘制完成还保持选中状态上的锚点或描边，自动转换成为"添加锚点工具"或"删除锚点工具"，这种转变在绘制这种实例时会很不方便，解决办法是从"空白"处单击开始绘制新的面，然后再衔接到已绘制完成的对象上。

▎Step3 添加图案 ▎

在"色板"面板菜单中，执行"打开色板库">"图案"命令，其中自带了很多有趣的纹理图案，如图5-28～图5-30所示。将图案赋予前两步绘制的图形即可，没有特殊的步骤，就像填充颜色一样。

图5-28 基本图形_点

图5-29 基本图形_纹理

图5-30 基本图形_线条

提示 有人在奇怪为什么我的"色板"面板中显示的缩略图特别大么？这一点都不神奇，在"色板"面板菜单中找找看吧！

这样简单的步骤，即可绘制出一个看上去还不错的"宝石"，何不自己尝试结合智能参考线绘制更多有趣的作品呢，如图5-31和图5-32所示。

图5-31 其他作品1

图5-32 其他作品2

5.2.4 像素网格与透明度网格

之前在参考线的讲解中有在提示中提到勾选"显示像素网格"选项，并且在更早之前的"新建文档"对话框中可以决定是否选择"对齐像素网格"选项，这两个地方指的都是"像素网格"，与普通的网格外观上几乎一模一样，但是功能又完全不同的。除了像素网格还有一种称为"透明度网格"的网格，下面着重介绍"像素网格"和"透明度网格"。

勾选"像素网格"选项后，通常不会察觉到有太明显的变化，需要从"视图"菜单中勾选"像素预览"选项，此时就会看到如图5-33所示的像素效果，并会发现绘制出的一切对象都是"对齐像素"的，效果类似Photoshop中的"对齐像素"功能，开启了这种网格并在"像素预览"模式下操作，即可轻松地用Illustrator设计一些网页或绘制精确的图标了，加上Illustrator精妙、方便的绘图功能，可谓得心应手。

图5-33 像素网格

提示 很多人在新建文档时并不注意这个选项，往往在不知情的情况下勾选了，结果导致绘制时总感觉不对劲，手绘的"精准度"差了很多，还有人注意到了这个问题，没有勾选，但是还会有类似的"不受控制"的感觉。那是因为，在软件中还有一处开启"对齐像素网格"的地方，它在"变换"面板中。不知道为什么，"对齐像素网格"这个功能在"视图"菜单中是找不到的。

"透明度"网格是一种棋盘式的底纹，不是用来对齐操作而是用来查看画面中对象哪些部分是有透明效果的。正常模式下显示的带有透明度的渐变色效果，如图5-34所示，勾选后看到的效果，如图5-35所示。类似Photoshp中的透明度网格效果。

图5-34 正常模式

5.2.5 透视网格

在Illustrator CS5版本中增加了一个很强大的辅助网格，那就是"透视网格"，从二维的辅助线到三维的、有纵深的辅助线是一次飞跃，透视网格将Illustrator的操作变得立体化，其附带的多种透视模式能适应多种绘制设计操作，下面详细了解一下这个网格的特点和应用技巧。

图5-35 透明度网格

在开始讲解透视网格之前，先来了解一下透视，透视是什么？用一个词概括就是"近大远小"，越近的对象看起来越大，越远的对象看起来越小，这是生活中的常识，但是当它运用到作品上时，很多人往往会犯晕，有时候看到一幅作品，没什么大问题，就是感觉别扭，十有八九就是透视出的问题。

透视有两种，一种是"焦点透视"，顾名思义是有一个焦点的，并且只有一个，如图5-36所示，类似站在一条笔直的道路中间向公路远方望去，远处的公路消失到一点的效果，如图5-37所示；另一种是"散点透视"，散点透视比焦点透视有更

多的交汇点，如图5-38所示，常见的散点透视可以用这样一个例子说明：站在一个巨大院子的墙外拐角的地方（例如故宫的角楼），两侧的院墙分别向两个方向延伸，并且最终会交汇于两侧某个点，这种透视就是散点透视，如图5-39所示。通常这两种透视在巨大的物体上表现得都足够明显，但是在一些小型的物体上（例如素描中的石膏体）表现得就不是很明显，所以在学画之初有个经验就是适当夸大透视关系，让绘制的对象看起来更加立体。

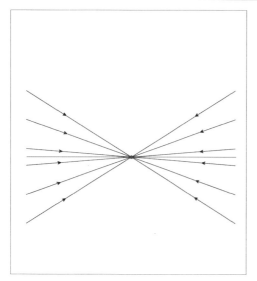

图5-36　焦点透视

图5-37　消失在远处的道路

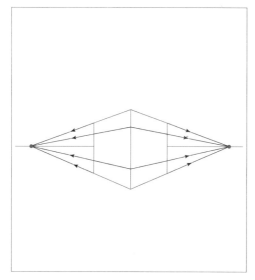

图5-38　散点透视

图5-39　故宫角楼

在Illustrator中，软件默认有3种透视，是通过"汇合点"的数量分类的，实际上"一点透视"属于焦点透视，"两点透视"和"三点透视"都属于散点透视。三点透视有3个焦点，如图5-40所示。如果不明白"三点透视"的第3点延伸到哪里，可以想象自己站在一处超高的大厦下面向上仰视的感觉，如图5-41所示。也可以是俯视角度的，所以三点透视的第3个点是消失在地心或天空上的。

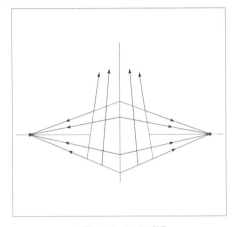

图5-40　三点透视

图5-41　仰视角度的大厦

透视除了会给人带来逼真的立体感，还会因为其本身的形式感带来一定的心理感受，这种情况通常出现在一些夸张的透视中，例如，焦点透视会带来遥远、前进、孤独、开阔等感受，如图5-42所示，消失在天空中的大厦顶端会带来现代、科技、未来等感受，如图5-43所示。

图5-42　海洋

图5-43　大厦

除了这些有透视的情况，也有不存在透视关系的"无透视"对象，虽然这种对象以正常的思维方式来看比较怪异，但是在建筑、产品及游戏领域（例如各种农场类型的游戏）是经常用到的一种视图呈现方式。

关于透视的一些知识介绍完了，下面让我们开始讲解Illustrator中"透视网格"的应用技巧，作为一种辅助线，当然可以参照辅助线延伸的方向使用"钢笔工具"进行绘制，但是如果透视网格的功能仅限于此就不能称之为强大了，其强大的方面体现在可以让在三维空间里面绘制对象，绘制的对象被自动套用了透视效果，十分方便。

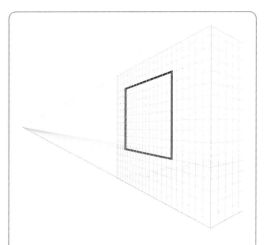

图5-44　被添加透视的矩形

从工具箱中选择"透视网格工具"，或从"视图"菜单中找到"透视网格"命令并将其显示（显示或隐藏的快捷键是Ctrl+Shift+I），在工具箱中选择"矩形工具"，在透视网格附近绘制（其实不用附近也可以符合透视规范，只是靠近"透视网格"更容易看到透视效果与网格辅助线的关系），会发现"矩形工具"绘制出的矩形被自动做了透视，如图5-44所示，透视效果除了被自动添加到矩形，并且如果移动矩形，透视会实时更新，保证在所绘制的平面内的透视是正确的。

图5-45　"透视网格选项"对话框

还可以继续绘制出更多的矩形或其他对象，但是会发现不论绘制多少对象，这些对象都只是符合左侧平面的透视关系，与右侧平面和水平平面没有关系，这是为什么呢？因为软件默认是从左侧平面绘制的，如果想在其他平面绘制对象，可以双击"透视网格工具"或"透视选区工具"，打开"透视网格选项"对话框，勾选"显示现用平面构件"选项，并给它选择一些显示的位置，例如。"上-左"，如图5-45所示，单击"确定"按钮后，"平面构件"就会显示在画布的左上角，注意不是"画板"的左上角，是"画布"！"平面构件"相当于一个遥控器，有4种模式，可以用来选择平面进行绘制、关闭透视网格，如图5-46所示，构件中的立方体代表透视网格，立方体中的3个面分别对应透视网格中的3个平面，它们的颜色是相同的，"点亮"哪种颜色，即可在有哪种颜色网格的平面上进行绘制；另外，立方体周围的圆形范围也是可以单击的，单击代表关闭透视网格，它们对应的快捷键从左至右分别是数字键1、2、3、4。

图5-46　平面构件

图5-47　拱门形状

透视网格能绘制精准的透视对象，其实它也能让正常绘制的对象产生透视效果，如图5-47所示为以正常的方式

绘制的拱门图形，通过使用"透视选区工具"将其拖曳到"透视网格"的平面中就会产生如图5-48所示的效果，产生透视的拱门与事先绘制的墙的透视完全吻合，如果在没有透视网格的辅助下绘制几个这样有些复杂的拱门真的会比较麻烦。

提示 在将一个正常的对象拖进透视网格之前需要先选择一个平面，一旦对象被拖到透视网格中，移动对象就需要使用"透视选区工具"，否则对象会被转曲，并且以后的移动都不会根据透视发生变化。

实例：叠加的集装箱

利用透视网格简单地绘制了一个集装箱的图标，如图5-49所示，集装箱上的所有的透视感觉都是在透视网格中产生的，下面来看一下具体的绘制步骤。

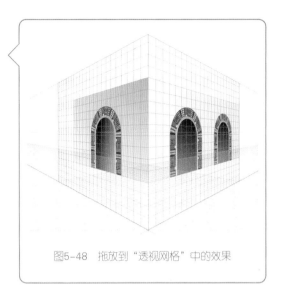

图5-48 拖放到"透视网格"中的效果

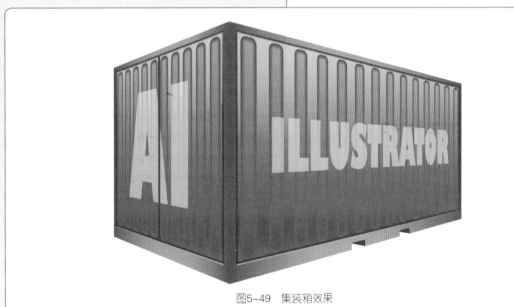

图5-49 集装箱效果

■ Step1 绘制平面图（1）

使用"矩形工具"绘制一个矩形，设置填充色为当时软件默认的任意颜色，然后使用"圆角矩形工具"绘制两个小的圆角矩形，放置在如图5-50所示的位置，一起选中其中一个圆角矩形与最开始绘制的矩形，在"路径查找器"面板中单击"减去顶层"按钮（第1排第2个），将矩形挖出一个小缺口。接下来，使用同样的技巧再挖出第2个缺口，将挖完缺口的矩形填充垂直方向的线性渐变色，渐变色随意（参考数值为R：0、G：86、B：0到R：104、G：159、B：40到R：0、G：86、B：0），绘制出的效果如图5-51所示。

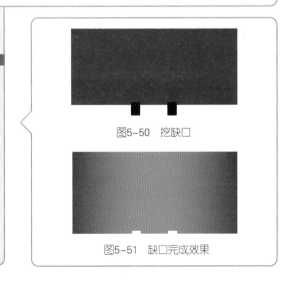

图5-50 挖缺口

图5-51 缺口完成效果

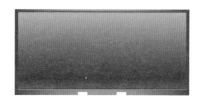

图5-52 描边矩形

图5-53 填充明亮颜色的矩形

图5-54 多个圆角矩形

图5-55 叠加在一起的圆角矩形　图5-56 建立混合

图5-57 排列圆角矩形

继续使用"矩形工具"绘制一个稍小的矩形并填充类似的垂直方向渐变色（参考数值为R：0、G：86、B：0到R：104、G：159、B：40），设置描边颜色为R：0、G：68、B：8，绘制出的效果如图5-52所示。在"图层"面板中将这层轮廓拖放到"新建"按钮上复制，保持选中状态，使用键盘上的下箭头键，将被复制的原始轮廓向下移动一些（如果移动的距离较大，在"首选项"对话框中设置），将这层轮廓的描边取消，并填充R：104、B：179、G：40颜色，该颜色比之前的绿色都要亮一些，如果是自定义的颜色，这里就考虑选用一个比之前的颜色更明亮一点的颜色。这一步绘制出的效果，如图5-53所示。

■ Step2 绘制平面图（2）

这一步绘制集装箱上的棱面凸起效果，使用"圆角矩形工具"绘制一个与步骤1中绘制的矩形略矮一些的竖向的圆角矩形，将该圆角矩形在"图层"面板中多次复制并使用定界框缩小，然后改变颜色（颜色参考分别为R：104、G：179、B：40到R：0、G：86、B：0，R：0、G：86、B：0到R：41、G：105、B：0，R：104、G：159、B：40到R：0、G：86、B：0），如图5-54所示。将这些圆角矩形叠加在一起，如图5-55所示，执行"对象"＞"混合"＞"建立"命令，将它们建立成"混合"，效果如图5-56所示。混合的技巧在后面才会介绍到，如果感觉不容易理解，可以只使用两层轮廓，建立混合后，如果感觉颜色过渡不自然，可以在工具箱中双击"混合工具"，在弹出的对话框中，选择"指定步数"选项，勾选"预览"选项，并在后面的文本框内输相对更大一些的数值，查看预览的效果，合适即可。

提示　这一步中介绍的技巧与实际使用的技巧有些差别，考虑到本实例是位于较前面的，所以其中的一些步骤被用更容易理解的类似操作代替了，实际效果也是有一些差别的。

将混合后的圆角矩形放到步骤1中绘制的矩形上面，并复制排列成如图5-57所示的样式（借助"对齐"面板可以让这些圆角矩形更均匀的分布）。使用"文字工具"输入文字，将文字设置成为白色，如图5-58所示。在"透明度"面板中将文字的混合模式设置为"叠加"，降低透明度到76%左右，如图5-59所示，绘制出的效果如图5-60所示。

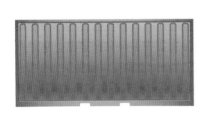

图5-58 输入文字

图5-59 "透明度"面板中的设置

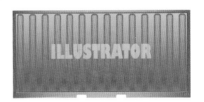

图5-60 文字效果

Step3 设定透视网格

使用同样的技巧，绘制出集装箱的另外一面，如图5-61所示（最终效果中还添加了一点不透明蒙版效果，因为涉及的内容比较难，所以没有讲解）。因为是使用的两点透视，所以只需要绘制两个面即可，从工具箱中选中"透视网格工

具"后，画布上即出现一个透视网格，如图5-62所示。使用"透视网格工具"对网格进行一些调整，如图5-63所示，将红色圆圈标记处的点向右移动，制作出一个比默认透视更大的透视效果（其实不调整也可以）。

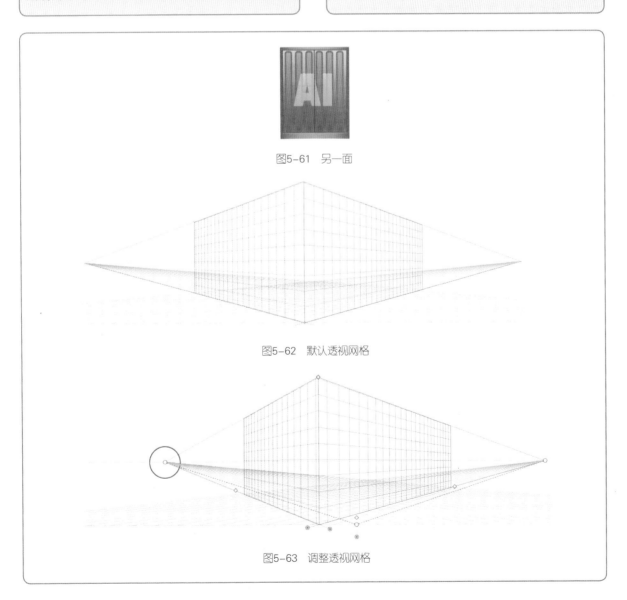

图5-61 另一面

图5-62 默认透视网格

图5-63 调整透视网格

Step4　制作透视效果

　　使用"透视选区工具"选中在平面构件中橙色面，并使用"透视选区工具"框选前面几步中绘制出的集装箱中较大的一面，将它拖曳到透视网格中，拖曳时就会发现原来的平面图变得有透视效果

了，将这一面的左侧边缘对齐透视网格的中间垂直的线条，效果如图5-64所示。使用"透视选区工具"选中在平面构件中蓝色的面，用同样的技巧，将集装箱较小的那一面也拖放到透视网格中，绘制出的效果如图5-65所示。

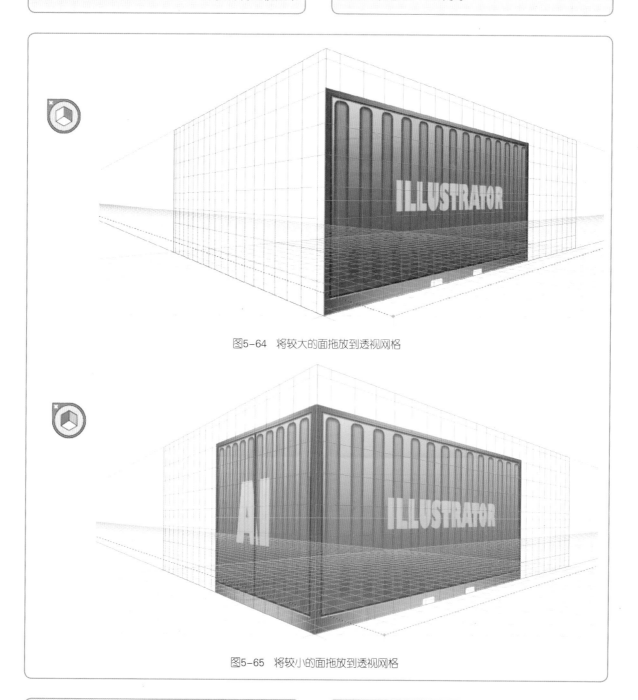

图5-64　将较大的面拖放到透视网格

图5-65　将较小的面拖放到透视网格

Step5　叠加集装箱

　　在透视网格中使用"透视选区工具"可以任意调整都不会脱离透视网格的限制，但是一定不要使用"选择工具"进行调整，否则会破坏透视的及

时调整效果，使用透视"选区工具"在平面构件中选择橙色的面，并框选这个面中的集装箱较大的一面，按住Shift+Alt键垂直向上拖曳复制出一个新的集装箱侧面，因为在透视网格的限定下，该面还是有

透视效果的，如图5-66所示。使用同样的技巧，将集装箱的另一个面在蓝色的透视网格面中也向上拖曳，并与刚才较大的一面对齐，这样一个新的集装箱就"码"放到之前绘制的集装箱上了，如图5-67所示。

图5-66　复制较大一面

图5-67　复制较小一面

■ Step6 细节调整

前面绘制了集装箱的效果，现在需要脱离集装箱的透视网格，再为集装箱添加一点细节，之所以要脱离透视网格，是因为在透视网格中，很难把握"后方"的位置，这个很难形容，需要自己实验一下。使用"透视选取工具"在平面构件中选择周围的灰绿色区域，并使用"钢笔工具"绘制几块形状，位置如图5-68所示。将这些矩形填充深绿色，并在"图层"面板中调整到最后一层，绘制出集装箱的厚度，如图5-69所示。这样使用透视网格绘制的集装箱就完成了。

图5-68　绘制深绿色形状

图5-69　放置到最后一层

5.2.6 度量辅助

在Illustrator中有很多提供尺寸等范围信息的功能。一个是前面提到的"标尺"，标尺显示在画布的顶部和左侧，一般配合拖曳出的参考线确定横向或纵向的尺度。其默认的度量单位与所建画布单位相同，也可以按快捷键Ctrl+K，打开"首选项"对话框，找到"单位"选项卡中进行单位选择，单击"确定"按钮后，标尺的度量单位就会即时发生变化。如果觉得标尺使用起来还不够精确，也不算很方便，还有"度量工具"可以使用，"度量工具"在"吸管工具组"中（长按工具箱中的"吸管工具"图标，可以看到该工具），"度量工具"需要配合如图5-70所示的"信息"面板使用，功能相当于现实制图工具中直尺和量角器，选择该工具，单击或单击拖曳，相关信息就会呈现在"信息"面板中。很多人会觉得"信息"面板中显示的数值很混乱，怎么会一会儿是负数一会是0，一会儿又是几百上千？其实很好解释，这种情况通常发生在使用"度量工具"单击的情况下，因为该工具默认的位

置关系数值是从上一次单击的位置到最近一次单击的位置，所以根据最近单击位置与之前位置的位置关系就会出现或正或负的数值了，至于数字很大，那与建立的画板尺寸及两点之间的距离有很大的关系。

除了配合"度量工具"使用，"信息"面板还可以单独使用。选中画布上绘制出的对象即可在"信息"面板中查看该对象的位置及尺寸。以上3种度量信息的呈现方式都是固定的，还有一种可以在任意位置呈现的"度量标签"，在"智能参考线"中开启该选项，移动或旋转对象时就能实时查看标签中提示的度量数值了。

提示 不论是使用"度量工具"还是直接选中对象，在"信息"面板中查看相关信息，软件都默认"画板"的左上角顶点是 X=0、Y=0，Y 轴往下是正值，X 轴往右是正值。

图5-70 "信息"面板

5.3 · 模式设置

关于"烤箱"的设置还有最后一项，那就是相当于"烘烤模式"的各种模式与预览方式。

5.3.1 屏幕显示模式

最常用的一种模式设置是"屏幕显示"模式，在工具箱的底部如图5-71所示，其中包括3种不同的模式，在没有文字输入并且不是中文输入法（大多数人使用的是中文输入法）的情况下，按F键可

以循环切换，这个模式设置主要帮人们更加集中注意力并扩大操作面积，因为它可以逐级隐藏一些不需要的组件；"正常屏幕模式"即一般使用的模式，如图5-72所示；"带有菜单栏的全屏模式"会隐藏画布上的所有面板，但保留菜单栏，这样能够让我们顺畅地执行一些菜单命令，如图5-73所示；"全屏模式"是极致的，画布上只剩下画板和作品，菜单和面板全部消失，如图5-74所示。面对这种模式，如果快捷键不熟悉，还是在欣赏大作的时候使用吧。

图5-71 模式选择菜单

图5-72　正常屏幕模式

图5-73　带有菜单栏的全屏模式

图5-74　全屏模式

提示 有菜单栏的全屏模式还可以使用 Tab 键直接实现，在没有文字输入的情况下按 Tab 键也可以快速隐藏画布上的所有面板。隐藏面板后可以使用快捷键进行操作，画布干净且整洁。隐藏了面板的确很清爽，但有一个问题让人很崩溃——不管是按 F 键切换或按 Tab 键之后，如果进行文字输入操作，就会发现，不管什么快捷键统统会变成文字输入的内容，屏幕显示模式不能切换了，此时，有几个解决办法可以参考：1. 执行"窗口"＞"工具"命令，打开工具箱，然后进行相关操作。2. 寄希望于工具箱和其他面板不是"游离"在整个画布上而是吸附在画布边缘，这样鼠标靠紧画布边缘，工具箱或面板还会闪身出现，随后切换工具继续操作即可。

5.3.2 绘图模式

Illustrator CS5新增了"绘图"模式功能,其中还包含3种子模式,默认为"正常绘图"模式,除此之外,还有"背面绘图"和"内部绘图"功能。"正常绘图"模式即默认的正常绘图模式,没有什么特别的地方,但是对于新鲜的"背面绘图"模式,我曾纠结了很久,直到有一天看到猫在玻璃窗外冲我乱叫,才恍然大悟,原来"背面绘图"模式就是"绕到"玻璃后面去画,即在"背面绘图"模式下,画在前面的,从正面看就在后面。如图5-75所示的一组邮票,在邮票的主体物周围环绕了一圈白色,这些白色部分如果在正常模式下绘制,要么需要先绘制出

图5-75 邮票

来,然后在上面添加主体物,要么先把主体物绘制出来,然后再绘制出白色的部分,再放到后面的层次,通常我们喜欢后者,只是在调整层次上有点麻烦。如果在这里使用"背面绘图"模式,即可直接在正常模式下绘制出主体物,如图5-76所示,然后切换到"背面绘图"模式,直接绘制白色部分,如图5-77所示。绘制完成后,白色的部分自动置入到当前的最后一层,如图5-78所示,最后绘制在最后一层的彩色背景部分,同样,这一层也会被置入最后一层,如图5-79所示。

图5-76 主体物   图5-77 直接绘制白色部分   图5-78 白色部分被置后   图5-79 彩色背景被置后

在Photoshop的图层操作中有"嵌入"技巧，如图5-80所示，即被嵌入的对象范围会限制在嵌入层内绘制，就像在被嵌入层的内部绘制一样，这里的"内部绘图"作用与Photoshop的嵌入是相同的。选中被嵌入的对象，再选

图5-80　Photoshop中的嵌套技巧

择"内部绘制"选项，被嵌入的对象会产生矩形框，新绘制的对象就会在被嵌入的对象内部。这种"内部绘图"方式相当于更直观的（顺序颠倒的）剪切蒙版操作。此外，在软件中类似的效果还有"不透明蒙版"，这两种蒙版会分别在"6.5形状修改"和"7.3效果样式"小节中详细介绍。

提示 为什么是"顺序颠倒"的？通常使用剪切蒙版时，是先绘制对象，再绘制一个剪切蒙版轮廓去剪切之前绘制的对象，而"内部绘图"模式是先绘制了用于剪切的轮廓，再在其内部绘制，这样做的顺序刚好与剪切蒙版的顺序颠倒，同时也是更直观的。

如图5-81所示是之前一幅作品中的局部，估且称它为"滴血救火的怪鸟"吧。其中羽毛、火焰和叶子中都使用了"内部绘图"模式，下面详细地介绍一下"内部绘图"的操作步骤。

图5-81　怪鸟

■ Step1 绘制怪鸟的身体 ■

与之前的实例一样，每当在这一章的前半部分讲解时都有点纠结，因为用到的工具都是后面才能讲解到的，但是我相信，使用这些简单的工具是难不倒你们的！使用"钢笔工具"或"图形工具"绘制一个喜欢的鸟的身体形状，如图5-82所示。绘制完成后，切换成"内部绘图"模式，如图5-83所示。不要临摹这个实例，那样一点意思都没有。

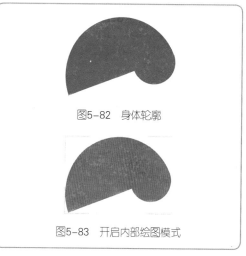

图5-82　身体轮廓

图5-83　开启内部绘图模式

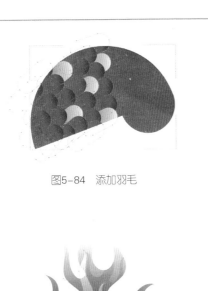

图5-84　添加羽毛

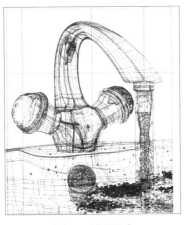

图5-85　火焰

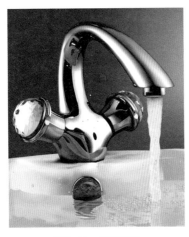

图5-86　线框模式

Step2　在内部添加上羽毛

保持在"内部绘图"模式，使用"圆角矩形工具"绘制胶囊形状的羽毛图形（查看"6.3形状工具"一节中关于"圆角矩形工具"的使用方法）。新绘制的圆角矩形会嵌在上一步绘制的"身体"轮廓中，按住Alt键用单击拖曳的方式绘制出了更多的羽毛，并为它们填上不同的颜色，如图5-84所示。

提示 "内部模式"很容易消失，在开启了"内部模式"之后不要在画布上双击，双击后，"内部绘图"模式就变成真正的"剪切蒙版"了。其实如果双击了也没关系，再双击进入到"剪切蒙版"内部的"隔离"模式中，还是可以继续绘制与编辑操作的。这里涉及到的"隔离模式"在后面会有介绍。

Step3　绘制其他部分

除了羽毛，火焰也应用到了同样的技巧，绘制一个火焰的轮廓，按快捷键Ctrl+C复制，再次选择这个火焰轮廓，开启"内部绘图"模式，按快捷键Ctrl+V，将刚才复制的火焰轮廓粘贴到之前的火焰轮廓之内，调整大小即可，如图5-85所示（图例使用了隔离模式，所以没有"内部绘图"模式下周围的虚线直角框）。另外叶子的绘制技巧与羽毛相同，这里就不多做介绍了。

提示 一旦使用了"内部绘图"模式，在"内部模式"消失的情况下就会发现作为"剪切轮廓"的对象不那么容易被选中了，只有单击嵌在其内部的对象或其边缘才能一起被选中，这是典型的"剪切蒙版"特征，下面即将学习的"隔离模式"可以很好地解决这个问题。

5.3.3　线框模式

经常会在展示"网格工具"绘制的复杂对象时，附上一张"线框"样式的图片，以展示这幅网格作品震撼的感觉（或告诉别人，这并非照片），如图5-86和图5-87所示。那么，这种"线框"是如何产生的呢？很简单，按快捷键Ctrl+Y即可，按快捷键Ctrl+Y可以显示"轮廓"模式，在绘制"巨大"（例如，路径非常多，或网格非常繁复，或大量使用各种效果）的对象时这种模式可以减少软件的运算量，让我们更快地进行拖曳画布操作等，同时，因为"轮廓"是没有填充的，也可以方便查看位于后方被遮挡的对象。

图5-87　正常模式

图5-88 重叠在一起的颜色

图5-89 对不齐的效果

提示 有时软件会在绘制时自动将模式转换为"轮廓"模式，此时你就要小心了，因为软件觉得它现在运行得比较吃力，需要做一些补救工作，否则，就很难继续下去了。

5.3.4 预览模式

如果创作的作品中有重叠在一起的颜色，如图5-88所示。通常在印刷时会被默认为"挖空"，即不会印刷出被覆盖住的颜色，相当于这部分颜色被"挖空"了，颜色与颜色之间互不干扰，但是这样有时也会带来一定的问题，就是对不齐颜色与颜色衔接的位置可能会露出缝隙，尤其是一些细小的对象，例如，文字笔画露出的缝隙，如图5-89所示（模拟的效果夸张了一些）。想要解决这种问题可以打开"属性"面板，选中绘制的对象，在面板中勾选"叠印填充"或"叠印描边"选项，这样在印刷时就会将被覆盖住的颜色一起印刷出来，通过颜色层叠累积的方式印刷出最终的效果，这样虽然不会造成缝隙的问题，但是多数情况下会导致油墨颜色互相叠加产生意外的颜色效果。想要预览这种印刷的效果，需要使用执行"视图">"叠印预览"命令。

当然，上述避免"对不齐"的方法只适用于不透明的油墨颜色（透明的油墨会导致颜色重叠变色），而这个还要根据实际油墨情况判断，毕竟软件只是模拟出类似的效果。虽然颜色重叠变色是不希望看到的事情，但是有时候也会故意制作出一些叠加效果，颜色与颜色叠加产生了新的颜色，画面会变得更丰富，如图5-90所示，仔细观察后也能发现，有些颜色重叠后并没有发生变色，这与软件判断的油墨实际情况有关。

图5-90 叠印效果

提示 有人会说：颜色重叠在一起的效果不就是"正片叠底"的效果吗？它们之间有什么不同吗？它们几乎完全不同，"不透明度"面板中的"正片叠底"是直接呈现颜色叠加后的效果，相当于绘制出的新颜色，并不是实际印刷时候的重叠，在印刷时还是不能避免间隙的问题。"叠印"模式只是靠软件模拟出颜色重叠的效果，实际的颜色重叠发生在印刷的时候，不但能避免一些问题，印刷后的实际效果也与"正片叠底"不同（其实颜色叠加后的颜色也与正片叠底不同），如图5-91所示。

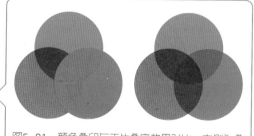

图5-91 颜色叠印与正片叠底效果对比，左侧为叠印效果，右侧为正片叠底效果

Illustrator 是矢量软件，一般情况下绘制出的对象不管是缩放还是其他变换都不会产生像素锯齿，这是一个极大的优点，但是有一种模式可以让我们看到像素的感觉，那就是"像素预览"。关于像素预览的内容在前面"对齐像素网格"中已有相关介绍，这里就不多介绍了。

5.3.5 隔离模式

除了以上模式，还有一种"隔离"模式，广泛存在于对象与对象的群组关系中，包括"编组"、"混合"、"剪切蒙版"等。例如，将绘制出的几个对象编组，编组后，双击该编组对象即可进入"隔离"模式，画布的左上角会有层次提示，并且无关对象会变成灰色调），如图5-92所示。在"隔离"模式中可以像编组前一样单独编辑被编组的每个对象，并且非本编组的对象都不受影响。此外，双击一个普通对象也能进入"隔离"模式，在该模式中可以编辑该对象，其他对象不受影响。在前面讲解过的"内部绘画"模式是一种特殊的剪切蒙版，也属于"隔离"模式的一种，操作方法相同。

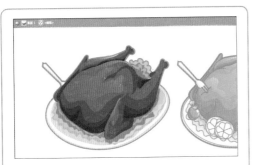

图5-92　编组隔离模式

在编组对象或对象范围外任意空白处双击，即可退出"隔离"模式，如果继续双击对象，则通常会进入更深层次的隔离——这种情况会发生在编组对象内双击某单独对象。

提示 我经常会在绘制纹理的时候使用"隔离"模式，例如，绘制水中漂浮的一些气泡，如图5-93所示，我会先绘制出两个圆形的气泡，然后将这两个气泡编组，双击进入编组的"隔离"模式，再绘制其他的气泡，绘制完成后，双击空白处回到正常模式，所有的气泡就会是编组状态，省去重新逐个选择的麻烦。这其中涉及到两个问题：1.为什么要先绘制两个气泡再编组，把一个气泡直接编组再进入隔离模式不行吗？答：不行，编组不支持单独对象。2.既然单独对象也可以双击进入隔离模式，那直接双击一个气泡，在隔离模式里绘制其他气泡不可以吗？答：不可以。因为单独对象的隔离模式不是编组对象的"隔离"模式，两者完全不同。

图5-93　水中的气泡

06 绘制操作

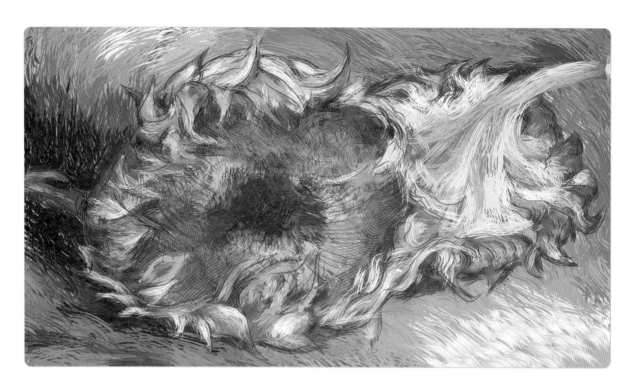

6.1 贝赛尔曲线

前面学习了繁多的各种设置,本章终于要开始"烤面包"——绘制操作部分了。绘制是Illustrator最基本的操作,一切精彩的创意都要依附在绘制上,本章将从贝赛尔曲线开始,依次介绍各种绘制工具、选择和修改工具,以及文字输入等操作。

6.1.1 基本的直线段与弧线段

所有Illustrator中的绘制都与贝赛尔曲线有关,很多初学者对这种喜欢拐弯并"不受控制"的绘制方式不能理解,再加上贝赛尔曲线在很多软件中的使用方法各有不同,也造成了很多人学习上的困难。其实,Illustrator中的贝赛尔曲线非常容易理解,掌握了要点,绘制起来可谓得心应手。下面从与贝赛尔曲线密切相关的"钢笔工具"的切入,逐一介绍在Illustrator中绘制贝赛尔曲线的方法。

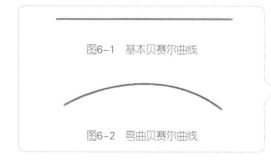

图6-1 基本贝赛尔曲线

图6-2 弯曲贝赛尔曲线

如图6-1所示为一段最基本的贝赛尔曲线,虽然不是弯曲的,但也是曲线,仔细观察会发现这段线条是由线段与两端的锚点构成的,也就是说,贝赛尔曲线是以线段连接两个锚点的形式存在的,所以在Illustrator中不存在只有一个锚点的贝赛尔曲线,也不存在没有锚点的曲线。如图6-2所示为一段弯曲的贝赛尔曲线,结构与前者相同,但是线段是弯曲的,同时它也是Illustrator中最简单的弧线呈现方式。

在学习"钢笔工具"之前让我们先设置一下描边颜色以便清楚地查看"钢笔工具"绘制的轮廓，在工具箱中单击"填色"按钮，让"填色"按钮位于"描边"按钮上面，单击下面的"无"按钮使接下来绘制的曲线没有填色，然后单击"描边"按钮，使"描边"按钮位于"填色"的上面，选择任意颜色，如图6-3所示。

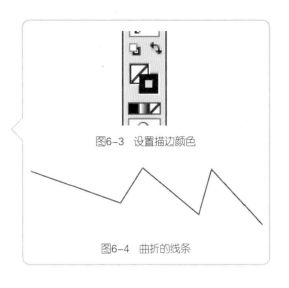

图6-3 设置描边颜色

图6-4 曲折的线条

下面开始绘制，使用"钢笔工具"在画板上单击，即可创建第1个锚点，不用保持鼠标的按下状态，释放鼠标后在别处单击，即创建第2个锚点，同时，这两个锚点之间就会连接起一条线段，继续单击，即可创建第3个锚点，依此类推，即可绘制出如图6-4所示的曲折线条。"钢笔工具"所到之处都会留下笔直的"足迹"，只要没有使路径闭合，"足迹"都可以继续延续。

提示 使用"钢笔工具"绘制时不要在已经连接起来的线条上单击（交叉没有问题），这样软件会将"钢笔工具"转换为"添加锚点工具"，在没切换回"钢笔工具"之前就不能继续绘制出新的线条了。

绘制直线比较简单，那有弧度的曲线怎么办呢？切换到其他任意工具后再切换回"钢笔工具"，使用"钢笔工具"单击拖曳，会发现锚点的两端延伸出了像"大头针"的手柄，此时，释放鼠标在别处单击拖曳，就会发现绘制出来的是曲线，再次使用"钢笔工具"在别处单击拖曳，又会产生新的锚点和新的手柄，依此类推，绘制出的线条，如图6-5所示。

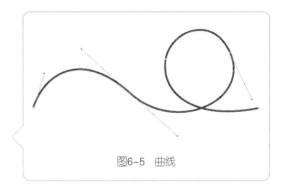

图6-5 曲线

提示 为什么要加一个切换工具的累赘步骤？因为之前一直有人抱怨"钢笔工具"一直跟着它走（不断连接新的锚点），没办法开始新的绘制，这里用这样一个小步骤，就是告诉"钢笔工具"当前的绘制结束了，然后用再次切换回的"钢笔工具"开始新的绘制。前面也提到了"闭合路径"可以结束"钢笔工具"的跟随，那么，什么是闭合路径？闭合路径就是一段首尾相接的线条，注意一定是首尾相接的，路径单纯的交叉不可以，闭合路径最典型的代表是圆形。当"钢笔工具"经过一段线条开始的锚点时，"钢笔工具"样式会稍有变化，"钢笔工具"旁边的×图标变成了○状态，此时，单击最开始的锚点，线条就闭合了。另外，即使断开跟踪后，"钢笔工具"经过未闭合的路径还是可以继续连接上的，同样，钢笔旁边的×图标会变成−状态。"钢笔工具"的几种不同模式，如图6-6所示。

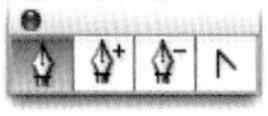

图6-6 "钢笔工具"的各种形式

图6-7   田字格参考线

图6-8   红色标记的切线

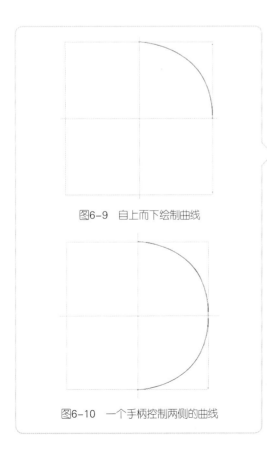

图6-9   自上而下绘制曲线

图6-10   一个手柄控制两侧的曲线

6.1.2   手柄与锚点

通过前面的绘制操作能够感觉到曲线是受手柄控制的，但是具体情况是怎样的，不用急，先来练习几个"田字格"，我想学习了前面辅助设置中"自制参考线"的技巧，制作这样的参考线不会是很困难的事情。田字格参考线，如图6-7所示。

贝赛尔曲线的控制手柄有一个很大的特点——"沿着切线"延伸；另外一个特点是，手柄的长度和锚点共同决定了弧线的各种属性。这两个特点是互相影响的，熟练使用需要一段时间的练习，像小时候学习写字需要规范在田字格内一样，这里也可以用这种方式练习贝赛尔曲线的绘制。

提示 什么是切线？几何上，切线指的是一条刚好触碰到曲线上某一点的直线。如图6-8所示。当切线经过曲线上的切点时（这里可以理解为"锚点"），切线的方向与曲线上该点的方向是相同的，感觉好悬，但实际操作时很好理解。

练习1：绘制一个圆形

制作完田字格参考线之后，先从一个简单的圆形实例开始，看一下手柄是如何沿着切线方向延伸的。

使用"钢笔工具"在田字格参考线内自上而下绘制了一段曲线，下端的"锚点"拖曳出了手柄，注意，手柄与田字格右侧边缘重合了，如果把田字格的4条边设定为一个圆形的4条切线，那也就说明手柄的方向与切线方向是重合的，如图6-9所示。继续单击，这里可以不用拖曳了，因为一个锚点的手柄可以控制锚点两端的曲线，所以，这回单击后绘制出的线条还受上一个锚点的手柄控制，仍然是曲线，如图6-10所示。再继续单击拖曳，还是沿着田字格边缘的方向，如图6-11所示，最后闭合曲线，一个圆形就绘制完成了，如图6-12所示。这个圆形不够圆，因为有两个锚点没有手柄，但主要是因为手柄长短的问题（使用"椭圆工具"绘制一个软件中默认的圆形，查看它的手柄情况就会明白）。

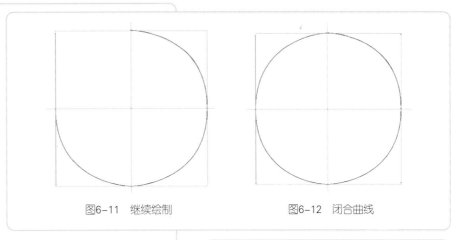

图6-11 继续绘制　　　　　　　　图6-12 闭合曲线

练习2：绘制树叶的形状

　　如果说圆形可以使用软件自带的"椭圆工具"绘制，那么，让我们来看一个更具实用价值的树叶形状的绘制，如图6-13所示，如果看懂了图上的锚点的位置及手柄的方向，就会发现树叶形状的绘制方法与之前绘制圆形的方法几乎完全相同，不同的是将两侧的锚点向内拖曳，但是能看到两侧锚点的手柄依旧是圆形垂直方向的切线方向。有人要问如图6-14所示是怎么回事，不是说切线的方向吗，为什么手柄的方向不是垂直的？因为一段曲线的切线有无数条，并不一定都是垂直的，所以，根据需要选择适合角度的切线方向即可。要想选对正确方向的曲线，需要对即将绘制出的弧形有一定的预见性，绘制时需要快速想象出下一步的曲线是什么形态，然后，果断拉出它的切线，并通过切线的长度控制弧形的弧度（不要着急，这需要练习，一般在使用"钢笔工具"绘制一幅较为完整的作品之后就能熟练掌握了）。

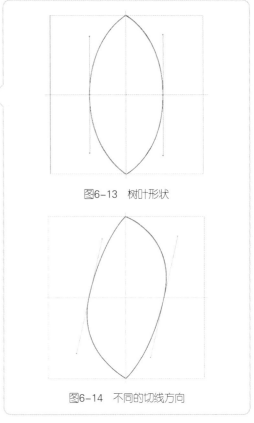

图6-13 树叶形状

图6-14 不同的切线方向

练习3：圆形变三角形

　　还是练习1中的圆形，为了更清楚地看到手柄，我将两侧锚点向内平移一段距离。将右侧的手柄长度变短，会发现右侧的弧形明显更尖了，如图6-15所示，那么，继续缩短手柄，直到手柄缩到和锚点重合的状态，如图6-16所示，会发现弧形消失了，变成了尖锐的角。下面水平向右平移左侧的锚点，保持手柄长度不变，会发现平移得越多，弧形越平，直到与田字格中心十字线重合后，弧形变成了一条直线，如图6-17所示。

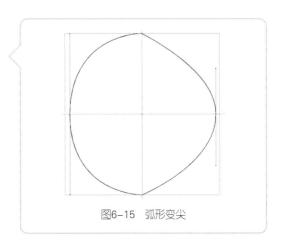

图6-15 弧形变尖

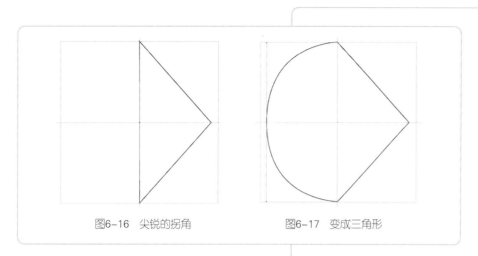

图6-16 尖锐的拐角   图6-17 变成三角形

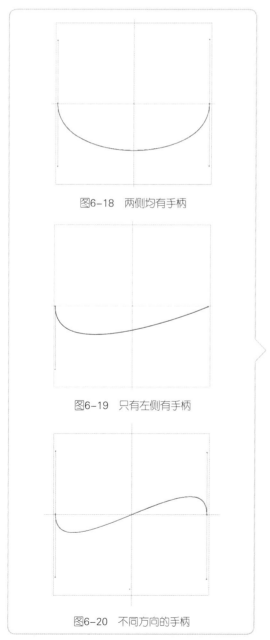

图6-18 两侧均有手柄

图6-19 只有左侧有手柄

图6-20 不同方向的手柄

总结一下,感觉锚点像"老板",手柄像"员工",老板走到一个地方说:这个地方要变成弯曲的,身为"员工"的手柄就开始工作,手柄变长变短控制着弧线的弯曲程度,如果"老板"忽然改变主义,想换位置了,"员工"手柄先前的工作就基本没用了;反过来,如果"员工"手柄罢工了,"老板"不管要求哪里是弯曲的,就都不会实现。

提示 缩短手柄的过程可以通过使用"锚点转换工具"单击,一次性实现。"锚点转换工具"在"6.5形状修改"一节中将有介绍。

之前举例说手柄像"员工",下面来看看这些"员工"是如何工作的吧。其实,手柄与手柄是各司其职的,每个都要负责锚点周围的两个区域,如图6-18所示。一段弧形的两侧各有手柄,所以弧形被弯曲成匀称的弧度。如图6-19所示,一段弧形只有左侧的锚点有手柄,那段弧形看起来就是偏向左侧的了;如果两个锚点分别向不同的方向拖曳,就会因为相互作用,形成S形或其他扭曲形态的曲线,如图6-20所示。

还是因为手柄的原因,很多初学者掌握不好曲线与直线接连的绘制方法,从直线到曲线比较轻松,只需要将"钢笔工具"从单击转换为单击后拖拉的方式绘制就行,但是从曲线要绘制到直线往往受控于一端锚点上手柄的"职责范围",导致直线变成弯曲的。要解决这个问题,有两种方法,实际使用时要随机应变。

1. 弧线绘制的最后一个节点不要拖曳,果断单击后接着绘制直线。

2. 任意绘制，在弧线衔接直线的锚点处重复单击，去掉延伸到直线侧的手柄，再继续绘制直线。同样的问题解决办法也适用于弧形与弧形之间的尖锐拐角。文字的说明方法会比较抽象，下面通过一个描图实例详细重温一下使用"钢笔工具"控制贝赛尔曲线的方法。

实例4：骑士

如图6-21所示为一幅国际象棋"骑士"的素材图片，下面要使用"钢笔工具"勾勒出它的样子。将图片置入画板，并在"图层"面板内将其锁定，选择"钢笔工具"，准备开始。

提示 锁定图层的操作也可以在"图层"面板中双击图层，可以打开"图层选项"对话框，其中可以将置入图片的该图层设置为"模版"层，再新建图层进行绘制操作。

图6-21　骑士

Step1 划分区域

划分区域有助于明确"钢笔工具"移动的位置，当然，这里的划分不需要实际绘制出来，只需要在头脑中想象即可，考虑到下面的绘制，这里用"零件"划分，可以分成底座、马的脖子和头，以及耳朵、鬃毛几个部分，这几个部分的形态都相对规则，能为以后上色提供方便。作者想象中的划分方式，如图6-22所示。

Step2 弧线连接直线

开始绘制之前要确定"钢笔工具"从哪里落下，通常作者会从拐角的地方开始，因为这样可以防止以后的曲线出现不平滑的情况，也更容易绘制出弧度合适的曲线。此外还要先绘制"后方"的对象，可以省去调整的路径前后顺序的麻烦。综合考虑后决定从鬃毛上端的一个拐角处开始绘制（如图6-23所示中红色圆圈标注的位置），确定了第1个锚点的位置后，观察鬃毛形状的弧形，感觉弧形的形态比较规范，所以可以直接找到大致弧形的中间点位置（如图6-24所示中红色圆圈标注的位置），单击拖曳出手柄。注意，要沿着弧形的切线方向拖曳手柄到上半段弧形贴紧鬃毛弧形时释放鼠标，继续在鬃毛的下一个拐角处单击（如图6-25所示中红色圆圈标注的位置），准备切换直线。

图6-22　划分位置　　图6-23　起点

图6-24　中点　　图6-25　切换直线

如果弧形的中间点位置确定得比较好，第3个锚点单击之后，产生的下半段弧线也会贴紧鬃毛。因为路径没有

图6-26　两段小弧形

图6-27　弧线错位

图6-28　马头上曲线形态

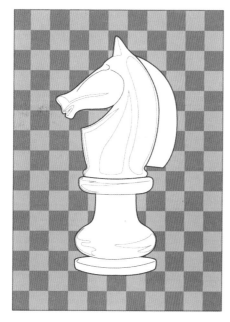

图6-29　参考

闭合，所以继续使用"钢笔工具"连接上鬃毛下面的一小段直线，并最终回到起点，形成一个闭合路径。

提示 为什么最后一段不贴着马的脖子绘制出弧线？因为，鬃毛在后方，在绘制出马的脖子并填色后，这部分会被覆盖住，所以没有必要绘制，并且绘制出的弧线还要与以后绘制马脖子的弧线重合，重合不了还会露出底色，这就变成一个费力不讨好的事情了。

Step3　弧线连接弧线

为了更便于观察，这一步隐藏了步骤2中绘制的鬃毛部分。"骑士"的马头部分有众多的弧线，并且看起来很难确定哪里是弧线的中间点和弧线的切线方向，那么，下面进行分解绘制看看。

如图6-26所示为马头上从右往左绘制的两段小弧形，绘制完右侧一段段弧形后，紧接着有一个"急转弯"，所以需要在第2个锚点上单击，截断手柄不影响左边一段的弧度，如果没有"截断"，弧线就错位了，如图6-27所示。

接下来是比较平滑的两段弧线，大致呈现出S形，只需要找好S形态中两个弧线的中间点，拖曳出切线方向的手柄即可，绘制出的曲线形态，如图6-28所示。马头下面的绘制技巧都比较简单，尝试自己绘制一下吧，提供一个参考，如图6-29所示。

如果只用"钢笔工具"来描图就太无趣了，使用"钢笔工具"更重要的是要自主创作，当然，没有现成的图像参考，绘制时就更考验对"钢笔工具"的熟悉程度了。尝试绘制一些复杂的图形能有助于"钢笔工具"使用技巧的进步。

提示 线条还可以有弹性？是的，通常"锚点"越少的线条越有弹性，看上去也就更生动。当然，锚点越少的线条越考验绘制技巧。

与"钢笔工具"一组的还有"添加锚点工具"、"删除锚点工具"、"锚点转换工具"等，但是因为它们不具有"绘制"功能，主要是用来调整，所以将它们放到了"6.5形状修改"一节详细讲解。

6.2 线条工具

6.2.1 直线段工具

"直线段工具"是用来绘制线段的工具，功能就像使用"钢笔工具"绘制最简单的直线条一样。不同的是，该工具不能像"钢笔工具"那样接连绘制，使用"直线段工具"绘制出的每条线段都是独立的。

默认情况下，"直线工具"可以绘制出任意方向的直线，如果按住Shift键，可以绘制出垂直、水平或倾斜的（45°或135°）直线，如图6-30所示。因为"直线段工具"只需要单击拖曳即可绘制完成，比"钢笔工具"的两次单击节省步骤，再加上线段与线段之间独立，不用像"钢笔工具"那样需要来回切换工具才能绘制出独立的对象，所以，直线在绘制一些单独路径较多的部分时能够发挥其优势，例如，纹理背景素材（如图6-31所示）和某些线稿等。如果再配合组合、变换操作，"直线段工具"的用途就更加广泛了。还有一个比较特殊的功能是把直线段绘制出的线条转换为自由的参考线，非常方便。

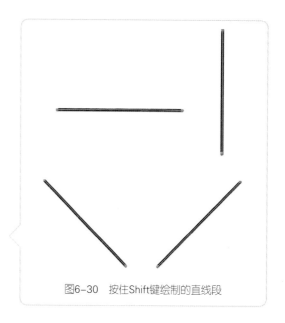

图6-30 按住Shift键绘制的直线段

图6-31 肌理背景素材

提示 使用"直线段工具"在画布上单击可以打开"直线段工具选项"对话框，如图6-32所示，在该对话框中设定直线段的长度与角度，以及是否带有填色（其实直线段绘制出来后看不出来填色）。

图 6-32 "直线段工具选项"对话框

使用作者以往绘制的一些形象重新组合了一张新的"寓言"作品，表现的是"鹬蚌相争"，其中运用了大量的直线段作为植物的茎和一些装饰部分，如图6-33所示。

图6-33　鹬蚌相争

Step1 绘制这些植物

前面已经学习过了"钢笔工具"绘制曲线的方法，结合本节学习的"直线段工具"，绘制出一些植物的感觉应该不会很困难，绘制的植物如图6-34所示，其基本的组成部分，如图6-35所示。

Step2 添加一点效果

选择"画笔"面板中的一种"艺术画笔"或自制一种"艺术画笔"，将这种画笔样式赋予步骤1中使用"直线段工具"绘制的线条，选择喜欢的颜色，添加效果后将它们编组，并做一些随意组合，如图6-36所示。涉及到的"艺术画笔"知识在后面的"画笔工具_艺术画笔"一节中有详细介绍。

怎么样，植物的绘制是不是很简单？每根植物的叶脉都是不连接的，所以使用"直线段工具"很方便。除了植物，画面基本还剩下主角没有介绍，它们是使用"钢笔工具"绘制的，从光盘中找到源文件查看一下吧。

提示 这幅作品中还涉及到了"混合"等知识，不要着急，在第7章"外观介绍"中会介绍。

图6-34　植物　　　图6-35　基本组成部分

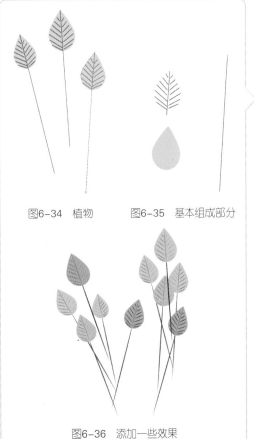

图6-36　添加一些效果

6.2.2 弧线段工具

"弧线段工具"是"直线段工具"的弯曲版，操作与"直线段工具"类似，但是因为是弧线，所以设置选项更多，使用"弧线段工具"工具在画布上单击，可以打开"弧线段工具选项"对话框，如图6-37所示，在该对话框中可以设置弧线的弯曲度等属性。

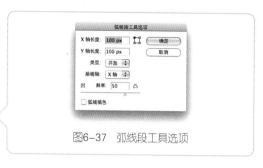

图6-37 弧线段工具选项

实例：西域公主-树枝

如图6-38所示为之前创作的"西域公主"小插图，在绘制两棵大树时运用到了"弧线段工具"，通过调整弧线段的不同弧度及弯曲方向，绘制了大树的枝干和树枝，下面详细介绍这两株大树的绘制方法。

Step1 绘制树干

绘制这幅插图时，使用的是400mm × 600mm左右的画布大小，新建画布后，直接使用"弧线段工具"在画布上单击，打开"弧线段工具选项"对话框，进行如图6-39所示的设置（X轴与Y轴的长度不用参考）。使用"弧线段工具"在画布上自上而下绘制，即可绘制出如图6-40所示的线条感觉，将线条的粗细设置为18pt，如果不是在前面提到的画布尺寸上绘制的，就根据想要的效果，在"描边"面板中设置它的粗细。

提示 在"描边"面板中选择"圆头端点"模式。

图6-38 西域公主

图6-39 弧线段工具设置　　图6-40 树干

Step2 绘制树枝

使用"弧线段工具"在画布上单击，打开"弧线段工具选项"对话框，进行如图6-41所示的设置（X轴与Y轴的长度不用参考），把"斜率"设置为81，可以绘制出拐角明显的弧线段，使用"弧线段工具"在步骤1中绘制完成的树干两侧自上而下绘制出一些树枝，如图6-42所示，使用"选择工具"单独选中一些树枝，在"描边"面板中将它们的粗细调整得比树干更细一些，绘制出如图6-43所示的效果。

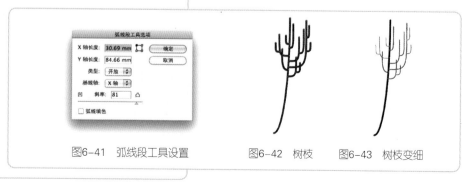

图6-41 弧线段工具设置　　　图6-42 树枝　　图6-43 树枝变细

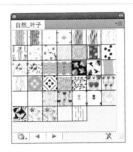

图6-44　自然_叶子图案色板

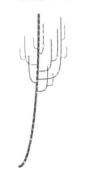

图6-45　添加图案效果

Step3　添加效果

在"色板"面板菜单中执行"打开色板库"＞"图案"＞"自然"＞"自然_叶子"命令，打开"自然_叶子"图案色板，如图6-44所示，从该色板中选择"秋天的叶子"图案，将其应用到描边上（注意是描边上，而不是填充色），绘制出的效果如图6-45所示。

Step4　绘制叶子

按住Shift键，使用"椭圆工具"绘制一个正圆形，在步骤3中打开的色板中选择"浮雕叶颜色"图案，应用到该圆形上，同时按住Shift+Alt键，使用"选择工具"选中刚才绘制出的圆形，水平拖曳复制出如图6-46所示的效果，然后一起选中这两个圆形，在"路径查找器"面板中单击"交集"按钮，即可制作出如图6-47所示的叶子效果了，将这种叶子通过按住Alt键复制出多个，摆放在树枝周围，并通过定界框调整方向，调整后即可绘制出如图6-48所示的效果了。

图6-46　两个圆形　　　　图6-47　叶子　　　　图6-48　添加叶子效果

6.2.3　螺旋工具

"螺旋工具"可以帮助我们绘制出复杂的"螺旋"线条，通过设置一些特殊的数值，还可以实现黄金比例的螺旋线条，这种线条可以作为参考线，也可以作为一些特殊的装饰来使用。如果不是经过特殊设置，螺旋线条也因为其本身能够带来的感觉，会让人联想起藤蔓、漩涡、飓风等，拥有自然且神秘的感觉对象。如果在绘制中适当结合螺旋线条，画面的氛围也会变得很丰富。

作者使用这种弯曲的结构绘制了一组藤蔓图案。如图

6-49所示。主要使用了"螺旋工具"和"宽度工具",下面详细讲解。

图6-49 藤蔓图案

Step1 制作艺术画笔轮廓

　　使用"直线段工具"绘制一条水平的线段,如图6-50所示,使用"宽度工具"在直线段上进行拖曳调整。方法是使用将"宽度工具"放置在直线段上方,直线段上就会产生一个圆形的控制点,将这个点向垂直方向拖曳,即可把直线段的宽度变宽或变窄,使用"宽度工具"在直线段上的多个位置上进行调整,绘制出如图6-51所示的效果,绘制完成后再绘制一条直线段,并继续使用"宽度工具"调整成为如图6-52所示的效果。最后,使用"钢笔工具",绘制出如图6-53所示的轮廓,将这个轮廓复制一遍,并使用定界框调整到如图6-54所示的对称效果。

提示 绘制时注意细的一端是线条的起始端,如图6-55所示。应用到螺旋线上就会是螺旋线的外圈向内圈由细过渡到粗的效果。

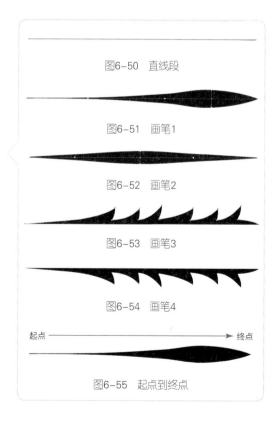

图6-50 直线段

图6-51 画笔1

图6-52 画笔2

图6-53 画笔3

图6-54 画笔4

起点 ──────────→ 终点

图6-55 起点到终点

■ Step2 制作艺术画笔

将步骤1中制作的各种轮廓分别拖曳到"画笔"面板中,在弹出的对话框中选择"艺术画笔"选项,分别进行如图6-56 ~ 图6-59所示的设置,创建艺术画笔。

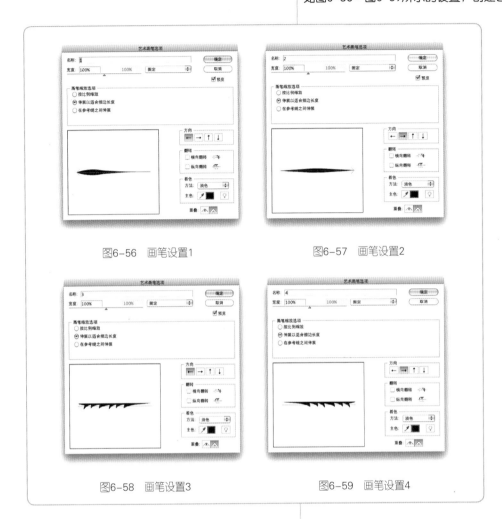

图6-56 画笔设置1　　　　图6-57 画笔设置2

图6-58 画笔设置3　　　　图6-59 画笔设置4

图6-60 螺旋线设置

图6-61 应用画笔1　　图6-62 应用画笔2

图6-63 调整曲线1　　图6-64 调整曲线2

■ Step3 制作螺旋曲线

使用"螺旋工具"在画布上单击,在弹出的"螺旋线"对话框中进行如图6-60所示的设置(尺寸仅供参考),单击"确定"按钮后,使用"螺旋曲线工具"即可在画布上绘制出螺旋曲线,将曲线应用画笔1的效果,如图6-61所示。再次使用"螺旋工具"在画布上单击,这次数值保持不变,更换一个样式(方向),绘制出的螺旋曲线应用画笔1的效果,如图6-62所示。使用"螺旋工具"在画板上继续绘制一个新的螺旋曲线,使用"直接选择工具"将螺旋曲线外圈起始点的锚点位置调整一下,如图6-63所示。切换到"钢笔工具",在如图6-64所示的位置单击并与螺旋曲线连接。注意,将手柄拖曳开,制作出平滑的曲线,如果一次绘制不出优美的曲线,可以再次使用

"直接选择工具"进行调整,调整完成后,将该螺旋线也应用一种艺术画笔。

还有一种锯齿状的艺术画笔没有使用,所以继续使用上面的技巧绘制出螺旋锯齿花纹效果,如图 6-65 所示。

图6-65 应用画笔3

Step4 组合制作效果

将步骤3中绘制出的各种螺旋线画笔效果都组合到一起,注意螺旋曲线延伸方向的统一,就会产生流畅的感觉,在"描边"面板中设置这些曲线的粗细,制作出对比效果。最后完成的样式,如图6-66所示。将这组画笔对象复制、旋转并组合,形成一片螺旋曲线的感觉(使用"椭圆工具"添加一些圆形),如果需要添加一个渐变效果,可以将画笔螺旋线扩展成轮廓,并应用渐变效果,如图6-67所示。

图6-66 组合效果   图6-67 组合渐变效果

6.2.4 "矩形网格工具"和"极坐标网格工具"

Illustrator可谓面面俱到,在"线条工具"组中还可以找到"矩形网格工具"和"极坐标网格工具",当然,一般的工作范围是基本接触不到它们的,但是不能说它们就没有什么用,发挥创意,再冷门的工具也能发光发热(在最后一章中有相关设计实例),为作品做出贡献。先来看看这两种网格的形式,如图6-68和图6-69所示。

这两种网格看上去像是某种图表,但是Illustrator中有专门绘制图表的工具,使用"文字工具"输入文字,也发现不会与这两种网格发生任何关系,那它们到底有什么用呢。说实话,我也不知道,但是,可以去发现。如果功能上不能有所突破,那么,从形式上再对它进行一番研究,矩形网格看上去像网格辅助线,这就算是它的第1个功能

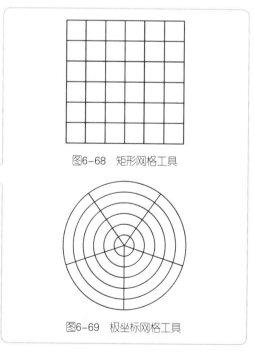

图6-68 矩形网格工具

图6-69 极坐标网格工具

——当作辅助线；如图6-70所示的标志后面的网格线效果，这种方形的格子看上去像"法文本"的格子，那说明可以用它来填色，绘制别具一格的插图作品，这算是第2个功能，如图6-71所示。继续找，尝试"破坏"它，矩形网格是由一个矩形和中间横向纵向的直线段组成的，把外框去掉，只留下中间的方格，并对它做一番扭曲，即可制作出如图6-72所示的效果了，组合起来可以当作背景装饰使用。

图6-70 网格辅助线　　　　图6-71 像素画　　　　图6-72 简单的背景装饰

使用"矩形网格工具"在画布上单击也会打开设置对话框，可以对大小、分割线的数量及是否使用外部边框和是否填色进行设置。同样，选择"极坐标工具"，在画布上单击，打开设置对话框，可以看到几乎类似的设置选项，把"径向分割线"的数量设置为0，并单击"确定"按钮看看是什么效果——结果是等距的同心圆，有人说"等距同心圆"有什么好稀奇的，但是我想说，在Illustrator中用其他的方法绘制等距的同心圆都很痛苦，能想到有哪些吗？混合能够产生同心圆，但是等距基本是妄想；"变换"命令可以实现同心圆，但是只支持比例缩放，所以也不是等距的；"偏移路径"命令可以产生等距又同心的圆，但是需要使用快捷键操作，要不重复操作的工程量太大；最后还有直接绘制，想想都很困难，所以，这里可以轻松地实现等距同心圆，是不是感觉还挺棒的？

6.2.5 画笔工具-画笔制作条件

"画笔工具"是最简单却几乎最容易出效果的一种工具，其使用方式有两种，一种是使用画笔样式绘制另一种是将画笔样式赋予对象。之前在介绍"直线段工具"和"螺旋工具"时，在实例中大量运用"画笔"，注意，不是运用"画笔工具"，相当于将画笔样式赋予对象，所以这里还必须介绍与"画笔工具"紧密配合的"画笔"面板，如图6-73所示。

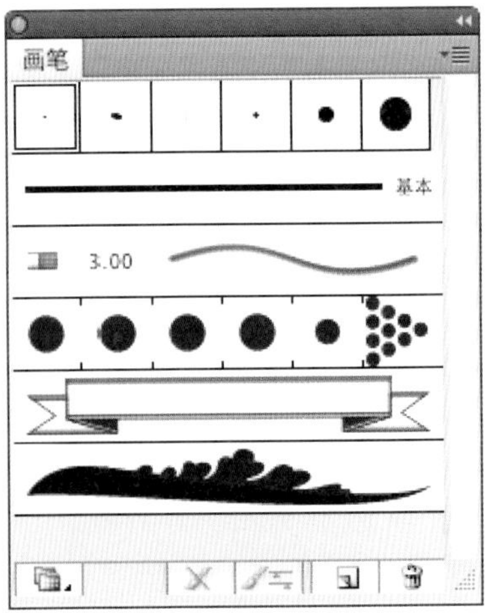

图6-73 画笔面板

"画笔面板"相当于画笔的资源库，各种画笔的样式都要从"画笔"面板中选择。"画笔工具"的使用方法简单，从"画笔"面板中选择相应的画笔，绘制即可。其粗细可以从"描边"面板中调整，对于一些可以改变颜色的画笔，颜色可以在工具箱内双击"描边"按钮，从拾色器、"色板"面板、"颜色"面板、"颜色参考"面板中等多个位置选择，不是困难的事情，下面主要讲解"画笔面板"的相关的内容。

为了弄清楚画笔的组成，自制一组画笔，注意，这是重要的Illustrator知识。自制画笔需要先绘制画笔的基本形态。学习阶段，制作一个简单的图形即可，使用"钢笔工具"绘制3个星形（或者使用"形状工具"组中的"星形工具"绘制，这里不做限制，任何简单的图形都可以），如图6-74所示。

星形的颜色保持简单的单纯黑白灰颜色即可，有人说黑白灰的星形太单调了，需要更漂亮的、更复杂的，别急，因为在制作画笔时有各种限制，有时候过于"漂亮"是做不出画笔的，下面看一下哪些情况不能或不适合制作画笔。

1. 渐变色：未扩展的渐变色（如图6-75所示）不能用于制作画笔。如果就需要带有渐变感觉的画笔怎么办？那就需要把渐变扩展，执行"对象"＞"扩展"命令即可，注意"扩展"对话框内的选项，如图6-76所示，需要选择"填充"选项，并且将渐变扩展为指定的几个对象，即将渐变变成"色阶"一样的效果，如图6-77所示。要注意指定对象的数字越大，越"不适合"作为画笔，会导致运算量过大，当然，计算机配置足够高的话也就无所谓了。作者在一幅插画中使用了类似的技巧制作了彩虹的效果，如下页图6-78所示。

图6-74 星形

图6-75 未扩展的渐变色

图6-76 扩展窗口

图6-77 扩展后的渐变

图6-78　插画（局部）

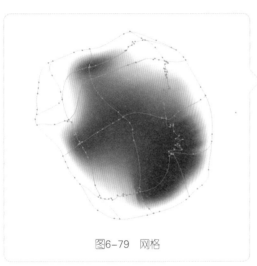

图6-79　网格

2. 网格：前面讲解过很多网格，但是这里的网格并非那种作为辅助线的网格，这里指的是使用"网格工具"（"网格工具"和"矩形网格工具"完全不是一回事，中文名称总是会造成混淆）绘制的对象，如图6-79所示。不管是复杂的网格还是简单的网格，都不可以，并且这个没有解决办法，"网格"就是不能作为画笔。

3. 用色板内的图案填充的对象（注意这里说的是填充的对象而不是图案本身），如图6-80所示，图案填充也是前面的几个实例中常用的技巧。可惜它也不能用来直接制作画笔，解决的办法是扩展，但是图案一般都会比较复杂，所以有些不适合制作画笔。

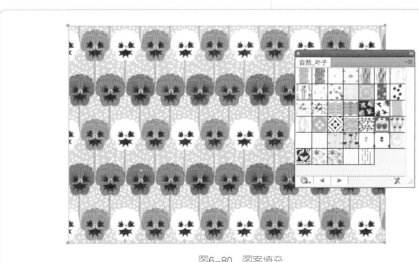

图6-80　图案填充

4. 未扩展的文字：如图 6-81 所示。文字在未扩展之前不能用来制作画笔，解决办法是执行"文字">"创建轮廓"命令，如图 6-82 所示，再制作画笔。

5. 某些"符号"面板中的符号：如图6-83所示，带有以上任何元素，在未扩展情况下的"符号"面板中的符号都不能用于制作画笔，解决办法还是扩展它们。

6. 剪切蒙版：如图6-84所示，剪切蒙版是不能扩展的，有些情况下，可以考虑使用"路径查找器"面板中的某些功能制作出与剪切蒙版相同效果的对象再制作画笔，如图6-85所示。

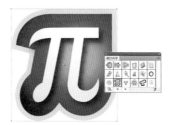

图6-81 未转曲的文字

Illustrator

图6-82 扩展的文字

图6-83 一些符号

图6-84 剪切蒙版剪切出来的三角形

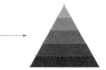

图6-85 使用"路径查找器"面板中的"分割"命令制作出来的三角形

7. 不透明蒙版：如图 6-86 所示，水晶按钮上的高光是使用不透明蒙版制作的。不透明蒙版制作画笔没有解决办法，所以在制作画笔时不要用一些太极端的对象。

8. 内部绘图模式下绘制的对象：如图 6-87 所示，因为这种模式类似剪切蒙版，所以也不能用于制作画笔。

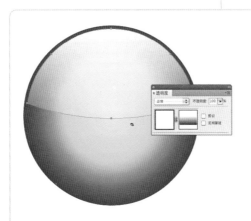

图6-86 不透明蒙版

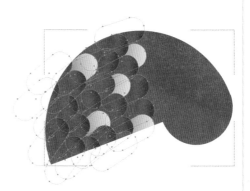

图6-87 内部绘图模式

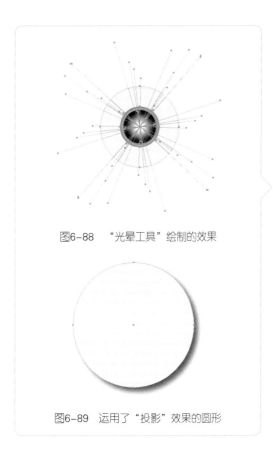

图6-88   "光晕工具"绘制的效果

9. "光晕工具"绘制的对象：如图6-88所示，这是一个即将讲解到的功能，很多人认为"光晕工具"绘制的对象很漂亮，做成画笔应该很棒。但是，十分可惜，"光晕"工具绘制的对象中含有"渐变"效果，所以不行，并且，也不要执着于把光晕扩展再制作画笔，软件可能会崩溃噢！

10. 运用了效果的对象：如图6-89所示。这些对象使用了"效果"菜单中的某些效果，例如"添加投影"之类的，种类很多，就不一一列举了，可以自行尝试。解决办法是，先不做效果，将单纯的对象制作成画笔，绘制完成后再添加效果。

图6-89   运用了"投影"效果的圆形

11. 位图：置入软件的图片是没法制作画笔的，解决办法是执行"对象" > "实时描摹"命令后再执行"对象" > "扩展"命令，这是常用的制作斑驳画笔的技巧。

写完这10几条作者都觉得很崩溃，制作一个画笔的要求也太多了吧，必须要总结一下，那就是："期望越大，失望越大！"现阶段的画笔支持的能力还很有限，但是，就目前的情况来看，功能足够了！

通常情况下，只需要简单的画笔，所以不必因为以上10几条限制造成太大压力，了解了要求之后，要继续制作画笔了，步骤很简单，把"画笔11禁"之前绘制的星形拖到"画笔"面板中，此时会弹出"新建画笔"对话框，如图6-90所示。其中提供了多种选择，这种情况下可选的画笔只有3种，"散点画笔"、"图案画笔"和"艺术画笔"。

图6-90   "新建画笔"对话框

提示 还有两种画笔类型不能以自定义图形的方式建立，所以呈现不可选的状态，它们的制作方式后面会介绍。

6.2.6　画笔工具-散点画笔

先选择"散点画笔"选项，单击"确定"按钮，打开"散点画笔选项"对话框，如图6-91所示。散点画笔，顾名思义就是"散点式"的，用于制作画笔的图案（3颗星星）的"分身"散布在"画笔工具"绘制的路径上，它们的大小、间距、分布（在"画笔工具"绘制路径的左侧、右侧，还是居中），以及旋转角度都是可调的。之前绘制

图6-91   "散点画笔选项"对话框

的星星为黑白灰三色，被创建为画笔之后可以选择其将来的颜色情况，即在"着色"一栏中调整，将"方法"设置为"无"，则星星永远保持黑白灰的外观；设置为"色调"则星星会根据以后设置的描边颜色而改变，相应的黑色变成最接近设置颜色的颜色，灰色其次，白色则基本保持不变；设置为"淡色和暗色"则星星颜色会保留淡色（白色）和暗色（黑色）的部分，而将处在中间带的灰色部分变成新设置的颜色；设置为"色相转换"，则星星的颜色会最大限度地保持不变，但是渗透进新设置的颜色，以上4种颜色模式对应的效果，如图6-92所示（新设置的颜色为草绿色）。

提示 以上颜色模式的设置也适用于其他类型的画笔。对这种表意稍显舍混的模式设置，软件本身也提供了一个帮助，单击对话框中的"提示"按钮可以查看。

散点画笔的效果可以用来模拟一些随机分布的对象，例如，星空、沙尘、草地等，也可以作为活泼的装饰，在软件自带的画笔库中提供了大量的画笔素材，随时调用，很方便。但是由于画笔支持的效果有限，所以有时也使用"符号喷枪工具"代替，"符号喷枪工具"在后面的章节中会讲解到。

6.2.7 画笔工具-图案画笔

图案画笔也是一种"散点"式的排列，但是它比散点画笔更高级的地方在于，它能够将画笔图案连贯成一个整体的图案，绘制出的画笔效果属于"二方连续"的一种，在散点画笔中使用的星星图案不具有连续的特性，重新绘制一个适合"图案画笔"的图形，如图6-93所示。

如图6-93所示，绘制了一个画笔图案后又单独复制了背景的黑色，放在一旁备用，至于这块黑色是做什么用的，一会儿再解释。将黑色与黄色组成的图案拖曳到"画笔"面板中，选择"图案画笔"选项，单击"确定"按钮后弹出"图案画笔选项"对话框，如图6-94所示，为了保证图案的连续性，对话框中有很多地方需要补充完整，尤其是中间的边线拐角等处的图案需要补充，但是，除了在下面的选项中选择不合适的图案不可以把自制的图案放进去，没关系，先单击"确定"按钮，关掉该对话框，此时会在"画笔"面板中看到刚刚建立的"不完整"图案画笔，画一下试试，为了检验有无拐角处的图案，绘制一

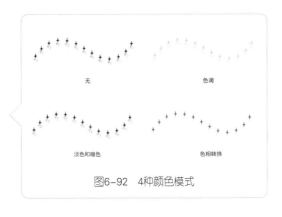

图6-92 4种颜色模式

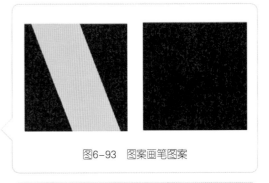

图6-93 图案画笔图案

图6-94 "图案画笔选项"对话框

图6-95   应用画笔效果的矩形

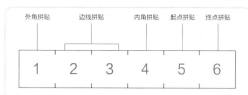

图6-96   图案画笔对应的拼贴位置

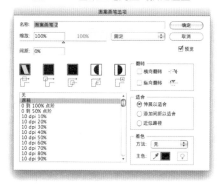

图6-97   "图案画笔选项"对话框中的图案列表
（左下角）

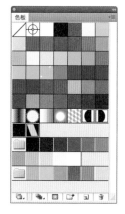

图6-98   将图案拖曳到色板当中

图6-99   在"图案画笔选项"对话框
的图案列表中查找

个矩形，并将图案赋予该矩形，结果会发现如图6-95所示的情况，所有拐角处的图案都缺失了，但是边线却连接得很好，这说明需要想办法将拐角处的图案添加到这个画笔中。

其实之前复制出的黑色方块是用作拐角处图案的，所以，尝试把黑色的方块继续拖曳到"画笔"面板中的该画笔上，结果发现，不可以，软件会认为是要新建一个画笔，所以这方法肯定有问题，那么，让我们来尝试结合一下键盘上的某些快捷键，实验了Ctrl和Shift键都没什么用，结果Alt键管用了，没错，要想把拐角的图案添加到一个图案画笔文件中，可以按住Alt键，将图案拖曳到对应的格子当中，此时，又出现了另外一个问题，到底是哪个格子才是拐角的格子？经过了多次实验之后，总结了这样的规律：第1格是"外角拼贴即朝外的拐角；第2格和第3格是边线图案（这个格子的数字会发生变化，这里是以"画笔"面板最窄宽度能容纳的格子计算的）；第4格是内角拼贴即朝向内的拐角图案；第5格是起点处的图案；第6格是终点处的图案，如图6-96所示。

提示   "画笔"面板中的格子排列顺序与"图案画笔选项"对话框中的排列顺序不同。

作者一直坚持这种制作图案画笔的用法，而忽略了"图案画笔选项"对话框里那一堆可选的图案，如图6-97所示，因为是以名称显示的，所以没联想到还有"图案"色板这个功能，其实，该对话框中那一列名称全是图案的名称，这样一来就明白了，图案画笔和图案色板是有关系的，原来按住Alt键增加拐角的做法可以说是"偏方儿"，预先把边线处的图案、各种拐角处的图案、起点和终点处的图案都制作好，并拖曳到"色板"面板中，如图6-98所示。这样即可在"图案画笔选项"对话框中的图案名称列表中找到了，如图6-99所示，非常方便，而且不用计算到底是哪个格子填什么内容，赶紧试试看吧！

提示   该对话框中还有很多设置选项，非常易懂，所以就不多解释了，其中图案画笔的着色方法有一项不同："淡色"表示原本画笔图案中越浅的颜色越会被保留，相反，颜色越深越接近新设置的颜色。

实例：有趣的图案画笔字体

本实例，如图6-100所示，其中使用的是前面介绍的图案画笔，下面来学习一下吧！

图6-100　有趣的图案画笔字体

Step1 制作画笔

在之前的介绍中了解到图案画笔是由几个"拼贴"组成的，所以，下面就使用"形状工具"配合"钢笔工具"等绘制出这几个拼贴。首先是边线拼贴，如图6-101所示，这里绘制的图案需要考虑左右都能衔接到一起，然后再绘制外角拼贴，如图6-102所示。虽然称为"角"拼贴，但是不需要表现出角的尖锐感觉，而是需要在保持"方正"感觉的情况下表现"转折"的效果。虽然本实例中以简单的黑色替代了转折的效果，但是如果从软件自带的画笔库中找到一款图案画笔查看一下，就会发现如图6-103所示的效果。因为实例中用不到内角拼贴，所以接下来直接绘制起点拼贴和终点拼贴，用两个半圆形代替，如图6-104所示。

在绘制的过程中要注意各个拼贴的高度统一，尤其是外角拼贴，一定要保证是正方形（即高度与宽度要与各个拼贴的高度一致），把它们摆放成一排并使用参考线作为参考，进行严格调整，如图6-105所示。调整完成后，将它们分别拖曳到"色板"面板中，制作成为色板，并记住它们的名称（在色板中双击创建的色板可以打开"色板选项"对话框，在该对话框中可以设置该色板的名称）。

提示 软件自带画笔库中外角拼贴看起来明显比边线拼贴要大很多，不符合之前说的要与边线拼贴的图案一样高的原则，难道是因为作者说错了吗？其实不是，但是现在先不解释，等学习了后面的图案制作技巧，就会明白了。

图6-101　边线拼贴　　图6-102　外角拼贴

图6-103　软件自带图案画笔的边线拼贴与外角拼贴

图6-104　起点与终点拼贴

图6-105　对齐操作

Step2 输入文字并应用画笔

使用"钢笔工具"绘制出文字的路径效果，如图6-106所示。不要将画布上的任何对象选中（使用"选择工具"在画布空白处单击），在"画笔"面板菜单中执行"新建画笔"命令，并在"新建画笔"对话框中选择"图案画笔"选项，打开"图案画笔选项"对话框，如图6-107所示。根据之前的讲解，将"图案画笔选项"对话框中的6个方框分别从下方的列表中选择相应的图案，如图6-108所示，单击"确定"按钮，即把前面绘制的图案建立成为一个艺术画笔。使用"选择工具"选中前面绘制的文字路径，在"画笔"面板中选择刚才制作的画笔，将画笔效果应用到文字路径上。绘制出的效果，如图6-109所示。

图6-106 文字路径

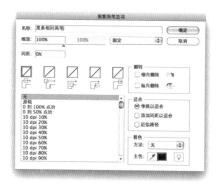

图6-107 图案"画笔选项"对话框

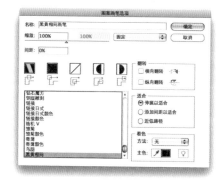

图6-108 制作画笔

6-109 应用画笔效果

剩下的还有一个高光效果、小蜜蜂及文字的投影等，除了一些会在后面的章节中涉及到的技巧，主要都是使用"钢笔工具"绘制的，所以没有太多技巧可以讲解，从源文件中可以查看到绘制的情况。

作者在之前创作的一幅以"马戏团"为主题的插画中，使用了大量的图案画笔，制作出了空中悬挂的灯光效果，如图6-110所示。

6.2.8 画笔工具-艺术画笔

要说"散点画笔"和"图案画笔"都是偏装饰性的，那"艺术画笔"就是偏艺术了，不同于前面两种画笔，"艺术画笔"的确拥有不拘一格的艺术家气质，也更适合表现和模拟艺术作品的笔触和肌理感等，下面来制作一个"艺术画笔"。

艺术画笔的绘制形态是由一个图案拉伸扭曲形成的，所以它没有"分身"，也没有拼接的成分，通过"画笔工具"以拉伸的方式绘制的，这里制作一个水滴形状的图案，如图6-111所示。拖曳到"画笔"面板中等操作不再赘述，直接查看"艺术画笔选项"对话框，如图6-112所示，在该对话框中，可以选择水滴在绘制时的朝向，以蓝色的箭头表示，箭头指向代表路径延伸的方向，当然，有人喜欢"倒着画"，按照个人绘制习惯设置即可。

单击"确定"按钮关闭"艺术画笔选项"对话框，使用"画笔工具"在画布上绘制的效果，如图6-113所示。显然这是艺术画笔比较简单的形式，不能表现艺术画笔的优势，那么，让我们来看一下更为复杂的作品——使用"画笔工具"临摹的向日葵油画作品及人物肖像，其中使用了大量的软件自带艺术画笔和一些自制的画笔，如图6-114和图6-115所示。

图6-110　马戏团

图6-111　水滴形态

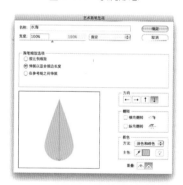

图6-112　创建水滴形态艺术画笔

图6-113　水滴形态艺术画笔

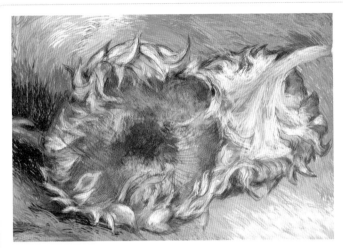

图6-114　向日葵

图6-115　人物肖像

通常在Illustrator中是不容易绘制出数位板的"压感"效果的,但是却可以通过制作一些特殊的艺术画笔,模拟出"压感"效果,粗细变化让线条更为生动,如图6-116所示。其中使用的艺术画笔,如图6-117所示。绘制出的效果,如图6-118所示。

图6-116　图腾图案

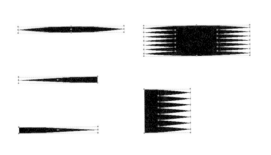

图6-117　画笔样式

图6-118　绘制效果

6.2.9 画笔工具–书法画笔和毛刷画笔

最后来看一下两种不能用直接拖放图案定义的画笔，它们是："书法画笔"和"毛刷画笔"。这两种画笔像Photoshop自带的画笔，只能通过选项设置控制其呈现的形式，不能使用自定义的图案，这样是不是很不方便呢？其实不是，之前介绍的"艺术画笔"有类似这两种画笔的成分，即可自由定义图案。建立这两种画笔可以在"画笔"面板菜单中找到"新建画笔"选项，其中这两项是可选的。

下面先介绍一下"书法画笔"，书法画笔可以模拟出各种书法的逼真效果，这里指的书法并非一下就能联想到中国的毛笔书法，实际上使用这种画笔也几乎模拟不出毛笔的书法效果，它指的是更为国际化的，范围更广阔的"书法"形式，也可以说是"书写"文字的形式，例如，钢笔书法、阿拉伯的文字书写方式、鹅毛笔书法、甚至是白板笔书法等。软件默认新建的书法画笔的起始形态是圆形，可以在"书法画笔选项"对话框中进行样式的调整，如图6-119所示，在缩略图窗口中可以对圆形的画笔图案进行一些挤压，可以使之变成椭圆形，这样可以用来模拟一些用扁平笔尖书写的书法；下面的角度，可以控制前面调整过的"椭圆形"笔触的角度，感觉就像一支扁平的笔尖落到纸面上的角度一样；最后一项是"直径"，很容易理解，是用来控制笔触大小的选项。使用这种画笔很容易绘制出涂鸦感觉的字体效果，如图6-120所示。

书法画笔介绍完了，接着介绍"毛刷画笔"，"毛刷画笔"是Illustrator CS5新增的强大功能，模拟的真实笔触效果近乎完美，但又是矢量图形，非常棒不是吗？"艺术画笔"也可以实现类似的效果，但是在制作画笔时比较麻烦，并且绘制出的效果也稍显生硬，当然前面介绍的向日葵作品在这种画笔"诞生"之前就已经绘制出来了，如果使用"毛刷画笔"重新绘制这幅作品的话效果一定更棒。

与之前的步骤相同，新建"毛刷画笔"，打开"毛刷画笔选项"对话框，如图6-121所示，可以看到毛刷画笔提供多达10种笔的形状可供选择，如图6-122所示，如果学过一些色彩绘画，对这些笔的适用范围一定不会陌生，选择圆点形状的画笔，看起来这是一种适合水彩画的画笔，相应的在画笔选项一栏中也会有预览图和各种设置选项，各种设置选项很容易理解，这里就不多解释了，直接使用默认设置，单击"确定"按钮，绘制一些效果看看。

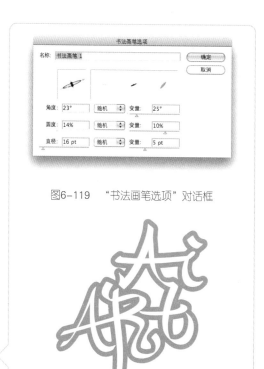

图6-119 "书法画笔选项"对话框

图6-120 涂鸦字体

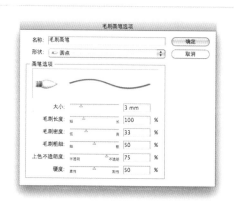

图6-121 "毛刷画笔选项"对话框

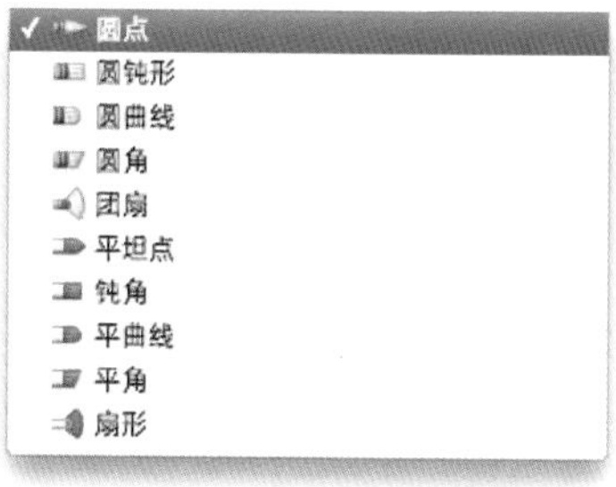

图6-122 毛刷画笔类型

选择刚才建立的"毛刷画笔"，选择合适的颜色，使用"画笔工具"绘制一些线条，感觉很像在Photoshop中使用有羽化的画笔进行绘制的感觉，并且非常流畅。绘制的的效果，如图6-123所示。

图6-123　毛刷画笔效果

6.2.10　铅笔工具

"铅笔工具"就像是默认使用基本轮廓样式的"画笔工具"，"如果有数位板之类的设备，可以很容易地使用'铅笔工具'绘制"，这是作者之前一直对一些学生讲的，但是很多学生会说"铅笔工具"很难用，画出来的图形都走样了，或者画出来的下一笔已替代了上一笔，之类的问题很多。其实，如果遇到这种问题很好解决，在工具箱中双击"画笔工具"，打开"铅笔工具选项"对话框，如图6-124所示，可以看到"保真度"参数就是控制绘制出的对象到底"像不像"绘制的对象，数值越大越不像，最小值为0.5像素。当然，如果使用了0.5像素，绘制的对象节点数量也是最多的；如果绘制的对象出现很多拐角，那就能看到"平滑度"发挥作用的地方了，平滑度数值越低，绘制出的对象越尖锐，反之就越光滑，这样就解决了"像不像"的问题。剩下的就是笔触会被替代的问题了，解决这个问题也很简单，勾选掉"编辑所选路径"选项，或者把"编辑所选路径"的范围数值加大。解释一下这个功能就会更明白：其实之所以新绘制的路径会把之前的路径替代是因为这两个路径靠得太近（在编辑所选路径的范围之内），而在这个功能下，软件会默认新的笔触是要编辑之前的笔触，所以笔触其实是被编辑了，不是被替代了。除了编辑所选路径还有"保持选定"选项，作者喜欢使用该选项，因为可以节省时间，具体怎么样节省时间，

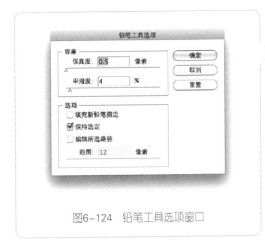

图6-124　铅笔工具选项窗口

在日后的实际工作中会逐渐发现的。剩下最后一个选项（位置上是第1个），其实可以不用理会它，它的功能是保持"铅笔工具"绘制出来的对象是有填充颜色的，并且，这个功能只短暂存在新建一个空白文档之后的绘制，一旦设置"铅笔工具"不填色，该选项就不会再发生作用了，除非新建下一个文档。

在需要绘制一些自由的形态时，"钢笔工具"会太过繁琐且一点也不自由，"画笔工具"总是带着各种轮廓的画笔效果。此时，"铅笔工具"就发挥其作用了，如图6-125和图6-126所示的自由插图，都是使用数位板结合"铅笔工具"绘制的。此外，还有"平滑工具"和"橡皮擦工具"，这两种工具在"6.5形状修改"一节中介绍，但因为功能比较简单，所以在这里带过了。前面提到过，当将"铅笔工具"的保真度设置得足够精确时，绘制出路径上的节点就会变多，节点太多的路径看起来不够平滑，或者因为平滑的容差设置有问题，绘制出的对象有很多尖锐的部分。此时，可以使用"平滑工具"沿着之前"铅笔工具"绘制的路径"擦拭"，过多的节点就会被去掉，路径也相应地有一些"走形"。"橡皮擦工具"也需要使用"擦拭"的方式，但是之前需要选中路径。这两种工具使用起来都不够方便，所以不常用。

图6-125　猫

图6-126　机器人

6.2.11　斑点画笔工具

"斑点画笔工具"像是"书法画笔"的扩展版，也像Flash中画笔的效果，使用"斑点画笔工具"绘制的每一笔都已经"扩展"好了，变成一个填充颜色的轮廓，新绘制的笔触轮廓会自动与之前绘制的轮廓连接到一起（这个可以在"斑点画笔选项"对话框中进行调整）。如图6-127所示为使用斑点画笔绘制的欧洲风景。

图6-127　欧洲风景

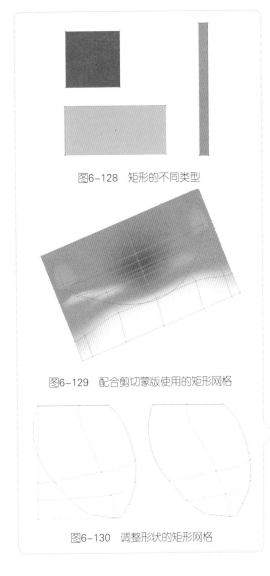

图6-128 矩形的不同类型

图6-129 配合剪切蒙版使用的矩形网格

图6-130 调整形状的矩形网格

图6-131 SD娃娃

6.3 形状工具

一直以来Illustrator都提供一系列简单的形状工具，这些工具让绘制操作变得轻松，有人会想如果软件中不提供"圆形工具"会是怎样的后果吗？这些"形状工具"在实际应用中被大量使用，其简单的使用方式就不多介绍了，下面主要讲解它们的"特殊性能"。

6.3.1 矩形工具

根据绘制出矩形的不同，习惯将矩形分类成"正方形"、"长方形"和"长条形"，如图6-128所示。

在Illustrator中，矩形是最容易控制的形状，不难发现软件中的定界框都是以矩形的形态存在的，矩形比其他任何图形都能更贴紧"定界框"，所以定界框的变化会直接影响到矩形，简单的影响是显而易见的，直接拉伸或旋转定界框，矩形就会随之发生变化，但是，其实定界框还影响着更深层次的东西，例如，使用"网格工具"添加的网格线，矩形最容易控制，所以，矩形也是最容易添加规则网格线的图形，调整网格线的走向也最方便，如果只看文字还会觉得比较抽象，那么，请看图，如图6-129和图6-130所示为在Illustrator中绘制网格对象的两个技巧，其中如图6-129所示表示在一个规整的矩形能添加网格效果，然后使用剪切蒙版（红色围绕部分）剪切下来，这是在比较不规则的轮廓上添加网格颜色效果的技巧之一；图6-130为简单的矩形作为最开始添加网格的对象，然后逐渐使用"直接选择工具"或"网格工具"将矩形调整成需要的形状，而实现在矩形上添加的规整网格线也可以轻松地被调整，这个技巧比直接在最终需要的形态上添加网格的做法更容易获得规整的网格线。

这两个技巧是在作者上一本书中介绍到的写实绘画技巧，因为本身操作比较复杂，所以不是很适合本书的初级定位，不过书的光盘中还是提供了源文件，有兴趣的同学可以找出学习一下，这个实例是如图6-131所示的SD娃娃实例，而上面介绍的两处分别绘制的是SD娃娃的嘴唇和脸庞。

6.3.2　圆角矩形工具

　　圆角矩形以精致的感觉受到很多人的喜爱，尤其是近年来在一些界面上的应用十分广泛，例如，如图6-132所示的iPhone图标，经典的圆角矩形小图标已经成为众多设计者模仿的对象。下面来看一下圆角矩形能绘制出的一些基本形态，如图6-133所示。首先是"正圆角矩形"，然后是"长圆角矩形"，最后一个比较特殊是"胶囊形"。前两种形态在默认的情况下很容易绘制出，至于胶囊的形态，只需要使用"圆角矩形工具"在画布上单击，打开设置对话框，将"圆角半径"设置得大一些即可。

提示　胶囊形的两端看上去是两个半圆形，所以不要以为两端的端点是一个节点，其实半圆形的顶点是由两个节点重合形成的。

6.3.3　椭圆工具

　　"椭圆工具"能够绘制的椭圆形包括3种形态，如图6-134所示，分别是正圆、椭圆，以及梭形，作为最常用的形态之一，在"如何创意"部分中将以圆形作为延伸创意的基础。通常软件默认是从圆形的一侧开始绘制圆形，所以很难确定圆形的位置，要解决这个问题，可以按住Alt键以鼠标单击位置为圆心绘制圆形，这个技巧同样也适用于前面介绍的"矩形工具"、"圆角矩形工具"及接下来将要介绍的"多边形工具"和"星形工具"。

6.3.4　多边形工具

　　"多边形工具"可以绘制出多种图形，如图6-135所示。默认情况下可以绘制出"六边形"，通过双击"多边形工具"图标或使用"多边形工具"在画布上单击，可以打开"多边形"对话框，输入相应的数值即可绘制出相应边数的多边形，因为没有"一边形"和"两边形"，所以数值是大于等于3的，在一定范围内，可以明确地感觉到多边形的棱角，但是数值越大，多边形越平滑，形态也就越接近"圆形"，这种接近圆形的多边形也有很多用处，在后面的章节中会讲解。

图6-132　iPhone图标

图6-133　圆角矩形类型

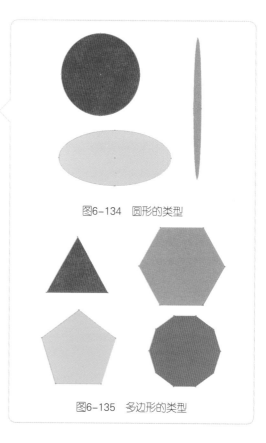

图6-134　圆形的类型

图6-135　多边形的类型

图6-136　星形的类型

图6-137　"光晕工具选项"对话框

6.3.5　星形工具

　　"星形工具"与"多边形工具"类似，操作方法也类似，不同的地方就是"星形工具"绘制出的是星形。如图6-136所示，红色的五星形状是正常方式绘制的，但是其下方还有一个绿色的正五角星，这个是怎么设置的？其实很简单，只需要在绘制时按住Alt键，绘制出的星形就会变"正"了，其实，紫色的10角星呈现出的角的状态也是按住Alt键的结果，它的正常状态是其上方橙色的10角星所呈现的状态。

6.3.6　光晕工具

　　前面讲解过的所有工具都可以通过使用工具在画布上单击，打开设置对话框，进行尺寸或边角数量的设置等，基本都是一些简单的设置，与前面的这些工具类似，"光晕工具"也提供了一个设置窗口，只是更复杂一些，如图6-137所示。在该对话框中，可以打开或关闭光晕中的某些效果，例如是否有射线，以及是否有环形等。其实，"光晕工具"也不像是一种"形状"，其更像一种复合的效果，它的绘制可以是一次性的，也可以是连贯的，所谓的一次性的就是使用"光晕工具"在画布上拖曳一次，即可绘制出一个发光的效果，如图6-138所示。如果在拖曳后继续在另外一个位置单击，"光晕工具"还会拖曳出一串"光圈"的效果，即"连贯的"绘制，如图6-139所示。

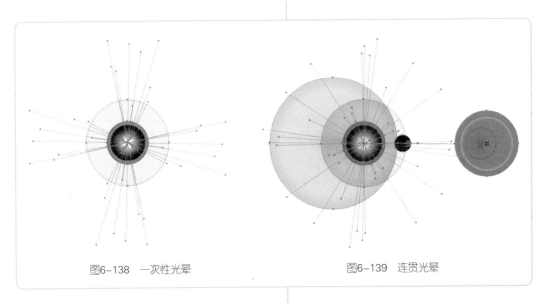

图6-138　一次性光晕　　　　　　图6-139　连贯光晕

　　"光晕工具"在明亮背景上的效果并不好，所以它非常适合在暗处发挥作用，用来表现一些灯光、发光效果非常棒，在作者的很多作品中都使用它，如前面介绍到的马戏团实例的"吊灯"绘制，如图6-140所示，还有如图6-141所示的另外一幅作品中的发光树的效果。

图6-140　马戏团吊灯

图6-141　发光树

6.4　选择与图层操作

其实在之前的操作中，已经在默默地接触这些工具了，下面将详细地介绍一下。

在纸上创作的时候没办法将创作出的对象轻易移动位置，但是在软件中是可以的，如果要在Illustrator中移动对象首先需要选择对象。选中对象涉及到5种工具和一个面板，其中5种工具可以进行"点选"和"框选"（"魔棒工具"不能框选）等操作，作为基本操作，需要熟练掌握其使用方法。

提示　"点选"即通过单击选择，可以结合Shift键进行多个选择。"框选"即按住鼠标拖曳选框进行选择，划出的选框经过的地方都会被选中，也可以结合Shift键进行多选操作，框选后，按住Shift再配合点选，可以挑出不想被选中的对象。

6.4.1　选择工具

5种工具中最常用的工具——"选择工具"（黑箭头），该工具可以选中画板上的任何未"锁定"的对象，被选中的对象会在周围显示定界框，但是它没有办法识别群组对象、剪切蒙版对象或复合路径等复合对象内部的对象，使用"选择工具"选择时，组合在一起的复合对象会被一起选中。

初学者可能搞不清楚对象的种类，没关系，这里用图例说明一下：如图6-142所示为单独的对象，使用"选

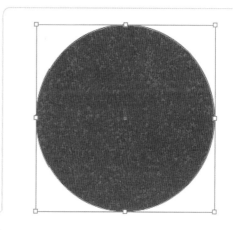

图6-142　单独的对象

图6-143 重叠在一起的对象

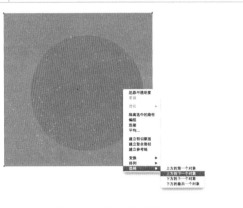

图6-144 选中后方对象

择工具"选中后,周围出现方形的定界框,单独对象彼此之间是互不干扰的,可以单独选中并移动(在没有锁定的情况下)。除非有下列情况,它们完全重合或被某较大的单独对象完全覆盖,如图6-143所示(上层对象完全覆盖住了下层对象),则一般操作只能选中位于上层的单独对象。如果出现这种重合或覆盖的情况怎么办?可以选中上层对象,单击右键执行"选择">"下方的一个对象"命令,如图6-144所示或者使用"图层"面板,从图层中找到需要选中的路径,点击图层中显示的该路径后方的圆形按钮,将其选中,如图6-145所示。

图6-145 在"图层"面板中选中后方对象

除了这些"直接"选中的技巧,也可以先选中上层对象,并在"图层"面板中单击"可视"按钮后面的方框,将其"锁定",如图6-146所示,再选中下方的对象(锁定可以使用快捷键Ctrl+2,这样操作就更快捷,这个办法也是作者经常使用的,因为实际设计绘制时面对的层次多得数不清,前面介绍的技巧应对不了)。锁定后的对象就不能做任何更改了(并不是绝对的,有一种情况,即使锁定了还是可以移动的,将在后面有所介绍)。

图6-146 锁定上层对象

按住Shift键可以使用"选择工具"连续选择多个单独对象,定界框也随之变大。按住Shift键的操作也适用于图层内的选择(图层内也可以使用Crtl键)。

提示 锁定对象有快捷键Ctrl+2,与之相反的没有单独解锁一个对象(因为锁定后,对象不能被选中,软件不知道要解锁哪一个),但是有"全部解锁"这种"大叔"性质的快捷键Ctrl+Shift+2。

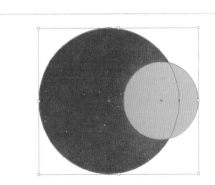

图6-147 编组对象

如图6-147所示为一个编组对象,编组对象是由两个或两个以上单独对象,通过"编组"操作组合到一起的对象，使用"选择工具"选中该对象，会发现任意选择编组对象中的一个单独对象，其他的对象都被一起选中，出现类似"连续选择单独对象的"的形式。这是编组的优势——省去了很多单独选择的麻烦。同样问题也来了，我们无法直接选中编组中那个单独的对象，要解决这个问题，除了从"图层"面板中选择外，还可以用"选择工具"双击编组对象，这样即可进入编组内部的隔离模式下进行选择，在前面的隔离模式技巧中已经介绍过了。

编组对象可以使用"直接选择工具"直接选中编组内部的单独对象，而编组内部没被选中的单独对象则不受影响，下面就介绍"直接选择工具"的用法。

提示 前面提到了一个对象锁定，但是还能被移动，这种情况就是在编组时会发生的，如果将编组内部的一个单独对象锁定，使用"选择工具"整体移动编组的时候，即使被锁定的对象也会被一起移动。

6.4.2　直接选择工具

5种工具中重要程度几乎与"选择工具"并驾齐驱的是"直接选择工具"（白箭头），顾名思义，"直接选择工具"就是"直接选择"，不需要经过一些繁杂的操作，之前使用"选择工具"选择编组内的单独对象就相对啰嗦了一些，如果使用"直接选择工

具"，不需要双击，直接选择即可，但是"直接选择工具"不会有定界框显示。

从前面的章节中就开始提到定界框，那定界框到底是干什么用的？答："定界"用的，定界框就是确定对象能够到达的边界，然后通过定界框上的拖拉或旋转点以改变边界的方式，间接调整对象的形状，而"直接选择工具"不会出现定界框，这就是因为"直接选择工具"调整起来不用"间接"。

提示 按快捷键Ctrl+Shift+B会隐藏定界框，再按一次会显示。很多人说为什么没有定界框，就是因为定界框可能被不小心隐藏了。

下面接着说"直接选择工具"，因为它的"直接"特征，所以在选择对象的位置上会有不同，如果希望像"选择工具"一样，整体选中对象，就需要在对象的中间单击。那不在对象中间单击，单击在对象的边缘上会怎样？"直接选择工具"会直接选中的那段"边"。文字表达太苍白，下面举图例说明：如图6-148所示为"直接选择工具"整体选中对象的样式，如图6-149所示为使用"直接选择工具"单击在对象边缘上的状态，选中了对象边缘上一个"锚点"，将其复制出来看一下是什么样的，如图6-150所示，复制出的选中对象是圆形的一半，其实是一段曲线，关于曲线的内容，下一节将有详细介绍。

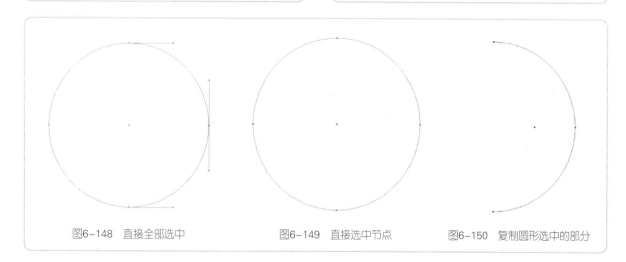

图6-148　直接全部选中　　　　图6-149　直接选中节点　　　　图6-150　复制圆形选中的部分

6.4.3　编组选择工具

与"直接选择工具"一起的是"编组选择工

具"，它的作用像是去掉选择对象局部功能的"直接选择工具"即使用它的时候不需要考虑选择对象的什么位置。

图6-151 "魔棒"面板

6.4.4 魔棒工具

较新版本的Illustrator提供了类似Photoshop中的"魔棒工具"，名称相同，功能也相近，使用"魔棒工具"可以同时选择相同或相近的对象，在工具箱内双击"魔棒工具"可以调出"魔棒"面板，如图6-151所示，"魔棒工具"将可以对选择的对象做了一个方便的归类，勾选相应的分类，即可执行相关的选择而不会影响其他的分类。各项分类中涉及到一个关键词——"容差"。容差代表了一个范围，容差的数值越小，代表适合条件的的对象越少，选择得越少；数值越大，代表适合条件的对象越多，选择得越多。

6.4.5 套索工具

5种选择工具中还有最后一个"套索工具"，该工具的作用类似"自由选择工具"，但是比"直接选择工具"更加自由，使用"套索工具"可以绘制选区，选区内的对象都会被选中，并且是最直接的选中，这一点与"直接选择工具"非常像。

6.5 形状修改

6.5.1 添加锚点工具和删除锚点工具

与"钢笔工具"组合在一起的还有"添加锚点工具"、"删除锚点工具"和"锚点转换工具"，这3个工具并不能直接绘制，主要是用来调整。"添加锚点工具"可以在曲线上的锚点之间添加锚点，而"删除锚点工具"则是专门对付锚点的，用它在锚点上单击，锚点就消失了，但是曲线并不会断开。

两个锚点之间可以是一段曲线，而3个锚点之间也可以是曲线，但是它们的状态完全不同，两个锚点控制的曲线给人的感觉很有弹性，有蓄势待发的感觉，比较活泼，而3个锚点控制的曲线则非常稳定，沉稳大方，如果想将一段活泼的曲线变成一段稳重的曲线即可使用"添加锚点工具"在曲线的两个锚点之间单击，并调整手柄即可变成稳重的曲线了。反之，也可以用"删除锚点工具"将一段稳重的曲线变成活泼的曲线。曲线的转换，如图6-152所示。

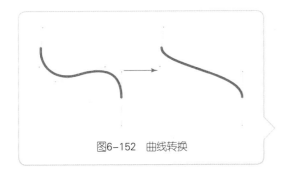

图6-152 曲线转换

"添加锚点工具"和"删除锚点工具"的功能远不止调整曲线这么简单，更多的功能自己实验一下就会了解了。

提示 "添加锚点工具"和"删除锚点工具"不必从工具箱中选择，当"钢笔工具"经过一段线条时，就会变身为"添加锚点工具"，经过锚点时就会变身为"删除锚点工具"。

6.5.2 锚点转换工具

"锚点转换工具"的作用是调整手柄的长短，通常会让锚点两端的手柄一样长，但是它不具有移动锚点的工具，需要配合"直接选择工具"调整锚点位置。其作用示意，如图6-153所示，第1排转变表示使用"锚点转换工具"在尖锐的拐角处拖曳，可以将尖锐拐角的顶点锚点控制手柄拉出，转变成为弧线的拐角，这个操作是可逆的，即在弧线的顶点锚点处使用"锚点转换工具"单击，即可恢复成尖锐的拐角。第2排表示可以单独控制锚点的手柄长短，如图中标注红色圆圈的控制手柄端点，使用"锚点转换工具"在该端点处单击即可将该手柄缩回去，相应的这个手柄控制的拐角也会恢复成原来的样式。

图6-153 "锚点转换工具"的作用

6.5.3 平滑工具和路径橡皮擦工具

"平滑工具"与"铅笔工具"集成在一起，但实际上，"平滑工具"可以平滑任何路径，不单单是"铅笔工具"绘制出的路径，如图6-154所示，使用"平滑工具"在一个星形对象上半部分反复"涂抹"，星形的尖角就平滑成了弧线，这种功能类似"圆角"命令，但是相比"圆角"命令，"平滑工具"可以局部平滑，使用起来也更加随意。

此外，"平滑工具"还有减少节点的功能，如图6-155所示为使用"铅笔工具"绘制一段曲线，因为提高了保真度，所以曲线上的节点很多，此时，可以使用"平滑工具"沿着曲线"涂抹"，效果很显著，多余的节点即被清除，而曲线的形态变化也不大。

提示 "平滑工具"在处理一些过于尖锐的角时表现欠佳，往往达不到想要平滑的效果。

"路径橡皮擦工具"即是能擦除路径的一种工具，但不好用。通常大面积地删除路径会使用"直接选择工具"框选，然后按Delete键删除，只是在一些细节的处理上才会用到"路径橡皮擦工具"。

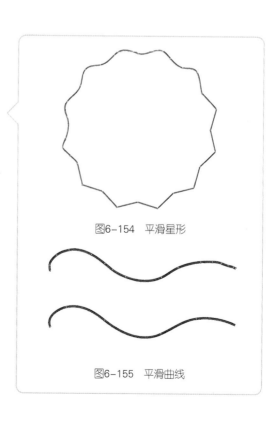

图6-154 平滑星形

图6-155 平滑曲线

图6-156　"橡皮擦工具选项"对话框

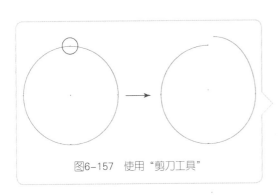

图6-157　使用"剪刀工具"

图6-158　太阳月亮

图6-159　暖色渐变　　图6-160　冷色渐变

6.5.4　橡皮擦工具

"橡皮擦工具"像是逆向的"斑点画笔工具"，能够擦除绝大多数绘制出的对象，当然，它也能替代"路径橡皮擦工具"的功能，并且更好用。

双击"橡皮擦工具"可以打开"橡皮擦工具选项"对话框，如图6-156所示。在该对话框中可以对"角度"、"圆度"及"直径"进行设置。

6.5.5　剪刀工具与美工刀工具

类似这种名称的工具，需要以其实物的功能来联想起用法，剪刀，是能够剪断线的。所以，"剪刀工具"的作用即是"剪断"路径，像用剪刀剪断绳子一样。"美工刀工具"可以"切割"，所以，其在软件中的作用就是"切割"轮廓对象。相比真实的工具，其功能是单一了一点，但是在软件中是非常有用的。

"剪刀工具"只能应用在路径上，包括单纯的路径和轮廓对象的边缘，使用"剪刀工具"在路径上单击（红色圆圈标记的位置），单击的位置就会断开，变成两个重合的节点，然后使用"选择工具"可以将重合的节点分开，如图6-157所示。这里有一个经典的问题，"什么东西一刀剪断只有一段？"答案是"圆"，如果使用"剪刀工具"在圆形边缘上单击，那么这个圆形就变成一段弯曲成圆形的弧线，这种弧线有很多用处，在"创意"一章中会有详细介绍。

"美工刀工具"只能用在轮廓对象上，对路径不起作用，如果学习了前面的"橡皮擦工具"，并实验了一下会发现，使用该工具擦断一个轮廓后，即使橡皮擦再小也会在中间留下空隙，而"美工刀工具"就可以解决这个问题，既切断轮廓对象，又不会在中间留下空隙，省去了很多不必要的麻烦。

实例：太阳月亮

根据"美工刀工具"分割对象没有缝隙的特性，可以实现很多有趣的效果，如图6-158所示为我所用太阳和月亮的插图。

Step1　绘制圆形

使用"圆形工具"绘制两个圆形，并将其中一个填充暖色，一个填充冷色的线性渐变，如图6-159和图6-160所示。

Step2 切割

选中步骤1中绘制的其中一个圆形，使用"美工刀"工具像使用画笔一样在圆形上绘制，切割出如图6-161所示的效果，并用同样的技巧绘制出另外一个圆形上的切割效果，如图6-162所示。

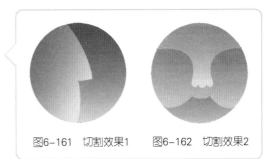

图6-161 切割效果1　　图6-162 切割效果2

Step3 添加五官细节

使用"圆形工具"和"钢笔工具"绘制出眼睛，如图6-163所示。将眼睛摆放到面庞上，并在冷色调的面庞上将眼睛的色调也调整成冷色调，同时，使用"钢笔工具"分别绘制出嘴巴的轮廓，以及一些面部的斑点等，如图6-164和图6-165所示。

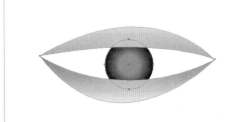  

图6-163 眼睛效果　　　　图6-164 太阳五官　　　　图6-165 月亮五官

Step4 添加光芒效果

太阳的光芒效果是使用之前介绍的"星形工具"绘制的，使用"星形工具"在画布上单击，设置"角点"数值为13，绘制出星形，并填充紫色的渐变色，如图6-166所示。将这个星形多复制几层，并做一些放大或旋转的调整，分别填充不同的颜色，并一起组合到太阳脸庞的后方，绘制出的效果如图6-167所示（实例中还为星形添加了一点圆角化效果）。

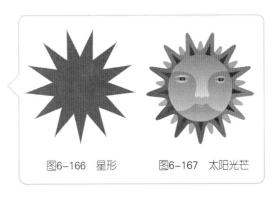

图6-166 星形　　　图6-167 太阳光芒

Step5 添加效果

在月亮的脸庞后面绘制圆形，并填充蓝色的渐变色，执行"效果">"扭曲和变换">"波纹效果"命令，制作出边缘的起伏感觉，如图6-168所示。这样月亮的光芒也绘制完成了，如图6-169所示。

6.5.6 变形工具系列

"变形工具"是一个强大的家族，看起来像Photoshop中的"液化"功能，它们个个效果惊人，但是大多不好控制。

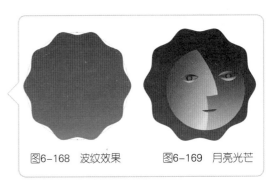

图6-168 波纹效果　　　图6-169 月亮光芒

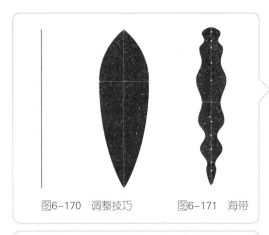

图6-170 调整技巧　　图6-171 海带

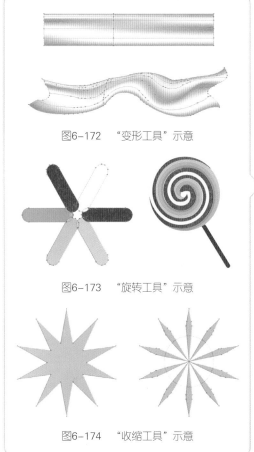

图6-172 "变形工具"示意

图6-173 "旋转工具"示意

图6-174 "收缩工具"示意

在Illustrator CS5版本中，新增了"宽度工具"，可以对轮廓的粗细做局部调整，将"生命力"赋予呆板的传统线条，在之前的"螺旋曲线"实例中也使用了这个功能制作粗细变化的线条。如图6-170所示，使用"宽度工具"在轮廓上单击并横向拖曳，原本平直的线段就被"撑"开，即"宽度"发生了变化，这样多次调整，即可绘制出"海带"一样的效果，如图6-171所示，这是一种自然对称感觉的图形，可以用于绘画创作中去。

提示 "宽度工具"可以反复调整宽度，按住Alt键可以只调整轮廓一侧的宽度。

"变形工具"、"旋转工具"、"收缩工具"与"膨胀工具"与Photoshop中"液化"滤镜中的工具相同，功能也相同，其中"变形工具"可以通过涂抹的方式柔和地改变对象的形态（其实Photoshop中用这个工具瘦腰、瘦大腿），如图6-172所示，使用"变形工具"涂抹，可以将一段"网格工具"填充的矩形对象扭曲成为丝绸的效果；在对象上长按"旋转工具"可以让对象局部或整体旋转起来，形成螺旋效果，如图6-173所示。使用"旋转工具"旋转一些彩色的轮廓制作出棒棒糖效果，"收缩工具"与"膨胀工具"正好是相反的，"收缩工具"像一个黑洞，可以把对象收缩，甚至完全让对象消失，如图6-174所示。使用"收缩工具"调整到比多角星稍小的尺寸可以将星形的内圈锚点收缩到一起，而"膨胀工具"则像一个充气筒，可以让对象"充气"膨胀或被挤成一条缝，如图6-175所示。使用"膨胀工具"在圆形内部靠近边缘的位置"充气"，膨胀出熊的耳朵效果（中间图），使用"膨胀工具"在圆形的外侧靠近边缘的位置"充气"，可以把圆形向内挤压出凹槽。

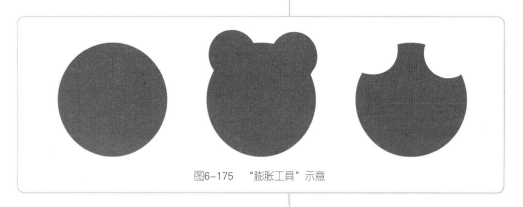

图6-175 "膨胀工具"示意

实例：茶花

　　作者喜欢各种各样的植物，所以本书中也总是使用植物的绘制作为实例，虽然都是植物的实例，但是每种的技巧都不尽相同，下面介绍茶花的绘制技巧，如图6-176所示，作为"变形工具"这一节的实例，其自然也离不开"变形工具"，所以直接看步骤吧！

图6-176　山茶花

Step1　绘制一个圆形

　　使用"椭圆工具"绘制一个圆形，填充任意颜色，如图6-177所示，按住Alt键复制出多个备用。

Step2　"变"出花瓣的形态

　　使用"变形工具"分别涂抹步骤1中绘制出来的圆形，适当调大工具的大小，会更轻松地抹出需要的形态。一朵花需要很多形态的花瓣，如图6-178所示。

提示 使用"变形工具"的技巧有两种，一种是"推出"，破坏原有的形状，拖曳出额外的部分；另一种是"收进"，即从边缘向内拖曳，可以达到"瘦"的效果。

Step3　组合并上色

　　使用"选择工具"将这些花瓣组合到最佳的形态，并

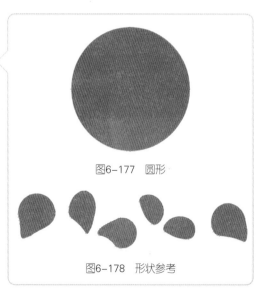

图6-177　圆形

图6-178　形状参考

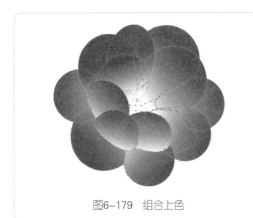

图6-179　组合上色

在"渐变"面板中设置其颜色,如图6-179所示,花的颜色随意好了,根据个人喜好设定即可。

Step4 花蕊和叶子

依旧绘制一个圆形,但是这回使用"旋转扭曲工具",按住Shift+Alt键在画布上拖曳"旋转扭曲工具",调整工具笔触的大小到与刚绘制的圆形差不多大小,然后使用工具在圆形的旁边单击(在圆心位置单击旋转不出来),再将这个圆形旋转成一个密集的螺旋造型,如图6-180所示。使用"膨胀工具"缩小后在螺旋线中单击几次,制作出花蕊点状的感觉,如图6-181所示。将这个花蕊轮廓使用定界框压扁一些并设置为黄色的渐变色,复制几层并适当错开(将位于上层的花蕊轮廓对象的混合模式设置为"叠加"),绘制出如图6-182所示的效果,即使用"钢笔工具"绘制一个轮廓,作为花蕊的厚度,并填充为与花蕊相同的渐变色,如图6-183所示。将花蕊摆放在花朵的花蕊位置,如图6-184所示。

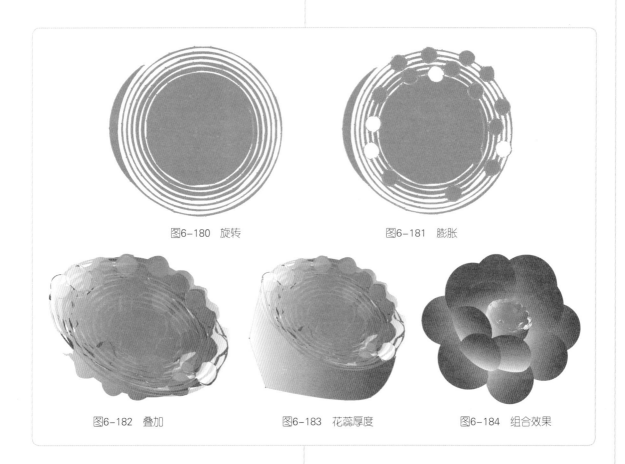

图6-180　旋转

图6-181　膨胀

图6-182　叠加

图6-183　花蕊厚度

图6-184　组合效果

还记得前面讲解过的"美工刀工具"吗?没错,绘制出一片叶子的形状(两个圆形重叠取交集),并填充绿色的渐变色，如图6-185所示，再使用"美工刀工具"在中间划开一道痕，这样基本的叶子就绘制完成了，如图6-186所示。将这种叶子复制几个，摆放到花朵的后面，最后，使用"变形工具"将叶子的形态涂抹得自然一些，如图6-187所示，整支茶花就绘制完成。

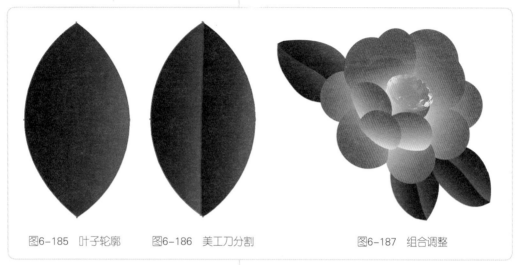

图6-185　叶子轮廓　　　图6-186　美工刀分割　　　　　　图6-187　组合调整

剩下的还有"扇贝工具"、"晶格化工具"和"皱褶工具"。"扇贝工具"，顾名思义是可以将对象的边缘变成像扇贝壳形态的工具，尽管作者觉得一点都不像，但是这种效果还是很迷人的，可以适当应用于一些字体设计中，如图6-188所示；另外一个顾名思义，但是一点都不像的工具是"晶格化"工具，一般绘图软件中的"晶格"是指晶体结构，Photoshop中有"晶格化"滤镜，表现出的效果就比较贴切，至于在Illustrator中，只能靠想象了；"皱褶工具"可以将对象的边缘变得参差不齐，感觉像褶皱一样，通常默认"皱褶工具"只能向一个方向（横向或纵向）产生褶皱，如果在工具箱中双击该工具，可以打开设置对话框，就能开启另外一个方向了，如图6-189所示的小狗毛发就是使用"晶格化"滤镜制作的。

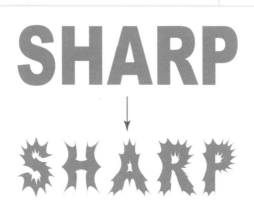

图6-188　使用"扇贝工具"进行的字体设计

图6-189　使用"晶格化"制作的小狗绒毛效果

图6-190　轴心

图6-191　旋转

图6-192　旋转角度设置

前面也提到了通过按住Shift+Alt键在画布上拖曳"旋转工具",可以调整"旋转扭曲工具"的笔触大小,其实这个技巧同样适用于这一系列工具中的其他工具,如果不按住Shift键,那么,工具的笔触还可以调整成宽窄不同的变化。

6.5.7　旋转工具

旋转工具与旋转扭曲工具不同,通常"旋转工具"不会改变对象本身的形状,但是可以通过旋转改变对象的方向,其旋转方式有两种,一种是以默认轴心旋转,通常是对象定界框的中心点;另外一种是自定义轴心旋转。下面分别介绍。

如图6-190所示,为使用"矩形工具"绘制的一个正方形,保持矩形的选中状态,选择"旋转工具",会发现矩形的中心(红色圆圈标注部分)点产生了一个轴心的符号,这是使用"旋转工具"在矩形周围拖曳,矩形就会绕着轴心旋转,如图6-191所示。如果觉得这样的旋转太随意,可以在工具箱中双击"旋转工具",打开"旋转"对话框,如图6-192所示,在该对话框中输入相应的角度即可,输入数值的同时也可以选择复制,这样原本的对象就会保持不变,复制出的对象会按照输入的角度旋转。

如果足够细心就会发现前面说的默认轴心是"定界框"的中心点,这是为什么呢?因为软件目前还不能够确认对象的中心点位置,只能是容易界定的"定界框"的中心,正方形的中心点刚好与其定界框的中心点重合,那不重合的对象能举例出来吗?很容易就找到了,使用"多边形工具"绘制一个三角形或五边形试试看。三角形或五边形旋转并不能按照图形本身的中心旋转,这种不便的确造成了一些困扰。

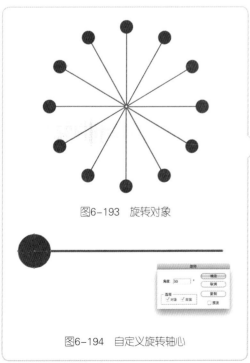

图6-193　旋转对象

图6-194　自定义旋转轴心

如图6-193所示,这是一组放射状对象效果,能够发现放射状光线并不是按照其默认轴心旋转的,这是如何做到的呢,其实很简单,选中需要旋转的对象,按住Alt键,再使用"旋转工具"在放射状光线的顶点单击,这样就会弹出"旋转"对话框,如图6-194所示,而刚才单击的位置也就是自定义的轴心位置。

6.5.8 镜像工具

"镜像工具"的作用就是制造对象的镜像,像从镜子里看到的图像一样,外观一模一样,只是是对称的。如图6-195所示,是一只蝴蝶的翅膀,此时可以选中这只翅膀复制出来一个新的、相同方向的翅膀,如图6-196所示。

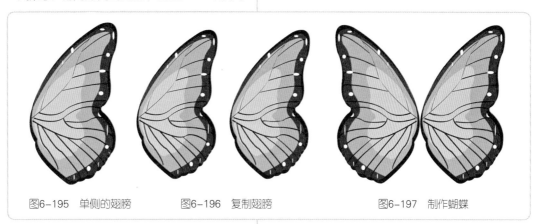

图6-195 单侧的翅膀　　图6-196 复制翅膀　　　　图6-197 制作蝴蝶

使用"镜像工具"将其颠倒过来即可与之前一只翅膀组合出一只漂亮的蝴蝶了,如图6-197所示。与"旋转工具"类似,也不需事先复制,可以在工具箱中双击该工具的图标,打开"镜像"对话框,设置好"轴"的方向再单击"复制"按钮即可。

提示 这里的轴指的是对称轴,可以比作镜子的摆放方向。

实例:常用界面元素绘制

一般都使用"镜像工具"镜像一些独立的对象,实际上,"镜像工具"也可以镜像对象的局部,有一个有趣的讨论说,如何快速绘制出只有一个圆角的矩形,这种形态在一些界面上会经常用到,如图6-198所示。做这种形态的方法有很多,其中有一种就用到了"镜像工具",虽然可能不是最佳答案,但是作为思路的启发也很不错,其步骤是这样的。

Step1 绘制基本形态

使用"矩形工具"绘制一个矩形,如图6-199所示,然后使用"椭圆工具"绘制出一个圆形,并用这个圆形切掉之前绘制出矩形的一个角,如果想要圆角比较精确的感觉,可以按住Alt键,开启智能参考线,从矩形的一个角的顶点锚点开始绘制圆形,如图6-200所示。一起选中矩形与圆形,使用"路径查找器"面板中的"减去顶层"功能,在本节的最后一部分会有详细的讲解,剪切完成后得到一个有凹陷圆角的矩形形态,如图6-201所示。

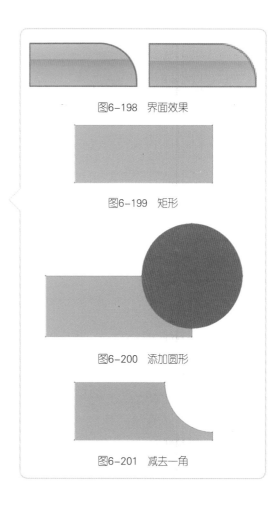

图6-198 界面效果

图6-199 矩形

图6-200 添加圆形

图6-201 减去一角

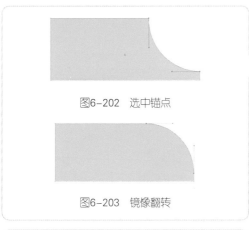

图6-202　选中锚点

图6-203　镜像翻转

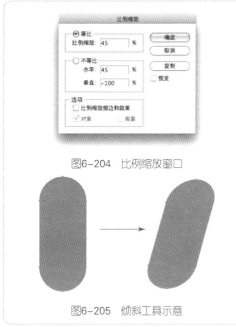

图6-204　比例缩放窗口

图6-205　倾斜工具示意

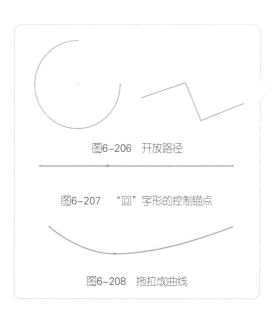

图6-206　开放路径

图6-207　"回"字形的控制锚点

图6-208　拖拉成曲线

Step2 镜像两个节点

使用"直接选择工具"选择凹陷两端的锚点，如图6-202所示。使用"镜像工具"直接镜像，会发现凹陷的圆角就翻转出来了，这样只有一个圆角的矩形就绘制完成了，如图6-203所示，绘制完成的形状再添加渐变，即可应用到界面设计中了。

6.5.9　比例缩放工具

"比例缩放工具"像是可以自由确定缩放中心点的定界框功能，选中对象，使用"比例缩放工具"在画布上单击，并拖曳该工具即可实现缩放或挤压拉伸的效果，既然功能是这样，如果功能仅仅是这样，那就不需要"比例"两个字了，所以，可以在工具箱中双击该工具图标，打开"比例缩放"对话框，如图6-204所示，输入数值，进行等比或非等比的缩放。

6.5.10　倾斜工具

选中对象，使用"倾斜工具"在画布上单击拖曳，对象就会产生倾斜，如图6-205所示。操作很简单，自己实验一下就会了解。

6.5.11　整形工具

"整形工具"要求的对象比较严苛，它只能在开放路径形成的对象上使用，这种对象如图6-206所示，对于封闭的对象（例如圆形、正方形等），"整形工具"的功能看起来就像是先用"添加锚点工具"添加节点，然后使用"锚点转换工具"增加控制手柄的效果，看起来是很复杂，但其实除了增加了节点的数量，对象的形态不会发生任何变化。

使用"整形工具"单击一段线条，产生"回"字形的控制锚点，如图6-207所示，继续拖曳，线条就会柔和地顺着拖曳的方向弯曲，如图6-208所示，通过拖曳以达到"整形"的目的，其作用就是这样的。

6.5.12　自由变换工具

"自由变换工具"与定界框的功能是重复的，有很多人不喜欢显示定界框，又不喜欢反复开启关闭定界框，即可使用"自由变换工具"。

"自由变换工具"有一个隐藏技巧，使用"选择工具"选中对象并在工具箱中切换成"自由变换工具"，对象周围会产生一圈类似定界框的自由变换框，如图6-209所示。将鼠标放置到4个角上的任何一个位置，如图6-210红色圆圈标注的位置，此时按住Ctrl键，原本位于角落的拖曳符号就会变成一个灰色的三角符号，拖曳这个符号，即可对所选对象

进行一些整体扭曲，如图6-211所示，类似"倾斜工具"能产生的效果。

以上介绍的都是直接用于形状修改的工具，除了这些工具之外，还有一些简单的复合操作也可以达到修改形状的目的，下面详细介绍。

图6-209　自由变换工具

图6-210　鼠标位置

图6-211　向右拖曳

6.5.13　剪切蒙版

Illustrator中有两种蒙版，其中的剪切蒙版是最简单、最直接的一种，如果没有忘记的话，前面介绍过"内部绘图"这种模式，"剪切蒙版"在那一节也有一些初步的介绍，但如果非要详细地介绍一下剪切蒙版的各项功能，只能说，真的没有了。剪

切蒙版的功能就是剪切对象，并只显示剪切轮廓覆盖范围内的对象。这种功能可以用于裁切掉画面中不需要的导出部分（但是导出时尽管不显示这部分内容，但是会导出与未剪切之前一样范围的对象），也可以局部使用在画面中，例如，剪切一个编组对象（功能类似内部绘图）等。

图6-212 卡通形象

图6-213 图案

作者能想到的剪切蒙版与"内部绘图"模式的一个比较大的不同点是"剪切蒙版"可以堆叠使用,即"剪切蒙版"再剪切"剪切蒙版",在一些比较复杂的绘制对象中会用得到这种多重剪切蒙版,但是这种做法在低一些版本的Illustrator中会有逆转上的困扰。如果想释放最外层的剪切蒙版,其内层的剪切蒙版也会同时释放。

那究竟如何建立剪切蒙版?就是与"内部绘画"相反的步骤,如图6-212所示卡通形象设计中人物的背带裤图案,先绘制图案对象,如图6-213所示,并绘制一个背带裤的剪切轮廓,如图6-214所示(大多数轮廓对象都可以),放在需要剪切对象的最上层,然后一起选中对象和剪切蒙版轮廓,单击右键,即可在弹出菜单中看到"建立剪切蒙版"命令,如图6-215所示,绘制出的效果如图6-216所示。同理,如果想要释放剪切蒙版,只需要在剪切蒙版对象上单击右键,即可找到"释放剪切蒙版"命令。

提示 双击剪切蒙版对象,可以进入到蒙版内部隔离模式进行编辑。

图6-214 背带裤轮廓

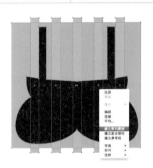

图6-215 创建剪切蒙版

图6-216 完成剪切

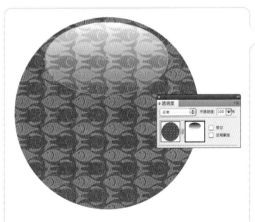

图6-217 不透明蒙版

前面提到两种蒙版,剪切蒙版是其中一种,另一种是"不透明蒙版",如图6-217所示,因为涉及到的内容更复杂一些,将会在"7.3效果样式"一节中介绍。

6.5.14 对齐操作

对齐操作需要使用"对齐"面板或控制栏，如图6-218所示，如果都没有显示，可以执行"窗口">"对齐"命令或"窗口>控制栏"命令，打开"对齐"面板后，可以发现有很多小按钮，如图6-219所示。它们分别对应不同的对齐方式，都是很容易理解的，这里就不多介绍了，需要介绍一下的是"对齐"面板提供的3种对齐方式（在面板的右下角可以选择）首先是对齐所选对象，这是最常用的对齐方式，即对齐操作会发生在选中的对象之间；第2种是对齐关键对象，那么什么是关键对象，要如何确定关键对象呢？其实很容易，选择2个或2个以上对象，并选择"对齐关键对象"选项时，被选中的对象其中之一的边线就会变粗，边线变粗的对象就是默认的关键对象，想要改变关键对象，只要单击需要的对象即可。通常使用对齐所选对象模式时，要想对齐很多对象时会因为对齐需要的移动操作会发生在每个对象上，所以，对象越多越难对齐，此时使用"对齐关键对象"模式即可很好地解决，先确定好"关键对象的位置"，并让其他对象移动进行对齐；第3种是"对齐画板"，使用该模式后，对象会根据画板的情况进行对齐操作，相当于把画板作为一个"关键对象"，这种对齐方式特别适合将与画板等大的对象（如剪切后的画面或插图的背景等）正好放到画板上，不会错位。

实例：对齐关键对象

这是一个简单的对齐关键对象的实例，如图6-220所示，让我们来看一下是如何对齐数量较多的对象。

图6-218 对齐控制栏和对齐面板

图6-219 对齐控制栏和对齐面板

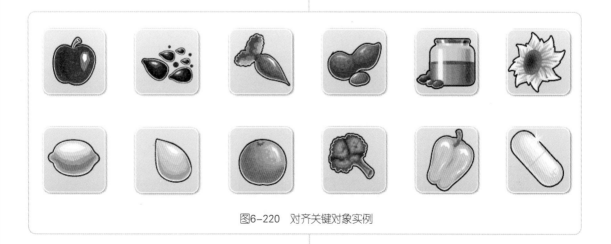

图6-220 对齐关键对象实例

Step1 准备工作

　　这些图标绘制完成后,并没有编组,所以每个图标上的图案与后面的绿色背景都是分离的,如图6-221所示。这会造成对齐上的麻烦,所以必须先

　　将每个图标都单独编组,编组后的图标被选中后,如图6-222所示。将编组后的图标使用"选择工具"移动,大致排列成为需要的样式,如图6-223所示。

图6-221　分开的文件　　图6-222　编组

图6-223　大致对齐

Step2 对齐一排

　　使用"选择工具"框选第1排图标,如图6-224所示,在"对齐"面板中单击"垂直居中对齐"和"水平居中分布"按钮,即可排列出如图6-225所

　　示的效果,如果想改变图标之间的间距,只需要移动一下两端图标的位置,并重新单击"水平居中分布"按钮即可。

图6-224　框选第1排

图6-225　对齐效果

选中第1列图标，在"对齐"面板中切换到"对齐关键对象模式"，此时选中的第1列图标中的第1排的图标，将其作为关键对象，如图6-226所示单击"水平居中对齐"按钮，这样第2排的第1个图标就会与第1排的第1个图标在垂直位置上对齐，如图6-227所示。用同样的技巧，把最后一列的上下两个图标也对齐，如图6-228所示。

使用"选择工具"框选第2排图标，如图6-229所示，在"对齐"面板中单击"垂直居中对齐"按钮，绘制出如图6-230所示的效果，并单击"水平居中分布"按钮，绘制出如图6-231所示的效果，不用担心两端的图标位置会被改变，因为在"水平居中分布"时，软件会默认两端的对象为"关键对象"。

将两排对齐的图标之间的间距调整一下，所有的图标就呈现出整齐的效果。

图6-226　设定关键对象
图6-227　对齐第1列

图6-228　对齐最后一列

图6-229　框选第2列

  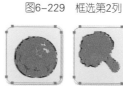

图6-230　垂直居中对齐

图6-231　水平居中分布

6.5.15　路径查找——形状模式

路径查找操作需要使用"路径查找器"面板，可以在"窗口"菜单中找到并打开，如图6-232所示。与"对齐"面板一样，"路径查找器"面板上也有很多小按钮，并分别对应不同的功能，因为是有趣的常用功能，所以这里逐一介绍。

图6-232　"路径查找器"面板

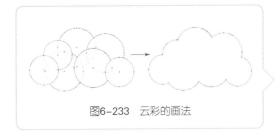

图6-233 云彩的画法

"联集"按钮，可以将很多独立的对象"联系"在一起，形成一个对象，有两种情况需要注意，一是有重叠部分的独立对象，全选这些独立对象，单击"联集"按钮，这些单独的对象就会组成一个完整的对象，如图6-233所示的云彩的画法；二是针对较高版本的Illustrator才会有的情况，一些没有重叠部分的独立对象，选中这些对象，单击"联集"按钮，软件会默认将这些对象"编组"，而不是变成一个对象，这些对象取消编组后还是独立的，如果想要强制将这些不重叠对象变成一个对象，需要按住Alt键再单击"联集"按钮进行联集操作，操作后还需要在"路径查找器"面板中单击"扩展"按钮。

"减去顶层"按钮其实是用顶层对象减去其下部对象的意思，是类似"钻洞"的功能。下面用这个简单的"奶酪"实例讲解一下，如图6-234所示。

实例：奶酪

Step1 绘制一个扇形

使用"钢笔工具"绘制一个扇形，并填充黄色，如图6-235所示，这是很容易的，因为后面会对其进行透视操作，所以这一步绘制的扇形不需要考虑透视、角度等因素。

Step2 钻洞

使用"椭圆工具"绘制一些大大小小的圆形，颜色任意，方便区分即可，如图6-236所示。这一步绘制的圆形用来作为"顶层对象"，在扇形对象上钻洞，那么我们是要使用"减去顶层"按钮开始逐一进行钻洞操作吗？当然不是，我们需要将这些散布的圆形变成一个对象，并单击"减去顶层"按钮，将这些散布的圆形变成一个对象，就需要使用前面在"联集"按钮中介绍到的按住Alt键的方法。将合并到一起的圆形与扇形一起选中，在"路径查找器"面板中单击"减去顶层"按钮，绘制出的效果，如图6-237所示。

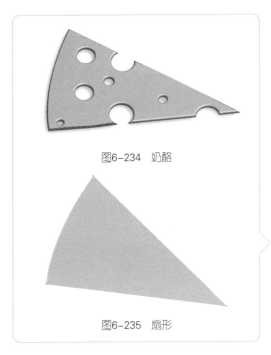

图6-234 奶酪

图6-235 扇形

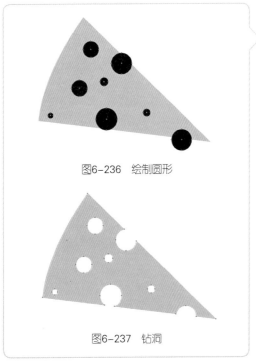

图6-236 绘制圆形

图6-237 钻洞

Step3 添加效果

为了让奶酪产生一些立体效果和透视，所以使用了"效果">3D>"凸出和斜角"命令，这部分知识会在后面章节中介绍，并不是很难，自己尝试一下吧，参考如图6-238所示设置，绘制出的效果，如图6-239所示。

产生立体效果和透视后，执行"效果">"风格化">"投影"命令，为奶酪添加一点投影，这样就绘制完成了。

"交集"按钮可以保留两个或多个对象重叠边数最多的部分，并删除其他部分的功能，举例说明一下，如果有如图6-240所示的3个圆形重叠，选中这3个圆形后，单击"交叠"按钮后，3个圆形都重叠在一起，中间部分会保留，如图6-241所示，因为这部分重叠了3层，而剩下的两个圆形之间的重叠部分和不重叠的部分都被清除了。

前面绘制山茶花叶子时，其实是使用的两个圆形交叠并用该按钮取交集的办法，使用如图6-242所示的两个圆形，单击"交集"按钮后，中间的叶子部分就会被保留下来了。

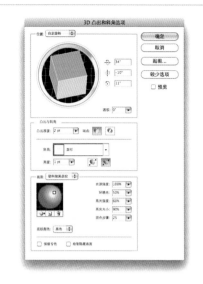

图6-238　3D凸出和斜角设置参考

图6-239　3D实现效果

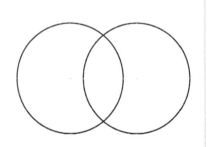

图6-240　3个叠加在一起的圆形　　图6-241　保留的中间部分　　图6-242　制作叶子形状

"差集"按钮正好是"交集"按钮的反向，使用差集会保留不重叠的部分，但是软件对两个以上对象的差集判断已经超出我的思考能力了，数学没学好，自己实验一下吧！差集可以用于表现一些"正负形"样式，如图6-243所示的小树Logo，使用了树干与树叶的差集，在树叶上形成了树干的空隙效果。

图6-243　小树Logo

图6-244　嵌套圆环

图6-245　绘制圆形

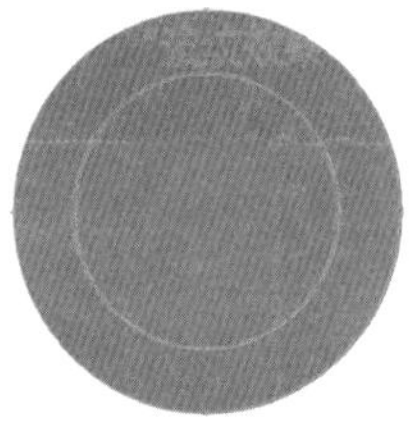

图6-246　同心圆

图6-247　圆环

6.5.16　路径查找——路径查找器

"路径查找器"面板中分成上下两栏，前面讲解的几个功能都是上面一栏"形状模式"内的，学习过了这部分之后，再来讲解一下"路径查找器"部分：

"分割"按钮不会损失编辑对象的任何部分，但是会按照这些对象的边缘进行划分，划分后的对象处于编组状态，类似"交集"和"差集"的综合体。

实例：嵌套圆环

圆环的绘制很容易，但是要直接绘制如图6-244所示的嵌套感觉的圆环，却不是那么容易，但是如果使用"分割"就容易多了，下面详细介绍。

Step1　绘制一个圆环

使用"椭圆工具"绘制一个圆形，如图6-245所示，在"图层"面板中找到该圆形，拖曳到下面的"新建"按钮上，在相同位置复制出一个新的圆形，同时按住Shift+Alt键，使用定界框或"自由变换工具"进行缩小，形成两个同心圆。如图6-246所示，这是一起选中的两个圆形，单击"减去顶层"按钮，即可制作出一个圆环了，如图6-247所示，按住Alt键复制另一个圆环，与之前的圆环重叠在一起，并更换颜色，如图6-248所示。

提示　直接使用"椭圆形工具"绘制圆形，不设置填充色，并在"描边"面板中设置一个较粗的描边，并将描边扩展也可以得到圆环效果。

Step2　分割

同时选中这两个圆环，并单击"分割"按钮，两个圆环相交的部分就被切割开，如图6-249所示，然后取消编组，将切割开的一部分改变成相应的颜色，如图6-250所示，圆环从视觉效果上就变成交叉的了。这样之后，再单击"联集"按钮，将分散的各部分变成一个对象，别忘了按住Alt键。

图6-248　复制圆环　　　　　图6-249　分割　　　　　图6-250　改变颜色

提示 不要以为这样就结束了，分割后还可能会产生隐藏的碎块，这些碎块也清理掉，不然会给后面的操作带来麻烦。那隐藏的碎块在哪？把圆环挪走，并用"选择工具"在原来圆环所在的位置框选一下看看吧！

这里有一个Logo的图形部分示意，如图6-251所示，也是使用了这种分割更换颜色的技巧。比前面的圆环实例稍微复杂了一点，使用了4个环状结构套在一起，组成一只蝴蝶和花朵的形态。

图6-251　蝴蝶Logo

"修边"与"合并"都只能应用于"填色"对象，功能只有细微的差别，修边功能类似"减去顶层"功能，都是会对下层对象进行"钻洞"操作的功能。但是不同的是，"修边"功能会保留"顶层对象"不变。"合并"也有对下层对象进行"钻洞"的"减去顶层"类似功能，但是，它可以合并相同颜色部分（类似联集的功能）。如果文字描述不够清楚，让我们来看一下比较图。如图6-252所示为由独立3个矩形组成的对象，其中中间为黄色，两侧为红色，它们从左至右的层次关系分别是：最上一层（左侧红色矩形）、最后一层（黄色矩形）、中间一层（右侧红色矩形）。选中这3个矩形，选择"修边"功能，实现的效果如图6-253所示。可以发现3个矩形依次减去了其下一层的对象，而本身保持不变（中间一层被最上一层剪切了一部分，所以有所变化）。

再恢复到初始状态，选择"合并"功能，实现的效果如图 6-254 所示，可以发现也发生了减去下方一层的情况，但是，两个红色的部分合并了，3 层的对象变成 2 层。

"裁剪"和"轮廓"，这两个功能都与描边有关，其中"裁剪"类似"交集"的操作，但是"交集"后，最上层的对象会变成描边和"交集"的部分一起保留下来（如果之前的对象没有设置描边，那最上层的对象就会变成没有填色，也没有描边的情况，通过定界框可以看出来）；"轮廓"功能类似"分割"功能，但是，分割后所有的对象会变成从交点断开的"描边"，还是，如果之前没有设置描边，就会变成无填色也没有描边的对象。

"减去后方对象"类似"减去顶层"的功能，其意思是用位于上层对象之下的对象，减去上层对象，如果是超过2层的对象，正数第2层以下的层次都是不起作用的，剪切后会消失，所以该功能在2层对象上表现得比较好。

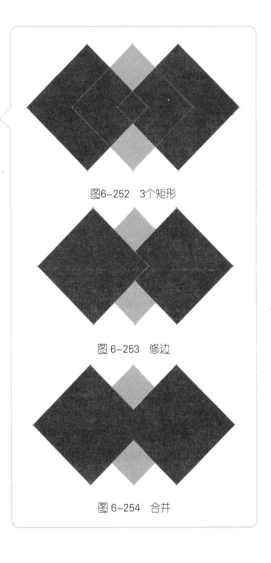

图6-252　3个矩形

图 6-253　修边

图 6-254　合并

6.5.17 形状生成器工具

"形状生成器工具"是Illustrator CS5的新增功能，能够通过简单的拖曳操作实现更改对象形状的操作，它除了集合"路径查找器"的所有功能之外还有"密合空隙"这样方便的功能。

在工具箱中双击该工具，打开"形状生成器工具选项"对话框，如图6-255所示，这里先对该工具进行一些简单设置，首先勾选"间隙检测"选项，默认的该工具只有合并和切割两种操作，勾选"间隙检测"选项之后即可实现"密合"功能了，将间隙长度设置的大一些，该工具就会识别一些有开口的空隙并把它们当作能密合的对象。

在选项栏中，勾选"将开放的填色路径视为闭合"选项，所谓的开放填色路径，即有围合趋势的但是又没有闭合的一些添加了填充色的路径，该选项中有一个条件必须满足，就是"填色的"——该工具不支持没有填色的开放路径。勾选"在合并模式中单击描边分割路径"选项，这句话感觉是要单击某个称为"描边分割路径"按钮，但其实不是，勾选该选项后，可以在合并对象时如果单击对象的描边，可以将描边按照分割的区域切断。高光栏设置的是该工具施加作用的区域，下面的选项是使用该工具时的一些显示状态，并不是重要的内容，自己实验一下吧！

经过一系列设置后，单击"确定"按钮，用该工具进行一些实际操作，最终绘制效果，如图6-256所示。

图6-255 "形状生成器工具选项"对话框

图6-256 烧瓶

本身绘制很简单，所以下面简单地说一下步骤即可，首先使用"形状工具"绘制出一些形状，组合成为烧瓶的形状，如图6-257所示。使用"形状生成器工具"在上面划过，这些形状就被组合到一起了，形成"联集"的效果，如图6-258所示。使用"圆形工具"绘制一些圆形在上面，选中烧瓶的形状与圆形，按住Alt键，使用"形状生成器工具"单击超出烧瓶的圆形，将它们"减去"，如图6-259所示，释放Alt键，并用"形状生成器工具"在中间位置的圆形上划过，将它们合并成为一个轮廓，绘制出的效果，如图6-260所示。这样一个装有化学药品的烧瓶轮廓就绘制完成了，将各个部分填充上不同的颜色，即可实现最终效果。

提示 "形状工具"可绘制不出圆角三角形，前面步骤中出现的圆角三角形是使用"圆角化"命令制作的。

图6-257 形状　　　图6-258 合并形状　　　图6-259 圆形　　　图6-260 删除多余部分　　　图6-261 合并圆形

6.5.18 实时上色工具

由于"形状生成器工具"的诞生，"实时上色工具"的功能似乎有被取代的迹象，其实"形状生成器"中的密合空隙功能刚好就是"实时上色"工具的功能。"实时上色"工具的功能是可以实时填充对象上的"空隙"，类似给线稿上色的做法，与Photoshop中的"油漆桶工具"也有些类似。使用"实时上色工具"时，先选中需要上色的对象，然后使用"实时上色工具"选择颜色单击被上色对象上的空隙，被单击的空隙就会填上填充色或描边色。使用"实时上色工具"填充的对象会变成实时上色对象（定界框会发生变化），可以使用与"实时上色工具"集成在一起的"事实上色选择工具"进行选择，如果要把对象还原成普通对象，需要执行"对象" > "扩展"命令，扩展后取消编组即可得到普通的对象了。

实例：热气球上色

如图6-262所示为热气球小插图，其中热气球上使用的很多颜色，以及排列组合效果是使用"实时上色工具"完成的，使用"实时上色工具"能够轻松地调整颜色，并制作出各种不同的排列组合，下面了解一下具体步骤。

图6-262 热气球实例

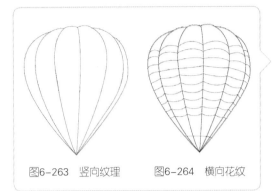

图6-263　竖向纹理　　　图6-264　横向花纹

　　使用"钢笔工具"绘制出热气球的轮廓，只保留描边，不需要填充颜色，绘制过程如图6-263和图6-264所示，即先绘制竖向的纹理，再横向分割出花纹效果，绘制完成后，将这些线条编组。

Step2 实时上色

　　选中步骤1中绘制出的线条，在工具箱中找到"实时上色工具"，选择一种颜色填充到纵向纹理与横向花纹构成的空隙中，在使用"实时上色工具"的同时按住Alt键可以临时切换成"吸管工具"，方便随时吸取颜色。以红色举例，先按照一定的规律，把红色的图案色块填充到空隙中，如图6-265所示。接下来使用同样的技巧，再继续添加其他颜色，如图6-266所示，直到最终完成上色，效果如图6-267所示。

图6-265　实时上色过程1　　图6-266　实时上色过程2　　图6-267　实时上色完成

Step3 添加效果

　　将步骤2中绘制的实时上色对象扩展，并双击进入扩展后形成的编组内部，将之前使用的黑色线条换成白色，绘制出如图6-268所示的效果，在空白处双击，回到正常编辑状态。选中热气球，执行"效果">"风格化">"内发光"命令，使用正常模式，并使用黑色代替默认的白色，勾选"预览"选项，实时调整效果，为之前绘制出的热气球添加一圈内阴影的感觉，增强热气球的立体感。如图6-269所示。

图6-268　更换线条颜色

图6-269　添加内发光（阴影）

使用"钢笔工具"绘制一些两头尖的白色轮廓，覆盖在热气球需要凸起的部分上，如图6-270所示。执行"效果">"模糊">"高斯模糊"命令，在"高斯模糊"对话框中的小预览窗口中找到这些轮廓，并实时调整数值，从小窗口中查看效果，制作出如图6-271所示的效果，将这些高斯模糊后的轮廓在"透明度"面板中设置混合模式为"叠加"，

可以提亮其下面的轮廓，如图6-272所示。将这一些轮廓编组，并在"图层"面板中拖曳到"新建"按钮上原位复制一层，将复制出来的新层设置成为亮黄色到纯黑色的径向渐变，并设置其混合模式为"滤色"，这是专门针对红色设置一层叠加，亮黄色能够让红色产生橙色的感觉，视觉上是明亮的。如图6-273所示。这样，热气球就基本绘制完成了。

图6-270　白色轮廓　　　　　图6-271　高斯模糊　　　　　图6-272　叠加模式　　　　　图6-273　滤色模式

Step4 更换颜色

继续重复前面的步骤，制作出不同颜色与排列组合的热气球图案，或者直接执行"编辑"菜单中选择能够调整颜色的命令，将之前绘制出来的热气

球的颜色更换成别的颜色，如图6-274所示。更换颜色后，再使用"钢笔工具"绘制出吊篮，以及使用"网格工具"绘制出天空及云朵的效果，将这些元素组合到一起，即是最终效果图中呈现的样式。

图6-274　更换颜色

图6-275 "路径"子菜单

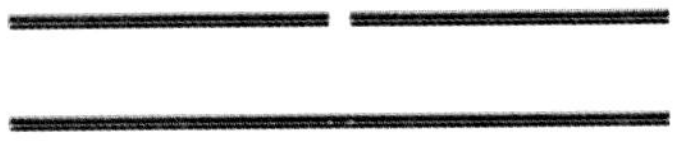

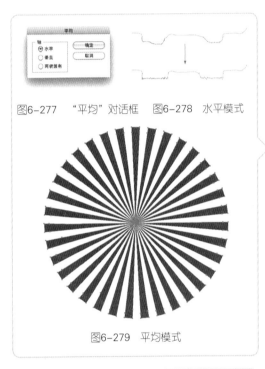

图6-276 连接锚点

图6-277 "平均"对话框 图6-278 水平模式

图6-279 平均模式

图6-280 描边扩展成为轮廓

图6-281 变胖的艺术字

6.5.19 路径操作

从本节起，将开始介绍一些位于菜单中的改变形状命令，首先是"对象">"路径"菜单下的各项命令，如图6-275所示，"路径"子菜单中的命令都比较简单，但是又很实用，下面逐一介绍。

第1项，"连接"命令可以连接分离的节点，它只能在两个锚点之间发生作用，通常执行该命令时需要使用"直接选择工具"选择要连接在一起的节点，并执行该命令或按快捷键Ctrl+J，才能将这两个节点连在一起，被连接的节点之间会以一条直线连接，如图6-276所示。其实，不事先选择锚点也可以，但是软件判断的要连接的节点的准确性会差一些。

第2项是"平均"命令，该命令是只能作用于节点的命令，有3种平均模式，分别是"水平"、"垂直"和"两者兼有"，如图6-277所示，类似使用"对齐"面板中的"垂直居中对齐"和"水平居中对齐"功能作用的结果。其中"水平平均"可以让一段路径上的被选中节点呈水平状态分布，而节点的部分属性仍然保持，如图6-278所示；而"垂直平均"可以让一段路径上的被选中的节点呈垂直状态分布；至于"两者兼有"则会把所有选中的节点都集中，重合成一个点，在后面讲解放射线绘制一节中使用了该技巧，如图6-279所示。

第3项是"轮廓化描边"，是类似"扩展"的命令，只是它只能扩展描边——把描边变成与描边颜色相同的填充轮廓对象，当绘制一些细长弯曲的轮廓时，直接使用"画笔工具"、"钢笔工具"或"铅笔工具"绘制轮廓，并扩展成为轮廓即可，如图6-280所示。

第4项是"偏移路径"，这是一个很有趣的功能，重复使用能够产生类似混合的效果，但该功能能够实现的效果比混合要精准得多，下面通过一个艺术字实例来具体了解一下该功能，如图6-281所示。

实例：变胖的艺术字

虽然本书到目前为止还没有具体讲解到混合的相关知识，但是不要紧，因为它不能实现这种效果，只能是类似的。所以这里把重点放在"路径偏移"命令上，该命令的作用是让路径在原本的基础上发生"扩张"或"收缩"，如果重复使用，就能够形成等距的扩张效果，之前在讲解

"极坐标"工具时，因为它的等距特性提到过该工具。没错，只要不更改数值，它作用出的效果就是等距的。

下面开始讲解实例，虽然这个字可能触动到某些读者脆弱的心灵，但作者使用的是"扩张"的样式，你也可以使用"收缩"样式嘛。

Step1 输入文字

使用"文字工具"输入FAT字样，选择一款"胖嘟嘟"的字体，这里使用的是"Aril Roundes MT Bold"字体，如果没有这个字体（光盘里也没有），没关系，可以用别的代替。输入文字后，退出文字输入状态（切换其他工具），使用"选择工具"选中文字，单击右键，在弹出的菜单中执行"创建轮廓"命令，将文字扩展成轮廓，如图6-282所示。此时，文字是编组状态，这里取消编组再全选，按住Alt键，单击"路径查找器"面板中的"联集"按钮，并单击"扩展"按钮，将FAT字样3个轮廓联集成一个轮廓。最后，把FAT对象变成描边模式，绘制出如图6-283所示效果。

图6-282 文字创建轮廓

图6-283 将轮廓转变成描边

提示 为什么要把3个字母变成一个轮廓，使用3个轮廓不行吗？答：不行。如果是3个轮廓，那么，执行"路径偏移"命令时，该命令会单独作用于3个轮廓上，最后制作出的结果会有交叉的部分。虽然有交叉的部分不适用于这个实例，但是也不失为一种效果，自己实验一下吧！

Step2 更快捷的操作

其实，执行"对象"＞"路径"＞"路径偏移"命令后，会发现该命令后面没有快捷键，其实那个快捷键可以自定义设置的，执行"编辑"＞"键盘快捷键"命令，打开"键盘快捷键"对话框，从列举的软件功能中找出"路径偏移"选项，并使用一个与其他快捷键不冲突的键当作它的快捷方式，如图6-284所示，以后就不用总是单击菜单选择了。

图6-284 设置快捷键

Step3 扩张再扩张

使用快捷键打开"位移路径"对话框，设置"位移"参数，可以勾选"预览"选项，根据实际情况设定。连接的样式和斜接限制暂时不会有影响，这里先不管它，如果不想单击"确定"按钮可以直接按回车键，所以，下面

图6-285　扩张效果

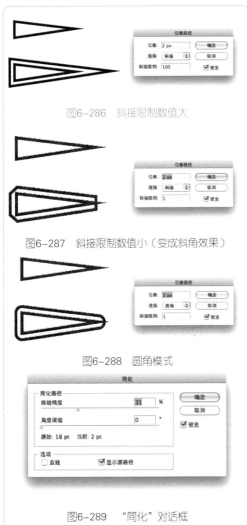

图6-286　斜接限制数值大

图6-287　斜接限制数值小（变成斜角效果）

图6-288　圆角模式

图6-289　"简化"对话框

就可以按自定义的快捷键和回车键来回按了，按得次数越多，扩张的层数也就越多，感觉差不多之后，就能得到如图6-285所示的效果。最后，把中间的字母转换成填充，最终效果就完成了。

之前忽略了"连接"模式，那么，连接模式究竟是什么呢? 答: 就是用于控制扩张或收缩出的对象上拐角的一些模式，除了"斜接"还有"圆角"和"斜角"，下面看一下它们有什么区别。

"斜接模式"可以让拐角以最正常的方式延伸出去如图6-286所示。但是拐角的角度如果低于一定的数值就会变成"斜角"模式，如图6-287所示。拐角的角度限制是通过"斜接限制"参数设定的， 数值越大，越不会出现变成"斜角"的情况。

"圆角模式"是将延伸出去的拐角变成圆角的模式，如图6-288所示。也是通过"斜接限制"参数控制，如果要说"斜接限制"究竟是什么，其实就是一个拐角的角度，扩张或收缩出对象上的拐角，如果低于这个角度的拐角，"连接"就发生作用，如果大于这个角度，"连接"就不发生作用或自行转换模式。

偏移路径就讲解完了，下面看一下第5项"简化"，这也是一个针对节点的命令操作，其作用与"平滑工具"类似，能够去掉路径上的多余节点，让路径看起来更顺畅。执行该命令可以打开"简化"对话框，如图6-289所示，该对话框中提供了曲线精度，可以控制简化后的对象究竟与之前的对象像不像，其单位是百分比，所以数值越大，简化后的对象与之前的对象就越像，当然，简化的量也就越少;"角度阈值"的单位是"度"，设置时，在曲线精度适当的情况下，低于设置角度的拐角都不会发生变化，高于设置的角度阈值就可能会发生变化。

以上是"简化"对话框中"简化路径"栏中的内容，在该栏的下方还有"选项"栏,如果勾选其中的"直线"选项，简化对象上的直线部分（没有拖曳节点的控制手柄）将会被保留，勾选"显示原路径"选项可以以红色的线条显示原始路径的走向，对比简化的结果会更加直观。

"添加锚点"与"移去锚点"是第6和7项，它们是类似"添加锚点工具"和"删除锚点工具"的批量版，使用这两种命令可以批量添加锚点和删除锚点，执行"添加锚点"命令时，软件会在选中的区域内，每个相邻的锚点之间添加上一个新的锚点，因为软件中的部分功能会根据对象上的节点数量进行判断，如"效果"菜单中的"波纹"效果，在设置对话框中有"每段隆起数"参数，如图6-290所示，这里每段指的就是锚点与锚点之间，使用"椭圆工具"绘制一个圆形，上面有4个锚点，此时执行"添加锚点"命令后，在圆形上就会形成8个锚点，将它们都应用同样的"波纹"效果，出现的效果也是不同的，如图6-291所示。

执行"删除锚点"命令时可以一下全部删除所选锚点。如果直接整体选择对象，在执行"删除锚点"命令时，那整个对象都会被删除。

第8项是"分割下方对象"，这是一个有点与"路径查找器"面板的某些功能重复的命令，执行该命令可以使用位于上层的对象分割重叠在其下方的对象，但是并不用事先选择下方对象。

第9项是"分割为网格"，可以将对象"分割"成为矩形的网格，其实就是把选中的对象按照个体的数量变成相应数量的矩形，还提供了一个设置对话框，可以进行具体的设置，在后面也有一个相关的马赛克图案设计实例来介绍该功能，如图6-292所示。

图6-290 "波纹效果"对话框

图6-291 不同锚点数量添加同种波纹效果比较

图6-292 马赛克图案

图6-293 "清理"对话框

图6-294 变形选项窗口

图6-295 佩斯利1

图6-296 佩斯利2

图6-297 数值设置

最后一项是"清理"，这是一个很棒的命令，可以让操作更加清爽，因为它可以自动清理掉一些"没有"存在意义的对象，这些对象被分为3类，放在设置对话框中可供选择，如图6-293所示。

6.5.20 变形

执行"效果">"变形"命令，可以打开"变形选项"对话框，如图6-294所示。其中内置了多种"变形"的样式，通过调整下方的选项可以轻松实现一些变形效果，这个命令本身比较简单，自己尝试一下吧！

提示 "变形"命令可以扭曲嵌入的位图对象。不明白什么是嵌入？执行"对象">"置入"命令或大多数直接拖曳到Illustrator中的位图对象（会有交叉的线条显示），在控制栏中会看到"嵌入"按钮，点击该按钮，位图对象就嵌入了（交叉的线条消失）。

另一种能扭曲位图的命令是"封套扭曲"，在后面会讲解到。

实例：佩斯利图案

一般情况下，只是适当地调节扭曲的数值，但是有时也会因为一些极端的调节产生一些奇怪的图形。例如，在网络上浏览素材时经常会看到一种"漩涡水滴"状的图案，如图6-295和图6-296所示，可不要以为这就是一简单的图案，它的历史甚至可以追溯到2000多年前的印欧文化时期，是印控克什米尔地区发展出的一种织物的图案。在18世纪中期被英国东印度公司带回欧洲，并在19世纪，苏格兰一个称为佩斯利的小镇发扬光大，所以这种类似的图案都被称为"佩斯利"的英文单词是Paisley。这种图案大多由华丽的线条和繁复的植物纹样组成，能给人带来豪华的质感，在一些奢侈的纺织品、珠宝首饰中经常会用到。

Step1 绘制基础图形

使用"椭圆工具"绘制一个圆形，可以不用按住Shift键，差不多是正圆即可。执行"效果">"变形"命令打开"变形选项"对话框，选择"弧形"样式，以前作者都不用刻意要求设置什么数值，不过这次不同，因为必须是该数值才能做出这个效果，所以可以参考如图6-297所示的数值进行调整，虽然是固定数值，但是可以通过切换"水平"和"垂直"数值，使其朝不同的方向变化。设置完成后，就可以得到一个最基础的"佩斯利"图案了，如图6-298所示。

Step2 修整

将变形后的圆形扩展（执行"对象">"扩展外观"命令），使用"直接选择工具"适当调整弧线的弧度，尤其是尖锐的拐角部分，放大查看可能会有交合的曲线。制作出如图6-299所示的效果。

Step3 装饰

接着绘制画笔的装饰，首先需要制作一些散点画笔和图案画笔，如图6-300所示。画笔的制作步骤在前面已经介绍过了，这里就不重复说明了，所以这里根据个人喜好制作一些点状或三角形的图案画笔，再制作出一些类似的散点画笔。注意，在制作画笔时选择黑色，并在"画笔设置"对话框中选择"色相转换"颜色模式，这样以后即可任意更改它们的颜色了。使用"路径偏移"命令制作出不同的层次，这是上一节的内容，不用多做介绍了，不过建议最好使用"收缩"的偏移，因为夸张的偏移很容易产生不好处理的"斜角"，如图 6-301 所示。

绘制完成的佩斯利图案可以自由上色制作出不同的感觉，如图6-302所示，这里选择了类似金色的一种棕色，搭配宝蓝色，能够产生一种富丽的感觉。

提示 设置描边时，在"描边"面板中选择了不同的描边粗细和"边角"样式，所以制作出的线条有粗细变化，并且能够呈现出两种不同形状的拐角。

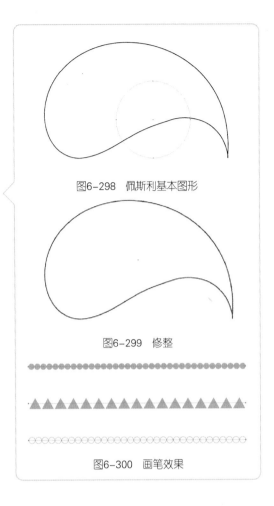

图6-298 佩斯利基本图形

图6-299 修整

图6-300 画笔效果

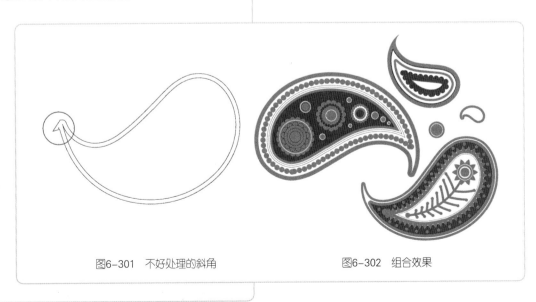

图6-301 不好处理的斜角

图6-302 组合效果

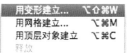

6.5.21 封套

“封套扭曲”顾名思义就是将对象装在一个封套中，然后通过封套自身的形态或扭曲封套的形态，实现封装在其内部对象形态的改变。作为封套的对象通常会比其封套的对象简单，从而更轻松地实现扭曲效果。执行“对象”>“封套扭曲”命令，其中提供了多种封套的方法，如图6-303所示。下面逐一介绍。

用变形建立... ⌥⇧⌘W
用网格建立... ⌥⌘M
用顶层对象建立 ⌥⌘C
释放
封套选项...
扩展
编辑内容

图6-303 封套菜单

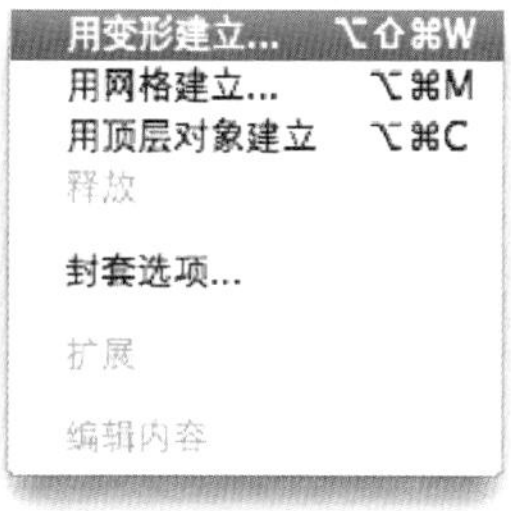

首先是“用变形建立”命令，这里的变形就是上一节中讲解过的“变形”命令，在封套中，它的使用方法是相同的，就不多介绍了。

第2项是“用网格建立”，这里的网格指的是“渐变网格”，但是作为封套，“渐变网格”不需要颜色，只是有网格线的存在，通过控制网格线来实现对象的扭曲，该功能类似Photoshop中的“变形”功能，可以较自由地实现对象的扭曲效果，因为软件默认添加的网格比较规整，所以调整起来也比较方便，但其本质上实现的效果与其他两个方式实现的并无差别。

第3项是“用顶层对象建立”，该命令必须有2层或2层以上的对象才能执行，执行该命令时，软件会默认将顶层的对象作为选中对象的封套，实现的效果与“变形”类似，但是通过调整顶层对象（其实就是网格，也可以再次添加网格线），可以实现更自由的效果。下面有一个关于一种特定的风格字体设计实例，如图6-304所示。

MUSIC
FRIEND
SEASON

图6-304 扭曲文字效果实例

实例：扭曲文字效果

Step1 输入文字

这种字体效果在20世纪60年代中后期的摇滚音乐界非常流行，有一定的迷幻感觉，作为一种典型的风格，虽然从产生到现在已经过了很长时间，但是仍然是很有趣，如果现在绘制这种效果，有一种字体非常适合，那就是Hobo Std 字体(流浪汉字体，有人说这种字体很可爱，那就是要见仁见智了)，它带有一些比它更早出现的“艾克曼”字体的感觉，拥有有机的形态，是一种新艺术风格的字体。

使用这种字体分别输入需要扭曲的文字单词，如图6-305所示，输入文字后，将这些文字扩展。

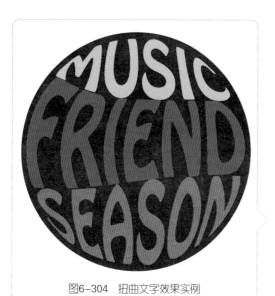

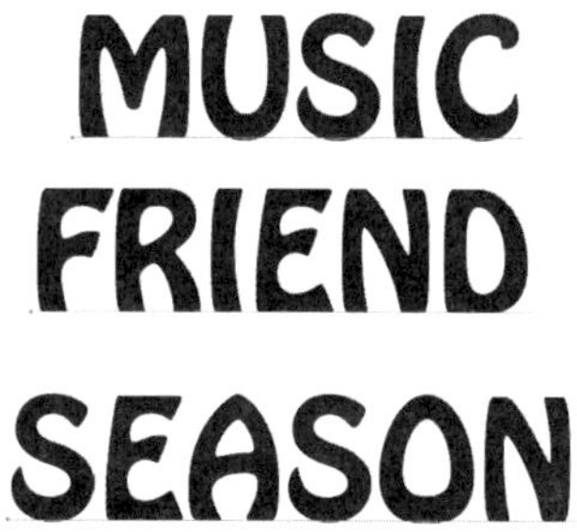

MUSIC
FRIEND
SEASON

图6-305 输入字体

Step2 绘制封套轮廓

使用"椭圆工具"绘制一个圆形，并使用"美工刀工具"将圆形切割成如图6-306所示的3个部分。

图6-306　分割圆形

Step3 制作封套

选中music字样与圆形的最上面一段，并使用"顶层对象建立"命令建立封套，得到的效果如图6-307所示，同样，把另外两个单词也分别封套进圆形被分割开的区域里。绘制出的效果，如图6-308所示。

图6-307　封套第一个单词

提示 做完第1个单词的封套后，可能看到的效果与实例中示意的图片不一致，那是因为选择的封套显示模式不同，下一个步骤中会介绍到。

Step4 更改颜色

选中其中一个封套，在控制栏中找到"编辑内容"按钮（两个按钮中右侧的那个，左侧的按钮用来编辑封套，两个按钮显示出来的封套样式不同），并在"色彩"面板或"色板"面板中设置字体的颜色，同样把其他两个单词也更换颜色，最后，使用一个黑色的圆形放置在所有文字后方当作背景，即可绘制出最终效果。如图6-309所示。

图6-308　封套剩下的单词

图6-309　更换颜色

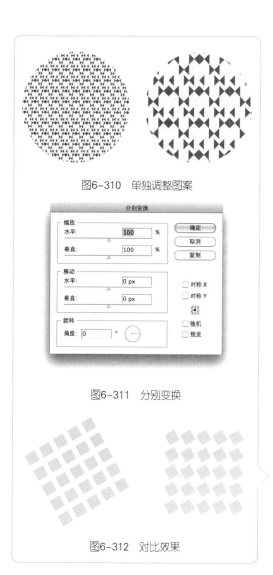

图6-310   单独调整图案

图6-311   分别变换

图6-312   对比效果

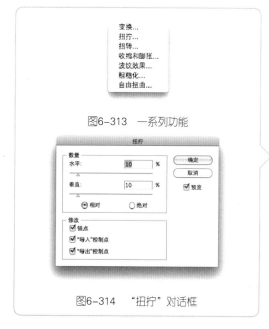

图6-313   一系列功能

图6-314   "扭拧"对话框

6.5.22   "变换"与"扭曲和变换"

在Illustrator的众多功能中，可能重复最多的就是"变换"，分布在"对象">"变换"和"效果">"扭曲和变换">"变换"两处，工具箱中的"自由变换工具"当中，"定界框"中，不用怀疑，它们的功能几乎是一模一样的，之前的章节讲解过"自由变换工具"和"定界框"的相关知识，而剩下的两个命令中唯一比它们"先进"的是可以通过执行命令，打开一个它们针对的设置对话框，输入具体的数值来实现变换效果。

提示 在这些设置对话框中会有关于是否变换"图案"和"对象"的选项，这是很有用的一种设置。之前也提到过，如果想变换对象时也一起变换填充在对象上的图案，就一起勾选"图案"和"对象"选项，如果只想变换填充的图案，那就勾选掉"对象"选项，例如如图6-310所示，填充同样大小的圆形中的图案大小调整。这种单独调整图案大小的做法，在以后的设计绘制中是很常用的。

在"对象">"变换"子菜单中，有一个被隔开的命令，那就是"分别变换"，如图6-311所示，它的功能非常强大，可以"分别"甚至"随机"处理选中的各个对象，而不像其他变换功能一样一起处理，可以实现如图6-312所示的对比效果，左侧为使用"旋转"命令将一批矩形旋转30°的样式，而右侧则是"分别变换"中旋转功能分别旋转的这批矩形。这个功能非常适合批量变换一些对象，另外，使用该命令之后打开的"分别变换"对话框集成了所有的变换功能，也就是说，该命令可以一次性处理好对象的变换，非常方便。也正因为它的这个特性，配合"再次变换"或"重复上次操作"（快捷键是Ctrl+D），可以实现类似Photoshop中执行命令操作实现的一些奇妙效果，在后面的章节中会讲解到。

"效果">"扭曲和变换"子菜单中除了重复出现的变换，还有一系列有趣的扭曲功能，如图6-313所示，在这些功能的辅助下能够实现很多有趣的效果，下面逐一介绍。

"扭拧"是一个很纠结的名称，它实现的效果自然也是很纠结的，通过在打开的对话框（如图6-314所示）中的"数量"栏内调节，它能够实现对象路径的随机弯曲效果，如图6- 315所示，从效果中能看到 "野兽派" 的效果。在 "修改" 栏中提供了3个必选其一的选项，勾选 "锚点" 选项后，对象的锚点会因为路径的扭曲发生偏移，否则反之。至于剩下两个 "奇怪" 的选项作者承认也弄不明白，但是不得不吐槽：如果你查阅一下Illustrator的帮助文件，那将会使你陷入更加迷茫的境地，既然软件默认是勾选的，那就让它勾选好了，反正这个命令实现的效果是随机的。

图6-315　扭拧效果

[提示] 执行 "扭拧" 命令后的对象，如果要保持生成的扭拧效果，再继续进行其他的编辑，需要进行 "扩展" 操作，否则会发生新编辑的部分（例如，使用 "路径查找器" 进行的操作等）被赋予扭拧效果，或者执行新的命令时会完全覆盖原来进行扭拧命令的情况。除了 "扭拧" 命令需要注意，下面讲解的 "扭转"、"收缩和膨胀"、"波纹效果"、"粗糙化"、"自有扭曲" 命令都会有类似的问题，需要一并注意。

相对于扭拧，扭转实现的效果就更加可控了，在 "扭转" 对话框中（如图6-316所示）只有一个 "角度" 文本框，在其中输入相应数值可以让对象发生漩涡状的变化，如图6-317所示（数值请勿参考图6-316）输入正值可以让对象顺时针旋转，输入负值可以让对象逆时针旋转。

[提示] 在对编组对象进行扭拧操作时，软件不会把编组对象当作一个对象处理，扭拧的效果仍然是针对编组内每个对象的。

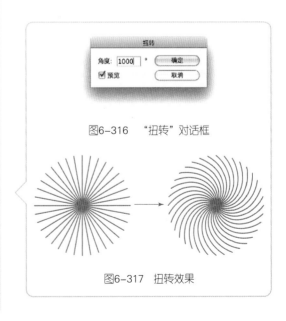

图6-316　"扭转" 对话框

图6-317　扭转效果

图6-318 收缩效果

图6-319 膨胀效果

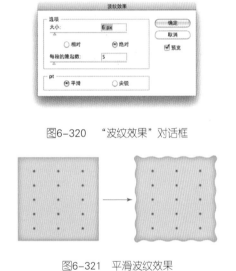

图6-320 "波纹效果"对话框

图6-321 平滑波纹效果

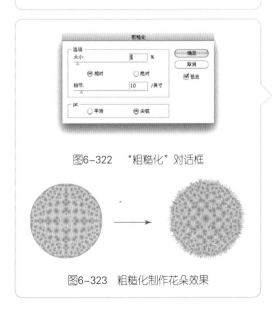

图6-322 "粗糙化"对话框

图6-323 粗糙化制作花朵效果

"收缩和膨胀"顾名思义可以让对象发生其名称中描述的两种情况，但是观察如图6-318所示被作用收缩和如图6-319所示被作用膨胀的两个相同的对象，会发现一个有趣的现象，即收缩不是整体缩小，而膨胀也不是整体膨胀。当然，如果都是整体收缩和膨胀那就与缩放系列的工具和"路径偏移"命令没有区别了，其实，这个收缩和膨胀默认是在收缩和膨胀对象上每两个锚点之间的描边，而锚点对应的位置会因为收缩而凸出，因为膨胀而凹进。并且，执行"收缩和膨胀"命令后，对象不会产生比原对象更多的锚点，也就是不管收缩或膨胀成何种复杂的形态，对象的锚点数量是保持不变的，如果根据前面说的，锚点越少，线条越具有弹性的说法，那么，执行该命令制作出的对象线条是相当有弹性的。

前面在讲解添加锚点时讲到了"波纹效果"命令会根据对象上的锚点数量作出判断，其实"收缩和膨胀"命令也是如此，所以，在对象上添加锚点即可改变收缩和膨胀的效果。

"波纹效果"是可以让对象的每两个锚点之间（即"波纹效果"对话框中的"每段"）发生波纹扭曲。选中对象，在菜单中执行该命令，打开"波纹效果"对话框如图6-320所示，可以看到一些简单的设置选项，其中"选项"栏中可以通过数值设置波纹隆起的大小，有两种模式，如果选择"绝对"选项软件会绝对按照设置的数值呈现波纹的大小，如果选择"相对"选项，则是由软件"看着办"的；另外还可以设置每段的隆起数，即每两个锚点之间波纹隆起的数量。在pt栏中，可以设置波纹的效果，选择"平滑"选项，波纹更像波浪，可以绘制一些柔和的感觉，如图6-321所示。选择"尖锐"选项，波纹则更像锯齿。

"粗糙化"就是"坏掉"的"波纹效果"，选中对象，打开"粗糙化"对话框，如图6-322所示，与"波纹效果"几乎一模一样，唯一不同的是，粗糙化不能用"隆起"这种规则的概念，所以变成了"细节"，因为它呈现的是一种不规律的凹凸变化，即把对象变得很粗糙，在后面的花朵实例中大量使用该功能，模拟花朵的肌理效果，如图6-323所示。

这组命令还剩下最后一个"自由扭曲"，这是一个看上去很古老的类似方形封套扭曲的功能，使用起来也不是很方便。

6.5.23 转换为形状

转换为形状是一个批量转换形状的功能，但是它只能支持3种形状，分别是"矩形"、"圆角矩形"和"圆形"，其实平常基本不会用到这个功能，但是如果用在一些巧妙的地方的确很方便，如

图6-324所示为一组使用Illustrator绘制的柠檬，其中后方的完整柠檬的高光部分就用到了转换为圆形这个功能，很多琐碎的各种大小的小圆形组成的高光，如果要单独绘制可是非常麻烦的。下面简单介绍一下。

图6-324 柠檬效果

首先在"画笔"面板中选择了一种较为粗糙的艺术画笔效果，并使用"画笔工具"绘制了一小段，如图6-325所示，将这段书法画笔扩展成为轮廓，即可得到很多大小不同的不规则轮廓了，如图6-326所示，将这些轮廓取消编组，然后就用到"转换为形状"命令了，在该命令中将这些不规则的轮廓转换成为统一大小的圆形，即可模拟出柠檬皮上

凸起的高光感觉，如图6-327所示。将这组小圆形整体应用一个不透明蒙版，放置到"柠檬皮"上，如图6-328所示，再根据实际情况，添加一点"高斯模糊"效果，柠檬上的高光点就绘制完成了。

这个柠檬的绘制技巧本身有点难，所以不便在本书中讲解，有兴趣的读者可以在源文件中查看。

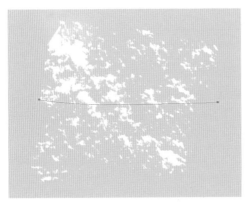

图6-325 艺术画笔

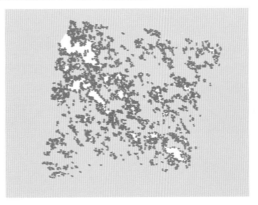

图6-326 扩展艺术画笔

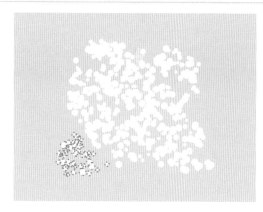

图6-327 转换为椭圆形

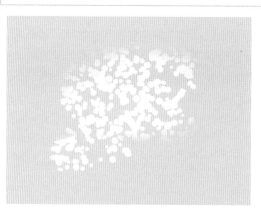

图6-328 添加不透明蒙版

图6-329 "圆角"对话框

经过修饰的边角往往会给人带来精致的感觉，尤其是圆角，会带来温润亲切的感觉，而大多数情况下，一个对象的绘制需要处理很多的边角，导致工作量骤增，所以，此时即可使用"圆角化"命令，批量制作圆角的边角。"圆角"对话框并没有提供很多选项，只有一个圆角大小，所以，选中对象，执行"效果">"风格化">"圆角"命令，打开"圆角"对话框，如图6-329所示，该命令可以把对象的边角处理成"圆角"效果。在讲解"形状生成器工具"使用了一个烧瓶的图形，烧瓶下面的三角形就是使用"圆角"制作的。有时候"圆角"命令会因为强制对象发生圆角，而改变对象路径的走向等，但是这种情况是少数，经常使用该命令可以积累更多的应用经验。

提示 如果对象被施加了"圆角"命令，一旦扩展，再次执行"圆角"命令就不起作用了。

6.6 默认对象

6.6.1 符号

除了自行创作一些对象之外，还可以借助软件中提供的很多素材，更加进行快捷的操作，Illustrator中提供的素材种类很多，之前讲过的"画笔库"，还有"色板库"、"符号库"、"样式库"等，这些素材多数需要配合绘制使用，但是有一种素材是可以单独使用的，因为它们大多数情况下本身就是一幅完整的作品，这种素材就是"符号"，执行"窗口">"符号"命令，可以打开"符号"面板，如图6-330所示。从"符号"面板菜单中可以打开符号库，大量的符号素材可以选择使用了。

图6-330 "符号"面板

符号素材使用简单，直接拖曳到画布上即可，如果需要编辑该符号可以在符号上单击右键，执行"断开符号链接"命令再取消编组后即可任意编辑了，不用担心会不会影响原本的符号样式，因为画布上的符号只是"符号"面板中符号的复制品。既然符号这么方便，那么，可不可以创建符号并留作以后随时取用呢？当然是可以的，制作符号的步骤与制作"画笔"的步骤是一样的，而且更棒的是，符号支持所有的对象，没有画笔的那么多限制。如图6-331所示为一幅使用符号素材制作的"创业游戏地图"。

图6-331 创业游戏地图

说到符号素材就必须要讲一下与符号密切相关的一组工具，在工具箱中有"符号喷枪"系列工具，在"符号"面板中选择一个符号，并选择"符号喷枪工具"即可在画布上喷洒出很多符号的复制品（之前讲解过，散点画笔的效果类似"符号喷枪工具"的效果），特别适合绘制一些重复的对象，例如，星空、人群、草地等。

除了"符号喷枪工具"用于绘制之外，这一组工具剩下的都是调整绘制出符号的工具，"符号位移器工具"可以局部移动符号的位置；"符号紧缩器工具"可以减少符号与符号之间的举例，让它们变得更加密集；"符号缩放器工具"可以局部调整符号的大小，让一堆相同大小的符号产生大小的变化，"符号旋转器工具"可以局部旋转符号的方向，"符号着色器工具"可以在不断开符号链接的情况下，改变符号的整体色调，其原理类似改变画笔的颜色；"符号滤色器工具"可以通过改变符号透明度的方式实现"滤色"效果，最后一个"符号样式器工具"需要结合"样式"面板（执行"窗口">"样式"命令），选择该工具，在样式面板中选择一种样式，并在符号上涂抹，即可将这种样式赋予符号。

提示 在使用上述工具时，按住Alt键可以执行反向操作，例如，密集变成疏散，放大变成缩小等。另外，不要轻易尝试使用"符号样式器工具"为一堆符号添加复杂的样式，会因为运算量过大，导致软件停止响应。

6.6.2 实时描摹

"实时描摹"功能是一种能快速将位图对象变成矢量对象的办法，虽然精度有待商榷，但是也可以当作是一种不错的效果。实时描摹不是一种工具，而是一个命令，在画布上置入一张位图，执行"对象">"实时描摹">"建立"命令，软件会用默认的效果描摹一张位图，但是这样得到的效果通常不尽

图6-332 "描摹选项"对话框

如人意(在没有预先设置的情况下),所以通常执行"对象">"实时描摹">"描摹选项"命令,打开"描摹选项"对话框,勾选"预览"选项,再进行细节的设置,这样能够达到更好的效果。"描摹选项"对话框,如图6-332所示。

其中"调整"栏中可以选择描摹"彩色"、"灰度"、"黑白"3种模式,彩色模式和灰度模式会应用"最大颜色"参数,最大颜色用数量表示,颜色数量越多,图像越精细,同时运算就越多(需要时间越长),最后扩展后产生的"碎片"也就越多。

彩色的描摹效果如图6-333所示,能够达到逼真的效果。

图6-333 实时描摹的逼真效果

黑白模式会显示"阈值"参数,默认为128,数值越大,画面越黑,否则反之。通常黑白模式可以用于描摹一些高对比的位图文件,如图6-334所示为一幅人体的血管图,很适合用在一些神秘、古旧的风格里,如果想将其变成矢量素材,即可使用黑白的实时描摹,描摹的效果如图6-335所示。

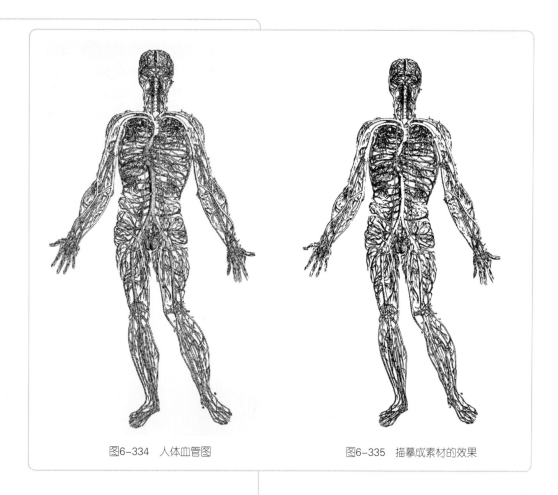

图6-334　人体血管图　　　　　　　　图6-335　描摹成素材的效果

　　还有一种情况是中国设计师经常会遇到的，那就是汉字的书法，客户拿出一幅书法，让你应用到设计中，此时即可将书法作品扫描或拍下来，放到软件中矢量描摹，描摹之前可以在Photoshop中将对比度调高，除掉背景上纸张的杂色，如图6-336所示。使用黑白实时描摹，勾选"忽略白色"选项，描摹后扩展即可得到干净整洁的书法字矢量文件，如图6-337所示。

图6-336　书法素材　　　　　　　　图6-337　描摹效果

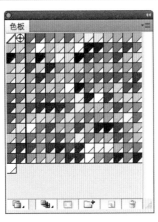

图6-338　自定义色板

在"调整"栏的中间部分有"输出到色板"选项,勾选后可以将描摹的颜色输出到"色板"面板中,变成自定义色板,这是一个很棒的功能,作者喜欢搜集一些颜色和谐的图片,将它描摹下来,并把描摹的颜色输出到色板,当作自定义色板存储起来,所以作者经常使用这个功能,如图6-338所示为作者制作的一个色板,颜色来自如6-339所示的照片,使用这套色板绘制出的插图如图6-340所示。

提示 使用这种方式制作的色板颜色通常会比实际照片颜色灰暗一些,使用时需要在"色彩"面板中适当提亮。

图6-339　参考照片

图6-340　绘制效果

位于"调整"栏下方的是"模糊"选项,适当地增加模糊的数值,可以减少描摹时产生的细小拐角,当然这种做法会减弱描摹的精确度,在后面的"手拈莲花"实例中使用这个技巧,除掉了一些不必要的拐角,增添了一些历史韵味,如图6-341所示。

图6-341　手拈莲花

如果勾选最下方的"重新取样"选项，可以让软件在描摹前对图像重新取样至指定分辨率，适当提高分辨率能够提高图像的精准度，如果图像过

大，适当降低分辨率可以加快描摹速度。后面的"波普"实例中使用了到提高重新取样、描摹精确头像的技巧，如图6-342所示。

图6-342 实时描摹头像

"调整"栏的右侧是"描摹设置"栏，可以选择描摹结果是填色还是描边，在选择"描边"的情况下还可以对最大描边粗细进行设置，避免因为描边过粗，导致一些细节被破坏，设置最小描边长度可以减少"碎片"的数量。路径拟合是比较常用的设置参数，其数值越小，描摹的越像，数值越大，描摹的越失真，但是要注意的是，并不是数值越小越好，该数值如果过小，位图对象的马赛克边缘也会被描摹，这样，描摹就会出现马赛克效果，看上去不是很舒服。"最小区域"是用来控制描摹产生"碎片"的多少，该数值越小，描摹时保留的细节就越多，碎片也就越多，同时图像越精细，否则反之；"拐角角度"用于控制描摹出的矢量对象上拐角的角度，适当调节能让描摹出的对象感觉更加平滑；最后一个选项是"忽略白色"，该功能很方便，通常可以直接去掉不需要的背景，直接保留需要的部分。

"描摹选项"对话框下部是"视图"栏，可以在"栅格"选项中选择是否保留原始图像等，可以

在"矢量"选项中选择预览的模式，通常使用"描摹结果"模式。

6.7 文字输入

宋代的时候，毕升发明了活字印刷，排字工人以把字模排在涂蜡的铁板上进行文字的录入。后来，匈牙利人盖斯特泰纳发明了打字机，文字的录入变得更加快捷。再后来，印刷机械被发明了出来，再再后来计算机也被发明了出来，于是，出现了在软件中输入文字的录入方式。经过不断修改、升级，这种做法一直延续至今，作者的导师曾经在Adobe任职，是Illustrator的专家，据他描述，当时输入的文字是不能更改的，一旦输错，就要全部删掉，重新输入，再对比一下今天的方式，我们这些设计师就要庆幸是生活在科技发达的新时代了。

6.7.1 文字工具

作者开始使用Illustrator时，文字输入早就解决了不能更改的问题了，在Illustrator中选择"文字工

具"即可输入文字,执行"窗口">"文字">"字符"命令可以打开"字符"面板,如下页图6-343

所示,从中可以选择字体,以及进行相关设置。

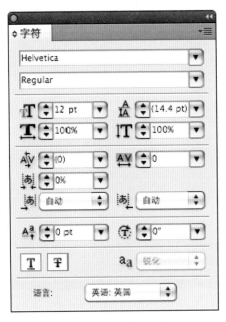

图6-343 "字符"面板

软件会自动识别安装在计算机中的字体,并以列表的方式呈现在"字符"面板上端的"字体"下拉列表中,其中上面的下拉列表中显示的是字体的名称,下面的下拉列表中显示的是字体的样式(Weight),中文字体通常只有一种样式,但是一些正规的拉丁文字体会拥有多种样式,例如Regular(正常)、Medium(中等)、Bold(粗体)、light(细体)、Hairline(极细)、Italic(斜体)、condensed(狭体)等,这些不同的样式同属于同一种字体,称为"字族",这些相关知识会在最后一部分中进行详细介绍。

提示 为什么拉丁文的字体可以有这么多变化,而汉字却很少,如果一定要讲明是因为汉字的数量太庞大了,如果不算一些额外的内容,一套英文字母才只有26个,而一套包含常用字中文字体至少需要2500个字,并且字的笔画还各不相同,所以以目前能够使用这么多种汉字字体已经是奇迹了。目前有很多设计师在从事字体设计工作,单单是通过数量就知道他们的工作是很辛苦的,所以用惯了免费字体的我们如果看到好看的字体,请付费后再使用,不随便使用别人的劳动成果是设计师的职业操守(某些素材也是一样)。

在"字体"下拉列表的下方是用于调整字符大小和间距的各种设置,其中"设置字体大小"顾名思义就是用来控制输入文字大小的选项,"设置行距"用于控制多行文字之间的空隙大小,"水平缩放"与"垂直缩放"可以横向或纵向拉伸输入的文字。

另外"字符"面板中还有一些更为细节的调整,作者将其归类为"高级"的内容,也会在最后一部分中详细讲解。

6.7.2 "区域文字工具"和"路径文字工具"

回到工具箱,长按"文字工具"按钮还能看到很多其他的工具,下面逐一介绍一下。

"区域文字工具"是用于在一个区域内输入文字的工具,例如,在画布上绘制一个矩形对象,并使用“区域文字工具”在该矩形的边缘上单击，矩形就变成文字输入的“区域”，如图6-344所示，该工具不能在矩形的内部单击，单击后会弹出“警示”对话框。

“路径文字工具”是用于在一段路径上输入文字的工具，输入的文字可以沿着路径的方向延伸，在画布上绘制一段线段，使用该工具在线段上单击，即可把这条线段作为文字输入的路径了，在后面的瓶盖图标实例绘制中使用到这个技巧，如图6-345所示。

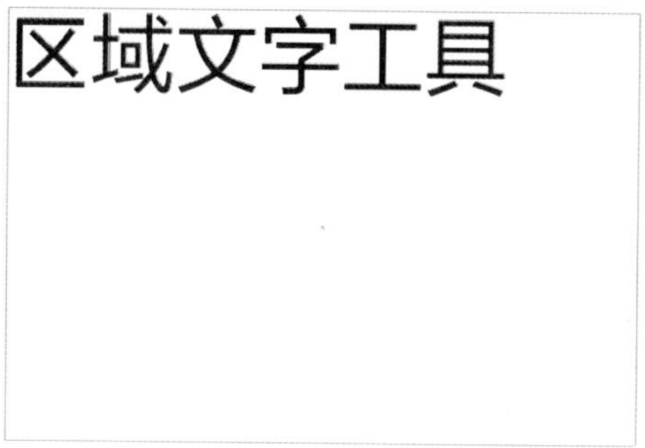
区域文字工具

图6-344　区域文字效果

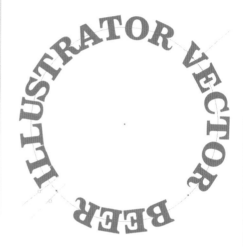

ILLUSTRATOR VECTOR BEER

图6-345　路径文字效果

提示 “区域文字输入工具”和“路径文字输入工具”其实都已经被集成到“文字工具”中了，使用“文字工具”在“区域”上单击，也可以实现区域文字输入，使用“文字工具”在路径上单击，也能实现路径文字输入。

6.7.3　直排系列工具

这一系列工具主要作用于竖排的文字，如图6-346所示。很多国家的文字都可以竖排，根据实际情况自由设计即可，因为其操作方式与正常文字输入方式相同，但是按照传统的读写方式，从右往左，从上到下。

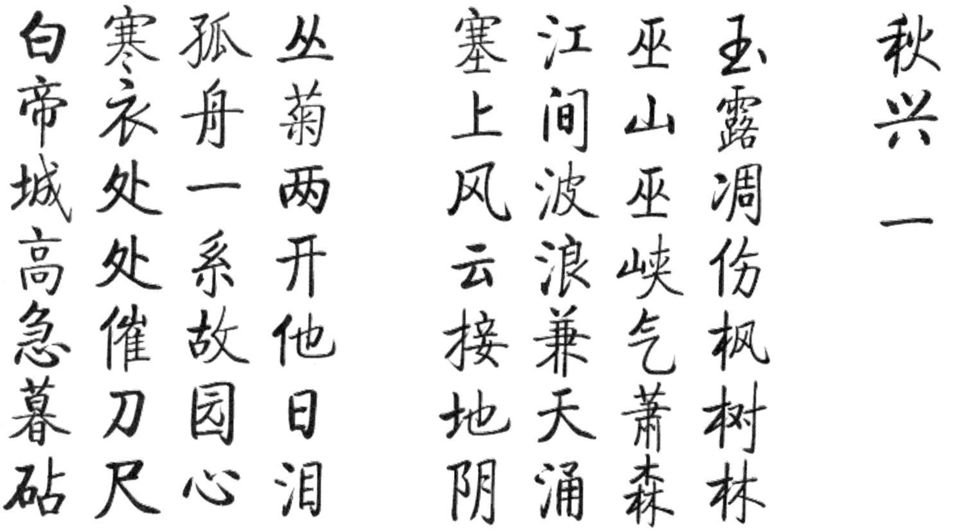
秋兴一
玉露凋伤枫树林
巫山巫峡气萧森
江间波浪兼天涌
塞上风云接地阴
丛菊两开他日泪
孤舟一系故园心
寒衣处处催刀尺
白帝城高急暮砧

图6-346　直排文字

提示 其实严格来说，直排文字使用标点符号与横排文字使用的标点符号是不同的。

6.7.4 字符样式

前面讲解了如何使用各种文字工具输入文字，并简单介绍了一下文字的一些属性，如果在"字符"面板中设置这些属性，文字的样式就会发生变化，那这种样式能不能像图形样式一样被保留下来？答案是可以，并且很简单，只需要执行"窗口">"文字">"字符样式"命令，打开"字符样式"面板，在下方单击"新建"按钮，面板中就会产生新的样式，双击这个样式，即可对文字的各种属性进行编辑了，编辑后，单击"确定"按钮，该样式就被保存了，以后即可任意输入文字，并从"字符样式"面板中选择之前创建的样式就能将该样式赋予输入的文字了。

6.7.5 段落

使用"文字工具"在画布上单击拖曳，这样输入的文字就会被限制在定义的框中，效果类似"区域文字工具"在某个区域内输入文字的效果，这种形式就是段落。

如果定义的框不够放入所有的文字，软件会在划出的框的右下角显示一个红色的方块+号，意思就是需要增加范围。此时，有两种解决办法，一是将划出的框拉大；另一种方法是退出文字输入状态（切换一下工具），单击"方块+号"这个小图标，光标即发生变化，并在别处再定义一个区域，之前显示不出来的文字就会出现在新定义的区域内，这个区域与之前的区域是相通的（有一条线连着，很形象），彼此的操作会互相影响，例如，在之前的区域内删除文字，文字内容变少，新定义区域内的内容也会"跑"到前面进行补充。

在Illustrator中有相当完备的控制段落功能，这些功能集中在"段落"面板中，可以执行"窗口">"文字">"段落"命令，打开该面板，如图6-347所示。

图6-347　"段落"面板

"段落"面板中的上端提供了文字段落的对齐方式，它们的功能就如按钮图示，非常容易理解。在对齐方式的下一栏是段落的缩进样式，在排版设计中经常会遇到层级缩进等要求，该栏内的功能就可以很好地解决问题。现在的很多设计师不喜欢每段的第一行空两个汉字的距离，因为比较麻烦，并且觉得这样做是老土守旧的做法，其实使用段落面板第3栏中的功能就会很方便（如果制作成样式就更方便了，下面将要介绍），至于这到底是不是老土的做法那就看个人喜好了，说实话，作者也不喜欢段首空两个汉字，尤其是使用"两端对齐"的对齐方式，会显得不够整齐。

6.7.6 段落样式

段落样式的制作方法与"字符"样式的制作方法相同，相当于更复杂一点的字符样式，下面来看一下如何制作一个段落样式，首先打开"段落样

式"面板，如图6-348所示，单击面板下方的"新建"按钮，这样就能新建一个空白的段落样式了，

如图6-349所示，在面板中双击打开新建的这个段落样式，如图6-350所示。

图6-348 段落样式面板

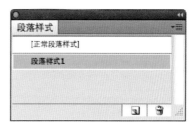

图6-349 新建段落样式

图6-350 常规

在段落样式的第1项"常规"中，可以在上方输入段落样式的新名称（其实在后面的选项中也存在），然后从左侧的选项中切换设置页面。第2项是基本字符格式，如图6-351所示，在这一页中可以针对段落中使用的字体、字体样式、字号大小、行距、字间距等进行调整，其中有一项是大小写，这

是针对欧文（例如英文）文字准备的，在位置一栏内选择"正常"选项，即为正常的内容模式，不是上标，也不是下标（上标、下标文字会缩小，并会基线上提或下降，经常会在一些白话版的书籍中遇到，用来注释）。

图6-351 基本字符格式

基本字符格式的下一项是"高级字符格式"，如图6-352所示。如果不是一些特殊的要求，这一页的功能基本用不到，对话框中呈现的是调整文字宽度、高度或旋转等功能。

图6-352 高级字符格式

接下来是"缩进和间距"，如图6-353所示，在这一页中可以制作出段前空两格的样式了，从"对齐方式"的下拉列表中选择文字的对齐方式，通常选择"左"即可。其他的缩进基本都不常用，常用的是"首行缩进"，在之前设定的文字大小为9pt，按照中文字方块字的感觉，那空两个字的距离大概就是18pt多一点，所以设置19pt，如果此时画板上输入了文字，并且是在选中这段文字的情况下设置的段落样式，勾选"预览"选项，还可以实时查看缩进的位置就省去计算的麻烦了。

图6-353 缩进和间距

接下来的一项是"制表符"，如图6-354所示，制表符需要配合"制表符"面板来使用，如图6-355所示，打开"制表符"面板，并把制表符放置在输入的文字段落顶端附近，单击制表符右侧的"磁铁"图标，即可将制表符与文字段落对齐了，对齐后，即可从制表符的标尺上进行拖曳，类似Word文档上端的标尺，通过调整标尺上箭头的位置，可以实现一些段落缩进操作，因为很少在Illustrator中进行排版，所以很少使用这个功能，倒是在InDesign中会用到，在InDesign中的制表符可以实现自动填充一些连接线之类的功能，Illustrator其实也是可以的，虽然可以，个人认为那也算是高级技巧了，不适合本书的安排。

"段落样式选项"对话框中的制表符就是对制表符进行一些简单的设置，其中X控制的是"缩进"的距离，前导符控制的是控制自动填充的内容符号的，这个解释起来比较困难，如果举例，那最典型的应该是设计目录的时候，目录内文与页码之间连接的省略号或破折号，如图6-356所示这个就可以通过在前导符中输入"省略号"（或半角句号）或"破折号"来实现，具体解释起来太复杂了，属于高级技巧，有兴趣的可以研究一下。

图6-354　制表符

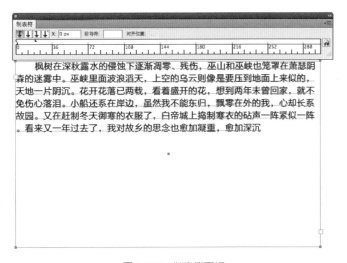

图6-355　制表符面板

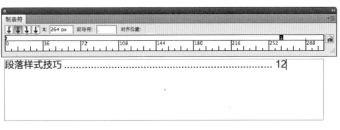

图6-356　前导符制作页码引导线

制表符的下一项是"排版",直接使用它的默认设计就好了。再下一项是"连字",在之前的章节中介绍过了连字,这一页中就是对连字的一些具体要求进行的设置,通常在中文排版中,不会需要"连字"的设置。连字的下一项是"字距调整",面板内容很

容易理解,如果需要就输入数值进行设置,如果不需要就跳过到下一项好了。下一项是"字符颜色",如图6-357所示,如果是普通的内文排版,一般会选择黑色,这个黑色即"单黑",不要选择套版黑,之前也介绍过套版黑所带来的问题。

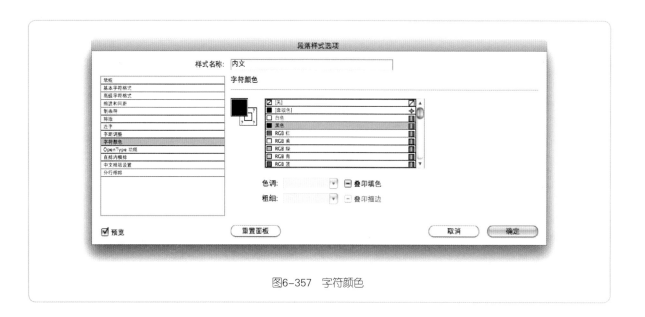

图6-357   字符颜色

字符颜色的下一项是"OpenType功能",关于OpenType这种比较通用的字体可以在百科网站中查一下,在窗口中提供了OpenType的一些功能。"段落样式选项"对话框中还剩下最后3项,都是一些

比较细节的调整,其中涉及到了一些"避头尾"的设置,是一般版式中用得比较少的,有点难度的内容,本书就不多介绍了。

07 外观操作

- 颜色和图案
- 颜色的混合
- 效果样式

7.1 颜色和图案

在本章的一开始，介绍Illustrator绘制作品的3个阶段，分别是画布操作、绘制操作及外观操作，本书的第5章讲解了画布上的相关操作，然后到了第6章，用了很长的篇幅讲解了Illustrator中林林总总的各种绘制操作，而现在终于讲解到了"外观操作"部分，终于可以让那个简单的蛋糕图形披上华丽的外衣了（也可以开始装饰从烤箱里拿出的蛋糕了），所以下面开始学习如何为对象添加外观。

7.1.1 颜色面板

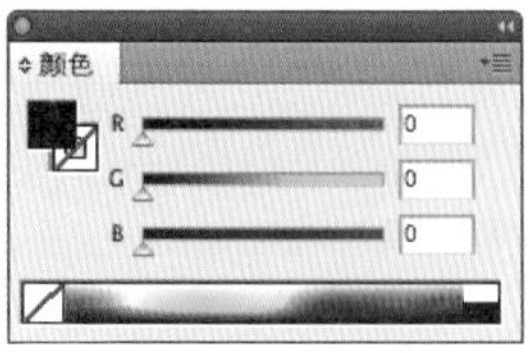

经常会看到一幅作品时感叹造型之余会觉得颜色搭配是多么巧妙，的确，确切的颜色才能更加突显画面的质感，增强观者对它的印象，而Illustrator也似乎懂得这一点，在软件中提供了各种各样与颜色有关的工具和面板，首先最容易想到的是"颜色"面板，执行"窗口">"颜色"命令可以打开该面板，在这个面板中可以设置填充或描边的颜色，使用颜色滑块控制颜色的变化，并且在该面板的菜单中，可以选择不同的颜色模式。在第1章中已经介绍了这几种颜色模式的特性。如图7-1 ~ 图7-3所示，从左至右分别代表了RGB颜色模式下最暗的黑色、灰调的灰色和最亮的白色。

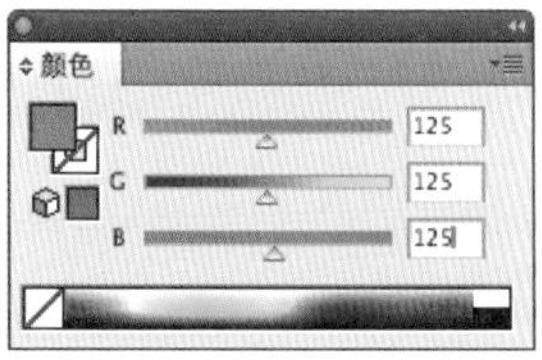

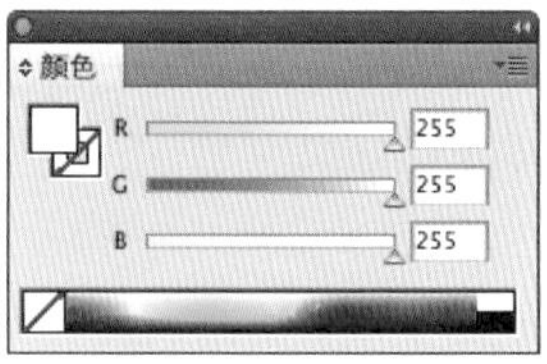

图7-1 黑

图7-2 灰

图7-3 白

虽然RGB颜色也是由3种颜色控制的，但是这种用于屏幕显示的混色原理并不像以前学习的红黄蓝三原色的混色技巧，为了方便掌握，作者总结了一套使用色彩面板调色的技巧：这个调色技巧需要借助上面这3个颜色分布，并且以2:1方式存在，举例说明，如果想设置暗调的颜色，可以将颜色滑块先全部拖曳到R、G、B三色的左侧，这样出现的就是最暗的黑色，保持其中两处滑块不动，即2:1中的

2. 单独调节其中一个滑块,即2:1中的1,再以移动红色滑块举例,保持绿色和蓝色滑块不动,移动红色滑块可以设置出从暗红色一直到纯红色,如图7-4和图7-5所示。其他的颜色可以遵循同样的分段和2:1的原则,这样调整可以得到红色、绿色和蓝色3个色系的颜色,如果在2:1的基础上再适当调整2中的任何一个滑块,即可得到更多的颜色组合,赶快去试试看吧!

如图7-6所示的这幅广告作品,其中的颜色是如何调节的,如图7-7和图7-8所示。

[提示] 使用"颜色"面板设置的颜色还可以存为"色板",方便以后随时取用。

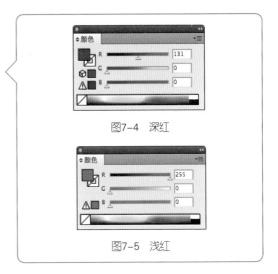

图7-4　深红

图7-5　浅红

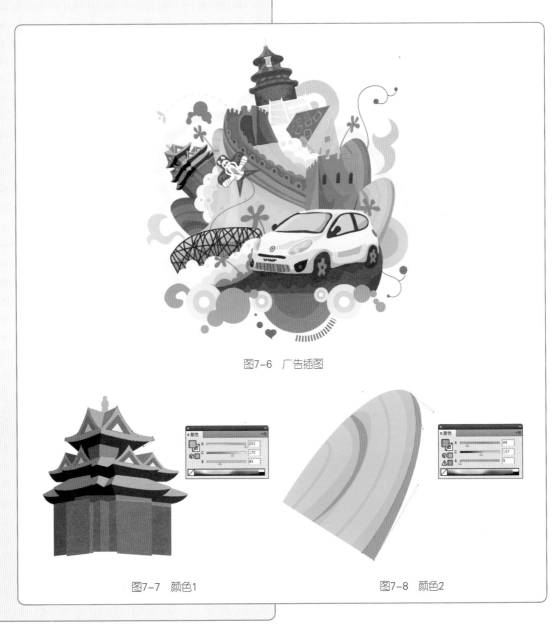

图7-6　广告插图

图7-7　颜色1

图7-8　颜色2

图7-9   "色板"面板

图7-10   新建色板

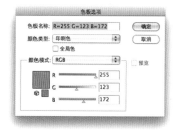

图7-11   色板选项

图7-12   默认色板颜色绘制的插图作品

7.1.2   色板面板

相对于"颜色"面板中的颜色，"色板"面板中的颜色就更直接了，"色板"面板提供现成的颜色供我们使用，如图7-9所示。单击面板的菜单按钮，或者左下角的"色板库菜单"按钮，可以从弹出的菜单中找到庞大的色板库，软件提供了各种功能与个性的色板，之前讲解实时描摹时，有"导入到色板"这样一个功能，那说明色板能够自定义建立，的确是这样的，单击"色板"面板下方的第5个按钮，可以打开"新建色板"对话框，如图7-10所示，该对话框类似"颜色"面板可以通过滑块设置颜色，单击"确定"按钮，即可将设置的颜色放到色板中了，除了这样的建立方式，还可以在多处找到"添加到色板"按钮，如果遇到这样的按钮，就单击吧，这是两种通过单击按钮的方式添加色板的技巧，但其实颜色也可以直接拖曳到"色板"面板中，例如，绘制一个有填充颜色但没有描边的矩形，将这个矩形直接拖曳到色板面板中，也可以转变成一个色板，只不过这种方式建立的色板不是真正的颜色，而是作为一种图案色板存在的（一会儿就可以讲解到图案）。

添加到色板中的颜色可以重复编辑，只要双击需要编辑的颜色或单击面板下方的"色板选项"按钮，即可打开"颜色选项"对话框，如图7-11所示，单击"确定"按钮后，新更改的颜色将替换掉了原来的颜色。如果观察的仔细，除了会发现色板中还有"图案"、"渐变色"等后面将要讲解的内容。还有文件夹，文件夹可以整理颜色，例如把相近的颜色拖到一个文件夹中，与在计算机中整理文件一样，新建文件夹只需要单击面板下方的第4个按钮。

提示　"色板"面板中的色块大小可以调整，在面板菜单中找找看吧！

软件默认的色板其实也很有趣，如图7-12所示是一幅完全使用默认色板中的颜色绘制的插画作品。

7.1.3   图案

图案与颜色都在色板中，前面提到的色板库中也能找到"图案库"，不得不说软件中自带的肌理图案库是很棒的，作者经常使用。在很久以前讲解智能参考线时用了一个绘制宝石的实例，那里提前预览了一下图案的使用，这里还有一些更复杂的作品，如图7-13所示。

图7-13 插图作品

色板可以自由创建，当然图案也可以，使用的是拖入的方法，即绘制完成后，拖曳到"色板"面板中，以后使用时只需要选中对象，在"色板"面板中单击图案，即可以平铺的方式在绘制的对象内展开。

实例：简单的图案色板制作技巧

如图7-14所示为一种简单的方形图案，下面详细介绍这种图案的绘制技巧。

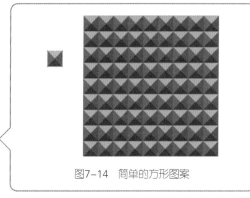

图7-14 简单的方形图案

Step1 绘制一个三角形

使用"矩形工具"按住Shift键绘制一个正方形，然后按住Alt键，拖曳一个新的正方形并将这个正方形按住Shift键旋转45°后拉大，让大正方形的边长超过小正方形的对角线的长度，如图7-15所示。在"路径查找器"面板中单击"交集"按钮，制作出一个等腰直角三角形，如图7-16所示在工具箱中找到"旋转工具"，按住Alt键，在三角形的直角顶点上单击，确定圆心，在角度文本框内输入90，单击"复制"按钮，回到画布上，按快捷键Ctrl+D，3次，重复3次操作，使用4个三角形再次拼贴成为一个正方形，如图7-17所示。

提示 开启智能参考线，对齐操作会变得非常容易、精准。

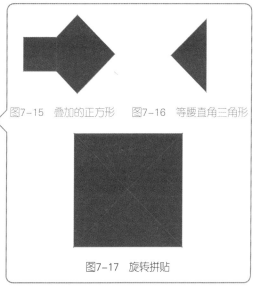

图7-15 叠加的正方形　图7-16 等腰直角三角形

图7-17 旋转拼贴

图7-18　设置灰度模式

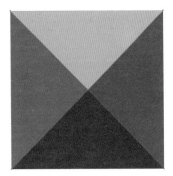

图7-19　设置颜色

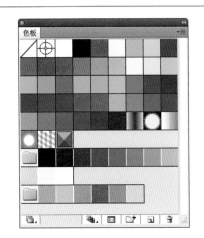

图7-20　添加到色板

图7-21　移动图案技巧

Step2　添加颜色并制作图案

打开"颜色"面板，在面板菜单中选择"灰度"选项，如图7-18所示，这样"颜色面板"就变成只有灰度颜色，更容易选择准确的灰度，设定一个"光源"，将4个小三角形分别填充上不同的颜色，如图7-19所示，形成一定的立体感。

将绘制完成的图案编组，拖曳到色板面板中，形成一个图案，如图7-20所示，然后即可随意应用于填充或描边对象了。

之前的"选择"一节并没有对选择对象的一些细节过多讲解，这里刚好有这个图案实例，就讲解一下，如果使用"移动工具"移动一个填充了图案的对象，会发现默认情况下，填充的图案是静止不动的，例如，如图7-20所示的填充图案的矩形边缘刚好卡准图案的边缘，但是其实稍做移动，在边缘的图案就会被"裁切"，出现这种情况与前面讲解的缩放图案一样，想要移动图案，必须执行"对象"＞"变换"＞"移动"命令，打开"移动"对话框，勾选"图案"选项，如图7-21所示。

提示　之前说直接拖入色板的颜色是一种图案，这里要解释一下，因为软件不能自动识别拖动的矩形内的颜色再把这个颜色当作色板储存，所以软件进行的操作是把这个矩形变成一个图案色板储存，把这个"色板"应用到对象上也看不出有什么不同，那是因为矩形的图案能够很好地以平铺的方式向四周无缝延伸开，感觉像是颜色蔓延开，但如果将一个圆形的对象当作颜色拖入到色板中，再将这个圆形的"颜色"填充后就会发现平铺的圆形图案蔓延开。

如果看完上面的介绍去尝试绘制一个更复杂的连续图案，结果发现绘制的图案没法连在一起，那是正常的，因为绘制连续图案还需要一个特殊的技巧，会在后面的章节中详细介绍，其实也很简单，不如翻到后面提前学习一下吧！

7.1.4　颜色参考

"颜色参考"面板为个人的绘画创作提供更多的色彩灵感，它可以根据设定的颜色自动计算出与之协调的颜色，并将这些协调的颜色从暗色到淡色列举出来，让我们随意选用，如果有认为不错的颜色，颜色参考还提供存储色板的功能。

执行"窗口">"颜色参考"命令，可以打开"颜色参考"面板，如图7-22所示，其中上面一栏左侧的方形区域表示选定的颜色（这里是中黄色），右侧的方框内是其协调色，单击协调色方框内的最右端的三角按钮，可以选择不同的"协调规则"。占据面板最大部分的是选定颜色和其协调色的变化类型，分成暗色和淡色，其中中间向下的三角符号对应的一组颜色是选定颜色和协调颜色的原始颜色，这个区域也有多种风格可以选择。选择的方式有两种，一是在面板菜单中选择"将颜色组限定为某一色板库中的颜色"选项，打开列表菜单，在其中选择不同风格的色板库即可；二是在面板菜单中也有3种样式可以选择。在面板右下角的是"编辑颜色"按钮和"将颜色保存到色板"按钮，其中"编辑颜色"按钮可以打开"编辑颜色"对话框，如图7-23所示。在该对话框中，可以在色轮或色条中拖曳，改变之前选定的颜色，并及时产生与更改后的选定颜色协调的颜色，单击"确定"按钮后，新更改的颜色就被保存到"颜色参考"面板中。那么，"编辑颜色"对话框中的颜色要如何保存到固定色色板中呢？很简单，只要选定要保存的颜色，单击"将颜色保存到色板"按钮即可。

[提示] 不管是"色板"面板还是"颜色参考"面板中的颜色块，按住Ctrl键，都是可以多选的。

7.1.5 编辑颜色

Illustrator中有一系列编辑颜色的菜单命令，在"编辑"菜单中可以找到它们的踪影，如图7-24所示。选中对象，执行"编辑">"编辑颜色">"重新着色图稿"命令，可以打开一个类似"编辑颜色"的称为"重新着色图稿"的对话框，如图7-25所示，在这个对话框中，选中对象上的所有颜色都被一一列出，宽的色带表示原来的颜色，中间用箭头指向的窄色块表示可以更改的颜色，选中其中任何一个箭头右侧的色块都可以更改；除了"指定"色带的模式，还有"编辑"模式，可以打开一个色盘效果，颜色被呈现在一起，通过调整手柄调整颜色，效果更加直观。

图7-22　颜色参考

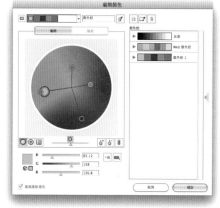

图7-23　编辑颜色

图7-24　颜色编辑菜单

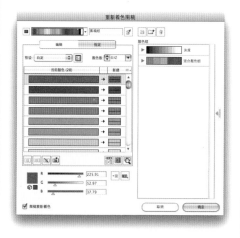

图7-25　"重新着色图稿"对话框

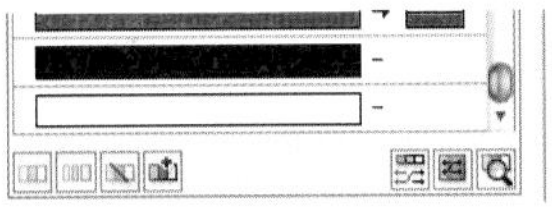

图7-26 黑色白色不能编辑

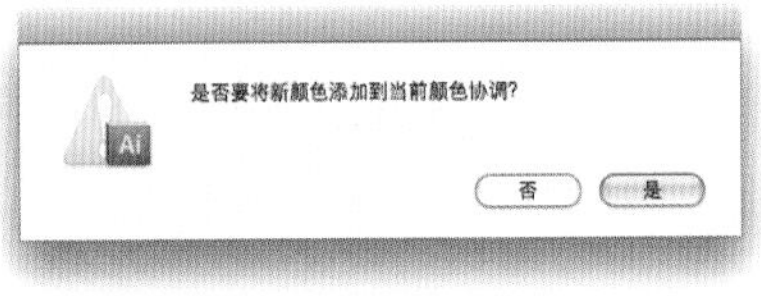

图7-27 提示窗口

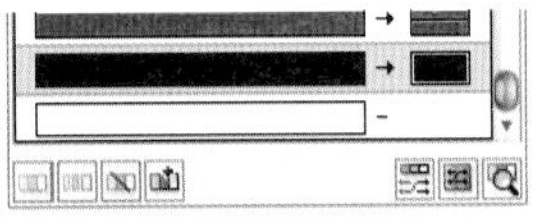

图7-28 可以编辑的黑色

图7-29 Kuler颜色应用实例

有时觉得单独替换颜色太麻烦，也可以应用右侧的颜色组，不过颜色组内的颜色一般比较少，不适合颜色数量多的对象。

提示 "重新着色图稿"对话框中的功能很多，但都是非常直观，可以自己尝试一下。有一个特别的地方是要注意的，就是尤其是遇到白色黑色等颜色，软件会默认不更改，如图7-26所示，如果要更改这些颜色，需要单击小箭头右侧的区域，然后会弹出提示对话框如图7-27所示，单击"是"按钮，即可更改黑色或者白色了，如图7-28所示。

7.1.6 Kuler颜色

Kuler颜色是一个有趣的非常适合设计师与插画师使用的在线颜色功能，在后面有一个详细的实例来介绍Kuler颜色的使用技巧，如图7-29所示。

7.2 颜色的混合

在Illustrator中有至少有3种产生颜色过渡的方式，最常用的是"渐变"、"网格"和"混合"，各有特色，能分别针对不同的情况，如图7-30所示的"马戏团"插图（局部）中刚好使用了这3种渐变模式，在没有查看源文件的情况下，你能够找出它们分布的位置吗？

图7-30 使用了各种颜色混合的插图

7.2.1 渐变

"渐变"是最轻量的颜色过渡，与Photoshop不同，Illustrator只提供了线性渐变和径向渐变两种，在工具箱中有对应的"渐变工具"需要配合"渐变"面板使用，"渐变工具"用于将渐变赋予画布上的对象，其本身类似"渐变"面板中的色条，可以即时调节，如图7-31所示为线性渐变时"渐变工具"的样式，其中色条表示当前渐变的样式和作用范围，色条左端的黑色圆点表示"渐变工具"的起始位置，右侧的黑色方形表示渐变的结束位置，它们都是可以移动的；下方"房子"形状的滑块表示用于混合的几种颜色，左侧的滑块下方多出了一格，这个通常是不显示的，这表示这个颜色的透明度被调整过，移动这两个滑块可以改变滑块所代表的颜色范围；中间的方形滑块表示颜色过渡的中间位置，移动该滑块可以设置颜色过渡的柔和程度。如图7-32所示为径向渐变时"渐变工具"的样式，与线性渐变相同的部分就不用介绍了，剩下的部分包括虚线的圆形，以及圆形上的几个控制点，其中虚线表示渐变的扩散范围（镜像渐变的色条只能显示圆形或椭圆形的半径范围），移动虚线上端的黑色圆点可以控制虚线的宽窄变化，移动左侧的同心圆点可以缩放整体虚线控制的范围。最后，在色条的左侧外面还有一个空心圆点，移动这个圆点可以调整径向渐变中心的位置，可以制作出偏向一侧的径向渐变效果。

"渐变"面板，如图7-33所示，是一个系统的、控制渐变的功能，在"渐变"面板中除了能够实现"渐变工具"的功能，还可以一键反向渐变（单击"反向渐变"按钮），可以输入固定数值，制作固定角度的线性渐变（"渐变工具"可以向各个方向拖曳，制作出不同角度的线性渐变，但是角度不容易控制），也可以通过输入数值制作固定长宽比的径向渐变。另外，最重要的是，只有在"渐变"面板中才能改变或删减渐变的颜色与不透明度，所以说，尽管"渐变工具"很强大，但它只不过是个执行工具罢了。

"渐变"面板中设置颜色有多种方法：一是单击色条下方的滑块，在"色彩"面板中设置颜色；二是双击下侧滑块，在弹出的窗口中设置颜色；三是将色板中的颜色拖曳到滑块或色条上。如果尝试了把色板中的颜色拖曳到色条上，就会知道这是一种添加颜色的办法，除了这种办法，还可以在色条的下方单击，也会产生新的滑块，然后再设置这个滑块的颜色即可。至于去除渐变中的某些颜色，也很简单，单击不需要的颜色滑块，向下拖曳即可删除。

作者有时自制一些桌面使用，其中正好有一张就是使用了各种颜色的渐变，如图7-34所示，学习了本节之后可以尝试自己绘制一些吧！

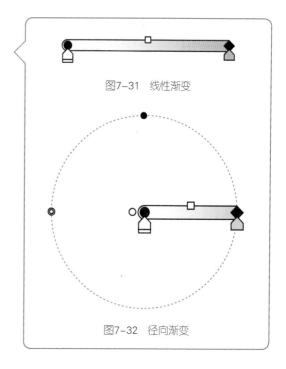

图7-31 线性渐变

图7-32 径向渐变

图7-33 "渐变"面板

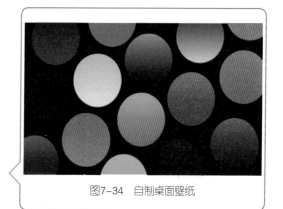

图7-34 自制桌面壁纸

图7-35　"扩展"对话框

图7-36　添加网格效果

图7-37　添加网格位置1

图7-38　添加网格位置2

图7-39　添加网格位置3

7.2.2　渐变网格

在"画笔"一节中讲解过"渐变"不可以直接被创建为画笔，必须经过扩展，执行"对象">"扩展"命令，可以打开如图7-35所示的对话框，不知道有没有留意，在扩展为指定对象的上方还有一个"渐变网格"选项，选择该选项后，还是不能创建画笔，但是渐变网格却是非常强大的一个功能，相比单纯的轻量级渐变，渐变网格能够实现更复杂的、甚至逼真的颜色过渡，它可是重量级的。

拿来一张生宣纸，用墨汁在上面点一下，墨汁就会迅速晕染开，继续在别处点，同样也会晕染开，如果两次单击的地方足够近，那两处晕染的墨汁就会重合到一起，这是真实生活中的一种现象，如果把这种现象放到Illustrator中，就是"渐变网格"，渐变网格允许在对象上的任意位置创建颜色并且创建的颜色会与周围的颜色发生混合，感觉像很多不同位置的渐变融合到了一起。

作者将使用"渐变网格工具"的技巧归纳为"晕染和拦截"，下面用一个基础图形讲解一下：使用"矩形工具"绘制一个矩形（矩形填充为任意颜色，不需要设置描边，因为渐变网格对象不支持描边），在工具箱中找到"网格工具"，在绘制出的矩形中单击，即可看到类似墨汁晕染开的效果，如图7-36所示。

这一步就是"晕染"、"拦截"和"特技"中晕染最基本呈现方式，根据位置不同，晕染出的效果也不同，例如，如图7-37所示为使用"渐变网格工具"从矩形的顶点单击的效果，如图7-38所示为从矩形的边缘单击的效果，其实，不但它们产生的晕染效果不同，就连产生的网格线的数量也不同（甚至没有），不要小看了这几根网格线，以后绘制复杂的对象可是会带来很大麻烦。如图7-39所示为不在网点上添加颜色，而在网线形成的区域内添加颜色的状态（使用"直接选择工具"可以选择网格线分割出的区域）。

现在除了最后一种情况，感觉就像使用"渐变工具"添加的效果一样，别急，下面看看"拦截"的技巧，所谓的"拦截"就是阻止颜色"肆意"扩散，方法是使用"网格工具"继续添加网格，让我们看看如图7-40所示的效果，这个是前面在中间添加网格的矩形，现在又使用了"网格工具"，在中心旁边添加了一条网格线，并填充了与原来矩形一样的橙色，所以，原本绿色晕染开的状态就被其右侧的网格线拦截了，这种现象类似"渐变工具"中的色条上控制颜色过渡滑块实现的效果。

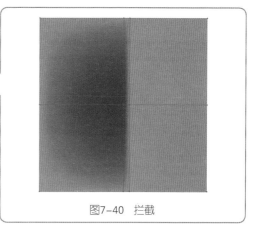

图7-40 拦截

"拦截"与"晕染"其实都是不断用"渐变网格工具"添加网格，只是它们产生的效果不同，但是，网格不是随便加的，在这种简单的对象中，几条网格不算什么，正如前面所说的，不要小看这几条网线，如何产生最少的网线可是需要一个技巧的，这个技巧就是在现成的网格线上累积网格线，不要换到别的地方单独创建网格。不明白？看图吧。

如图7-41和图7-42所示同样是使用"网格工具"单击两次的结果（红色圆圈表示"渐变网格工具"单击的位置），网格线的数量一目了然，如图7-41所示的状态更容易控制（被拦截的次数少）。

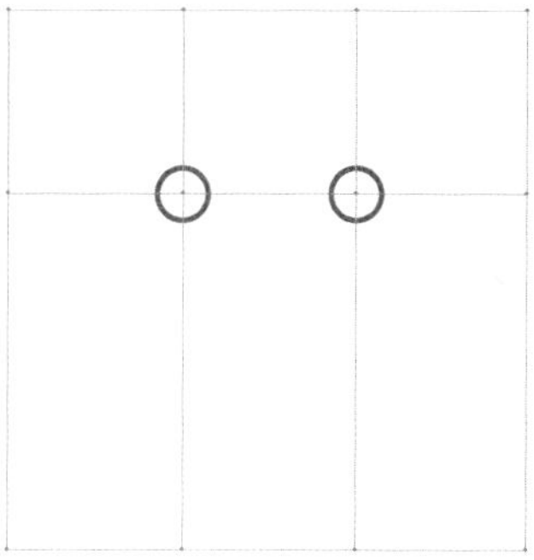

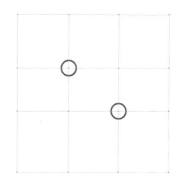

图7-41 在一条网线上继续添加网格

实例：猫眯头像图标

下面用一个稍微复杂一点的实例看一下"渐变网格工具"的实际应用，如图7-43所示。

这个猫的头像在前面出现过，但是并没有作为一个实例来讲解，等了这么久之后，终于有足够的知识来完整地绘制出它了，所以让我们马上开始学习吧！

这是作者的猫，以前每天看到它100遍，所以不需要照片我也能想出它的样子（创作总是往美好方向发展的），这里建议不必临摹这个实例，画一下自己喜欢的小动物就好了，并且可以使用照片素材作为参考。

图7-42 在其他位置添加网格

图7-43 猫眯头像图标

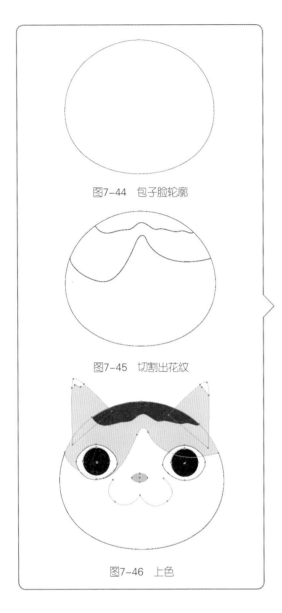

图7-44 包子脸轮廓

图7-45 切割出花纹

图7-46 上色

Step1 起稿1

前面有一整节都在讲解如何建立画布这个事情，所以新建画布等设置就不多说了。在工具箱中设置不填色，描边为黑色，使用"椭圆工具"绘制一个扁圆形，并使用"直接选择工具"将椭圆调整成"包子脸"，如图7-44所示。使用"美工刀工具"切割脸的轮廓，制作出脑门上的花纹区域，绘制出的效果如图7-45所示。

Step2 起稿2

使用"钢笔工具"和"形状系列工具"等绘制出眼镜、鼻子、嘴巴和耳朵，耳朵上也有花纹，还是使用"美工刀工具"切割出来。不同部位的颜色不同，但是会有一个大致的色彩感觉，把这种色彩感觉赋予前面步骤绘制的图形，如图7-46所示，去掉描边（除了下巴），只保留填色，因为眼睛部分需要有一点描边制作"眼线"的感觉，而以后添加网格效果后不能保留描边，所以这里按Alt键复制一份，放到旁边备用。

Step3 下巴上色

在给下巴上色之前最好锁定其他对象，单独上色一部分，因为这些部分的边缘靠得很近，使用"网格工具"在边缘添加网格时难免会"误伤"到周围的对象。然后开始上色，此时会发现"网格工具"在一些不规则的形状上表现得并不如矩形中那么称心如意，不过这种情况也算还好了。首先取消下巴的黑色描边，就只剩下之前设置的白色，但是白色没办法再亮，需要添加的暗部比较多，所以这里反过来，把白色改成浅灰色，如图7-47所示，这样只需要在中部添加一处网格并填充成亮色就好了，如图7-48到如图7-49所示的步骤（以下都将下巴单独呈现），为了进一步增强立体感，还在它的两端做了一些反光，这里用到的技巧是"拦截"，即先在靠近边缘的地方添加网格，这样从边缘渲染进来的反光颜色就不能延伸得太远，大小刚好合适，虽然是灰色的，但是整体会给人造成白色的感觉，如图7-50所示。

图7-47 调整成灰色

图7-48 添加网格步骤1

图7-49 添加网格步骤2

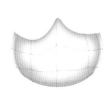

图7-50 添加网格步骤3

Step4 其他部位上色

使用相同的技巧，再绘制出脑门上的花纹，如图7-51~图7-53所示。如果比较之前绘制的线稿和添加网格后的形态，会发现对象的边缘变得有些不同，这是正常的，为了更好地控制颜色的过渡样式，而这个颜色所在的位置又没有足够大的空间让其延伸，即可在不影响整体效果的情况下把网格上的锚点向外拉，增大网格的内部空间。

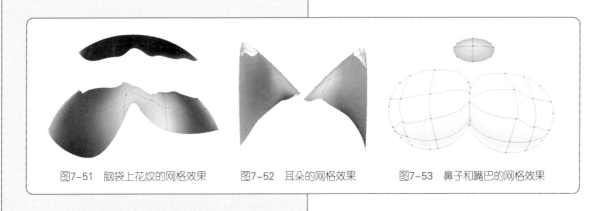

图7-51 脑袋上花纹的网格效果　　图7-52 耳朵的网格效果　　图7-53 鼻子和嘴巴的网格效果

Step5 眼睛

猫的眼睛使用很多层绘制，如图7-54所示，使用"网格工具"绘制眼白部分，直接使用黑色圆形绘制瞳孔，而水汪汪的感觉是靠两处高光实现的，最后别忘了步骤1中备份的眼睛的轮廓，放在最后一层可以产生眼线的效果。

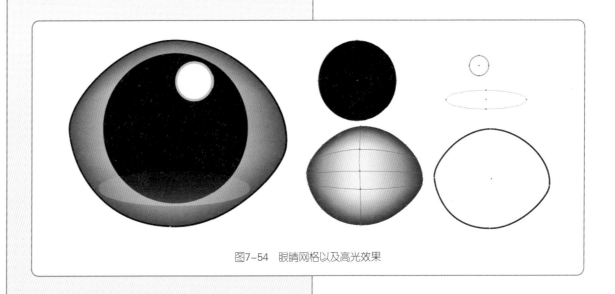

图7-54 眼睛网格以及高光效果

眼睛下部的高光使用上一小节渐变的相关知识绘制，通过观察"渐变"面板中的状态可以知道这是一个白色到

图7-55　渐变效果　　图7-56　柔和的渐变效果

图7-57　另一只猫

白色的渐变，如图7-55所示，其中左端的白色被设置了透明。将这种渐变赋予一个扁的椭圆形，并整体降低透明度，这样做的好处是可以让这种光线更柔和，如图7-56所示。

▌Step6　修饰完成

猫的整体部分已经绘制完成了，使用"镜像工具"复制出右侧的眼睛，并根据实际情况添加上黑色花纹，最后使用"椭圆工具"绘制一个椭圆，放在所有对象的最后，即可当作一个项圈。好了，一只可爱（实际一般可爱）的猫就绘制完成了，还有另外一只，如图7-57所示。

如图7-58所示为一幅使用"渐变网格工具"绘制的超级逼真的Mini汽车，使用了多种前面讲解过的、简单的网格技巧和没讲解过的一些不适合本书内容的、有难度的网格技巧，光盘中提供了源文件，可以自己研究一下，其中尤其是使用网格拦截技巧绘制线条的方式非常棒。

图7-58　超写实汽车作品

7.2.3　混合

"混合"需要使用"混合工具"实现操作时，使用"混合工具"分别在将被混合的对象上单击，首次单击的对象会作为混合的起点，最后单击的对象会作为混合的终点。如果准确地说，使用"混合工具"制作的混合并不是颜色与颜色的混合，而是对象与对象之间的混合。对象与对象混合时，其自身的各种属性也随之混合在一起，这些属性中就包括了"颜色"，也就形成了颜色与颜色的混合。

下面就以颜色为切入点，讲解一下混合的技巧。如图7-59所示左侧为一个红色的矩形与一个绿色的圆形，其右侧的3种状态是将红色矩形与绿色圆形混合的不同结果，这3种结果分别对应了混合的3种模式，分别是："平滑颜色"、"指定步数"、"指定距离"，其中"平滑颜色"通常可以形成渐变或渐变网格一样的颜色平滑过渡效果；而"指定步数"可以控制混合产生色阶的步数，图中设置了它们的混合步数为6，则在原始的红色矩形与绿色圆形之间就会产生6级变化，当然数值越大，颜色过渡会越平滑，同指定步数一样，指定距离也是可以控制的；"指定距离"指混合产生的色阶之间的距离。

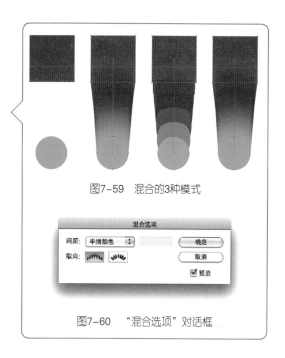

图7-59 混合的3种模式

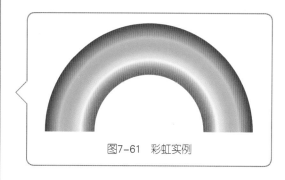

图7-60 "混合选项"对话框

了解了这3种模式之后，究竟要如何切换它们呢，很简单，在工具箱中双击"混合工具"图标，即可打开"混合选项"对话框，如图7-60所示，在该对话框中也可以选择混合的取向，取向的用法会在后面实例中涉及到。

以上举例都是使用了两种对象之间的混合，其实混合也可以支持更多对象之间的混合，如图7-61所示为一段彩虹，使用了8种不同颜色的对象进行混合，下面以此为一个实例，讲解一下。

实例：彩虹

这是一段彩虹，使用混合绘制的，当然，此时如果对前面的知识掌握得够深刻，也能想到另外一种可能更简单的办法去实现这个效果，这里暂时不说，先来看看使用混合绘制这段彩虹的步骤。

Step1 绘制彩色对象

因为要绘制半圆形的轮廓比较麻烦，所以这里使用彩色的描边进行混合，在工具箱中找到"椭圆工具"，按住Shift键绘制一个正圆，只设置描边，去掉填充色。"对象" > "路径" > "偏移路径"命令，打开"位移路径"对话框，将这个正圆形的对象移动一点距离（实际的数值会因为绘制的正圆大小而不确定，所以根据实际情况自由设定吧），然后再次执行"路径偏移"命令6次，形成一个8层的同心圆样式，将这8个圆形的描边设置成不同的颜色，绘制出如图7-62所示的效果。

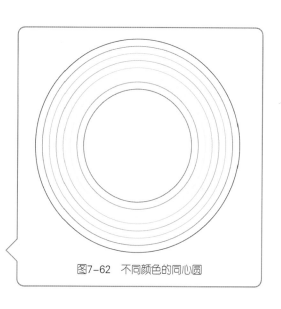

图7-61 彩虹实例

图7-62 不同颜色的同心圆

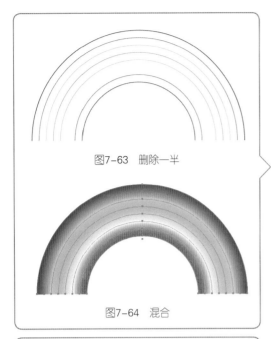

图7-63 删除一半

图7-64 混合

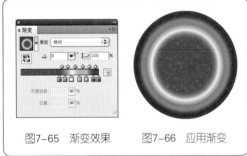

图7-65 渐变效果 图7-66 应用渐变

提示 如果学完了前面的知识，一定也给路径偏移这个命令自定义了一个快捷键，这里就能看出自定义快捷键的优势了，要不然重复执行命令真的很麻烦。

■ Step2 把描边混合起来

因为绘制的彩虹只需要半边，所以使用"直接选择工具"选中这8个圆形的下半部分并删除，保留上半段，如图7-63所示，使用"混合工具"依次单击这8段半圆形的描边，它们的颜色就被混合起来了，产生了如图7-64所示的效果，这样一段彩虹也就绘制完成了。

使用混合绘制彩虹的技巧介绍完了，那前面说的还有一种方法是什么？就是径向渐变，按照如图7-65所示的"渐变"面板中渐变的样式设置一个径向渐变，并将这个径向渐变赋予一个圆形，即可得到如图7-66所示的对象。

得到这样的圆形对象之后，或是使用剪切蒙版，或是使用"路径查找器"面板都可以将这个圆形切割成一条弯曲的彩虹形状，看上去很简单吗，那使用混合制作彩虹的方法不是"弱爆"了吗？但是混合多强大啊，区区渐变效果怎么能够打败混合呢，混合还没有使出"杀手锏"呢，下面看看混合的"杀手锏"是什么，如图7-67所示。

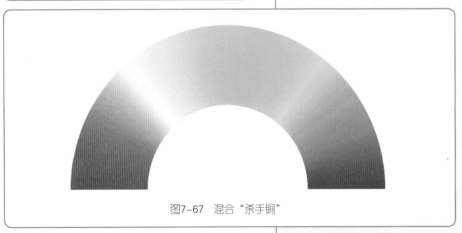

图7-67 混合"杀手锏"

Photoshop中的"放射状渐变工具"笑而不语，而Illustrator中的"渐变工具"就崩溃了，因为只有两种模式的它不能实现这种放射状的效果，那如何使用混合做成这样的效果呢？下面详细介绍一下。

实例：放射状彩虹效果

■ Step1 绘制彩色对象

之前使用的圆形作为混合的对象，如果要绘制这种放射状的混合对象，只需要绘制直线即可，绘制出的直线，如图7-68所示。

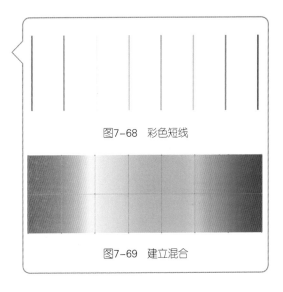

图7-68 彩色短线

图7-69 建立混合

Step2 把描边混合起来

与之前的步骤一样，把描边混合起来，形成一片过渡色，混合出的效果，如图7-69所示。

Step3 替换混合轴

到目前为止，还是没有放射状的感觉。别急，这一个步骤就是制作放射状混合的关键步骤，在介绍步骤之前先了解一下"混合轴"。混合轴就是对象与对象混合时，产生的连接线，回头观察之前的混合对象示例图片，除了被混合对象自身的路径线，在它们连接起的方向上都有一条贯穿的线条，这个线条就是"混合轴"。默认的混合轴可以被替换，制作放射状的混合使用的办法就是"替换混合轴"，所以，这一步来绘制弯曲的线条作为混合轴（直接用前面绘制的半圆形就可以了），如图7-70所示。将这段弧线拖曳到步骤2中绘制的混合附近（其实不拖曳也行，因为替换混合轴操作会自动把混合对象移到混合轴所在的位置），同时选中弧线和混合，执行"对象" > "混合" > "替换混合轴"命令，之前线性的混合对象就被弯曲了，如图7-71所示。

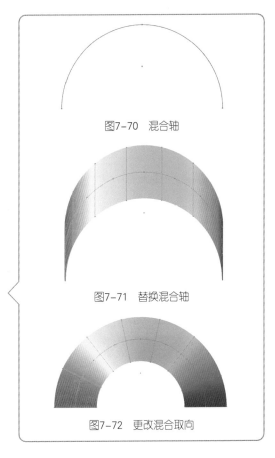

图7-70 混合轴

图7-71 替换混合轴

但是这个效果好像也不是放射状的吧，只是弯曲了而已。没关系，双击"混合工具"图标，打开"混合选项"对话框，将默认的"对齐页面"取向，变成"对齐路径"取向，奇迹就发生了，制作出了放射状的混合，如图7-72所示。

提示 如果色彩没有很紧密的过渡，双击"混合工具"，打开"混合工具选项"对话框，将默认的"平滑颜色"切换成"指定步数"，并将数值设置的比默认值更大一些，如果还是有空隙，那就在"描边"面板中将描边的宽度适当增加一点。

图7-72 更改混合取向

除了单纯的颜色，混合可以混合"渐变色"、"不透明度"甚至效果样式（结果并不太理想），简单总结一下就是几乎所有的对象属性都可以被混合，自己尝试一下吧！

通常希望混合出平滑的颜色过渡，其实，不平滑的过渡也未尝不是一种有趣的效果。在插画的技巧中也有一种类似混合的技巧，但其基本上是使用了"铅笔工具"或"钢笔工具"一类的绘制工具一层一层地累积绘制的，如图7-73所示。

图7-73　龙

图7-74　透明效果1

图7-75　透明效果2

7.3　效果样式

7.3.1　不透明度

执行"窗口">"透明度"命令，打开"透明度"面板，其中最重要的一个功能就是调整对象的"不透明度"（虽然平常一直管这个叫透明度），这是Illustrator中最常用的功能之一，在之前的很多实例中都接触到了，包括各种单纯的对象，也包括在渐变、混合中，调整一个对象的"不透明度"可以让被调整的对象透出下面的对象，但是在编组对象中，有一个特殊情况，先来比较如图7-74和图7-75所示两幅图例，这是两幅同样被调整"不透明度"为50%的插图，但是它们的效果却完全不同，图7-74的樱花的花瓣之间有重叠的样式，画面的层次感不错，而图7-75虽然也有透明度，但是花瓣并没有重叠到一起，层次感就差了一些，这是为什么呢？其实这就是因为编组，图7-75中是将所有的花朵编组后一起调整不透明度的结果，软件会默认编组对象是一个对象，所以对象内的各个层次不会发生变化，只是整体的透明度发生了改变。

本来这个实例要用在之前的叠印预览中，但是后来忘记了，就把它放到透明度这一小节中来了，我们来看一下叠印预览模式下的这幅樱花作品是什么样子吧，效果如图7-76所示。虽然也会产生透明感的叠加，但是这是不透明度不容易实现的效果，并且别忘了，这只是一种模拟效果，真正的效果需要最后印刷出来才知道。如果需要实现所见即所得的这种效果，可以提前阅读一下后面关于混合模式的讲解。

图7-76　叠印预览

7.3.2　不透明蒙版

在画布上选择一个对象，在"透明度"面板的菜单中找到"建立不透明蒙版"，这是一个与在面板中的不透明度功能几乎没有关系的功能，但是它能实现的效果却与调整不透明度一样——让对象变透明。这个蒙版的功能很像Photoshop中的蒙版，通过控制蒙版颜色的灰度来控制被蒙版对象的透明度。

通常软件默认的蒙版颜色是黑色的地方代表完全透明，白色的地方代表完全不透明，中间过渡的颜色代表半透明，如果勾选了"透明度"面板中的"反向蒙版"选项，则黑色的地方代表完全透明，白色的地方代表完全不透明，中间过渡的颜色还是保持半透明。那么说不透明蒙版中只支持黑白两种颜色吗？当然不是，所有的颜色都可以，但是蒙版中不会识别颜色，只会以各种颜色的明度来判断到底该施加什么样的透明度。例如，红色转换成灰度后就是偏深的灰色，那么，属于黑色与白色的过渡颜色，所以实现的透明度效果就是半透明。

前面说了不透明蒙版与调节不透明度的功能类似，那么它有什么特别的地方吗？有的，它特别的地方就是能够实现透明度的过渡，不透明蒙版中支持单色、图案、渐变、网格对象、混合对象等能够实现"过渡"效果的对象，所以，使用这些对象作为蒙版即可为被蒙版的对象带来各种各样的丰富透明度过渡效果。

实例：添加酒瓶高光

下面通过一个简单的实例看一下不透明蒙版的功能。如图7-77所示为一组写实静物绘制的局部，把焦点放在中间绿色酒瓶的高光绘制上面，在这幅作品中的这种高光，基本都是通过"不透明蒙版"制作的，希望在这里你能想起来另外一种能够实现类似效果的功能——带有透明度的渐变，没错，使用那种渐变也可以绘制，其实，现在看来

图7-77　写实静物（局部）

这就算是往事不堪回首了，因为在以前的版本中，渐变中是不能存在透明度的，若想实现类似的效果只能通过"不透明蒙版"。

虽然使用渐变也可以绘制，但还是要通过这个简单的不透明蒙版介绍一下如何使用它，毕竟之前的各种介绍文字都没有说到底要如何使用它，而且使用它还需要一定的技巧。

Step1 绘制高光的形态

酒瓶瓶身的绘制使用的是"网格工具"，有兴趣的可以自己研究一下，这里就不多介绍了。使用"钢笔工具"绘制出高光的形态，并填充白色，将高光对象移动到酒瓶瓶身的合适位置上，如图7-78所示。

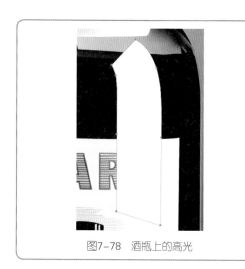

图7-78　酒瓶上的高光

Step2 添加不透明蒙版

选中这个高光，在"透明度"面板菜单中执行"建立不透明蒙版"命令，此时几乎不会看到任何变化，除了在"透明度"面板中原来的对象预览窗口的右侧增加了一个窗口，如图7-79所示，单击这个窗口，就进入到这个对象的不透明蒙版中，多神奇，这简直就是在平行空间内穿梭。

图7-79　进入不透明蒙版

Step3 绘制不透明蒙版

进入到不透明蒙版的世界后就会发现，另一个世界中的对象（酒瓶和酒瓶上的高光）只能看到，不能编辑，除此之外，空无一物，所以要想让高光发生透明度的变化，必须绘制出一个对象，并将这个对象覆盖在高光的位置上，除此之外，还要给这个对象填充最方便控制的黑白渐变，但是在蒙版世界中完全看不到它，只能通过另一个世界中的高光的即时变化做出相应调整，这就是添加不透明蒙版的完整步骤。不透明蒙版中的蒙版效果如图7-80所示，在"透明度"面板中能够看到它，如图7-81所示，注意在"透明度"面板中勾选"剪切"选项，这样能够保证不透明蒙版中的蒙版对象完全控制白色的轮廓。

图7-80　不透明蒙版样式

图7-81　不透明蒙版在蒙版中的状态

在"透明度"面板中还有一个选项，这就是"剪切"，勾选该选项可以让不透明蒙版中的对象再负担一份"剪切蒙版"的工作，把对象剪切到不透明蒙版的轮廓中，所以前面说能够"完全控制"，就是这个意思。

提示 很多人在创建不透明蒙版后发现就不能进行其他

操作了，不管绘制什么都只能看到轮廓线，创建蒙版之前的对象也不能选中，很明显，这是因为还停留在蒙版的世界中，此时，只需要单击"透明度"面板中左边的预览窗口，穿越回正常编辑世界。

除了这种在空蒙版中绘制对象的办法，还有一种更直观的添加不透明蒙版的技巧，这种技巧需要事先绘制好不透明蒙版中需要的对象，然后，把这个对象放在被蒙版对象的上一层，选中蒙版对象和被蒙版对象，在"透明度"面板菜单中，执行"建立不透明蒙版"命令，软件就会自动把位于上层的蒙版对象传送到蒙版世界中，下面的操作就不用多说了。

如果想取消蒙版，有两种办法，也只需要在"透明度"面板菜单中找到"释放不透明度蒙版"和"停用不透明蒙版"命令，前者会将不透明蒙版完全破坏，将蒙版世界中的蒙版也传输回正常编辑世界中，后者还可以在以后需要的时候再次启用（在"透明度"面板菜单中能找到）。

7.3.3 混合模式

虽然名字中有一个混合，但是它其实与"混合工具"几乎没有关系，这里的混合指的是对象与对象之间的叠加关系，所以混合模式指的就是对象与对象叠加的模式。这个功能位于"透明度"面板左上角的下拉列表中，如图7-82所示，各种叠加模式已经被按照作用效果划分成组，下面一组一组地讲解。

图7-82　混合模式

第1组是正常，也是默认模式，通常进行的叠加操作都属于正常模式。除了这一组，剩下的混合模式都会在对象与对象叠加后发生变化，它们的原理通常被解释得很难懂（原理可以通过帮助文件查阅），所以作者也不想在这里介绍它们的叠加原理，不如说一下它们混合后的效果与特点。

第2组是变暗模式，使用这一组混合模式会使对象与对象叠加后的效果变暗，使用"变暗"会让叠加颜色的部分感觉整体变暗，但其实是因为被混合的对象中亮的颜色被"变暗"造成的效果，使用该模式，软件会判断叠加的两层的明度关系，如果叠加层的明度比被叠加层的明度高，使用"变暗"模式就不会发挥作用，只有在叠加层的明度比叠加层的明度高才会发挥作用，是被叠加层被叠加的部分明度降低，以达到变暗的效果，如图7-83所示。

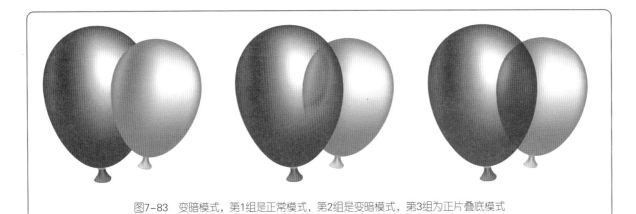

图7-83   变暗模式，第1组是正常模式，第2组是变暗模式，第3组为正片叠底模式

　　"正片叠底"会将选中对象的颜色完全叠加，类似透过彩色的玻璃看后面对象的感觉，需要注意的是，白色正片叠底（相当于无色的玻璃）不会有任何变化，黑色的最终效果会变成黑色，前面讲解的"叠印模式"产生的效果很类似正片叠底，但是

用正片叠底制作的印刷文件是模拟不出叠印制作出的层次效果，如图7-84所示的水墨效果，使用"网格工具"绘制的有白色边缘的水墨轮廓与叶子的图案，叠加在一起就可以互相融合。

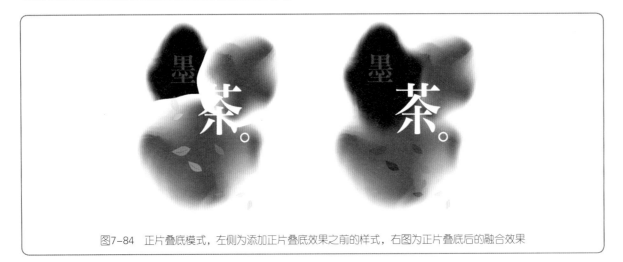

图7-84   正片叠底模式，左侧为添加正片叠底效果之前的样式，右图为正片叠底后的融合效果

　　"颜色加深"的效果很多时候类似正片叠底，但不同的是，颜色加深会增强叠加部分下层对象的对比度，从而产生比正片叠底更强的对比效果，如

图7-85所示的图标实例，通过颜色加深，产生强对比效果，使质感更强。

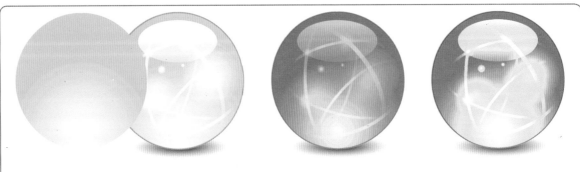

图7-85   左侧是正常模式下的叠加层与图标；中间是使用"正片叠底"的效果；右侧是"颜色加深"效果

第3组是变亮模式，使用这一组混合模式都可以让对象叠加后变亮，其中，"变亮"的作用与"变暗模式"相反，即叠加位置的暗色被提亮，而亮色保持不变，如图7-86所示的水晶效果，为了使单独绘制出的水晶之间有彼此反射的效果，所以将图中左侧的水

晶效果复制了一层并翻转了位置，在"透明度"面板中设置了"变亮"模式，这样被复制出来的水晶上的亮色就会被保留下来，暗色就会被去掉，这样也就形成了反射的效果。

图7-86 水晶反射效果，左侧为未添加反射效果的水晶；中间为使用变亮模式添加反射效果，水晶的细节度刚好；右侧为使用滤色模式添加反射效果，没有看出反射效果，并且水晶上的细节损失较多

使用"滤色"可以让叠加的颜色产生类似"染色"后又"褪色"的效果，在之前及后面的很多实例中都有使用"滤色"模式制作的部分，那就是云

彩与烟雾效果，如图7-87所示，"滤色"模式能保留较多的亮色部分（与褪色的性能有关），所以呈现出的效果比较厚重，就会有云雾的效果。

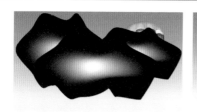

图7-87 左侧为正常模式下云朵的状态；中间为使用"滤色"模式的状态，呈现的云雾效果比较逼真；右侧为使用"变亮"模式，浅色的部分保留比较少，云朵的效果看上去比较奇怪

"颜色减淡"的效果类似"滤色"，也因为该叠加命令会提亮叠加部分下层对象的颜色，所以会产生比滤色更强的对比效果。如图7-88所示的一组以发光为主题的运动风格图形绘制，其中使用了大量的"颜色减淡"模式制作出强光的效果。如图7-89所示演示了运动图形中这种发光效果是如何制作出来的——使用"网格工具"制作一个填充，图中左侧所示昏暗颜色的颜色过渡效果，并在网格对象上覆盖两个填充黑白径向渐变的圆形，如图中间所示，最后，将这两个径向渐变圆形的混合模式转变成为"颜色减淡"模式，即可绘制出图中右侧所示的发光效果了。

既然"颜色减淡"模式与"滤色"模式颇为相似（尽管"颜色减淡"模式与"滤色"模式原理完全不同），那么，"颜色减淡"模式与"变亮"模式有什么不同呢？这需要从原理上解释一下："颜色减淡"模式只会调整叠加部分下层的对象的亮度，再叠加上上层的颜色，而"变亮"模式则会选择叠加部分"较亮"的颜色叠加到比这个亮色暗的部分，保留比这个亮色亮的部分，从而实现整体变亮的效果，并没有专门针对叠加部分的下层对象，所以，根据这样的原理，两种模式即使在相同的颜色叠加情况下，叠加后的颜色也与大多数情况下不同。

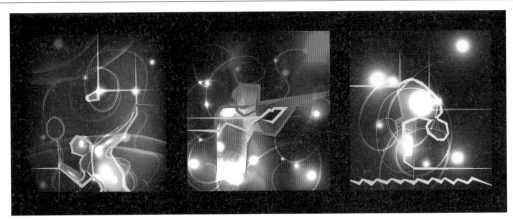

图7-88 发光为主题的运动风格图形

图7-89 发光效果制作步骤

　　第4组是光影模式。这一组的混合模式都是综合式的，它们会根据不同的叠加情况自动作出判断，从而在一种模式下产生"光"和"影"的效果。"叠加"最大的特点是在将颜色混合后能反映出叠加在上面这层对象的亮度和暗度，同时会保持被叠加的这层对象的高光和阴影，如图7-90所示的文字

叠加效果，左侧为正常模式下的效果，中间为叠加模式的效果，叠加的效果反映出了由极亮的白色产生的非常明亮的绿色效果以及极暗的颜色产生的接近黑色的暗绿色，同时原本的底层绿色集装箱的高光和阴影也被保持了，右侧为单纯的"滤色"模式与"正片叠底"模式。

 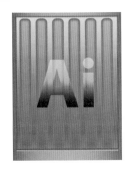 

图7-90 集装箱上的文字效果，左侧为正常模式；中间为叠加模式；右侧分别是绿色模式和正片叠底模式

　　"柔光"模式能将对象变暗或变亮，类似点亮一盏磨砂灯泡的灯，叠加后产生的效果取决于灯泡的颜色，即上层对象的颜色如果是暗色，就会产生"变暗"的效果，如果是亮色，则会产生"变亮"

的效果，如图7-91所示的汽车内饰与车窗外景色的配合实例，就是使用"柔光"模式模拟自然光的效果，根据窗外是夕阳或者清晨的阳光颜色感觉为汽车内饰"蒙"上一层类似感觉的柔和色彩。

图7-91　左侧两幅图为叠加层与被叠加的汽车内饰绘制（内饰绘制完全相同，只是更换了车窗外的景色），右侧为使用"柔光"模式叠加的效果

强光模式可以用一种灯来比喻，那就是聚光灯，会产生比"柔光"更强烈的效果，如果叠加在上层对象的颜色较亮，则叠加后的图像会变亮，如果叠加在上层的对象颜色较暗，则叠加后会产生类似正片叠底的变暗效果。官方帮助文件上写道：这种模式对添加高光和阴影很有用，作者觉得这还只

停留在"理论"层面，实际上使用这种模式添加高光与投影的机会并不多，因为制作高光效果不如"滤色"与"颜色减淡"，"变暗"也不如"正片叠底"。在后面有一个立体文字实例中，使用了这种模式制作了文字上的肌理，完成如图7-92所示，简单的制作步骤如图7-93所示。

图7-92　使用"强光"模式制作的文字肌理效果

图7-93　左侧过程为将用软件自带图案填充的轮廓添加高斯模糊，右侧过程为将高斯模糊后的图案轮廓放到文字上并使用"强光"模式，图案中亮的颜色提亮（实际因为不够亮，提亮效果并不明显）了下层的颜色，图案中暗色的部分加深了底层颜色

第5组是"排除"模式。这一组混合模式都是排除部分颜色的模式。其中"差值"模式可以让对象产生类似反色的效果，其具体原理是这样的，不

管是叠加部分的上层或下层，只要是较亮的一方，都可以让对方产生类似反色的效果，其中极端的情况，例如白色（没有比白色更亮的颜色），白色叠

加对象后,会让叠加的部分的任何颜色发生反色;而黑色(没有比黑色更暗的颜色)叠加对象后则不会发生任何变化。"排除"模式是一种类似"差值"的模式,但是叠加的结果对比度较"差值"模式弱。如图7-94所示差值和排除所制作出来的反色效果。

图7-94 左侧为未叠加之前的插图;中间为叠加后使用差值模式,插图变成反色,同时对比还是很强烈;右侧为使用排除模式,插图同样变成反色,但是对比弱

第6组是色彩模式。这组混合模式都是根据颜色属性进行混合,软件能够判断混合对象中的"亮度"、"饱和度"及"色相",产生"混血儿"般的颜色变化,并且这几条的原理也很容易理解。

选用"色相"模式时会提取叠加部分下层对象颜色的亮度和饱和度,结合上层对象颜色的色相,混合出一种新的颜色,叠加出的感觉像强制保持亮度和饱和度更换颜色,另外这种叠加模式对没有饱和度的颜色(灰度颜色)不起作用,如图7-95所示。

图7-95 第1排第1个为原图,剩下为使用"色相"模式更换颜色后的效果;第2排前3幅图分别为将白色、灰色、黑色使用"色相"模式叠加在原图上的效果;最后一幅图将原图调整为灰度模式,并叠加彩色后即不会发生变化

"饱和度"模式会提取叠加部分下层对象颜色的亮度和色相,结合上层对象颜色的饱和度,混合出一种新的颜色,同样,上层对象的色相不起作用,叠加出的感觉像调整下层对象的饱和度,如图7-96所示。第1幅图为原始图像;第2幅图使用了高饱和度的纯黄色以"饱和度"的模式叠加,增强了原始图像的饱和度;第3幅图使用低饱和度的深绿色叠加,画面的饱和度又被降低了;最后一幅直接使用黑色叠加,饱和度显著降低,观察到了饱和度的变化情况后也会发现,虽然叠加的颜色不同,但是画面的颜色色相并没有发生变化,通常,使用这个办法简易调整画面的饱和度,非常方便快捷。

图7-96 使用饱和度模式叠加后产生的饱和度变化

"混色"模式会叠加部分下层对象颜色的亮度，结合上层对象颜色的饱和度和色相，混合出一种新的颜色，因为亮度级别是由"灰阶"代表的，

灰阶越多，颜色过渡越细腻，所以如果想保留这种"细腻"的状态，即可选择这种模式调整颜色，如图7-97所示为调整地球颜色的绘制技巧。

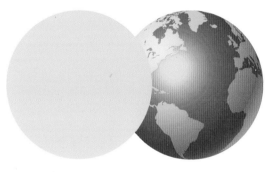

图7-97 左侧为叠加的绿色与原本颜色的地球效果；右侧为使用"混色"模式在地球上叠加绿色后的效果，发现原本地球的明度被保持，同时被替换成为绿色的效果

"明度"模式，会选用叠加部分下层对象颜色的色相和饱和度，混合上层对象颜色的亮度，结合出一种新的颜色，相当于颠倒顺序的"混色"叠加

效果，如图7-98所示，使用地球叠加绿色的圆形，并将地球调整为"明度"模式，得到的结果与"混色"模式一致。

图7-98 明度模式

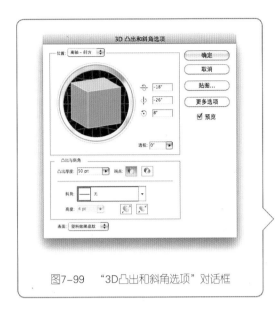

图7-99　"3D凸出和斜角选项"对话框

图7-100　封顶效果

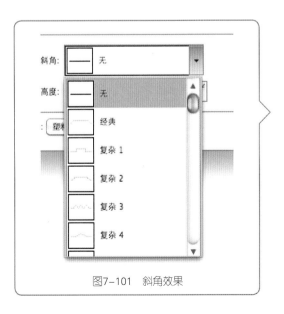

图7-101　斜角效果

7.3.4　3D

前面提到的所有效果都是在二维空间内的，下面再介绍一种能够在Illustrator中玩儿转三维的命令，执行"效果"＞"3D"命令可以看到用于制作三维效果的3个命令，分别是"凸出和斜角"、"绕转"和"旋转"，如果使用过三维软件就不难发现这3种功能也能在三维软件中找到，它们都相当于三维软件中功能的简化版，操作简单，但效果确实不简单，下面具体讲解一下。

"3D凸出和斜角选项"对话框，如图7-99所示，相当于三维软件中的"挤压和倒角"命令，能够将二维空间内的面放到三维空间内并加厚凸出（挤压），产生立体效果，通过设置加厚产生的立体对象边角的模式产生倒角。

选中对象，执行该命令即可打开"3D凸出和斜角选项"对话框，对话框中的功能分为3栏，"位置"栏中可以调节凸出的方向与凸出后的透视效果，凸出的方向是由与三维软件中相同的X、Y、Z轴控制的，可以通过输入数值的方式调整，也可以直接拖曳圆圈内的立方体进行旋转，还可以通过选择上方的一些内置的位置选项。

圆圈内立方体上蓝绿色面的方向表示被挤压对象的朝向。"凸出与斜角"栏控制的是对象凸出的大小，以及产生的边角形态，其中凸出厚度就不用多介绍了，"端点"控制了"凸出"的对象是否"封顶"，如图7-100所示，左侧为封顶效果，右侧为不封顶效果，是否封顶在Illustrator中用实心和空心表示。

很多人在看到一些作品时都说这是三维软件做的吧？我说不是，然后他们就会反驳说，Illustrator中"凸出和斜角"不可能制作出弯曲的凸出效果吧，于是就知道他肯定没有注意到"凸出与斜角"栏中还有一个"斜角"选项，这个斜角的形态通常为"无"，但是如果单击右侧的三角按钮，可以看到非常多的斜角模式，如图7-101所示。

如果看到对象有平滑弧度的凸出效果，多数情况下是使用了圆形斜角，当然还有很多其他的效果，可以自己尝试一下，如果使用了特殊的斜角，下面的一些属性也就能设置了，首先需要根据凸出对象的实际大小确定斜角的大小，否则就会出现重叠的现象，影响最终的效果。然后是设置斜角外扩还是收缩，斜角外扩表示在原来挤压对象的外面"罩"一层特殊斜角的凸出对象，取代原来的对象，该模式会整体增大最终的效果，如图7-102所示。"斜角内缩"是用普通斜角对象的拐角"切除"多余的部分制作出特殊的斜角，所以，不会在整体大小上影响最终的效果，如图7-103所示。

图7-102 斜角外扩　　图7-103 斜角内缩

单击"更多选项"按钮才能够看到第3栏，如图7-104所示，这一栏的功能可以控制凸出后对象的光影效果，相当于三维软件中的灯光等，但是只是很初级阶段的渲染，可以在左侧的球体上预览一下最终实现的效果，并且可以用球体下方的3个按钮移动或删减光源。另外，这个栏内还有很多调节选项，它们都是很明了的，可以自己研究一下。这其中有一个调节选项要注意，那就是"混合步骤"，这是相当于"灰阶"的一种设置，混合步骤越多，最终形成的效果也就越平滑，越完美。但是作者喜欢把混合步骤设置为1，也能实现比较不错的效果，那么，这到底是为什么呢？学习了后面的实例就会明白了。另一个是"绘制隐藏表面"，要理解这个功能首先需要了解一下基本的视觉知识，例如，一个正常的不透明立方体对象，如图7-105所示，这个立方体一共会有6个面，而一次最多只能看到它的3个面，剩下的3个面看不到，那这3个看不到的面就相当于这里的"隐藏的表面"。启用该选项后，软件也会计算并绘制出这些面，这些面在以后的操作中就有机会被用到了，如图7-106所示为透明立方体效果。

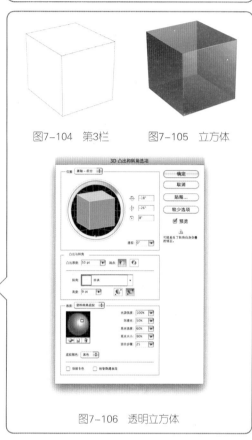

图7-104 第3栏　　图7-105 立方体

图7-106 透明立方体

不要以为讲到这里3D的凸出和斜角就讲解完了，还有一个更重要的功能——贴图。单击"3D凸出和斜角选项"对话框右侧的"贴图"按钮，可以打开一个单独的"贴图"对话框，如图7-107所示，在该对话框中，凸出的对象被分割为很多"表面"，并在表面选项中选择，选择相应的表面之后，这个面就会被"铺展"在中间的大窗口中，此时即可选择"贴图"，从左上角的"符号"选项中，没错，在3D命令中用作贴图的对象就是"符号"，也因为这个问题，如果想使用自制的对象作为贴图，就必须先制作好图案，存放到"图案"面板中才能在"贴图"窗口中的"符号"选项中找到它。选择合适的贴图后，可以在中间的大窗口中进行缩放操作，如图7-108所示，也可以使用大窗口下方的3个按钮对应的功能进行修改或清除。默认的贴图即使贴在有明暗变化的对象上也是没有明暗变化的，勾选"贴图具有明暗调"选项后，贴图就能有与之前在"表面"栏中

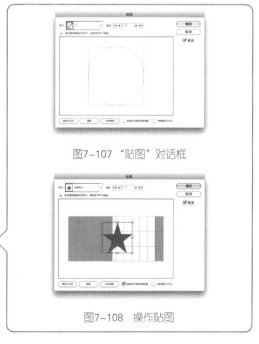

图7-107 "贴图"对话框

图7-108 操作贴图

设置的一样的光影效果了，如图7-109所示。如果勾选"三维模型不可见"选项，则最终效果内只会保留贴图部分，不显示凸出的立体对象，如图7-110所示。

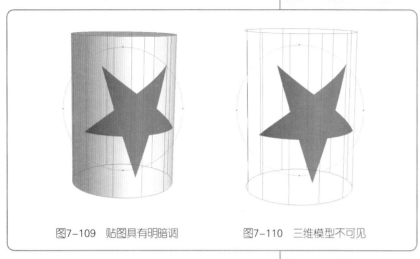

图7-109 贴图具有明暗调   图7-110 三维模型不可见

在后面的很多实例中都使用类似的"三维模型不可见"技巧，如图7-111和7图-112所示。

图7-111 地球仪实例   图7-112 甜甜圈实例

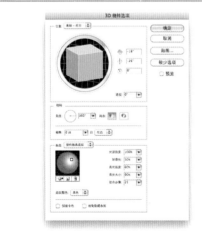

图7-113 "3D绕转选项"对话框

"绕转"在三维软件中也能找到对应的功能，是一种将平面对象绕轴旋转，并将平面对象的旋转轨迹连成一个立体样式的功能。选中对象，执行"效果">3D>"绕转"命令，打开"绕转选项"对话框，如图7-113所示。能够看到与凸出和斜角类似的布局，但是功能上稍有不同。

与"凸出和斜角"相同的"位置"和"表面"栏，还有"贴图"功能，就不用多说了，下面单独讲解一下"绕转"栏，"绕转"栏中的"角度"参数是用来控制绕转对象旋转的程度，设置为360°，对象会绕转一圈，如图7-114所示，选择低于360°则可以绘制出"切片"效果，如图7-115所示，类似切走一块的蛋糕形态。软件默认的绕转轴位置在贴紧对象左侧边缘没有任何偏移，始终与对象垂直的方向，通过更改"偏移"的数值可以让靠紧的绕转轴离开对象，并在后面的"位置"选项中切换绕转轴在对象的左侧还是右侧。说起这个绕转功能，大多数人都能想到使用该功能绘制球体，于是想到使用"椭圆工具"绘制一个圆形再进行绕转，但是就只能绘制出一个"救生圈"的形状，调整绕转轴也没用，其实仔细想想就能发现其中的问题，因为绕转轴不能在对象的中间，只能是在侧边，这个功能没办法将一个圆形绕中间的轴旋转一周，所以要想绘制一个球体，最好把圆形垂直地切成半圆形。

前面举例的"地球仪"实例、"甜甜圈"实例，以及本书后半部分讲解的"茶碗"实例都使用了绕转技巧。

"旋转"是3种3D命令中功能最简单的一种，它的作用就是把对象变成一个三维空间内的对象，不会产生"体积"的效果，三维空间内对象可以任意旋转或添加透视。虽然它是一种简单的效果，但是因为它有精确的透视效果，又不会破坏对象本身的形态（不产生立体效果），也会经常使用在一些涉及到空间感的内容的绘制上，如图7-116所示。

7.3.5　风格化

这是一组类似Photoshop中图层样式的命令，其中大多数都是我们耳熟能详的简单功能，这里就不再赘述了，下面单独讲解一下"涂抹"，能够产生像笔触来回涂抹形成的效果，增强绘画质感。选中对象，执行"涂抹"命令可以打开"涂抹选项"对话框，如图7-117所示。可以看到嵌套的两栏，"设置"栏中的"角度"用于控制来回涂抹倾斜的方向，"路径重叠"与"变化"参数用于控制涂抹的范围，分成3个阶段，设置在"中央"时，涂抹后形成的形状最接近原始对象；设置在"内测"附近，则会绘制出比原始对象稍小的形状；设置在"外侧"则反之。嵌套在设置栏内部的为"线条选项"，是更细节的笔触线条设置。使用圆珠笔涂抹与马克笔涂抹的粗细是有差别的，通过"描边宽度"参数即可设置笔触的粗细程度；下一个选项是"曲度"，原来涂抹效果模拟的笔触效果是用线条在对象内来回弯曲组成的，观察图例也能发现涂抹效果形成的笔触两端是圆弧状的，所以"曲度"参数就是用来设置这个圆弧的呈现情况的，"间距"用于控制涂抹形成的笔触是否重叠，以及笔触与笔触间隙的变化情况。以上介绍的是自定义的设置情况，但软件中已经内置了很多模拟效果，可以从"设置"下拉列表中选择。通过"涂抹"功能可以实现一些刺绣感觉的对象，如图7-118所示。

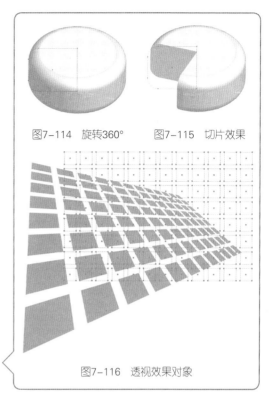

图7-114　旋转360°　　图7-115　切片效果

图7-116　透视效果对象

图7-117　"涂抹选项"对话框

图7-118　虎头胸章

风格化这组命令还是非常简单的，如图7-119所示为模拟新版iTunes风格的水晶按钮。其中在绘制图标内部的发光效果（如图7-120所示）和文字的发光效果时，使用了"外发光"命令，在绘制完成整个图标之后，使用了"投影效果"为图标添加了一点阴影，如图7-121所示。

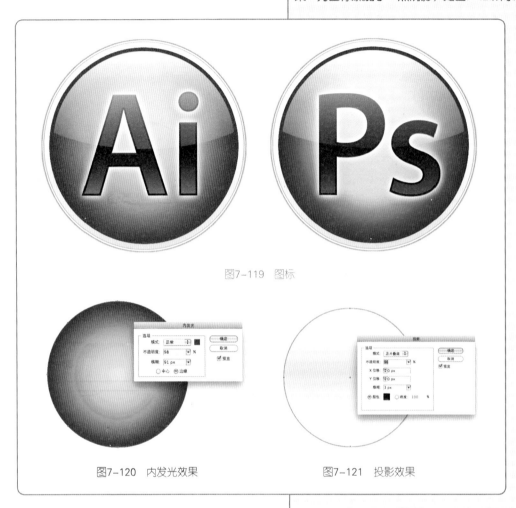

图7-119　图标

图7-120　内发光效果　　　　　图7-121　投影效果

7.3.6　Photoshop效果

这组命令能够实现与Photoshop中相同的各种效果，但是矢量对象被添加这些效果后会变成类似"位图"的对象，视觉上会产生"马赛克"，个人认为如果要实现更棒的效果不如直接在Photoshop中制作。

7.3.7　SVG滤镜

SVG是可升级矢量图形（Scalable Vector Graphics）的英文缩写，是一种适用于网络图像显示的滤镜，本身由XML控制，不依赖于分辨率。如果要进一步了解这种滤镜需要学习编程的相关知识，但是只是在平常的绘画设计操作中，也可以巧妙借助一下它能够产生的一些特殊的效果，创作出精彩的作品，如图7-122所示为浮世绘纸张肌理。

图7-122 浮世绘

7.3.8 图形样式

执行"窗口">"图层样式"命令，打开"图形样式"面板，如图7-123所示，可以看到软件本身也提供了很多基于效果或滤镜的综合样式。选中对象，并从面板中选择样式，对象就会发生相应的变化，同样，可以将自制的样式放到该面板中，方便以后随时取用。

图7-123 图形样式

7.3.9   外观面板

前面讲解了颜色、透明度、效果、滤镜等，它们可以统称为"外观"，为了管理对象的外观，软件中提供了"外观"面板，选中对象可以在该面板中查看对象的各种"外观"属性。

其实作者并不喜欢软件默认的布局，通常会在第一次启动软件后设置一下习惯的布局，一般会关掉某些面板，这其中被关掉的就包括"外观"面板，以至于很长时间都没有使用过这个面板，所以在添加一些对象的外观时就会显得非常麻烦，例如，使用3D效果为一个图形添加"凸出和斜角"效果，在添加效果后的调整过程中发现不合适，需要重新设置"凸出和斜角"效果，就会选中这个已经被添加3D效果的对象，再次执行"凸出和斜角"命令，此时就会发现软件弹出"警告"对话框，快速单击"应用新效果"按钮，也没有看到底警示了些什么，发现新的"凸出和斜角"命令没有替代之前的命令，而是又在之前的基础上叠加了新效果，所以干脆删掉重做，然后再反复调整，非常麻烦。现在想想，如果那时候仔细看一下警告对话框上的内容就好了，如图7-124所示，上面写着"若要编辑当前效果，请双击'外观'面板中该效果的名称"。的确是这样的，只需要照做即可。

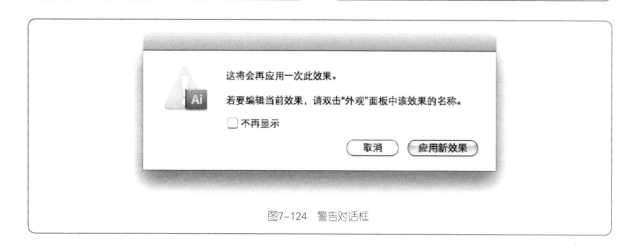

图7-124   警告对话框

08　由"圆"引发的创意

- 形态联想
- 色彩与填充
- 滤镜与效果
- 形状的组合
- 形状的排列

　　本章将从形态、颜色、效果、组合关系等几方面讲解如何进行创意，为了能够更强调创意，使用的是我们能在软件中绘制出来的一种最简单的形状——"圆形"，其中涉及到的各种技巧在第2部分中

的各章中均已经讲解过，所以本章将按照最终创意效果重新做一下技巧的归纳组合，所以与第2部分中的归纳稍有不同，学习时需要注意一下。

图8-1　圆形对象举例

8.1 形态联想

我们周遭的环境总是与圆形有关，大到太阳、地球，小到钟表、鸡蛋、或者硬币、种子，甚至再小一点的细胞、病毒，它们都是或者有可能是圆形的，如前页图8-1所示。当然，列举的这些例子并非都是 "纯粹" 的圆形，但是它们都有圆形的趋势，这里也将它们归纳成为圆形，此时有人会反驳说，这些都是 "球形" 或 "有体积的东西" 并不是 "圆形"，这两种概念不能混淆，的确，它们是不同的概念，但是，如果剥离了一个 "球体" 的光影，并且在Illustrator中实现它的 "球体" 感觉之前，它就是一个 "圆形"。

本章将分成两个小节讲解如何从圆形的形态出发进行创意，它们分别是 "添加配件" 和 "扭曲变形"，下面开始详细介绍。

8.1.1 添加配件

单纯的圆形看似简单，但是通过巧妙地组合或配合简单的 "配件" 就能产生丰富的变化，就像小时候画一个圆圈，添加上光线就变成太阳，添加上树枝就变成水果，画上鼻子、嘴巴就变成笑脸……同样的做法现在看来可能会觉得幼稚，但是从另一方面讲，这也是一种单纯的、低投入高产出的创意方式。如果将这种创意的方式配合成熟的技术和操作，得到的结果是怎样的呢？我们会看到很多流行图形的或者影响深远的形象，它们都是通过简单的形态组成，其中，有相当多的由圆形组成的图形（不要曲解作者的意思，并不是使用圆形组成的就是影响深远的、流行的），如图8-2 ~ 图8-4所示。

图8-2　笑脸符号

图8-3　多啦A梦

图8-4　米老鼠剪影

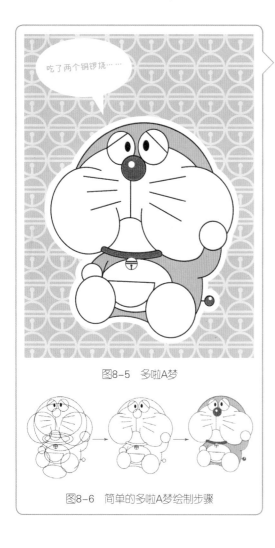

吃了两个铜锣烧……

图8-5 多啦A梦

图8-6 简单的多啦A梦绘制步骤

如果要绘制一个动态稍微复杂一点的"多啦A梦",如图8-5所示,整个绘制基本都可以使用圆形来组合实现,就像画素描静物时起稿时画的圆圈一样,同样可以在Illustrator中绘制。首先使用"椭圆工具"或"钢笔工具"绘制出一些圆形轮廓,和连接的线条,线条重叠交叉在一起没有关系,我们再使用"添加锚点工具"在线条交叉的位置单击,创建锚点。使用"剪刀工具"剪开并删除多余的部分,即可得到一个规整的"多啦A梦"轮廓了,最后,使用"实时上色工具"添加色彩,即可绘制完成了,简单的过程如图8-6所示。

通常人们都喜欢甚至是习惯把画面创意设计得复杂、细致,当然,这种做法能够带来更多的视觉触点,呈现给人的感觉也会很丰盛,但习惯了那些繁杂的创意方式之后,为何不尝试着别想得太复杂。

8.1.2 变形与裁剪

在添加"配件"的基础上,圆形本身也可以经由手工调整或一些软件效果产生形状的变化,再配合各种路径查找功能的裁剪效果,从而实现更多的创意点。在工具箱中找到"椭圆工具",按住Shift键绘制一个正圆形,接下来可以让这个圆形"变形",可以通过调整锚点改变形状,如图8-7所示,也可以用前面介绍的命令。使用"粗糙化"效果,可以实现如图8-8所示的效果。也可以使用"波纹"效果,制作出如图8-9所示的效果也可以直接使用"变形工具"之类的进行涂抹操作,效果如图8-10所示。下面用一个完整的实例来看一下变形与裁剪后的圆形能够做些什么吧。

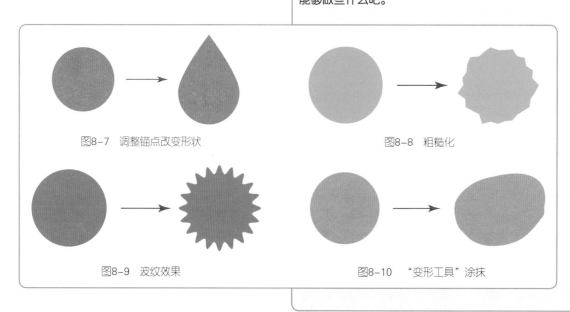

图8-7 调整锚点改变形状

图8-8 粗糙化

图8-9 波纹效果

图8-10 "变形工具"涂抹

实例：齿轮

　　使用 "波纹" 效果可以制作出规则的扭曲效果，通过将这种规则的扭曲效果做一点剪切挖空操作即可绘制一些机械齿轮效果，如图8-11所示，尺寸绘制完成后，还可以对齿轮进行一些扩展应用，如图8-12所示的立体图标效果和如图8-13所示的平铺图案。

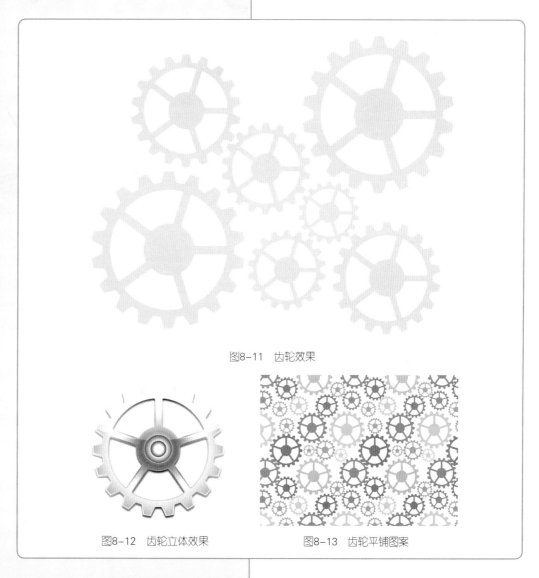

图8-11　齿轮效果

图8-12　齿轮立体效果　　　　　图8-13　齿轮平铺图案

Step1 绘制锯齿的凹凸效果

　　使用 "椭圆工具"，按住Shift键绘制一个正圆形，如图8-14所示，执行 "效果" ＞ "扭曲和变换" ＞ "波纹效果" 命令，打开设置对话框，勾选 "预览" 选项，设置数值，绘制出类似如图8-15所示的效果。为了让最终完成的锯齿有一点点弧度，所以在 "波纹效果" 对话框中选择 "平滑" 模式，锯齿的数量没有要求。

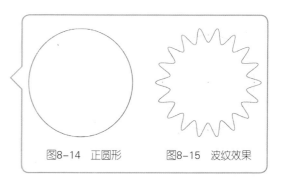

图8-14　正圆形　　　图8-15　波纹效果

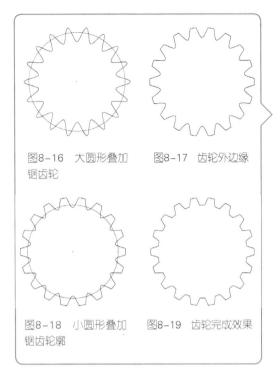

图8-16 大圆形叠加 图8-17 齿轮外边缘
锯齿轮

图8-18 小圆形叠加 图8-19 齿轮完成效果
锯齿轮廓

图8-20 矩形 图8-21 旋转复制矩形

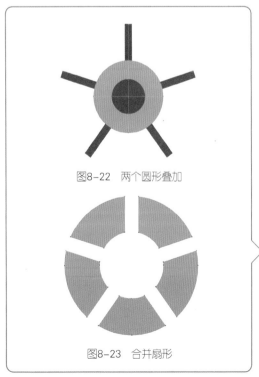

图8-22 两个圆形叠加

图8-23 合并扇形

Step2 绘制锯齿细节

为了不影响下面的操作，需要将步骤1中绘制的锯齿对象选中，执行"对象">"扩展外观"命令，然后再绘制一个正圆形，将这个圆形与锯齿轮廓叠加在一起，让圆形的范围比锯齿的范围略小，并居中对齐，如图8-16所示，要用这个圆形切掉不需要的锯齿凸起部分，制作出顶端是平的锯齿形态。选中圆形与锯齿轮廓，在"路径查找器"面板中单击"交集"按钮绘制出如图8-17所示的形态，这样齿轮的外边缘形态就完成了。

再次绘制正圆形，大小和位置如图8-18所示，居中对齐圆形与前面剪切好的轮廓，一起选中这两层轮廓，在"路径查找器"面板中单击"联集"按钮，即可绘制出较准确的齿轮形态，如图8-19所示。

Step3 挖空齿轮1

在挖空齿轮之前需要绘制出链接轴心的"棱"，这部分主要使用"旋转"命令制作，使用"矩形工具"绘制一个矩形，如图8-20所示（横竖方向的矩形都可以）。在工具箱选择"旋转工具"，按住Alt键，使用"旋转工具"单击矩形短边的中心点位置，确定一个新的旋转轴心，因为是5个棱，所以在打开的"旋转"对话框中，设置旋转角度是360°除以5所得的72°，单击"复制"按钮后按快捷键Ctrl +D对话框重复旋转操作，绘制出的效果，如图8-21所示。

提示 旋转操作完成后，显示参考线，选中旋转后的5个矩形，在轴心的地方用辅助线画十字，为下面的对齐操作做准备。这里用"对齐"面板调整对齐不可以吗？其实前面讲解过，对于五边形这类"特殊"的形状，软件只通过定界框判断中心的方式是找不到它的中心的，所以不能用对齐操作对齐。

一起选中绘制的5个棱，在"路径查找器"面板中单击"联集"按钮，将它们合并成为一个轮廓，再绘制一大一小两个圆形，覆盖在这个"五棱形"的轮廓上并按照参考线，居中对齐，如图8-22所示。对齐后再一起选中这3层轮廓，在"路径查找器"面板中单击"分割"按钮，按住Shift键，使用"直接选择工具"将分割出来的5个"扇形"选中，按住Alt键，在"路径查找器"面板中单击"联集"按钮，将这5个扇形变成一个整体的复合路径，如图8-23所示。

■Step4 挖空齿轮2

　　最终效果中挖空的扇形区域是带有一点点圆角的感觉，所以将步骤3中制作出来的5个扇形组成的轮廓选中，执行"效果">"风格化">"圆角"命令，在打开的"圆角"对话框中勾选"预览"选项，设置适当的数值，将边角变成圆角，注意设置的数值如果过大会导致扇形变形。将圆角化后的轮廓选中，执行"对象">"扩展外观"命令，制作出如图8-24所示的效果。使用这个轮廓叠加在步骤2中绘制出来的齿轮轮廓上，在"路径查找器"面板中单击"减去顶层对象"按钮，这个齿轮的形态就被挖空了，如图8-25所示。

　　齿轮制作出来后即可为齿轮添加上色彩效果、立体效果或者重复组合，总之有很多用法，不妨自己尝试一下。

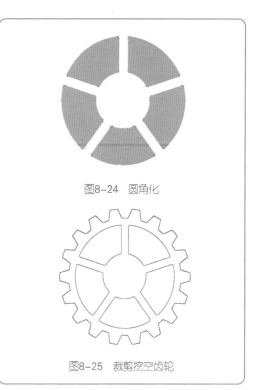

图8-24　圆角化

图8-25　裁剪挖空齿轮

8.2　色彩与填充

　　上一节主要讲解了圆形形状变换能够引发的创意，下面将详细讲解一下形状与颜色如何产生创意。

8.2.1　单纯的色彩

　　先从一个大家最熟悉的图形开始，如图8-26所示为经典的"奥运五环"设计，它们交叉在一起的形状（之前的形状更改章节中有介绍过这种对象的绘制方法）象征五大洲的的人民团结、和睦，而图形被赋予的颜色就代表了五大洲。蓝色代表欧洲、黑色代表非洲、红色代表美洲、黄色代表亚洲、绿色代表大洋洲，颜色的联想加强了创意，很棒对吧？

图8-26　奥运五环

其实，颜色的联想一直是很多学者研究的对象，目前公认的颜色能够引发的联想也有很多，例如，红色在中国可以代表"喜庆"，也被公认代表"血腥暴力"；绿色可以代表自然、健康、和平，在一些时候也会表示嫉妒；蓝色代表纯净、安静，也可以表示忧郁，如果将这些颜色的联想发挥到创意上，我们会想到什么呢？中国风的节日设计往往以红色调为主；杜绝滥捕滥杀的海报往往会选择红色的醒目文字，强调有机、自然的产品包装往往会选择有一点绿色，矿泉水的瓶子往往是蓝色的，还有"蓝瓶的钙，纯净的钙"。颜色本身就有创意，有创意的图形配合有创意的颜色，那就是锦上添花，更胜一筹了，在最后一部分中详细介绍了颜色的各种属性关系，了解了颜色的各种属性，结合颜色的感觉联想，就能更加自由地运用了。如图8-27所示为各种颜色举例。

图8-27　颜色举例

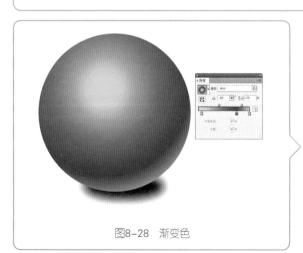

图8-28　渐变色

8.2.2　混合的色彩

在Illustrator中有很多方法将本身已经具有创意的颜色混合起来，例如，渐变、网格、混合等，通过这些办法形成颜色的过渡效果能够带来更为逼真的表面质感与体积感，视觉感受也会更加细腻，如图8-28所示的球体效果，只需要在圆形上添加三段式径向渐变，即可简单制作出来。

实例：水果冰箱贴

　　如图8-29所示为之前做的直接印刷于包装箱上的一个Lable性质的插图，通过绘制了很多大小、形状不同的圆形，并将这些圆形填充为不同的过渡颜色。简单的渐变效果并不能形成很强烈的质感与立体效果，但是这样一点过渡效果搭配起来就很丰盛，装饰性比较好。

图8-29　水果冰箱贴

■ Step1 绘制并组合水果

　　使用"椭圆工具"按照水果的形状绘制出不同形状的圆形，西瓜是椭圆的，苹果和橙子可以用正圆形，绘制出足够多的水果，如图8-30所示，再使用"钢笔工具"绘制出水果的叶子和香蕉，以及一朵鸡蛋花，如图8-31所示，其中鸡蛋花的花瓣是使用"旋转工具"制作的。将绘制完成的水果按照一定的前后顺序组合起来，注意左右的平衡关系，最后，用两个较大的圆形放在最后，作为水果组合的背景，如图8-32所示。

图8-30　水果形状　　　　图8-31　叶子与鸡蛋花　　　　图8-32　组合效果

　提示　使用按住Alt键使用"选择工具"单击拖曳复制对象的办法会更快捷，尤其是绘制葡萄等果实较多的水果。调整路径前后顺序的快捷键为Ctrl+{（向后一层）或Ctrl+{（向前一层），而直接置入到最后或最前的快捷键是在此基础上加Shift键。

■ Step2 为水果形状添加颜色

　　打开"画笔"面板，在面板菜单中，执行"画笔库">"艺术效果">"艺术效果_粉笔炭笔铅笔"命令，选择其中一个比较细的画笔，为步骤1中绘制的轮廓添加一点手绘的感觉，绘制出的效果如图8-33所示。

图8-33　画笔轮廓

图8-34　上色完成效果

图8-35　鸡蛋花问题

选中水果轮廓，在"渐变"面板中设置径向渐变，将水果轮廓填充上相应的色彩，注意冷暖搭配，有对比颜色才够鲜明，绘制出如图8-34所示的效果。

如果将鸡蛋花的花瓣编组后再添加渐变，可能会遇到下面的问题，如图8-35所示，此时可以使用"渐变工具"重新调整，使用该工具从鸡蛋花的中心向外围拖曳，即可调整出正常的鸡蛋花渐变效果，如图8-34所示。

Step3 添加细节

使用"画笔工具"，选择刚才使用的画笔，为水果添加一些肌理，增强水果的质感，如图8-36所示，使用"钢笔工具"绘制出一个三角形的轮廓，并结合"旋转工具"绘制出背景上的放射状光线效果，需要做一个剪切蒙版，将放射状光线剪切到背景椭圆形的轮廓中，如图8-37所示。将这个放射状的光线放到背景圆形与其上面各种水果之间的层次，绘制出如图8-38所示的效果。最后，再加上文字部分，这个冰箱贴就绘制完成了。

图8-36　肌理效果

图8-38　组合效果

图8-37　放射状光线

提示 文字在扩展后能够添加渐变效果，但是不扩展也可以，在后面的章节中会有详细介绍。为这些水果圆形轮廓添加过渡颜色，也可以使用"网格工具"颜色会更加自然，但是"网格工具"，调整起来比较麻烦。

8.2.3 图案或图片填充

单纯的颜色或渐变填充也可以被更复杂的图案或图片代替，此时圆形充当的是类似 "剪切蒙版" 的功能，正统的方形图案或图片结构被圆形裁

切后，就会流露出一些特别的风情，像园林中的雕花门窗，平淡的景致经过裁切也会富有诗意，如图8-39所示。

图8-39 圆形裁切的插图

8.3 滤镜与效果

不管把圆形做一些变形，还是色彩、图案、相片填充，都是一些简单的操作，除了这些简单的创意技巧，软件中还提供了很多特殊的功能，能够实

现更多的创意，下面就列举几款利用滤镜与效果，配合圆形实现的创意实例。

图8-40　金币　　　　图8-41　侧面和斜角

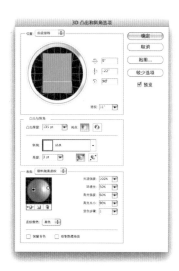

图8-42　"3D凸出和斜角选项"对话框

8.3.1　3D效果

前面介绍了Illustrator中提供3种3D效果,分别是"凸出和斜角"、"绕转"以及"旋转",看似简单的3种模式却可以完成大多数简单的3D效果,如图8-40所示的金币实例,其中使用"凸出和斜角"效果制作金币的厚度(侧面与斜角),如图8-41所示,其中金币的"3D凸出和斜角选项"对话框,如图8-42所示。下面将要介绍的两个都是使用"绕转"命令制作的实例,分别涉及到了将圆形直接进行绕转的技巧和制作球体贴图的技巧。

实例:甜甜圈

学习了第2章的知识后,知道在绕转3D功能中有一个设置选项称为"偏移",通过控制"偏移"可以控制绕转的对象与绕转轴的距离,从而产生类似圆环状(救生圈)的效果。在这个实例中使用了一个完整的圆形经过偏移绕转,形成甜甜圈的"圆环"形状。配合绕转的"贴图"功能,将不规则的贴图贴在甜甜圈上,形成巧克力酱的效果,在完成的过程中还结合了一些"符号喷枪工具"的使用技巧,最终形成的效果,如图8-43所示,下面来看一下甜甜圈的具体绘制步骤。

图8-43　甜甜圈

■ Step1　制作巧克力酱

因为3D对象的贴图使用的是"符号",必须先把符号制作完成才能在绕转的贴图中找到,所以这一步需要先制作巧克力酱的贴图。Illustrator中的贴图与3D软件中的贴图几乎是相同的——图片被映射在对象表面的展开图上,圆环的展开图其实就是一个矩形,所以直接绘制出一个在矩形范围内的展开图就即可。

使用"矩形工具"绘制一个较宽的矩形,如图8-44所示,执行"效果">"扭曲和变换">"粗糙化"命令,将这个矩形适当地扭曲,扭曲的程度如图8-45所示,"粗糙化"对话框中设置的数值如图8-46所示,在教程开始并没有限制画板的大小,所以该数值仅供参考。

粗糙化后的矩形轮廓需要执行"对象">"扩展外观"命令,并进行拼接准备,之所以要准备拼接是因为这个巧克力酱的贴图转变成立体效果后会在"甜甜圈"上转一圈,形成首尾相接的效果。现在粗糙化后的矩形对象两端均不规则,所以无法紧密地衔接在一起,垂直的边线最容易拼接,所以要做的就是把粗糙化后的矩形两端削掉,并适当调整锚点的位置。调出标尺,并在"巧克力酱"的轮廓周围放上参考线,如图8-47所示。参考线主要控制的是两端的范围,超出参考线的部分将被切掉,没有触及到参考线的部分要补充上,并且,4条交叉的参考线形成的交点就作为"巧克力酱"轮廓两端的两个顶点,制作出的效果,如图8-48所示。

图8-44 宽矩形

图8-45 粗糙化

图8-46 "粗糙化"对话框

图8-47 参考线位置

图8-48 切除和补充

不知道怎么切除和补充?试试"路径查找器"面板中的"减去顶层对象"与"联集"功能吧!"巧克力酱"轮廓制作完成后,将其拖曳到"符号"面板中,制作成为符号备用。

■Step2 制作甜甜圈

使用"椭圆工具"绘制一个直径与"巧克力酱"轮廓高度差不多的正圆形,填充乳黄色,使用"直接选择工具"移动锚点,做一些适当的变形调整,让圆形的形态不要太规则,如图8-49所示。

图8-49 圆形

图8-50　3D绕转选项设置

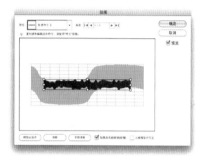

图8-51　贴图窗口

选中这个圆形，执行"效果">3D>"绕转"命令，打开"3D绕转选项"对话框，增大偏移距离，制作出"甜甜圈"中间的空心，在"表面"栏中有球体的小窗口下方单击"新建"按钮，增加一处光源，让"甜甜圈"更亮一些，看上去更具"食欲"，这里设置的数值如图8-50所示，仅供参考。不要着急单击"确定"按钮，先单击"贴图"按钮，打开"贴图"对话框，并在上面的符号中选择刚才制作的"巧克力酱"符号，如图8-51所示。

勾选"预览"选项，可以看到贴图在"甜甜圈"上的位置，可能会在如图8-52所示的位置，对应"贴图"对话框中的情况，知道贴图的两端并没有与"甜甜圈"表面的展开图重合，所以在"贴图"对话框中把"巧克力酱"的贴图加大、加宽，因为不需要将整个"甜甜圈"覆盖"巧克力酱"，所示不要单击"伸展以合适"按钮，在"贴图"对话框中手工调整成如图8-53所示的状态，并上下平移，以取得最佳效果，最终绘制出的效果如图8-54所示。

图8-52　勾选预览看到的效果

图8-54　完成效果

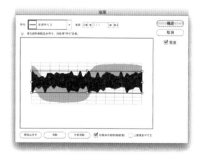

图8-53　调整贴图

Step3 制作糖豆

　　"甜甜圈"上的糖豆是使用"符号喷枪"系列工具制作的，所以这里的"糖豆"也是符号，使用"圆角矩形工具"在画布上单击，打开"设置"对话框，将"圆角"的数值设置得大一些，并绘制胶囊形态的糖豆，如图8-55命令所示。将胶囊对象复制多个，并分别填充不同的线性渐变色，执行"效果">"风格化">"投影"命令，为这些"糖豆"增加一些立体效果，绘制出如图8-56所示效果。将绘制完成的每个"糖豆"单独拖曳到"符号"面板中，制作成符号备用。

Step4 装饰甜甜圈

　　使用"符号喷枪工具"，从"符号"面板中选择前面绘制的众多颜色"糖豆"中的一种，在步骤2中绘制完成的"巧克力酱"部分喷洒，此时喷洒出来的"糖豆"全都是一个方向的，并且大小相同，不要紧，继续选择其他颜色的糖豆喷洒，绘制出的效果，如图8-57所示。

　　下面使用"符号喷枪"系列工具，对刚才喷洒的"糖豆"符号进行一些调整，首先使用"符号位移器工具"将"飘在空气中"的糖豆移动到合适的位置，再使用"符号旋转器工具"调整符号的方向，将原本一个方向的"糖豆"符号变得方向各异。最后，使用"符号缩放器工具"调整"糖豆"的大小，远处的"糖豆"稍小一些，近处的稍大一些。如果觉得疏密程度不够好，还可以使用"符号紧缩器工具"进行疏密关系调整。以上操作完成后，即可得到一个比较完美的效果，如图8-58所示。

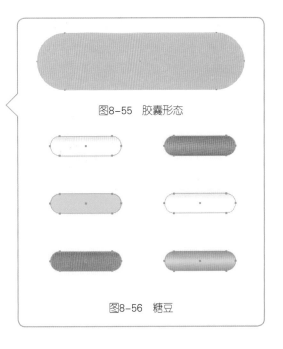

图8-55　胶囊形态

图8-56　糖豆

图8-57　喷洒糖豆

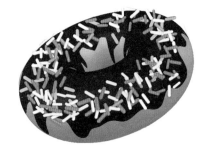

图8-58　调整完成

提示 如果不想让所有的糖豆都被默认放到一个符号喷枪的群组中，可以在更换"糖豆"颜色时切换任意工具再切换回"符号喷枪工具"，选择不同的颜色喷洒。

图8-59　美工刀分割后的贴图

图8-60　不一样的贴图效果

图8-61　地球仪图标

Step5 最后修饰

这一步可以复制几个"甜甜圈"并摆个造型出来，例如，两个叠在一起之类的，并为这些"甜甜圈"添加上投影，增强真实感。另外，有个很关键的问题需要解决，那就是在制作的过程中，软件的处理可能产生一些小误差，造成巧克力酱上有很多细小的接缝，很影响效果。作者实验了很多次，没有找到快捷的解决办法，但是在把3D绕转对象扩展后，找到接缝的位置，在下面再绘制一层"巧克力酱"颜色的色块就会解决，只是3D对象扩展后形成的对象太复杂了，找到接缝很需要耐心，自己尝试一下吧！

除了简单的"巧克力酱"贴图，还可以尝试很多不同的风格，如图 8-59 所示，使用"美工刀工具"分割之前绘制的巧克力贴图，并填充上了不同的颜色，再制作成新的符号，贴到甜甜圈上就产生如图 8-60 所示的效果。

提示 对象拖曳到"符号"面板中后，除了会在"符号"面板中创建新的符号，其本身也会自动转换成符号，所以在需要重新编辑时，需要单击右键，在弹出的菜单中执行"断开符号链接"命令，不要双击符号，那样会编辑所有符号，包括已经拖曳到"符号"面板中的符号。

实例：地球图标

关于 3D 绕转对象再贴图，下面还有一个地球仪图标的实例，如图 8-61 所示，与"甜甜圈"不同的是，这个实例使用了半圆制作球体，并着重强调了一些球体贴图的相关技巧，下面来详细介绍一下这个图标的绘制步骤。

Step1 准备素材

制作图标的画板尺寸及预览模式的要求就不多说了，下面直接开始绘制部分。我们可以从网络上下载到免费或收费的世界地图矢量素材，如图8-62所示。但是这些矢量素材都太过复杂了（锚点、细节太多），所以要进行一些简化处理。

图8-62　矢量地图素材

在一个图标中并不需要体现出如此多的细节，所以打算去掉一些岛屿，并将大陆边缘上的锚点尽量减少。想到这里就想起了一个命令——"简化"。所以执行"对象"＞"路径"＞"简化"命令将简化的"曲线精度"设置的比较高，希望能尽量不更改大陆的形态，单击"确定"按钮，于是得到如图8-63所示的效果，发现整体看还不错，但是到一些细节的地方会发现大陆的形态被改变了很多（出现了那种生硬的矢量线条怪异感觉），并且很多岛屿没有去掉，效果不算好，所以，撤销了这次简化操作，并想别的办法去实现想象中的简化效果。

图8-63 简化效果

之前在做一些实时描摹操作时，注意到实时描摹中的某些操作会达到简化的效果，但是这已经是一个矢量的地图了，要如何实现事实描摹效果呢？于是，作者想到了"栅格化"，把矢量地图栅格化，选择300ppi，以尽量保留应有的细节，单击"确定"按钮栅格化后再对这个对象进行实时描摹，执行"对象"＞"实时描摹"＞"描摹选项"命令，打开"描摹选项"对话框，如图8-64所示，勾选"预览"选项，可以实时查看描摹的最终效果。在该对话框中，使用默认的黑白模式，通过增加阈值，可以保留细节，增加一些模糊，可以减少大陆边缘的锚点，调大最小区域，可以忽略掉一些小岛。勾选"忽略白色"选项，并单击"描摹"按钮。这就是想要的简化效果，简单并有细节又不会产生难看的矢量感觉，如图8-65所示。

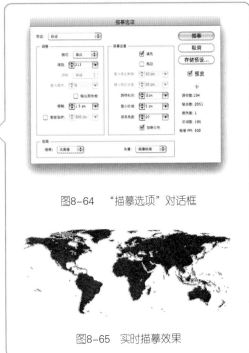

图8-64 "描摹选项"对话框

图8-65 实时描摹效果

提示 "描摹选项"对话框中的数值仅供参考，记住设置的原理根据实际情况自由调整即可。

Step2 制作球形地图

将步骤1中描摹后的结果扩展，并更换一下任意颜色（不要使用黑色，黑色在贴图时很难看清）拖曳到"符号"面板中备用。

按住Shift键，使用"椭圆工具"绘制一个浅色的正圆形，复制一个备用，使用"直接选择工具"选中其中一个圆形的左侧并删除，制作一个半圆，如图8-66所示。

提示 删除左侧的半圆是因为3D绕转的默认绕转轴在对象的左侧。其实删除右侧的半圆也可以，只需要在后来的"绕转"对话框中切换一下绕转轴的位置即可。

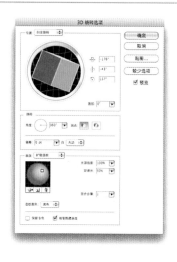

图8-67 "3D绕转选项"对话框

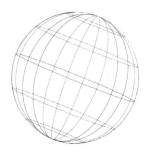

图8-68 线框图

选中该半圆执行"对象">"3D">"绕转"命令将这个半圆绕转成一个球体,注意地球仪上的地球是模拟地球倾斜角度的,这里不要求足够精确,但是要制作出一个轴心倾斜的球体,这样下面的贴图才能准确对应上,不至于把地球的极点位置搞错,"3D绕转选项"对话框中立方体的角度如图8-67所示。绘制出的球体在线框模式下的效果,如图8-68所示。下面进行贴图操作,单击"贴图"按钮,打开"贴图设置"对话框,从符号中找到刚才制作成为符号的地图,单击"缩放以合适"按钮并做一些调整,勾选"三维模型不可见"选项,单击"确定"按钮,回到"3D绕转选项"对话框,以南北极连接起来的轴心(实际看不到)为基准旋转地球,让贴图位于"前方",能看到的大陆位置分布得更美观(地球上的太平洋面积太大,如果是太平洋在前面,整个地球就会显得很空,如需要表现的大陆也分布在边缘,效果不好,如图8-69所示,表面模式选择"无底纹"选项并勾选"绘制隐藏表面"选项,单击"确定"按钮,绘制出的效果如图8-70所示。

绘制出的效果大概是大西洋在前面的位置,选择无底纹的效果会让贴图没有任何渐变效果,这样扩展后就不会产生很多碎块,勾选"绘制隐藏表面"选项会看到地球的另一端情况,用于烘托透明的效果。

图8-69 太平洋在前面的效果

图8-70 最终旋转效果

Step3 添加效果

目前完成的效果看起来还很普通,所以这一步需要添加一些效果,让地球产生质感,选中步骤2中绘制的球形地图,执行"对象">"扩展外观"命令,经过多次取消编组并删除剪切蒙版后,得到两大块地图,分别是地球中能看到的前端和看不到的后端。调出"渐变"面板,在该面板中设置如图8-71所示的渐变,这是一个径向渐变,从左到右分别代表一个球体的高光(R: 0、G: 242、B: 0)、阴影(R: 0、G: 50、B: 0)和反光(R: 0、G: 177、B: 136),将该渐变应用到前端地图上,实现如图8-72所示的效果。

图8-71 绿色渐变效果

此时大陆的轮廓终于被分割开了,同时也产生了一定的立体感。步骤1中备份了一个圆形,此时可以派上用场了,在"渐变"面板中设置如图8-73所示的一种渐变,与之前的渐变原理相同,但是颜色换成3种颜色分别是R: 0、G: 199、B: 255,R: 0、G: 13、B: 131,R: 0、G: 174、B: 255。将该渐变应用到圆形上,并把这个圆形放到所有地图的后方,实现的效果如图8-74所示。调整后方地图的透明度,地球会产生透明的感觉,如图8-75所示。为了增强地球亮晶晶的感觉,所以使用不透明蒙版制作了一个圆形的高光,放在地球的上端,整体的效果就好了很多,如图8-76所示。

图8-72 应用绿色渐变效果

图8-73 蓝色渐变效果

图8-74 应用蓝色渐变效果

图8-75 调整后方地图透明度

图8-76 添加高光

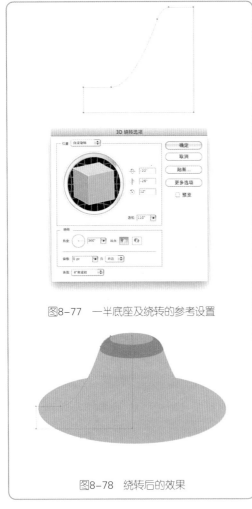

图8-77   一半底座及绕转的参考设置

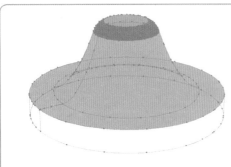

图8-78   绕转后的效果

Step4 绘制底座形态

前面使用了一个半圆形经过绕转，变成了一个球形，根据同样的原理，只需要把底座的一半绘制出来，如图8-77所示，也执行"绕转"命令，即可绕转成为一个类似"圆台体"的地球仪底座，如图8-78所示。

将前面绕转出来的3D对象扩展，通常3D对象在扩展后都会产生很多乱糟糟的轮廓，所以还需要整理一下，经过不断地取消编组与剪切蒙版之后，可以得到如图8-79所示的效果，其中还包含了很多隐藏在背面的面（看不到的面），使用"选择工具"一起选中能看到的面，将它们拖曳到一旁，删掉剩下没用的轮廓，并需要将底座上高起来的区域的所有轮廓合并，形成如图8-80所示的效果。

提示 在使用"路径查找器"面板中的功能合并轮廓时，最好按住Alt键，并在"路径查找器"面板中单击"扩展"按钮，这样可以保证合并的轮廓是真的被合并成一个轮廓而不是编组。

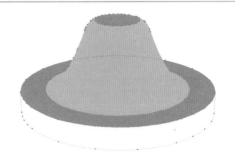

图8-79   扩展   图8-80   合并轮廓

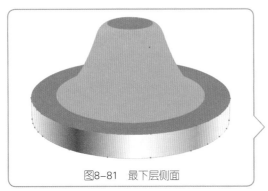

图8-81   最下层侧面

Step5 绘制底座质感1

使用软件自带色板库中的一种金属渐变色为底座添加上金属质感，首先是底座最下层侧面，只需要简单地使用横向的线性渐变即可绘制出来，如图8-81所示。接下来绘制最下一层的上面，因为需要放射转的渐变效果，所以这里借助混合技巧（光盘实例中介绍了这个技巧），将简单的线性渐变混合成为放射状的效果，如图8-82所示，将这个面与侧面组合到一起，使用"渐变工具"调整渐变的位置，使它们的明暗效果衔接到一起，如图8-83所示。

在最终效果图中能看出底座上高起的一块渐变效果是有弧度的，我们知道在 Illustrator 中的两种渐变模式是不能直接绘制出这种效果的，所以这里要使用下一个实例中就要介绍到的效果——"封套"。先绘制一个大小与高起的部分范围差不多的矩形，并将其填充线性渐变，"对象" > "封套扭曲" > "用网格建立"命令，设置"行数"和"列数"为1，将数值都设置为1是因为软件默认添加网格线的位置在应用时还要调整，所以不如先建立一个没有网格线的网格，并在操作时使用"网格工具"添加。这样，渐变对象就变成一个可以任意扭曲的"渐变"了，使用"直接选择工具"配合"网格工具"可以对这个网格渐变进行调整，过程如图 8-84 所示。注意最后一步中红色线条标记的渐变走向，将渐变扭曲成接近"S"的形状，才能更贴合高起部分的立体感。

图8-82　混合效果

图8-83　对齐明暗效果

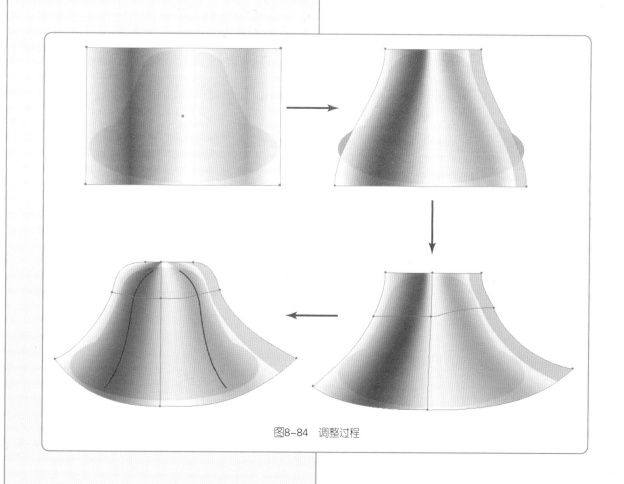

图8-84　调整过程

图8-85 剪切蒙版（蓝色标记区域）

图8-86 完成效果

使用之前合并的高起部分的轮廓当作剪切蒙版，如图8-85所示。将封套扭曲后的渐变对象剪切到其中，得到的效果如图8-86所示。

提示 如果添加封套后的渐变不发生扭曲变化，可以看看执行"对象">"封套扭曲">"封套选项"命令中的某些选项是否勾选。

■ Step6 绘制底座质感2

底座与地球连接的部分还有一个小支架，很简单。使用几层轮廓叠加在一起，如图8-87所示，并在"路径查找器"面板中单击"联集合并"后，再使用内部绘图模式，将一个蓝色的高斯模糊后的对象放入这个形态的内部，如图8-88所示，这样就可以绘制出有反射地球蓝色的金属支架效果了，除了这部分的反光，之前绘制的底座部分也都适当添加了一些蓝色的效果，方法都是使用降低透明度的蓝色轮廓对象叠加，所以也就不多说了。

地球仪图标的绘制上还有很多细节，例如，地球上的反光、底座下的阴影等，这些都是非常简单的内容，没有必要过多讲解，可以从源文件中查看。

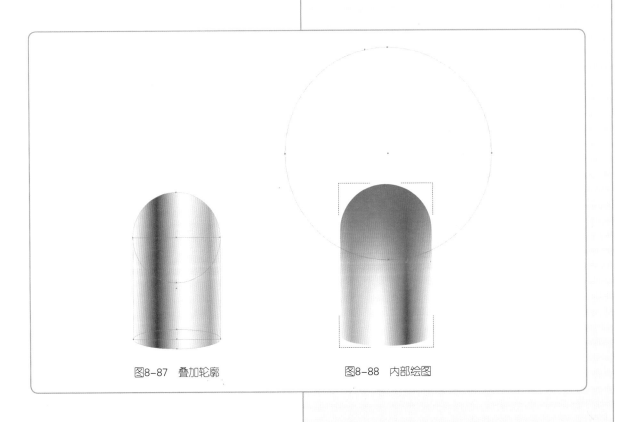

图8-87 叠加轮廓

图8-88 内部绘图

8.3.2 封套、环绕效果

在形态变化的"扭曲变换"一节中，介绍了将圆形变形的创意技巧，其实 也可以反过来，使用圆形扭曲的对象，也能形成很多有趣的效果，下面通过两个不同类型的实例详细介绍一下圆形的"扭曲"功能。

实例：图章

如图 8-89 所示为一个图章实例，创意之初是想在一些平面的感觉中实现一些立体的效果，但是将周围的风景对象制作成立体对象会导致细节太多，不便于图章的制作，所以通过将文字变成立体的效果并再施加热气球的创意来完善这个图章。下面来看一下这个图章的制作。

图8-89　图章

■ Step1 绘制风景

风景的绘制基本没有什么技巧，主要是使用"钢笔工具"直接绘制，另外结合了一些建筑物的

矢量素材，如图8-90所示。这里不多做介绍了，不如自己尝试一下绘制更个性图章吧！

图8-90　风景

提示 为了避免以后将它们组合到一起后因为同种颜色难以区分，所以需要在绘制完成的这些风景

素材上添加一圈白色的描边（使用"描边"面板设置）。

环球
浪漫之旅
欢乐季

环球
浪漫之旅
欢乐季

图8-91　输入文字　图8-92　更换字体和颜色等

Step2　输入文字

使用"文字工具"输入图章中的文字，并中途按回车键排版成如图8-91所示的样式。选中文字，更换一种字体和颜色，为了实现比较饱满的效果，选用了一种"超粗黑"字体，并减少行距，如图8-92所示。

Step3　扭曲文字

选中文字，单击右键，在弹出的菜单中执行"创建轮廓"命令，使用"椭圆工具"，按住 Shift 键，绘制一个正圆形（填色或描边都无所谓），覆盖在文字上面，大小与文字的范围差不多即可，选中文字与上层的圆形，执行"对象">"封套扭曲">"用顶层对象建立"命令（上一小节的地球仪实例的底座部分使用了"使用网格建立"命令，方法略有不同）。将文字封套在圆形内，实现如图 8-93 所示的效果，但是现在看来文字扭曲得还不够立体，没关系，再进行下一步扭曲操作。选中封套在圆形内的文字，执行"效果">"变形">"鱼眼"命令，打开"变形选项"对话框，保持"扭曲"不变，勾选"预览"选项，根据实际情况自由设置"弯曲"数值，需要设置为正值，这样文字才能向外凸起。设置完成后即可得到如图 8-94 所示的效果。

图8-93　圆形封套扭曲效果

图8-94　鱼眼效果

Step4　组合和修饰

将扭曲好的文字与步骤1中绘制的风景对象组合到一起（使用定界框旋转并缩放），添加上一些线条，强调一下热气球的创意，整个图章就绘制完成，还可以更换成不同的颜色，如图8-95所示。

图8-95　完成效果

图8-96 瓶盖实例

提示 这个热气球的文字效果还有另外一种制作方法，那就是 "3D绕转"，将文字作为贴图贴到一个球体上，这样能够实现几乎一样的效果，有兴趣也可以尝试一下。

实例：瓶盖

圆形除了变成封套扭曲，其他对象封套的圆形中，还可以作为引导线，让对象按照圆形的趋势进行延伸，如图8-96所示是这个实例中使用的文字排版技巧，瓶盖上绕圈文字就是使用了圆形作为引导线。下面详细介绍这个瓶盖的制作方法。

Step1 瓶盖的形状

按住Shift键，使用 "椭圆工具" 绘制一个正圆形，执行 "路径偏移" 命令或直接使用定界框缩小的方式制作出3个同心圆，将3个圆形按照层次，由后到前填充上由深到浅不同的绿色，如图8-97所示。选中底层的深色对象，执行 "效果" > "扭曲和变换" > "波纹效果" 命令，设置每段隆起数为8，大小不要太大，实现类似如图8-98所示的效果。

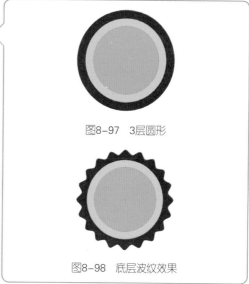

图8-97 3层圆形

Step2 瓶盖的透视角度

选中步骤1中绘制的3层对象，执行 "效果" > "3D" > "旋转" 命令，参考如图8-99所示的数值，将瓶盖的形状变成有一定角度的并有透视的对象，如图8-100所示。选中3D旋转后的这3层轮廓，执行 "对象" > "扩展外观" 命令，得到一些锚点很多的对象（可以使用 "简化" 命令简化），备用。

图8-98 底层波纹效果

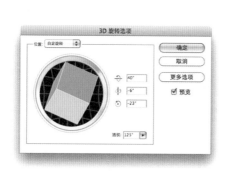

图8-99 "3D旋转选项" 对话框

图8-100 透视效果

图8-101　移动位置

图8-102　复制新的层次

图8-103　建立混合

图8-104　调整混合

Step3 瓶盖的厚度

从最终效果图中能感觉这个厚度的效果可能会与3D命令有关，但是下面是用另外一种方法制作出瓶盖的立体感。将步骤2中绘制的3层对象移开一些距离并稍微调整一下锚点，如图8-101所示。但是这样的组合混合起来比较单薄，所以，还要继续调整，改变它们的大小并按住Alt键使用"选择工具"单击拖曳复制，复制出一些新的层次来，实现如图8-102所示的效果。在图8-102中能看出一些瓶盖的光影效果。使用"混合工具"将图8-102中的各个层次由上层到下层依次制作成混合，呈现的效果大致会如图8-103所示，说明混合的步数不够，可以选中这个混合，在工具箱中双击"混合工具"，打开"混合选项"对话框，设置"指定步数"参数，设置步数为更大一点的数值，即可绘制出如图8-104所示的效果。

提示 如果之前摆放各层轮廓的位置不合适，可以使用"直接选择工具"在混合对象中，选择相应的层直接移动调整。

Step4 制作文字图案（1）

前面的3个步骤都不是本节要讲解的重点，终于在这一步，开始讲解引导功能了。按住Shift键，使用"椭圆工具"绘制一个正圆形，不设置填充和描边颜色，使用"剪刀工具"在圆形的左侧锚点上单击，将该圆形剪开，使之能成为一段"引导线"。使用"文字工具"在圆形引导线上单击，输入文字，设置文字的大小和字间距，并选择适当的字体，输入后通过定界框调整文字，使BEER字样位于正下方，绘制出类似如图8-105所示的效果。最后，在使用图形系列工具绘制一些装饰对象，并与文字组合起来，形成如图8-106所示的效果（文字效果看起来更粗了？是的，这里还加了一些描边）。

提示 Illustrator中的引导线最好是开放的路径，像圆形这种封闭路径如果要引导文字，让文字沿着圆形的边线输入

图8-105　输入文字效果

图8-106　添加其他装饰效果

而不是在圆形的内部输入，就必须使用"剪刀工具"之类
的工具将圆形断开，变成一个形态是"圆形"的曲线才
可以正常发挥作用，另一种引导线作用的是混合的混合
轴，可以直接使用封闭路径当作混合轴，但是软件会默认
"掐"掉一块（效果可以实验一下），使封闭的路径变成
不封闭的。

　　双击"路径文字工具"可以打开"路径文字选项"对话
框，在该对话框中能够设置文字在引导线上的呈现方式。

■Step5 制作文字图案（2）

　　选中步骤3中绘制的文字图案，应用与步骤2中一样的
旋转操作，将文字图案变成与瓶盖相同的角度，移动到瓶
盖上的效果，如图8-107所示。

提示 之前已经使用过了"3D 旋转"效果，所以在效果菜
单的第1项中有一个临时的效果记录——应用"旋转"，软
件会直接将上次的效果应用到当前选中的对象上，不但 3D
效果是这样的，其他效果菜单中的效果也都可以这样使用。

图8-107　旋转文字图案

■Step6 修饰

　　因为瓶盖不够亮，所以使用"直接选择工具"选中
瓶盖混合中最上层对象，将其颜色变成了更亮一点的R：
133，G：189，B：132到R：0，G：76，B：0的线性渐变，
绘制出如图8-108所示。最后更换文字图案的颜色，即可
绘制出如图8-109所示的最终效果。

图8-108　更换成渐变色

图8-109　更换文字颜色效果

图8-110   Lable实例

图8-111   镭射效果

图8-112   基本图形_点图案色板

图8-113   简单的咖啡单效果

8.3.3   光影效果

除了3D效果、封套效果,还有一些常用的效果也可以实现有趣的创意,例如,如图8-110所示的Lable实例,使用了一个简单的圆形,配合之前介绍的扭曲操作(波纹效果、封套、路径文字等),并结合一些"投影"效果(执行"效果">"风格化">"投影"命令)来增强立体感,操作起来又容易,效果又很好,因为其涉及到的绘制技巧在前面基本都介绍过了,所以就不多做讲解了,有一个有趣的地方是在中间的底纹部分,使用了软件中的一种自带图案,设置为"混合模式"中的"强光"模式,制作出"镭射"的效果,如图8-111所示。

8.3.4   特别篇——底纹

底纹是在平面设计或插画绘制中经常会用到的一种纹理效果,用于丰富画面、烘托氛围、构对象等,通常会从网络上下载一些素材,做一些简单的调整就直接使用。前面也说了,那样做太没有个性了,也缺少"打动人"的设计感觉。其实底纹的制作并不是很复杂,通过熟练组合使用Illustrator的各项功能,简单几步,即可制作出很棒的底纹效果。

一些关于底纹效果的实例在前面的章节中也有涉及到,如果有兴趣不妨自己做一下总结,下面开始介绍更多的底纹效果制作方法。

实例:渐变波点

在Illustrator中有多种绘制渐变波点的效果,最常见的做法是使用自带图案色板,在"色板"面板菜单中执行"打开色板库">"图案">"基本图形">"基本图形-点"命令,可以从中找到很多POP波点效果,如图8-112所示,这个色板是很好用的,但是渐变波点的功能弱了一些,所以还有另外几种绘制更强大渐变波点的效果,如图8-113所示为一个简单的咖啡单插图设计,其中使用了很多使用"色彩半调"制作的渐变波点效果,下面详细介绍一下绘制步骤。

Step1 绘制渐变

新建画布，设置为CMYK颜色模式，按住Shift键，使用"椭圆工具"在画布上绘制一个正圆形，并填充黑白径向渐变，使黑色在渐变的中心，白色在渐变的外围，绘制出如图8-114所示的效果。在"信息"面板中看一下这个圆形的直径，默默记住就好了。

提示 CMYK模式与RGB模式下相同的设置绘制出的波点效果也是不同的，可以自己尝试一下。另外解释一下为什么要使用黑白渐变，这主要是为了保证"色彩半调"后的颜色足够深，以方便后面的操作。

在部分低版本的的"色板"面板中自带了黑白经向渐变效果，只需要在绘制完成圆形后，在"色板"面板中单击色板，再在"渐变"面板中单击"反向"按钮即可，新版本中色板中取消了这种渐变效果，不知道为什么。

Step2 "彩色半调"效果

选中步骤1中绘制的圆形，执行"效果" > "像素画" > "彩色半调"命令，打开"彩色半调"对话框，根据前面查看的圆形尺寸，设置产生的渐变波点的"最大半径"即可，把最大半径设置得大一些，否则反之，将4个通道的数值设置成任意相同的数值，如图8-115所示。该对话框没有"预览"选项可以用，所以，单击"确定"按钮，查看彩色半调后的效果，如果感觉不够满意，可以从"外观面板"中找到"彩色半调"效果，双击并重新打开"彩色半调"对话框进行编辑。经过这样一番调整，绘制出的效果如图8-116所示。

4个通道设置成为一样的数值，可以让彩色半调产生的4种颜色通道正好叠加在一起，产生更规则的波点效果，如果4个通道的数值不同，则会产生如图8-117所示的效果，虽然经过处理也能达到一种不错的效果，但是大多数结果不是我们想要的。

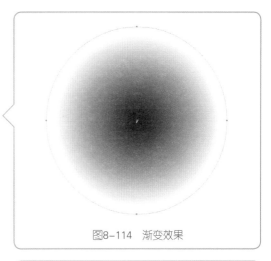

图8-114 渐变效果

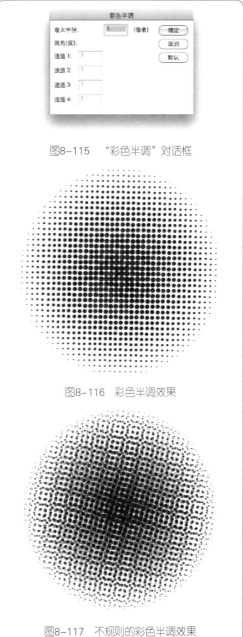

图8-115 "彩色半调"对话框

图8-116 彩色半调效果

图8-117 不规则的彩色半调效果

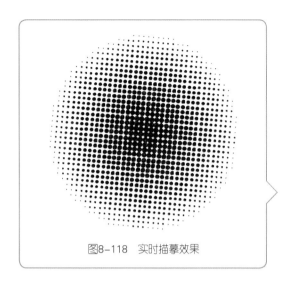

图8-118 实时描摹效果

Step3 处理"彩色半调"效果

选中步骤 2 中绘制的彩色半调波点效果，执行"对象">"扩展外观"命令，得到一个波点效果的位图图像，保持该图像的选中状态，执行"对象">"实时描摹">"描摹选项"命令，打开"描摹选项"对话框，实时描摹会造成波点效果中的波点变得不是那么平滑，甚至都不是圆形了，所以，适当地增大阈值，不设置模糊，保留足够多的波点，将拟合路径设置得小一些，让描摹出的圆形更圆一些，勾选"忽略白色"选项。单击"描摹"按钮，将位图图像描摹成为矢量对象，如图 8-118 所示。其实波点还是不够圆，如果非要追求更圆的效果，推荐在扩展并取消编组实时描摹后的对象后，执行"效果">"转换为形状">"椭圆"命令，进行如图 8-119 所示的设置，可以绘制出如图8-120 所示的效果。

图8-119 转换为圆形设置

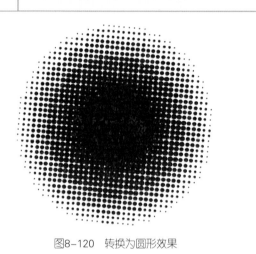

图8-120 转换为圆形效果

Step4 应用波点效果1

这里没追求很圆的效果，所以，直接选中步骤3中绘制出不圆的渐变波点效果，扩展后得到一个编组的对象。下面就用这个波点对象组合出一些画面。

咖啡单中的咖啡杯使用"钢笔工具"绘制，将绘制完成的线条应用一种艺术画笔效果，并在阴影的地方绘制一些渐变轮廓，很容易实现如图 8-121 所示的效果。将渐变波点效果换个颜色，摆放在咖啡杯的阴影和背景的地方，并调整到底层，即可绘制出如图 8-122 所示的效果。

图8-121 绘制咖啡杯 图8-122 添加波点效果

提示 渐变波点如果发生重叠，可以双击进入波点的内部（可能需要双击两次），选中波点进行局部删除。

　　选中一个波点，按快捷键Ctrl+C，复制，备用。选中咖啡杯上的阴影，从工具箱中找到 "内部绘图" 模式，按快捷键Ctrl+V，将波点效果粘贴到咖啡杯的阴影中，调整一下位置，形成如图8-123所示的效果。此外，插图中还应用到了很多其他的波点效果，如图8-124所示，它们的绘制原理是相同的（也可以使用自带色板），这里就不用赘述了。

　　经过一系列组合即可绘制出咖啡单上的插图部分，最后使用 "文字工具" 添加上文字，这个咖啡单的设计就完成了。

图8-123　内部绘图模式添加波点

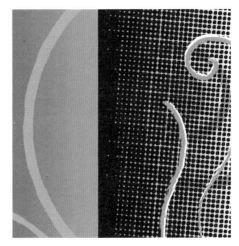

图8-124　其他波点效果

8.4　形状的组合

　　本节将介绍一些使用圆形与圆形组合产生的创意，其实前面已经大量地涉及到了本节的内容，但是本节将更加系统地介绍。

8.4.1　混合

　　说到组合，最容易联想到一个功能就是混合，因为混合只能发生与两个或两个以上的对象上，通过使用混合，可以在被混合的对象与对象之间创建出新的内容，产生渐变或色阶效果，下面将介绍一个缤纷的蘑菇插图，如图8-125所示，造型效果看起来很复杂，但其实全部是使用混合制作的，并且，只有圆形与圆形的混合，下面详细地介绍一下绘制步骤。

实例：蘑菇

图8-125　蘑菇插图

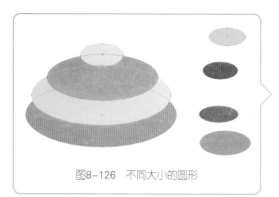

图8-126　不同大小的圆形

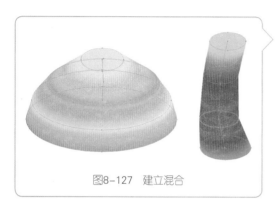

图8-127　建立混合

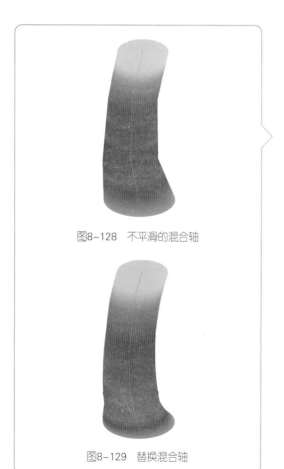

图8-128　不平滑的混合轴

图8-129　替换混合轴

Step1 像画素描草稿一样

画素描静物时会使用重叠的椭圆形起稿，这里也可以把蘑菇当成"静物"，使用"椭圆工具"绘制由大到小的椭圆形堆叠出它的大致形态，如图8-126所示。为了更方便控制形状，把蘑菇的"伞"和"柄"分开绘制，最后再组合到一起。图中的每一个椭圆形都填充了不同的颜色，如果将其混合，就能够产生缤纷的色彩过渡效果。

Step2 建立混合

使用"混合工具"由上层到下层逐层单击这些椭圆形，建立混合，实现如图8-127所示的效果。默认情况下，软件会将这些混合设置成"平滑颜色"模式，但是，如果绘制出的颜色不够平滑，可以在工具箱中双击"混合工具"，在打开的"混合选项"对话框中选择"指定步数"模式，并将后面的数值设置得比默认的更大一些。

提示 在建立完蘑菇伞的混合后，切换到任意工具再切换回"混合工具"，建立蘑菇柄的混合，这样软件就不会默认将蘑菇伞与蘑菇柄当成一个混合连接起来了。

Step3 细节设置

步骤2中绘制的混合虽然颜色效果达到了，但是看上去"有棱有角"，尤其是蘑菇柄的部分，椭圆与椭圆之间被直愣愣地连接起来了，所以这一步着手解决这个问题。仔细观察可以发现是因为混合轴是直线导致的混合产生了生硬的效果，如图8-128所示。所以只需要替换一下混合轴即可，前面的章节中介绍过替换混合轴的方法，很简单，使用"钢笔工具"沿着蘑菇柄的趋势，绘制一段平滑的曲线，并一起选中曲线和蘑菇柄将混合，执行"对象">"混合">"替换混合轴"命令，即可实现如图8-129所示的效果。如果不想使用替换混合轴的办法，还可以直接使用"锚点转换工具"在混合对象的混合轴上调整转折处的锚点，从锚点中拖曳出手柄，线条即会变得平滑。

　　将前面绘制出的蘑菇伞与蘑菇柄组合到一起，调整前后顺序绘制出如图8-130所示的效果。通过调整椭圆的位置与大小可以绘制出多种多样的蘑菇，如果结合混合轴，变化就更多了，如图8-131所示。

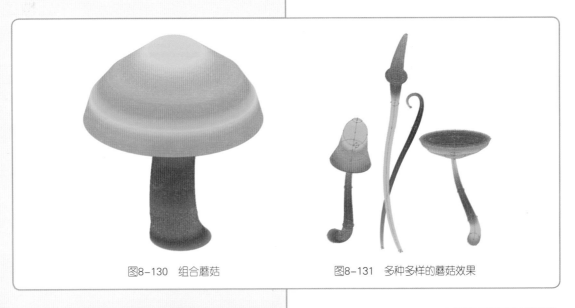

图8-130　组合蘑菇　　　　　　　图8-131　多种多样的蘑菇效果

　　提示 可以直接通过复制，然后使用直接 "选择工具" 选中混合中圆形的调整方式，更快捷地绘制出新的蘑菇。

　　因为混合支持透明度的混合，所以如果调整混合中某个椭圆的透明度，整体的混合效果也能发生一些奇妙的变化，如图8-132所示中被选中的一层透明度被降低，蘑菇产生了透明的效果。也可以通过执行 "效果" > "扭曲和变换" > "粗糙化" 命令将某些层次粗糙化，蘑菇的形态就更自然，如图8-133所示。通过将选中的一层粗糙化，制作出了非常自然的边缘效果。类似的效果有很多，可以自由尝试。

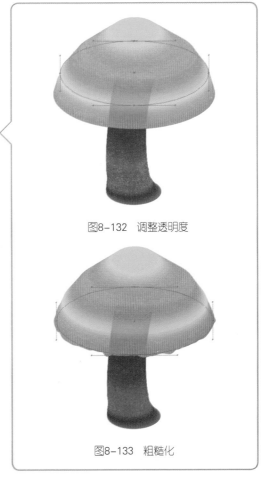

图8-132　调整透明度

图8-133　粗糙化

所有的蘑菇绘制技巧都是混合,所以学会了这个技巧,即可绘制足够多的蘑菇,将它们组合起来,并调整疏密关系和颜色搭配,一幅色彩绚丽的蘑菇主题插图就绘制完成了。

实例:图钉

下面还有一个图钉实例,如图8-134所示,也是使用了圆形混合的技巧,但是使用了一点特别的技巧,下面详细介绍。

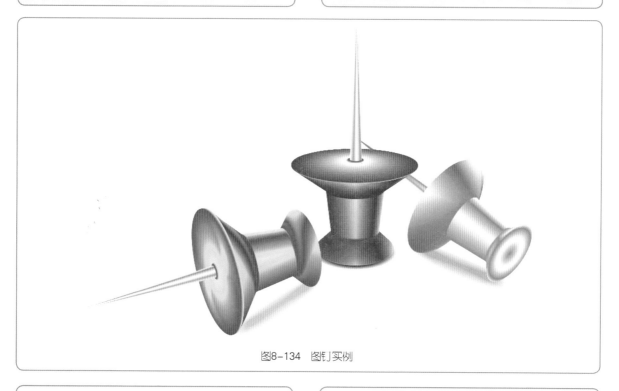

图8-134   图钉实例

Step1 堆叠的圆形

从红色图钉讲起,与绘制蘑菇的技巧一样,绘制之初也是使用了很多圆形,如图8-135所示。将这

些圆形填充成为不同的颜色,去掉描边,并进行混合,得到如图8-136所示的效果。

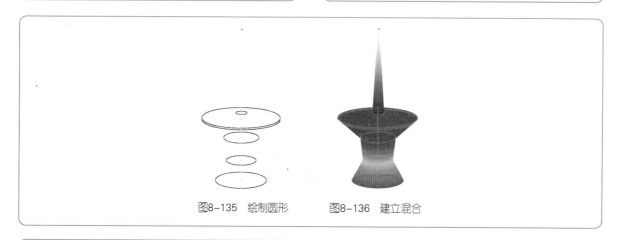

图8-135   绘制圆形   图8-136   建立混合

Step2 在混合内调整1

步骤1中绘制出的混合效果看上去很不好,这一步会使用"直接选择工具"在混合内部直接调整,并且因为之前已经建立好了混合,所以调整效

果会及时呈现。首先需要调整的是形态——图钉的针头太粗了,所以使用"直接选择工具"选中针混合的下端圆形,再切换成"选择工具"(软件会默认调出定界框),使用"定界框"缩小针头,如图

8-137所示。另一个需要调整的就是颜色了，现在填充在图钉上的颜色全部为单色，所以考虑把它们全部转换成渐变颜色，增强图钉的体积感和光感。使用 "直接选择工具"，选择各个层次，将各层添加上渐变色，如图8-138所示，从右侧的分层图中可以看到各层填充的渐变色样式。

图8-137　调整针头

Step3　在混合内调整2

从步骤2中绘制完成的效果来看，图钉虽然已经有了光泽效果，但是总感觉哪里很奇怪，缺少一些表现形态的细节，所以这一步我们通过混合内部调整，让图钉的形态更加清晰，使用的办法是增加层次，制作出精致的颜色过渡，按住Shift+Alt键，使用 "直接选择工具" 选中混合内的圆形，进行垂直拖曳操作，稍微移动一点距离，会在圆形的正上方复制出新的圆形，新复制出来的层位于上层，为了不改变原有的效果，所以再使用 "直接选择工具" 选择被复制的下面这层改变颜色，在每个转折处分别填充较亮和较暗的单色或渐变色，形成一个白色和暗色的边缘线感觉，即可划出图钉的形态轮廓，如图8-139所示，使用 "渐变工具" 调整一下图层混合上最上一层的渐变形状，使渐变的颜色延伸在椭圆形之内，最终形成如图8-140所示的效果。

图8-138　更换颜色

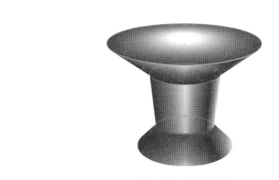

图8-139　增加层次

图8-140　调整渐变

Step4　最后修饰

使用一些小的混合制作出图钉下方的重颜色感觉和图钉的整体投影，如图8-141所示。

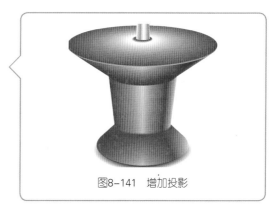

图8-141　增加投影

■Step5 各种角度 ▨

为了丰富画面,还绘制了其他两种颜色的图钉,并不是重新绘制的,而是复制后,执行"编辑">"编辑颜色">"调整色彩平衡"命令制作的,所以可以很轻松地制作出各种颜色。另外还调整了方向,黄色的图钉甚至"掉头"朝向后方了,这难道也不是重新绘制的吗?对的,也不是。只是执行了"对象">"混合">"反向堆叠"命令,将原本的混合方式颠倒了一下,图钉就翻转了,反向堆叠后的效果其实是很别扭的,如图 8-142 所示,需要做一些调整才能更符合透视的感觉,如图 8-143 所示。

提示 从最终效果图中能发现蓝色的图钉的渐变效果很奇妙,为什么?因为软件对混合的对象有"强迫症",稍微改变一下它们的位置有时就会发生计算失误,不过因为觉得效果不错,于是就保留了,如果不希望是这样的效果,可以执行"对象">"混合">"释放"命令后使用"渐变工具"再次调整一下混合,然后再建立混合。

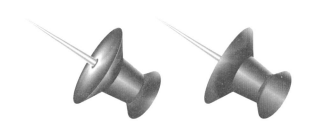

图8-142 调整方向

图8-143 颜色和透视调整

8.4.2 混合模式

每次写到图标实例都在想这本教程竟然用了这么多图标当作实例,但是想想图标这个"行业"专业性太强,像作者这样的还停留在形式技巧上的状态有点不靠谱,所以我还是单从绘制技巧上而非专业的角度上介绍一些效果的实现方法吧!如图8-144所示为仿照MAC系统软件的图标绘制的雷达图标,其中涉及到了很多光感的成分,可以通过"圆形"施加不同的混合模式制作出来,下面详细介绍一下具体步骤。

实例:雷达图标

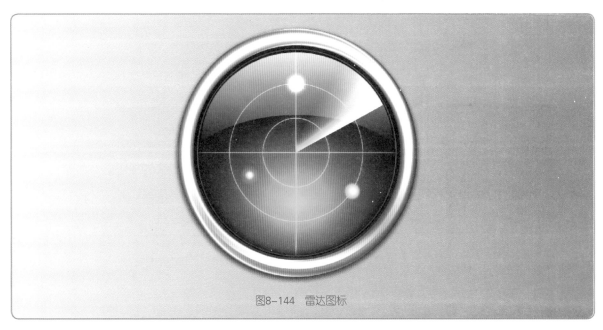

图8-144 雷达图标

■ Step1 金属外圈形状

　　新建画布的步骤不多说了，直接开始绘制，先从外圈的金属边框开始绘制，使用"椭圆工具"绘制一个直径为480像素的正圆形，执行"对象">"路径">"路径偏移"命令，设置数值为–30像素，绘制出一个同心圆，选中这两个同心圆，使用"路径查找器"面板中的"减去顶层"功能绘制出一个圆环，如图8-145所示。选中这个圆环，继续执行"对象">"路径">"路径偏移"命令，设置数值为–10像素，绘制出一个稍小的圆环，如图8-146所示。

■ Step2 金属外圈质感

　　将稍大的圆环填充深色的金属渐变色（K：84、K：8，R：155、G：160、B：165，K：85、K：85），如图8-147所示中稍小的圆环填充浅色的渐变色（K：0、R：155、G：160、B：165），如图8-148所示。金属渐变色可以直接从自带色板中调出，再做一点调整，注意使用"渐变工具"将两个圆环上的渐变色朝不同的方向拖曳，例如，大圆环中使用横向，小圆环中使用纵向，如图8-149所示。使用"混合工具"将两层圆环混合，不同方向的渐变色会造成复杂的光感效果，最终绘制出雷达的金属边框，如图8-150所示。

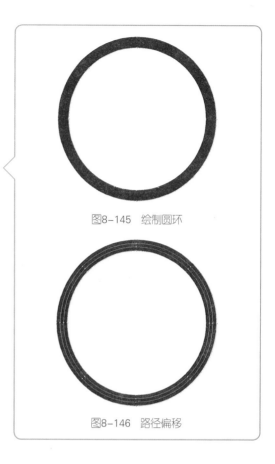

图8-145　绘制圆环

图8-146　路径偏移

图8-147　暗色金属渐变

图8-148　浅色金属渐变

图8-149　安排渐变色方向

图8-150　金属边框效果

■Step3 雷达屏幕部分1

一个渐变效果是达不到光感要求的，所以屏幕部分使用了多层叠加的效果实现，继续使用"椭圆工具"绘制一个直径稍大于450像素的正圆形，放在金属边框的内部，居中对齐，将这个圆形填充黑色到深绿色（R：38、G：68、B：38）的线性渐变，如图8-151所示。绘制出的效果如图8-152所示。使

用这个轮廓作为金属边框内的一圈暗色的边框。继续绘制或使用"路径偏移"命令制作一个直径为440像素左右的圆形也与之前的对象居中对齐。将这个圆形填充为绿色（R：0、G：167、B：149）到深绿色（R：0、G：23、B：0）的径向渐变，如图8-153所示，绘制出如图8-154所示的效果。

图8-151 黑色到深绿色渐变

图8-152 渐变效果1

图8-153 绿色要深绿色渐变

图8-154 渐变效果2

■Step4 雷达屏幕部分2

前面绘制的绿色到深绿色的径向渐变看上去有点不给力，所以这里使用一种混合模式，将这个渐变变得更强一些，使用"椭圆工具"绘制一个圆形，或者直接复制以前的圆形，稍微调小一些，填充为黑白的径向渐变，白色在中央，黑色在外围，

使用"渐变工具"调整一下渐变的中心位置，绘制出如图8-155所示的效果。将这个填充黑白渐变的圆形叠加在步骤3中绘制的圆形上面，并把黑白渐变的混合模式调整成"叠加"，并降低透明度，绘制出如图8-156所示的效果。

图8-155 黑白径向渐变

图8-156 叠加效果

Step5 雷达屏幕部分3

这个步骤中将解决屏幕边缘的问题，现在的屏幕边缘看上去太生硬，所以复制步骤4中绘制的圆形，把颜色改成单纯的白色，恢复正常的混合模式和透明度，并执行"效果">"风格化">"内发光"命令，打开"内发光"对话框，进行如图8-157所示的设置，绘制出如图8-158所示的效果。把这个圆形再次叠加在之前绘制的对象上，调整混合模式为"正片叠底"，并根据实际情况适当降低透明度，绘制出如图8-159所示的屏幕外围暗色效果。

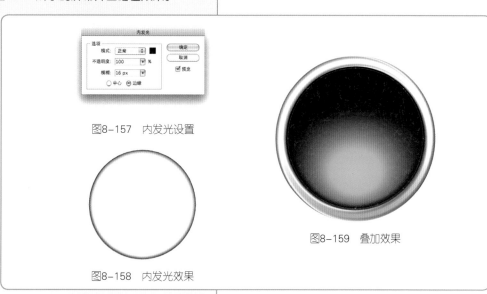

图8-157 内发光设置

图8-159 叠加效果

图8-158 内发光效果

Step6 雷达屏幕部分4

从工具箱中找到"极坐标网格工具"，使用该工具在画布上单击，在打开的"极坐标网格工具选项"对话框中进入如图8-160所示的设置，绘制出雷达中的坐标网格，将坐标网格设置成一个较亮的绿色（R：0、G：255、B：255），如图8-161所示。

将坐标网格放到前面绘制的雷达屏幕上，调整到步骤5中绘制轮廓的下一层，执行"效果">"风格化">"外发光"命令，设置模式为"正常"，"不透明度"为75%，"模糊"为5像素，制作出坐标网格的发光效果，如图8-162所示。

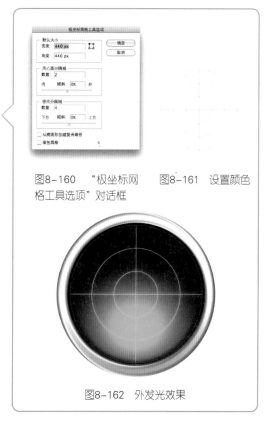

图8-160 "极坐标网格工具选项"对话框　图8-161 设置颜色

图8-162 外发光效果

■ Step7 绘制高光 ■

　　使用两个圆形剪切出或直接使用"钢笔工具"绘制出高光的形状,如图8-163所示,将这个形状选中,并在"透明度"面板菜单中执行"建立不透明蒙版"命令,单击"透明度"面板中新出现的方框,进入蒙版编辑状态,并在蒙版中使用如图8-164所示的渐变样式,使高光的透明度发生一些过渡变化,回到正常编辑模式,适当降低高光的透明度,即可绘制出如图8-165所示的效果。

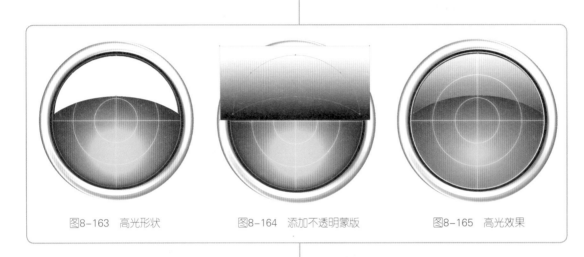

图8-163　高光形状　　　　　图8-164　添加不透明蒙版　　　　　图8-165　高光效果

提示 这实例还有很多按照常理应该先于高光绘制的细节,但是却把屏幕的高光需要先绘制出来是为什么呢?因为在后面的步骤中要制作出明显扫描目标的发光效果,例如最上端的扫描目标发光点处于雷达屏幕的暗部,颜色减淡效果的作用不明显,高光的部分提亮了此处的底色,"颜色减淡"模式即可很好地发挥作用。

■ Step8 扫描目标(1) ■

　　扫描的目标在屏幕上呈现的是一些大小不同的高亮发光圆点,一般情况下白色是最亮的颜色,可以把白色圆形轮廓做一些高斯模糊放在上面,如图8-166所示,会发现效果一般,白色的发光圆点与周围的氛围不融合,并且看起来似乎也不够亮,所以不用这种办法。分析一下,能让人感觉强光的感觉是什么,作者觉得需要过渡,一个高光亮点需要先从底色开始,变成很亮的底色,再变成最亮的白色,这样的色彩效果才会让人产生发光的感觉,而不是一块纯白色的模糊圆点,缺少真实感。

　　明白了制作强光的原理,回忆一下前面有哪种混合模式效果能够增强对比度并且提亮?这种模式就是"颜色减淡"混合模式,它能实现的效果非常适合表现强发光效

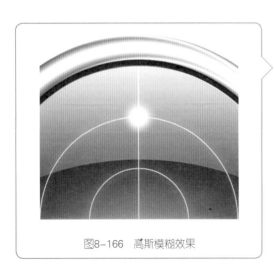

图8-166　高斯模糊效果

果,下面来看一下它的具体使用方法。按住Shift键,使用"椭圆工具"绘制比发光点稍大的圆形,填充黑白径向渐变,白色在中心,黑色在外围,注意设置黑色为"三色黑"(R:0、G:0、B:0),将发光点放置在坐标网格上,设置其混合模式为"颜色减淡",即可绘制出真实的发光效果,如图8-167所示。

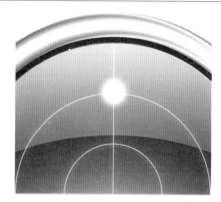

图8-167 颜色减淡效果

实例中上端的发光点还有一点光线效果,制作起来也很简单,使用"椭圆工具"绘制一个正圆形,执行"效果">"扭曲和变换">"收缩和膨胀"命令,将圆形收缩成四芒星的状态,并叠加在高光中,如果四芒星的星芒太明显,可以使用不透明蒙版削弱一下,如图8-168所示。

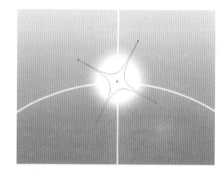

图8-168 星芒效果

Step9 扫描目标(2)

使用"椭圆工具"绘制一个与雷达屏幕大小相同的圆形(或者直接复制之前绘制出来的圆形),颜色随意,将这个圆形裁剪成为一个扇形,如图8-169所示。将这个扇形设置成为纯黑色到亮绿色(R:146、G:255、B:197)的渐变色,如图8-170所示,绘制出的效果如图8-171所示。在"透明度"面板中将混合模式调整为"滤色"。从"图层"面板中找到这层扇形轮廓的路径,将其拖曳到"新建"按钮上原位复制一层,并将渐变色更改为如图8-172所示的黑白渐变样式,填充在轮廓上的效果,如图8-173所示。更换其混合模式为"颜色减淡",这样通过黑白渐变中的白色的部分将下层的绿色部分提到极亮又发光的效果,如图8-174所示。将这两层扇形轮廓编组,并

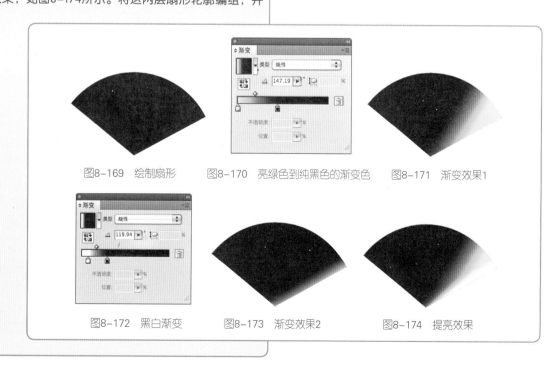

图8-169 绘制扇形　　图8-170 亮绿色到纯黑色的渐变色　　图8-171 渐变效果1

图8-172 黑白渐变　　图8-173 渐变效果2　　图8-174 提亮效果

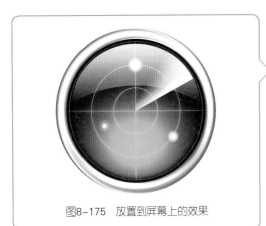

图8-175　放置到屏幕上的效果

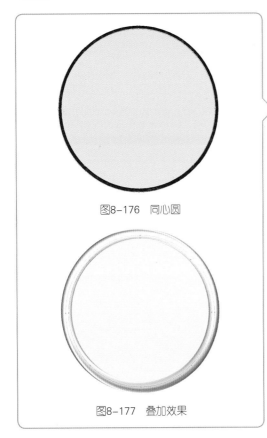

图8-176　同心圆

图8-177　叠加效果

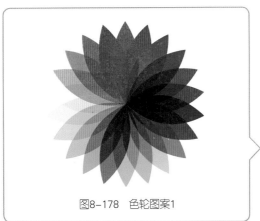

图8-178　色轮图案1

放到雷达屏幕上,因为"滤色"与"颜色减淡"模式下的黑色都不会发挥作用,所以,扇形叠加到屏幕上只会保留亮色的部分,效果如图8-175所示。

■ Step10　修饰

　　为了增强金属外圈的质感,在绘制完屏幕后还需要根据屏幕的颜色为金属边框添加上一些相应颜色的反光效果。使用"椭圆工具"绘制同心圆,将上层的对象填充成为亮绿色,下面一层填充成黑色,如图8-176所示。将这两层对象建立混合,制作出颜色过渡效果,将混合后的对象放到金属边框的上一层(仅在金属边框层的上一层,在其他层之下),将其混合模式设置成"叠加",产生类似"滤色"模式的褪色效果,但是金属轮廓上的颜色分布不均匀,所以综合了"正片叠底"与"滤色"两种效果的"叠加"模式更合适。如果觉得这部分太大,还可以借助不透明蒙版调整大小及虚实程度,绘制出如图8-177所示的效果。

　　在所有对象的最下层绘制一层大小比金属边框范围稍小的单独圆形轮廓,执行"效果">"风格化">"投影"命令,将这个圆形添加上投影,因为是在最下层,所以整个图标也就会拥有投影效果,这样,雷达图标就最终绘制完成了。

8.5　形状的排列

　　前面讲解完的"混合"与"混合模式"都是将圆形组合起来的创意,它们的组合没有规律可寻,所以作者想如果把圆形按照一定的规律组合也能产生很多创意吧。在Illustrator有规律的组合除了一些人为设计的规律,剩下的软件中能自动实现的大概也只有平铺或旋转之类的了,平铺可以实现POP波点效果,或者一些底纹效果,总的来说比较简单,这里就不多介绍了,这一节中将着重介绍通过旋转圆形实现的创意。

8.5.1　旋转

实例: 色轮

　　如图8-178所示为一个设计作品中常见的色轮图案,其实这个色轮就是使用圆形简单旋转制作出来的,下面介绍一下它的具体绘制步骤。

Step1 计算与绘制基本图形

在绘制这个色轮时，可能会觉得选择合适的颜色是个问题，如何才能选择刚好有暖到冷的色彩过渡？其实很简单，软件默认的色板中的一排颜色可以实现这种颜色过渡，这几种颜色如图8-179示（选中的部分），这里数了一下是22种颜色，圆形旋转1用要360°，但是用360°除以22除不尽，约等于16.36，没关系，以后就按照这个角度旋转，差一点点可以乎略。

使用 "椭圆工具" 绘制一个垂直方向的椭圆形，填充任意颜色，不设置描边，如图8-180所示，使用 "锚点转换工具" 在椭圆形的上下两个顶点锚点上各单击一次，即可制作出一个两头尖锐的树叶形状，如图8-181所示，这个图形就是要旋转的基本图形。

Step2 旋转并填充颜色

选中步骤1中绘制的树叶形状轮廓，选择 "旋转工具"，按住Alt键在树叶形状的底部顶点处单击，打开 "旋转" 对话框，输入16.36°，单击 "复制" 按钮，树叶形状就被旋转、复制出来了，接着按快捷键Ctrl+D，可以重复旋转操作，不断地按这组快捷键，直到树叶形状旋转1周停止。绘制出的效果如图8-182所示。下面根据色板中的颜色排列，将这些树叶形状按照顺时针或逆时针的方向填充上不同的颜色，绘制出如图8-183所示的效果。

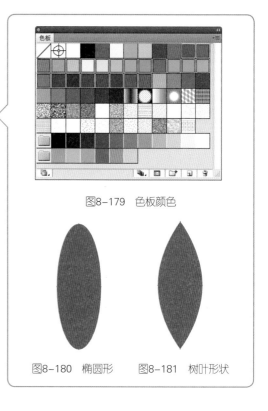

图8-179 色板颜色

图8-180 椭圆形　　图8-181 树叶形状

图8-182 旋转复制　　　　　　图8-183 更换颜色

■ Step3 设置混合模式

将步骤2中绘制的对象选中，从"透明度"面板中选择"正片叠底"模式，可以绘制出如图8-184所示的效果，如果选择"滤色"模式，则可以绘制出如图8-185所示的效果。

图8-184   正片叠底效果色轮图案

图8-185   滤色色轮图案

实例：色轮2

以上是一种操作简单且容易控制的绘制色轮方法，下面还有一种颜色效果更好，但是比较难控制的方法。这种方法使用的是混合，制作时设置的颜色少，使用混合制作出中间过渡色，但是在混合过程中需要计算混合对象与混合轴上锚点的数量关系。最终效果，如图8-186所示。

图8-186   色轮图案2

■ Step1 绘制基础图形

这种方法也可以使用前面介绍的方法中使用的树叶形状，也可以使用"椭圆工具"，绘制一个填充红色的圆形，并按住Shift+Alt键，水平拖曳这个圆形，复制出一个新的与之前圆形重叠的圆形，如图8-187所示。选中这两个圆形，在"路径查找器"面板中单击"交集"按钮，制作出一个树叶形态的轮廓，如图8-188所示。

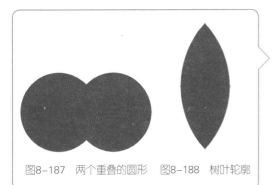

图8-187   两个重叠的圆形   图8-188   树叶轮廓

■ Step2 添加颜色

再次按住Shift+Alt键，与被复制的轮廓保持一定距离，水平复制一个新的树叶形状轮廓，然后按快捷键Ctrl+D 7次，这样就能产生9个并排的树叶形状轮廓，将赤、橙、黄、绿、青、蓝、紫这7种颜色用于前面8个树叶形状轮廓，还差一个，所以多放了一种绿色（现在有草绿色和深绿色两种），注意最后一个树叶形状轮廓要填充与第一个树叶形状轮廓相同的颜色，如图8-189所示。这样安排可以保证后面制作的圆圈状混合让本来处在最后的紫色也能与红色混合到一起。这样的解释可能还是不够明白，没关系，下面会详细地解释一下原因。

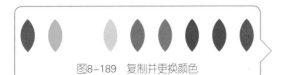

图8-189   复制并更换颜色

进行到这一步，就会有人提出问题，与其这样建立混合为什么不像上一种方法一样旋转成如图8-190所示的情况，然后再建立混合呢，难道不能建立混合吗？答：是可以建立混合的，但是建立的混合不够圆，即使在替换混合轴之后还是不够圆，如图8-191所示，并且在替换混合轴后树叶形状的轮廓方向变得更乱，不容易控制，最终效果也不好。

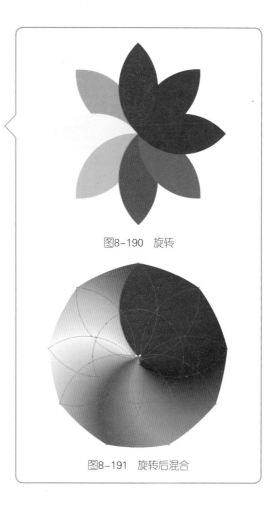

图8-190 旋转

图8-191 旋转后混合

▌Step3 计算锚点并制作混合

混合对象产生的过渡部分会因为混合轴上的锚点位置产生不同的疏密变化，所以锚点的数量及位置对产生均匀的混合起着至关重要的作用，为了让步骤2中绘制的轮廓能够绕圈混合，需要使用一个圆形的轮廓当作混合轴，所以按住Shift键，使用"椭圆工具"绘制一个正圆，圆形的直径与树叶形状轮廓的高度差不多即可，如图8-192所示。保持这个圆形的选中状态，执行"对象">"路径">"添加锚点"命令，让本来有4个锚点的圆形对象变成8个锚点，使用"剪刀工具"在圆形的其中一个锚点（通常是顶端的那个）上单击，剪开这个圆形，如图8-193所示。剪开的圆形虽然看上去还是一个圆形，但其实已经多了一个锚点，与"剪刀工具"单击位置的锚点是重合的。也就是说，现在这个圆形的混合轴上有9个锚点了，对应到步骤2中绘制的9个树叶形状轮廓，我们也就能明白一个原理了——每个树叶形状轮廓对应一个锚点，保证混合出的感觉是均匀的，并且混合轴的首尾锚点是重合的（颜色也一致），对应的树叶形状轮廓两端在混合后也会变成重合的，保证了紫色能够过渡到红色而不会产生多余的部分。

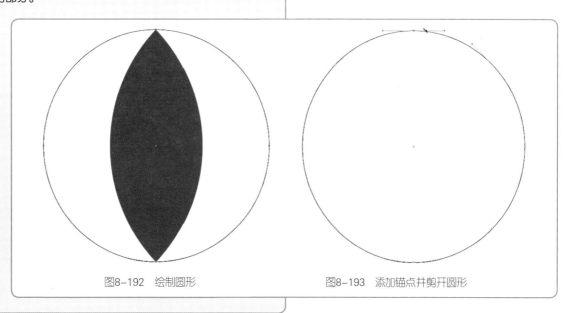

图8-192 绘制圆形　　　　图8-193 添加锚点并剪开圆形

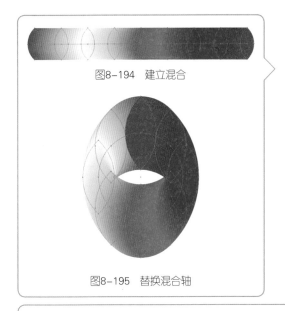

图8-194 建立混合

为了更完美,我们也不人工建立混合了,一起选中步骤 2 中绘制的 9 个树叶形状轮廓,执行"对象">"混合">"建立"命令,建立混合,效果如图 8-194 所示。一起选中混合和刚才制作的混合轴,执行"对象">"混合">"替换混合轴"命令,绘制出如图 8-195 所示的效果。

图8-195 替换混合轴

■ Step4 调整混合

选中步骤3中绘制的混合对象,在工具箱中双击"混合工具",打开"混合选项"对话框,进行如图8-196所示的设置,设置间距为"指定的步数"并在后面的文本框内输入3,这样可以明显看出混合产生的色阶。设置"取向"为"对齐路径",让前面混合的对象按照混合轴的方向旋转,单击"确定"按钮,绘制出如图8-197所示的效果。

图8-196 混合选项设置

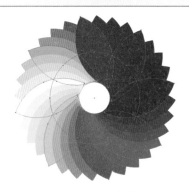

图8-197 完成效果

■ Step5 调整混合

为了让树叶形状的轮廓方向更准确,双击进入混合内部进行一些调整。进入混合内部后,使用"选择工具"框选出所有9个轮廓与混合轴,按住Shift键取消选择混合轴,留下树叶形状轮廓的选中状态,如图8-198所示。执行"对象">"变换">"分别变换"命令,打开"分别变换"对话框,勾选"预览"选项,只调整旋转角度,将树叶形状的轮廓校正,制作出如图8-199所示的效果。

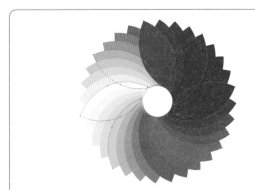

图8-198 选中树叶轮廓

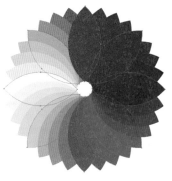

图8-199 校正角度

取消这些树叶形状轮廓的选中状态，单独选中混合轴，如图8-200所示，并适当缩小，将混合中间的空隙变小至消失，绘制出如图8-201所示的效果。

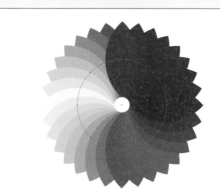 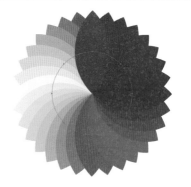

图8-200　选中混合轴　　　　　　　　图8-201　缩小混合轴

完成调整后将这个混合扩展并取消编组，删除位于顶端的红色树叶形状轮廓，在"透明度"面板中将这些轮廓的混合模式设置成为"正片叠底"，即可实现前面展示的最终效果。

实例：伊斯兰风格图案

在色轮的实例中控制了旋转轴心的位置，下面看看放任不管轴心的旋转结合之前的"变形"会产生什么样的创意吧！如图8-202所示为一个伊斯兰风情图案的绘制，不多说了，马上介绍一下具体步骤。

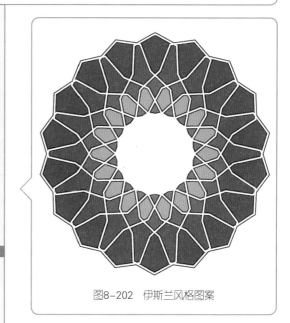

图8-202　伊斯兰风格图案

■ Step1 旋转圆形

使用"椭圆工具"绘制椭圆形，如图8-203所示，选中这个圆形，双击工具箱中的"旋转工具"，设置"旋转角度"为20°，单击"复制"按钮关闭窗口，按快捷键Ctrl+D重复旋转操作，将圆形旋转一周，绘制出如图8-204所示的效果。

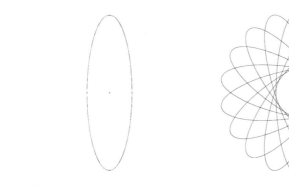

图8-203　绘制椭圆形　　　　　　图8-204　旋转

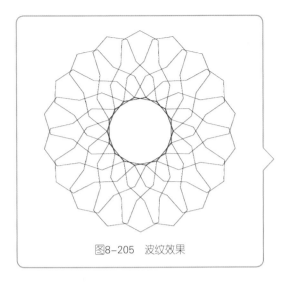

图8-205   波纹效果

Step2 制作瓷砖拼贴效果

选中步骤1中绘制的旋转1周的所有圆形，执行"效果" > "扭曲和变换" > "波纹效果"命令，勾选"预览"选项，数值根据绘制圆形的大小设置数值，在"PT"栏内选择"尖锐"选项，使波纹效果产生平直的线条，很多平直的线条组合到一起就会形成瓷砖拼贴的效果，这一步绘制出的效果如图8-205所示。

Step3 为瓷砖上色

选中步骤2中绘制出的对象，执行"对象" > "扩展外观"命令，保持该对象的选中状态，从工具箱中选择"实时上色工具"，选择适当的颜色对逐个空隙进行填充，如图8-206所示，最终形成如图8-207所示的上色效果。

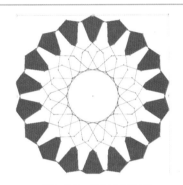

图8-206   实时上色过程

图8-207   实时上色完成

Step4 制作瓷砖空隙1

选中步骤3中实时上色的对象，执行"对象" > "扩展"命令（"扩展"对话框中有扩展对象的选项，保持3项都勾选即可），扩展后将原本对象的黑色描边改成白色，并在"描边"面板中加粗。绘制出如图8-208所示的效果。将这个对象"扩展"同样保持"扩展"对话框中的3个扩展对象选项都勾选，将刚才设置的较粗的白色描边扩展为轮廓，如图8-209所示。

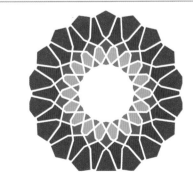

图8-208   添加描边

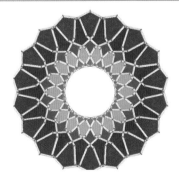

图8-209   扩展描边

Step5 制作瓷砖空隙2

步骤4中将白色描边扩展成了轮廓，这一步再将这些白色的描边扩展成的轮廓添加较细的黑色描边，绘制出如图8-208所示的效果。因为旋转的关系，这些对象是叠加在一起的关系，在黑色描边的衬托下尤其明显，所以，再次选中有黑色描边的这些白色轮廓，从"路径查找器"面板中单击"联集"按钮，将它们合并成为一个整体，如图8-210所示，这样就绘制完成了。

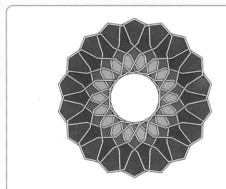

图8-210 添加黑色细描边

图8-211 合并描边

提示 如何快速选中这些白色的轮廓？很容易，双击进入编组，在编组内使用"魔棒工具"单击白色的部分即可选中。

8.5.2 符号旋转

实例：放射圆点

让我们来看一下如图8-212所示的这个实例（放射圆点），同样是使用圆形进行旋转，但是结合了一点符号的知识，制作出的效果就完全不同，下面介绍具体的绘制方法。

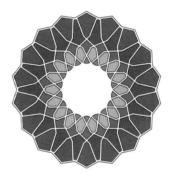

图8-212 放射状圆点实例

Step1 绘制基础图形

按住Shift键使用"椭圆工具"在垂直方向上绘制一大一小两个正圆形，填充任意颜色如图8-213所示。使用"混合工具"将两个圆形建立混合，并在工具箱中双击"混合工具"，打开"混合选项"对话框，设置为"指定步数"并在后面的文本框内输入一个合适的数值，"合适"的标准能将混合产生的过渡圆形之间有空隙，建立混合后绘制出的效果如图8-214所示。最后，将混合扩展并取消编组，为了下一步更明确地解释步骤，将间隔的圆形填充成了不同的颜色，如图8-215所示（其实没有必要做这一步）。

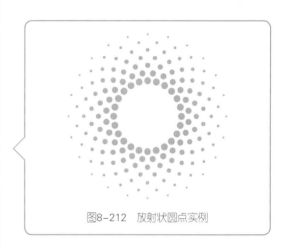

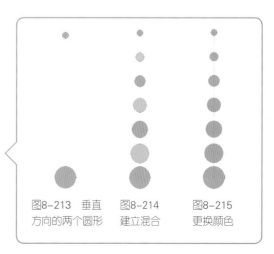

图8-213 垂直方向的两个圆形

图8-214 建立混合

图8-215 更换颜色

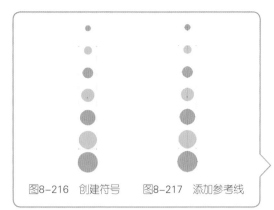

图8-216 创建符号 图8-217 添加参考线

图8-218 旋转所有对象

图8-219 旋转符号

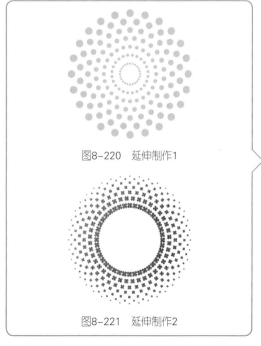

图8-220 延伸制作1

图8-221 延伸制作2

提示 混合对象取消编组后可能还有一根"看不见"的混合轴,使用"选择工具"框选可以看到它,这里不需要它,所以删掉。

Step2 制作符号

使用"选择工具"选中步骤1中制作的所有绿色圆形,将它们拖曳到"符号"面板中制作成符号,即可得到如图8-216所示的效果,调出标尺,显示参考线,拖曳出一根垂直的参考线,放在这一列圆形的中间位置,如图8-217所示。

Step3 旋转

一起选中所有圆形对象(包括制作成符号的圆形)按住Alt键,使用"旋转工具",参照参考线的位置,在这一列圆形的正下方单击,打开"旋转"对话框,设置旋转角度为15°,单击"复制"按钮,关闭对话框,按快捷键Ctrl+D重复旋转操作,将这些圆形旋转一周。"旋转工具"单击的位置以最下端的大圆形是否重叠为参考,如果大圆形旋转后重叠在一起,则就将单击的位置再往正下方移动一下,否则反之。这样之后,绘制出的效果如图8-218所示,这个效果已经与最终效果很接近了,下面再进行最后一步操作——旋转符号。在"符号"面板中选中刚才制作的绿色圆形组成的符号,在"符号"面板菜单中执行"选择所有实例"命令,此时画布上所有的绿色圆形符号实例都会被选中,保持选中状态,在工具箱中双击"旋转工具",再次打开"旋转"对话框,设置旋转角度为7.5°(15°的一半),不单击"复制"按钮,直接单击"确定"按钮,关闭对话框,之前绘制的对象就变成如图8-219所示的效果。

Step4 延伸制作

将步骤3中最终绘制的对象一起选中,执行"对象">"扩展"命令,扩展成为单独的可编辑对象,即可任意更换颜色或添加效果了,另外,了解了这种图案的原理,也可以进行一些延伸制作,如图8-220和图8-221所示。

09 创造性劳动

- 使用素材
- 像素拼贴画
- 轻松绘制美好的花朵
- 随处可见的放射状线条
- 放射状渐变效果
- 连续的图案
- "雷同"角色和录屏视频

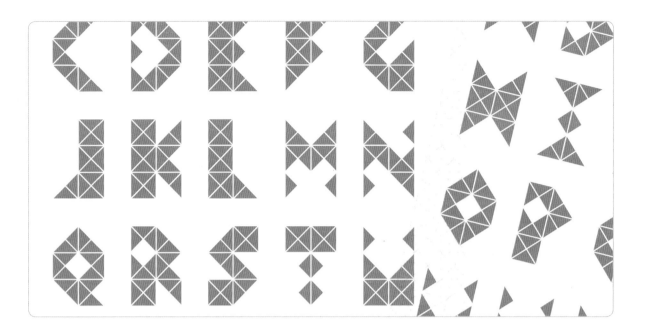

如果已经习惯了从网络上下载一些素材再拼凑到自己的设计中这样的状态,感觉没动力,那么,下面即将开始的章节将会对你有一些帮助,这里说的创造性劳动大概可以分成3类,一类是巧妙地运用素材(注意!并没有说使用免费的素材有什么不好,关键看怎么用);另一类是自己创造"素材"或个性元素;最后一类是一些特殊的经验技巧。作者只是把能想到的做了一些总结,更多的内容还是要等你自己去发掘,好了,下面就开始详细介绍。

9.1 使用素材

不知道从什么时候开始,越来越多的素材出现在网络上,并且大多数免费,顶多也只是要几个几分,但是提供这些素材的网站大多都不考虑这些素材的版权,所以滥用素材,造成侵权的事件也经常会发生,并且,这些素材在网络上,所有的人都能看到,也能下载到,就不免出现重复使用的现象,尤其是一到年关,作者最喜欢在路上边走边看路边的各种设计用的是谁家的素材,这个素材被用了多少遍,反正到处都是一样的东西,明明是新春佳节却毫无新意,以至于让人感觉中国的大多数设计就是这么用用素材就完事儿了,很悲剧。

其实,使用素材并没有什么不好,很方便、效率高,但是拿过素材不假思索地直接使用就不好了,也难免会造成重复的设计,所以提倡在使用素材时根据设计的需求,把素材多一步处理,让自己的设计精致起来。

9.1.1 艺术字

实例:经典文字设计

如图9-1所示为一个文字样式的设计实例,比较简单,下面详细介绍一下具体步骤。

图9-1 经典文字设计实例

■ Step1 设计创意与搜索素材

　　这里想设计出一种大气、典雅的感觉，这两个形容词有没有很熟悉？中国的客户提设计要求时大多数情况下会用得到，讲明之后却还是需要按照客户的意思来，所以根据这两个词的限定搜索到了一种欧式的古典花纹，如图9-2所示。通常我们会用这种花纹作为底纹平铺，制作出"经典（Classic）"的感觉，这种花纹的局部很像"铁艺"所以，从这个角度出发，决定设计一款有"铁艺"感觉的文字。

图9-2 素材

　　为了华丽，将这个素材填充了一种金色的渐变色，如图9-3所示。这种渐变色也是来自一些素材，可以自己搜索一下。

图9-3 金色渐变色

■ Step2 选择字体

　　使用"文字工具"在画布上单击，选择一种合适的字体，因为是要在文字内部制作铁艺效果，所以选择了Copperplate Gothic Bold铜版哥特式粗体）字体，如图9-4所示，这种字体在一些国内的房地产的广告中经常会看到。选中文字，单击右键，在弹出的菜单中执行"创建轮廓"命令，将文字转曲，转曲后取消编组，然后再全部选中，按住Alt键，在"路径查找器"面板中单击"联集"按钮，将转曲后的文字变成一个复合路径，如图9-5所示。

CLASSIC

图9-4 输入文字

CLASSIC

图9-5 转曲并将文字变成复合路径

> 提示 如果没有这种字体可以使用别的字体代替。

■ Step3 制作剪切蒙版

　　将文字轮廓置于步骤1中绘制的金色花纹的上层，一起选中文字轮廓和金色的花纹，单击右键，在弹出的菜单中执行"创建剪切蒙版"命令，将金色的花纹剪切到文字轮廓中绘制出如图9-6所示的效果。

图9-6 剪切蒙版

■ Step4 调整花纹

　　双击进入步骤3中制作的剪切蒙版，在蒙版中，按住Alt键使用"选择工具"拖曳复制出一层新的金色花纹，并错开一些位置，制作出如图9-7所示的效果，文字轮廓的感觉更加清晰了。为了区分前后花纹的层次，在蒙版中对上层的花纹执行"效果"＞"风格化"＞"投影"命令，添加了一些投影，文字的感觉也更加立体了，绘制出的效果如图9-8所示。浅色的背景上看到的效果并不太好，所以在最后一层绘制了一层深色的底色，最终效果就呈现出来了，如图9-9所示。

图9-7 复制一层

CLASSIC

图9-8 添加投影

图9-9 添加背景

图9-10   蝴蝶马赛克拼贴实例

图9-11   对象马赛克设置

图9-12   创建对象马赛克

9.1.2   创建对象马赛克

实例：蝴蝶马赛克拼贴

　　上一节的实例使用的是矢量素材，这里将介绍一个使用图片素材的设计实例，使用的命令是"对象">"创建对象马赛克"，这是一个有趣的命令，能够将嵌入画布的位图图像创建成矢量的马赛克拼贴效果，像是一种特殊效果的"实时描摹"，如图9-10所示为一幅蝴蝶图案的马赛克拼贴设计，其中不止使用了"创建对象马赛克"还有一些其他的命令，下面详细介绍设计步骤。

■ Step1 创建对象马赛克

　　将图片素材拖曳到画布上，并在画布上端的控制栏中单击"嵌入"按钮，将图片嵌入画布。执行"对象">"创建对象马赛克"命令，打开"对象马赛克"对话框，如图9-11所示，只设置拼贴数量，根据"新建大小"栏中的"宽度"与"高度"的数值，设置合适拼贴数量，注意拼贴数量不能太多，否则运行很慢，另外还有一个问题就是如何保证宽度和高度上拼贴数量能正好形成正方形的马赛克。很简单，单击"使用比率"按钮，设置宽度数值，单击"使用比率"按钮，软件就会自动计算出高度数值。单击"确定"按钮，绘制出如图9-12所示的效果。

■ Step2 制作圆角

　　选中步骤1中绘制的对象，取消编组并移开，将后方露出来的图片删除。保持这些小方块的选中状态，执行"效果">"转换为形状">"圆角矩形"命令，打开"形状选项"对话框，如图9-13所示，选择"绝对"模式，勾选"预览"选项，根据实际情况设置宽度、高度的数值和圆角半径，使原本紧密连接在一起的马赛克之间产生一点空隙并有一点点圆角的效果，如图9-14所示。

图9-13   "形状选项"对话框

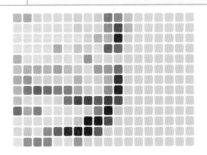

图9-14   制作间隙与圆角

Step3 延伸制作

除了制作圆角矩形的马赛克，还可以制作圆形的，甚至故意让圆形重叠而产生更奇怪的效果，如图9-15和图9-16所示。

9.2 像素拼贴画

使用Photoshop可以很方便地绘制像素画，也是最常用的软件之一，尽管如此，以前还是很执着于使用Illustrator绘制类似Photoshop中一样的像素画，效果并不好，也并没有想象中方便，后来这个想法就搁置了。但是后来逐渐发现，使用Illustrator绘制精致的像素画并不是它的强项，不如扬长避短地绘制"不精致"的像素风格的插画，也蛮好，所以就会有下面的几个实例，其中像素小人的实例是使用"不精致"的像素画技巧，而另外一个则完全是发挥了Illustrator的优势进行的"像素"字体创意设计。

9.2.1 像素画

实例：像素小人

下面先介绍小人像素画的绘制技巧，最终完成效果如图9-17所示。

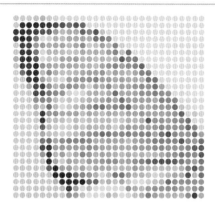

图9-15　延伸制作1

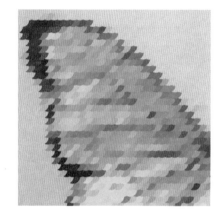

图9-16　延伸制作2

图9-17　像素小人实例

■ Step1 制作像素网格

　　新建画布,设置画布尺寸为 2000 像素 × 2000 像素,颜色模式为 RGB。画布建立完成后从工具箱中找到"矩形网格工具",使用"矩形网格工具"在画布上单击,打开"矩形网格工具选项"对话框,进行如图 9-18 所示的设置。单击"确定"按钮,建立出的像素网格如图 9-19 所示。

图9-18　"矩形网格工具"选项对话框

图9-19　网格效果

■ Step2 画像素画

　　选中步骤1中绘制的像素网格,使用"实时上色工具"选中合适的颜色在像素网格上的方形空隙内单击,该像素网格就被创建成为实时上色对象,下面就要开始画像素画了。

　　使用"实时上色工具",选择橙色,绘制出小人脸部,使用黑色绘制出头发部分,如图 9-20 所示。更换颜色,再绘制出小人的耳机及嘴巴等,如图 9-21 所示。

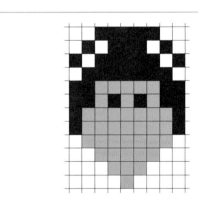

图9-20　绘制脸部和头发

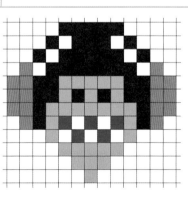

图9-21　绘制其他部分

提示 按快捷键Ctrl+H可以隐藏碍眼的边缘线。

■Step3 完成像素画

　　使用"实时上色工具"单击或拖曳快速上色，并且与Photoshop一样，在绘制的过程中按住Alt键可以临时切换"吸管工具"吸取颜色，十分方便。因为绘制的方法都是相同的，所以小人身体的绘制就不多做说明了，颜色效果如图9-22和图9-23所示。

■Step4 把像素小人从网格中释放

　　前面的绘制都是在网格中绘制的，但是最终效果并不需要这样的网格，所以，选中这个已经变成实时上色对象的网格，执行"对象">"扩展"命令，将实时描摹对象扩展，扩展后需要多次取消编组，然后用"选择工具"框选网格并删除。或者直接在扩展后使用"魔棒工具"，选中网格部分，直接删除。删除网格后就只剩下"像素小人"，如图9-24所示，如果"像素小人"是编组的状态，那么，取消编组后可以使用"效果"菜单中的一些命令将方块的像素变成其他的形状，整体效果也会变得更丰富，如图9-25和图9-26所示，后面还有一个设计十字绣图案的实例，也是使用了类似的技巧。

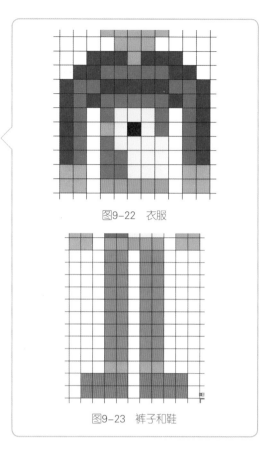

图9-22　衣服

图9-23　裤子和鞋

图9-24　删除网格后的效果　　　　图9-25　圆点状　　　　图9-26　十字线状

提示 删除网格后的"像素小人"中会看到一些白色的空隙，如果想解决这个问题，可以把之前的网格的描边粗细设置为0。

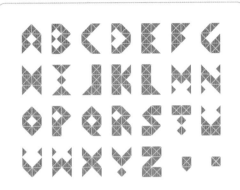

图9-27　像素字体设计实例

9.2.2　字体设计

实例：像素字设计

　　既然是用到了"实时上色工具"而实时上色，可以填充任何形状的空隙，如果制作非方形的网格使用"实时上色工具"绘制也应该很有趣吧，所以将介绍下面这个字体设计实例，如图9-27所示，使用了三角形的网格作为像素使用，这一点可是Photoshop望尘莫及的功能，下面详细介绍设计步骤。

■ **Step1** 制作三角形网格

　　三角形的网格可以使用"直线工具"绘制横向、纵向和斜向的线条搭建，但是作者觉得运用起来不够方便，所以打算使用图案填充，也就是将三角形网格制作成图案色板，以后可以随时调用。按住Shift键，使用"矩形工具"绘制正方形，如图9-28所示，使用"直线工具"绘制出矩形的两条对角线，如图9-29所示。将正方形与对角线一起选中，执行"对象" > "扩展"命令，注意扩展时勾选"描边"选项，扩展的效果如图9-30所示。

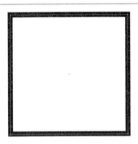

图9-28　正方形

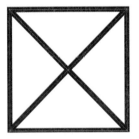

图9-29　对角线

图9-30　扩展

■ **Step2** 制作图案1

　　使用这个形状平铺，创建出一片三角形的网格，但是，这个形状平铺后会出现如图9-31所示的效果，研究一下会明白，是因为正方形的4条边在平铺时不能重叠到一起，只能紧挨着，所以，打算删掉基本图形的一部分，制作出正常的三角形网格，其实，只需要删除2条边即可恢复正常了，如图9-32所示，使用两个矩形覆盖在正方形上，使用"路径查找器"面板中的"减去顶层"功能，使用灰色的矩形减去正方形的2条边（注意，在减去之前，需要先将正方形与对角线轮廓"联集"），绘制出如图9-33所示的效果。

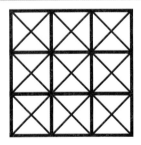

图9-31　直接创建图案后的效果

图9-32　删除位置示意

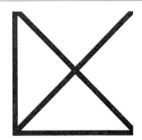

图9-33　删除后的效果

■ Step3 制作图案2

　　将步骤2中绘制的图形，拖曳到"色板"面板中，制作成为图案，在画布上绘制一个大矩形，应用这个图案，效果如图9-34所示。制作成图案之后，执行"对象">"扩展"命令，取消编组后再取消剪切蒙版，如果觉得颜色太重，可以使用魔棒工具选中黑色，更换成浅灰色，如图9-35所示。

提示 其实不扩展也可以更改颜色，直接使用"编辑颜色"命令即可随意更换颜色，但是因为后面的步骤需要我们把这些三角形的网格扩展，所以这里就直接是扩展后调整颜色了。

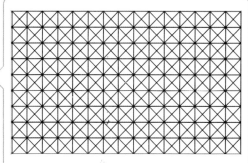

图9-34　制作出图案

■ Step4 设计文字

　　因为三角形可以组合的方式有很多，所以设计字体前需要自己设定一个规则，根据这个规则再进行字体设计，字体设计很容易，与绘制"小人"的方法一样，使用"实时上色工具"即可，效果如图9-36所示。

图9-35　调整图案颜色

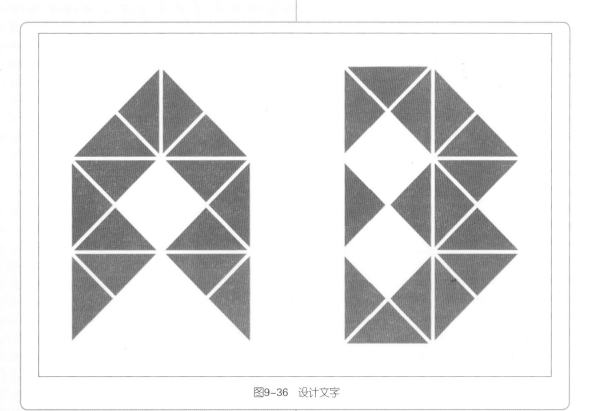

图9-36　设计文字

9.3　轻松绘制美好的花朵

　　使用效果命令中的某些功能是Illustrator中绘制花朵最常用的技巧,但是一直以来只有那么几种方法,没有创新,在创作这篇教程的实例时希望能够

通过不同的命令组合找到更多的花朵绘制技巧,下面就与大家分享一下创作经验。如图9-37所示,图中的花束中出现了8种花卉,将它们的绘制方法绘制成3类,但几乎每种方法都有一些不同。

图9-37　花束

9.3.1 第1类，效果菜单命令

这一类就是经常使用的技巧——使用"波纹效果"、"粗糙化"命令，但是在使用"粗糙化"之前往往需要使用"钢笔工具"绘制一部分内容，产生自然的边缘位置效果，但觉得不够方便，就在某些花卉的绘制中去用别的方法取代了这个步骤，最后的效果也不错，例如图9-38所示的"非洲菊"绘制。除了经常使用的"波纹效果"、"粗糙化"命令，还有一种技巧也被泛滥使用，那就是使用多层圆形逐层叠加，这种做法会制作出多重的花瓣效果，但是制作出的花朵太过雷同，所以想能不能用不同的形式叠加，制作出不同的效果，于是，就产生了如图9-39所示的花卉绘制效果。

图9-38 花朵1

除了以上介绍的两种带有发扬传统的绘制技巧外，还有一些特别的创意绘制，这些创意方法在介绍如图9-40和图9-41所示的花朵时会详细讲解。

图9-39 花朵2　　　　图9-40 花朵3　　　　图9-41 花朵4

实例：非洲菊

■ Step1 绘制基础图形

按住Shift键，使用"椭圆工具"绘制正圆形，设置任意颜色描边，填充色可以不填。执行"对象"＞"路径"＞"添加锚点"命令（4个锚点变8个锚点），增加圆形上的锚点数量如图9-42所示。按住Alt键复制一遍这个圆形，并缩小放在被复制的这个圆形内部的位置上（类似同心圆），此时一起选中这两个圆形，执行"效果"＞"扭曲和变换"＞"扭拧"命令，将圆形扭拧得走形，如图9-43所示。使用这一步形成的效果取代传统技巧中，使用"钢笔工具"绘制的效果。

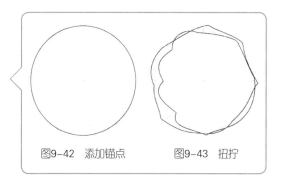

图9-42 添加锚点　　　　图9-43 扭拧

Step2 制作花瓣效果

将步骤1中绘制的扭拧效果圆形扩展，执行"效果">"扭曲和变换">"波纹效果"命令，因为扭拧后的圆形轮廓产生了很多分布不均匀的锚点，所以绘制出的波纹效果也会有很多变化，如图9-44所示。波纹效果制作完成后，花瓣的雏形已经显现出来了，但是还不够圆滑，所以再将"波纹"效果后的对象扩展，执行"效果">"扭曲和变换">"收缩和膨胀"命令，增加一点膨胀效果，使花瓣更加聚拢，形成如图9-45所示的效果。

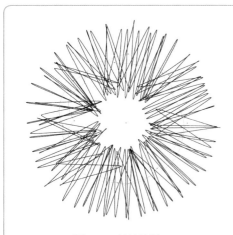

图9-44　波纹效果

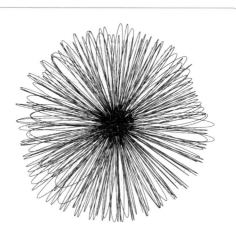

图9-45　收缩和膨胀效果

Step3 增强花瓣质感

将步骤2中绘制出的花瓣效果扩展，填充径向渐变色（自由设置），绘制出类似如图9-46所示的效果，填充颜色后的画板感觉稀疏了很多，所以复制一层花瓣并进行一些旋转，2层花瓣叠加到一起，整个花朵看起来就厚实多了，如图9-47所示。如果还想让花瓣的形态弯曲一些，可以使用"变形工具"进行涂抹变形操作。

图9-46　添加颜色

图9-47　多层叠加

除了使用"变形工具"进行涂抹扭曲变形之外，还可以使用更复杂一些的控制功能——封套扭曲。选中花瓣，执行"对象">"封套扭曲">"用网格建立"命令，设置"行数"为2，"列数"为1

就足够了，如图9-48所示。使用"直接选择工具"选中封套网格底端的两个锚点，向上移动，花瓣就产生纵深的感觉，如图9-49所示。继续调整，让花瓣的形态更加自然，如图9-50所示。

图9-48　封套扭曲

图9-50　完成调整

图9-49　调整封套扭曲

花蕊使用的也是花瓣，缩小后更换颜色叠加在一起即可，如图9-51所示。如果觉得更换渐变色很

麻烦，可以执行"编辑">"编辑颜色">"调整色彩平衡"命令。最终组合起来的效果，如图9-52所示。

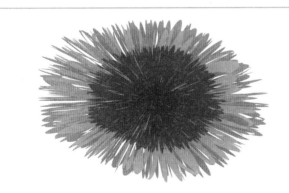

图9-51　花蕊

图9-52　组合效果

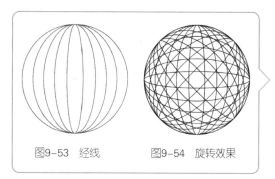

图9-53　经线　　　图9-54　旋转效果

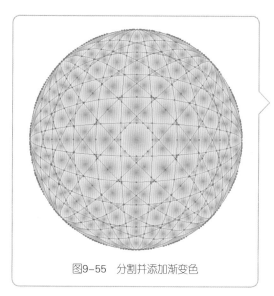

图9-55　分割并添加渐变色

实例:金槌花

Step1 绘制基础图形1

　　按住 Shift 键,使用"椭圆工具"绘制正圆形,在"图层"面板中将该圆形所在的路径拖曳到"新建"按钮上多次,原位复制出 3 ~ 4 层这个圆形,并按住 Alt 键,使用定界框逐个水平挤压这些圆形,形成"经线"的效果,如图 9-53 所示。一起选中这些圆形,在工具箱中双击"旋转工具",打开"旋转"对话框,输入旋转角度为 45°,单击"复制"按钮,关闭对话框后,再按快捷键 Ctrl+D 重复一下旋转操作,绘制出如图 9-54 所示的效果。

Step2 绘制基础图形2

　　选中旋转后的所有对象,单击"路径查找器"面板中的"分割"按钮,将原本重叠的圆形分割成为很多小轮廓,在"渐变"面板中设置橙色到黄色的径向渐变色,应用于分割后的对象上,绘制出如图 9-55 所示的效果。

Step3 绘制花瓣扭曲效果

　　选中步骤2中绘制的对象,执行"效果">"扭曲和变换">"粗糙化"命令,将规则的形态扭曲成为如图 9-56 所示的效果。粗糙化后产生了很多空隙,所以原位复制了几层并稍作旋转,填补了空隙形成饱满的效果,如图 9-57 所示,形成这样的效果后,也就是最终效果了,添加上花径,组合到花束中即可。

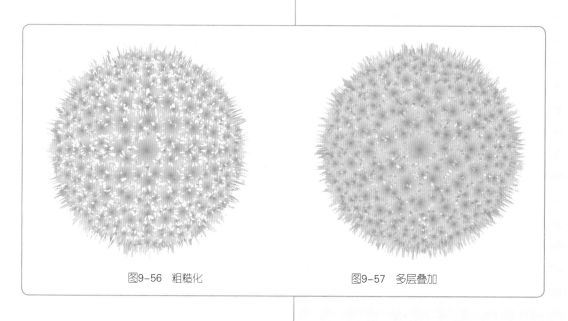

图9-56　粗糙化　　　　　　　　图9-57　多层叠加

提示 这种花朵也可以当作花蕊使用,效果很逼真。

实例：雏菊

Step1 绘制基础图形

按住Shift键使用"椭圆工具"绘制正圆形，如图9-58所示。使用"添加锚点工具"在圆形上任意增加一些锚点，不用太多，4个就够了。注意新增锚点与原有的锚点疏密关系要有变化，如图9-59所示。

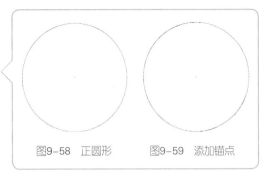

图9-58 正圆形　　图9-59 添加锚点

Step2 绘制花瓣形态1

选中步骤1中添加过锚点的圆形，执行"效果">"扭曲和变换">"收缩和膨胀"命令，设置为"膨胀效果"，因为收缩膨胀产生的效果是根据锚点的位置判断的，所以步骤1中添加疏密不同的锚点后，圆形会产生大小不同的花瓣效果，如图9-60所示。将膨胀后的对象扩展外观，执行"对象">"路径">"添加锚点"命令，让刚才膨胀出的花瓣顶点上再产生一个锚点，如图9-61所示。

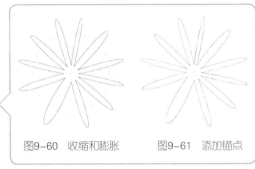

图9-60 收缩和膨胀　　图9-61 添加锚点

Step3 绘制花瓣形态2

为了让每个花瓣的顶端产生一些小的分叉，所以这里再执行一次"收缩膨胀"命令的膨胀效果，绘制出如图9-62所示的效果。觉得每次膨胀只产生两个分叉效果不够给力，所以不打算继续使用膨胀效果了，将之前膨胀的花瓣轮廓再次扩展外观，在"图层"面板中找到该层，拖曳到下面的"新建"按钮上，原位复制一层后使用定界框直接旋转一定的角度，与原来的轮廓对象重叠在一起，效果如图9-63所示。

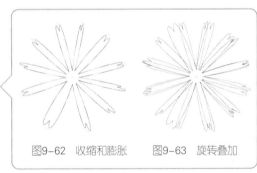

图9-62 收缩和膨胀　　图9-63 旋转叠加

Step4 绘制花瓣形态3

选中步骤2中制作的两层轮廓，在"路径查找器"面板中单击"联集"按钮，将两层轮廓合并成为一个轮廓，在"渐变"面板中设置径向渐变色，填充这个轮廓，绘制出的效果如图9-64所示。现在形成的效果花瓣还是太稀疏，所以再次原位复制一层并旋转，适当调整一下渐变的范围，形成如图9-65所示的效果。

图9-64 添加渐变效果

图9-65 两层叠加

花蕊使用金槌花实例中的"粗糙化"效果,绘制出的效果如图9-66所示,这一部分作为花蕊的基础部分。为了体现雏菊的花蕊效果,想起了前面的章节中介绍的渐变网点,但是稍有不同,这次故意保留"色彩半调"产生的多重颜色效果,如图9-67所示。

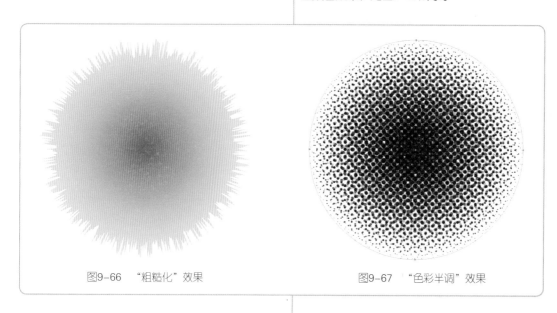

图9-66　"粗糙化"效果　　　　　图9-67　"色彩半调"效果

将步骤5中绘制的色彩半调效果栅格化后,使用黑白模式的实时描摹,不需要太高的精度,描摹的效果如图9-68所示,产生了类似"管状花序"的效果。将扩展后的轮廓扩展为轮廓,填充棕色,复制一层,缩小一圈填充橙色,并叠加在一起,绘制出的效果如图9-69所示。

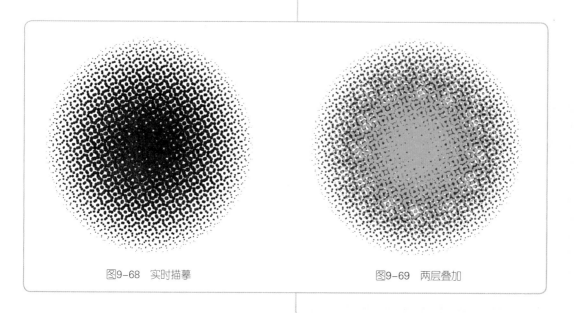

图9-68　实时描摹　　　　　　　图9-69　两层叠加

Step7 组合

　　将花蕊的底层、"管状花序"效果和花瓣组合到一起，一朵雏菊就绘制完成了，还可以通过调整颜色绘制出多种颜色的组合，如图9-70所示。也可以通过使用"变形工具"涂抹出不同的花朵角度，如图9-71所示。

图9-70　组合效果

图9-71　变形效果

9.3.2　第2类，混合

　　第2类中涉及到了两种花朵，第1种是作者想象的（未命名花），如图9-72所示；另外一种在现实中能找到的石竹花，如图9-73所示。这两种花都应用了混合，结合了一些效果命令，因为效果命令可以即时应用于混合产生的过渡部分，并且根据形态的不同，产生不同的扭曲效果，所以会产生很自然的感觉。

实例："未命名花"

Step1 绘制混合基础图形

　　使用"椭圆工具"绘制椭圆形，填充紫色到嫩绿色的径向渐变，如图9-74所示，对这个圆形执行"效果">"扭曲和变换">"粗糙化"命令，绘制出如图9-75所示的效果。

图9-72　花朵5

图9-73　花朵6

图9-74　椭圆形

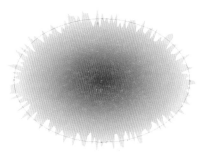

图9-75　粗糙化

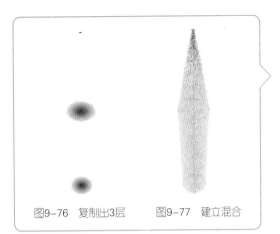

图9-76 复制出3层　　图9-77 建立混合

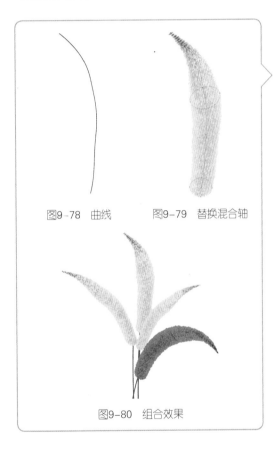

图9-78 曲线　　图9-79 替换混合轴

图9-80 组合效果

■ Step2 绘制混合

不要将步骤1中绘制的粗糙化的圆形扩展,按住Alt键垂直拖曳复制出3层,并调整大小,效果如图9-76所示。使用"混合工具"从下至上依次在3个圆形上单击,建立混合,软件默认的混合效果并不好,在工具箱中双击"混合工具",打开"混合选项"对话框,选择指定的步数,勾选"预览"选项,根据实际情况在后面的文本框内输入数值,选择取向为"对齐路径"选项,绘制出的效果如图9-77所示。

■ Step3 不同的形态

步骤 2 中绘制的混合太直不好看,所以使用"蘑菇"实例中的方法,使用混合轴改变混合的样式,所以先使用"钢笔工具"绘制一段曲线,如图 9-78 所示,并选中这段曲线,与步骤 2 中绘制的混合,执行"对象">"混合">"替换混合轴"命令,绘制出的效果如图 9-79 所示。

■ Step4 完成效果

绘制不同的混合轴,或者使用"直接选择工具"直接在混合内调整,绘制出不同的弯曲形态,调整不同的颜色,最后组合起来就是最终效果了,如图9-80所示。

实例:石竹花

■ Step1 绘制基础图形1

按住Shift键,使用"椭圆工具"绘制正圆形,如图9-81所示。使用"锚点转换工具"在圆形上底端的锚点上单击,制作出一个尖角的贝壳形状,如图9-82所示。使用"添加锚点工具"在贝壳形状的上侧任意添加一些锚点,如图9-83所示(为了看得更清楚,去掉了描边效果,实际操作时没有必要去掉描边)。

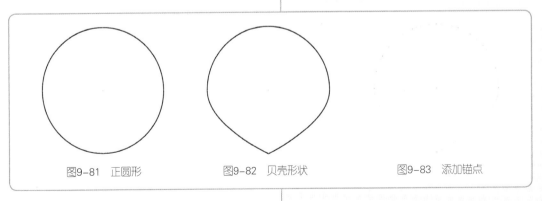

图9-81 正圆形　　　　图9-82 贝壳形状　　　　图9-83 添加锚点

Step2　绘制基础图形2

　　选中步骤1中添加过锚点的贝壳形状轮廓，执行"对象">"路径">"偏移路径"命令，勾选"预览"选项，根据实际的均匀情况，向内（输入负值）偏移出4层新的轮廓，绘制出类似如图9-84所示的效果，选中制作完成的5个轮廓，在"对齐"面板中单击"垂直底对齐"按钮，绘制出如图9-85所示的效果，下面制作用于当作花瓣波浪效果的波纹，选中后面3层轮廓，执行"效果">"扭曲和变换">"波纹效果"命令，设置"每段隆起"为2即可，大小数值根据实际情况设置，绘制出类似如图9-86所示的效果。

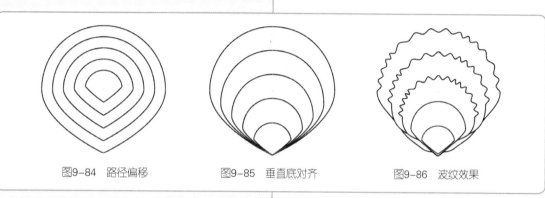

　　图9-84　路径偏移　　　　图9-85　垂直底对齐　　　　图9-86　波纹效果

提示 这个实例在执行"偏移路径"命令时，一定要使用向内的偏移，因为路径偏移处的新轮廓是位于被偏移轮廓上层的，使用向内偏移形成的小轮廓不会覆盖住下方的轮廓。

Step3　绘制花瓣效果

　　选中步骤2中绘制的所有轮廓，并去掉描边，填充如图9-87所示的颜色。执行"对象">"混合">"建立"命令建立混合，绘制出如图9-88所示的效果。

提示 如果是直接使用"混合工具"建立混合可能会产生一些错误，不明白什么原因。

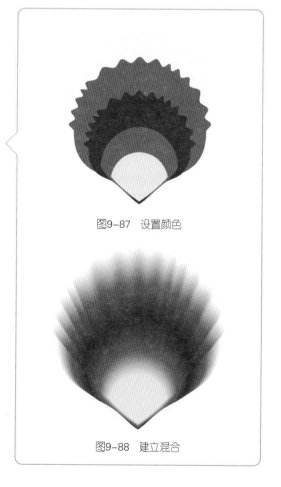

图9-87　设置颜色

图9-88　建立混合

Step4 组合花朵

　　选中步骤3中绘制的花瓣效果，选择"旋转工具"，按住Alt键在花瓣底端顶点位置单击，打开"旋转"对话框，在"角度"文本框内输入72°，单击"复制"按钮，关闭对话框后继续按快捷键Ctrl+D重复旋转操作3次，绘制出如图9-89所示的效果，形成花瓣互相重叠的效果，旋转出的最后一片花瓣没有被覆盖，所以使用不透明蒙版进行一些修改，使用"直接选择工具"选择黑色覆盖部分的花瓣混合的最后一层，按快捷键Ctrl+C复制，再按快捷键Ctrl+V粘贴到黑色覆盖的位置，填充三色或者四色黑色（图中的黑色部分即复制粘贴后填充黑色的效果），保持黑色轮廓的选中状态，同时选中如图9-90所示中选中的花瓣，在"透明度"菜单中执行"创建剪切蒙版"命令，黑色的轮廓就被作为不透明蒙版的蒙版了，绘制出的效果，如图9-91所示。

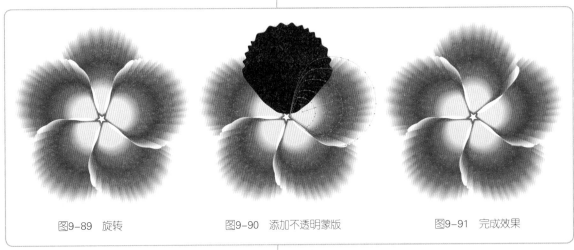

图9-89　旋转　　　　　　　　图9-90　添加不透明蒙版　　　　　　　　图9-91　完成效果

Step5 绘制花蕊

　　使用"椭圆工具"绘制梭形的椭圆轮廓，并使用"旋转工具"以梭形两头的一个顶点为轴心，以72°的角度旋转为如图9-92所示的效果，将这个五瓣形当作花蕊，使用"变形工具"进行一些涂抹，让形态更加自然，绘制出如图9-93所示的效果。

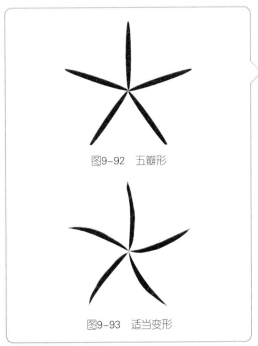

图9-92　五瓣形

图9-93　适当变形

Step6 最终效果和扩展效果

将步骤 5 中绘制的花蕊变成白色,复制一层并缩小,将大小两层花蕊组合到花朵上,使用"选择工具"调整花瓣的位置和大小,一朵石竹花就绘制完成了,如图 9-94 所示。

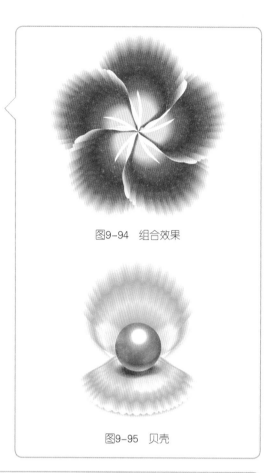

图9-94 组合效果

画完了这个石竹花,又想起来还可以使用这种混合的样式绘制一些贝壳,如图9-95所示,方法很简单,在前面的实例中也都涉及到了。光盘中提供了源文件,可以自行拆解学习。

9.3.3 第3类,网格

"网格工具"一直在表现自然的肌理效果方面很强势,花束实例中有两种花朵,如图9-96和图9-97所示,使用了这种技巧,因为是很常见的技巧,所以就简单地介绍一下步骤。

图9-95 贝壳

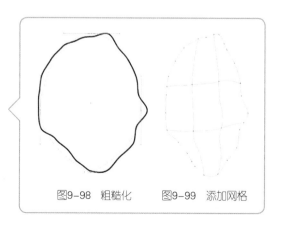

图9-96 花朵7　　　　图9-97 花朵8

实例:浅紫色花

Step1 绘制花瓣形状

使用"圆形工具"绘制圆形,并使用"直接选择工具"调整圆形上锚点的位置,绘制出类似树叶形状的轮廓,执行"效果">"扭曲和变换">"粗糙化"命令,绘制出类似如图9-98所示的效果。将粗糙化后的实例扩展外观,作者觉得这个花瓣的形状太宽了,所以使用"定界框"直接调整,调整完成后执行"对象">"创建渐变网格"命令,打开"创建渐变网格"对话框,设置"行数"和"列数"为3,外观选项任意,因为以后还要调整,单击"确定"按钮,绘制出如图9-99所示的效果。

图9-98 粗糙化　　　图9-99 添加网格

■ Step2 组合花朵

使用"直接选择工具"选中步骤1中绘制网格对象上中间纵向的3个网线形成的区域，并填充淡紫色，绘制出如图9-100所示的效果。将填充颜色的花瓣使用"旋转工具"旋转（方法在前面多次介绍），绘制出类似如图9-101所示的效果。仔细观察

会发现每个花瓣上的网格线都不同，那是因为先旋转的花瓣轮廓后，执行命令添加的网格，有这一点点差别，但是最终效果是几乎相同。复制多层组合后的花瓣，缩小并旋转，组合成一朵完整的花，也就是最终效果了，如图9-102所示。

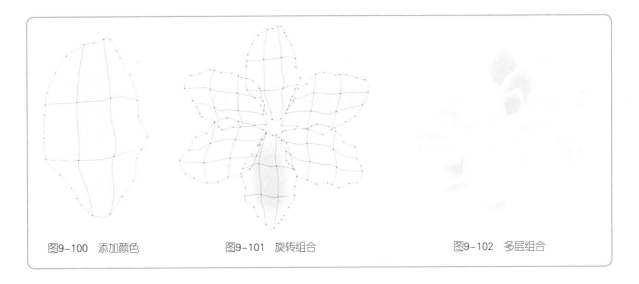

图9-100　添加颜色　　　　图9-101　旋转组合　　　　图9-102　多层组合

提示 使用"直接选择工具"单独选中某些花瓣上的网格，更改颜色，可以制作出更自然的效果。

实例：红色花

■ Step1 花瓣的网格效果

使用"形状工具"（先绘制圆形，并使用"锚点

转换工具"调整）或"钢笔工具"绘制出桃形的花瓣形态，填充红色，并使用"网格工具"添加网格，"直接选择工具"调整网格上锚点的位置，绘制出花瓣上的颜色变化，如图9-103所示。使用"变形工具"涂抹前面绘制的花瓣，制作出花瓣的边缘效果，如图9-104所示。

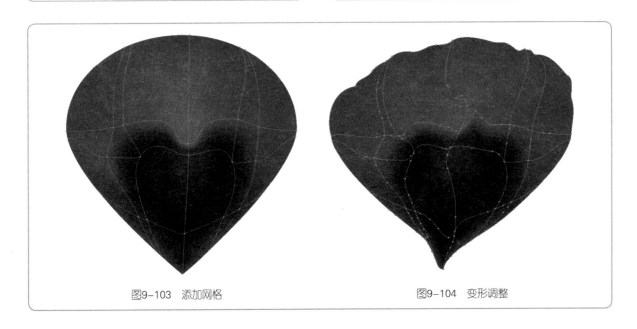

图9-103　添加网格　　　　　　　　　图9-104　变形调整

■Step2 绘制花蕊效果1

　　使用"钢笔工具"和"直线段工具"绘制出如图 9-105 所示的花蕊效果，使用"旋转工具"旋转出如图 9-106 所示的效果（旋转技巧在前面多次介绍过了，所以在这里就不再赘述）。选中步骤 2 中旋转后的花蕊对象，使用"变形工具"进行一些涂抹，绘制出如图 9-107 所示的自然扭曲效果，再使用"选择工具"调整一下花蕊柄的位置，制作出如图 9-108 所示的参差不齐的效果。将花蕊对象编组，复制多层并更换颜色，即可组合出如图 9-109 所示的花蕊效果。

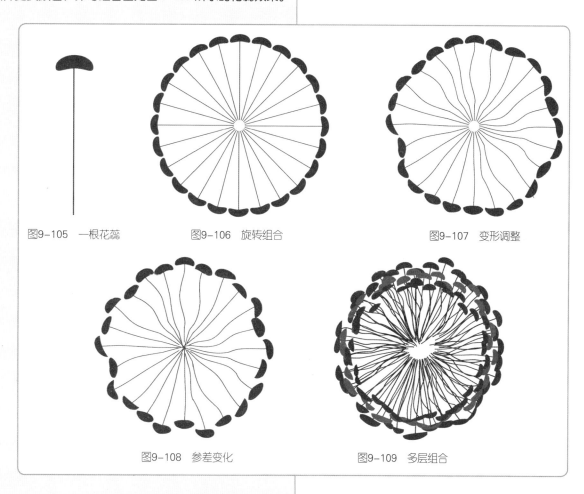

图9-105　一根花蕊　　　　图9-106　旋转组合　　　　　　　　图9-107　变形调整

图9-108　参差变化　　　　　　　图9-109　多层组合

■Step3 绘制花蕊效果2

　　按住Shift键，使用"椭圆工具"绘制正圆形，填充墨绿色。使用"网格工具"添加如图 9-110 所示的网格，将网线形成的中间网点填充为浅绿色。保持这个添加网格圆形的选中状态，在工具箱中双击"旋转工具"，打开"旋转"对话框，在"角度"文本框内输入18°，并单击"复

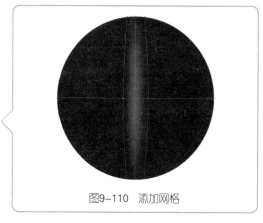

图9-110　添加网格

图9-111　旋转复制

制"按钮，关闭对话框回到画布上，将新旋转出的**该层混**合模式设置为"变亮"，按快捷键Ctrl+D重复旋转**操作**，绕转一圈后，可以绘制出如图9-111所示的效果。

　　再次使用"椭圆工具"绘制圆形叠加在前面绘制的花蕊上，执行"粗糙化"命令进行一些扭曲，扩展外观后**叠**加在前面旋转组合出的花蕊效果上，如图9-112所示，一起选中这个粗糙化的轮廓和下面的旋转花蕊效果，创建**剪切**蒙版，绘制出如图9-113所示的效果。

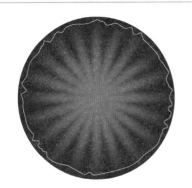

图9-112　粗糙化圆形

图9-113　创建剪切蒙版

■ Step4　组合效果

　　将前面几步中绘制的花蕊都组合起来，如图9-114所示，最后与花瓣组合起来做适当的调整，这朵花就绘制完成了，如图9-115所示。

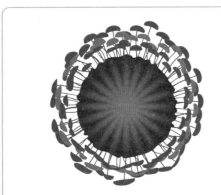

图9-114　组合花蕊

图9-115　完成效果

9.3.4 叶子

好花还需绿叶配，所以在绘制完花朵后不能忽略了叶子的绘制，在之前的花束实例中大约有4种叶子实例，如图9-116 ~ 图9-119所示。使用了4种不同的技巧，下面逐一简单介绍。

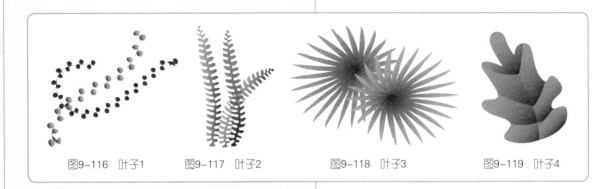

图9-116 叶子1　　图9-117 叶子2　　图9-118 叶子3　　图9-119 叶子4

实例：第 1 种叶子

■ Step1 绘制叶子形状

这种叶子使用的是图案画笔，所以需要制作一个能连续的图案，使用"形状工具"和"直线段工具"绘制出如图9-120所示的图案效果。注意要将"直线段工具"绘制的描边线条扩展成为轮廓，以方便以后上色。

■ Step2 制作图案画笔

将这个图案效果拖曳到"画笔"面板中，在弹出的"新建画笔"对话框中选择"图案画笔"选项，并能打开"图案画笔选项"对话框，直接单击"确定"按钮即可，制作完画笔后，使用"画笔工具"选择该画笔绘制出线条，如图 9-121 所示。将图案画笔绘制的线条扩展后，再填充渐变色即能绘制出最终效果，如图 9-122 所示。

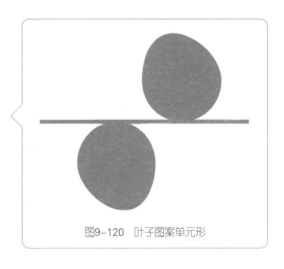

图9-120 叶子图案单元形

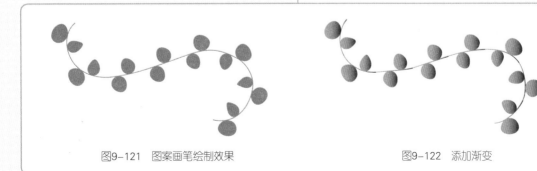

图9-121 图案画笔绘制效果　　　　图9-122 添加渐变

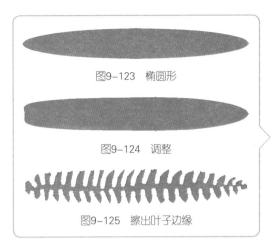

图9-123　椭圆形

图9-124　调整

图9-125　擦出叶子边缘

图9-126　艺术画笔绘制效果

图9-127　添加渐变

实例:第2种叶子

Step1　绘制叶子形状

　　这种叶子也是使用画笔绘制,但是使用了艺术画笔,先看看用于制作艺术画笔的基本图形是如何绘制的。使用"椭圆工具"绘制长椭圆形(梭形),填充任意颜色如图9-123所示。使用"直接选择工具"调整长椭圆形上的锚点位置和控制手柄的长短,绘制出如图9-124所示的叶子轮廓。保持叶子轮廓的选中状态,从工具箱中找到"橡皮擦工具",根据绘制的叶子轮廓大小,适当调整"橡皮擦工具"的大小,用该工具擦除叶子轮廓上的一部分,绘制出如图9-125所示的效果。

Step2　制作艺术画笔

　　将步骤1中绘制的叶子轮廓拖曳到"画笔"面板中,在弹出的对话框中选择"艺术画笔"选项,打开"艺术画笔选项"对话框,也不用设置,直接单击"确定"按钮,关闭对话框,使用"画笔工具"选择该画笔直接绘制,绘制出的效果如图9-126所示。绘制完成的轮廓颜色不够好,也可以在扩展后填充渐变色,制作出最终效果,如图9-127所示。

实例:第3和第4种叶子

　　第3种叶子主要使用"旋转工具"和"变形工具"绘制,如图9-128所示,使用"钢笔工具"绘制一片叶子的轮廓,并填充渐变色。使用"旋转工具"旋转出如图9-129所示的效果,选择"变形工具"调大,对旋转后的叶子进行涂抹操作,即可绘制出最终效果,如图9-130所示。

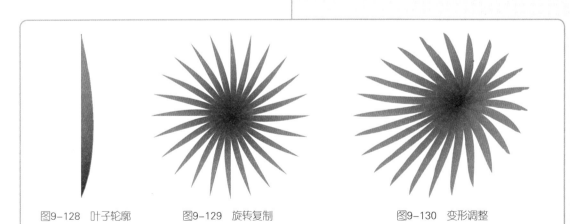

图9-128　叶子轮廓　　　　图9-129　旋转复制　　　　　　　　图9-130　变形调整

第4种叶子主要使用的是"美工刀工具"，使用"钢笔工具"绘制出叶子的整体轮廓，填充渐变

色，如图9-131所示。使用"美工刀工具"划出叶脉的纹路即绘制完成，如图9-132所示。

图9-131 叶子轮廓

图9-132 划出叶

9.4 随处可见的放射状线条

放射线是在设计或插画中经常会用到的一种图形样式，可以用来表现光线、爆发、扩张等内容，或者干脆作为一些空隙的填充物，总之，其应用是非常广泛的。在Illustrator中有很多绘制放射线样式的办法，不同的方法各有优缺点，使用时根据实际情

况选择就好了，如图9-133所示是一张根据原来的一个项目"改编"的海报实例，其中应用到了很多放射状光线的效果，为了把本节需要讲解的内容都包括进去，把能想到的放射状光线的绘制技巧都用上了，大概有6种，都很简单，下面逐一介绍一下。

图9-133 放射状线条

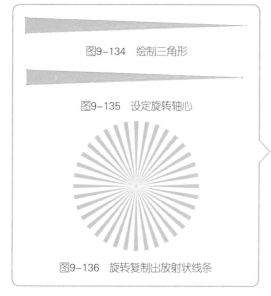

图9-134   绘制三角形

图9-135   设定旋转轴心

图9-136   旋转复制出放射状线条

图9-137   绘制虚线

图9-138   扩展虚线

图9-139   选中内圈锚点

图9-140   平均制作出放射状线条

9.4.1   旋转

使用旋转制作放射状光线是最简单的方法，其特点是放射光线的轮廓角度不容易控制，旋转角度可控。虽然这是一个常用的技巧，但其实这个方法很多初学者都不知道，是因为不知道"旋转工具"可以按住Alt键自定义旋转的轴心（在前面的实例中已多次使用），一旦知道了这个旋转技巧，即可直接使用"钢笔工具"绘制如图9-134所示的三角形的轮廓，然后结合Alt键，使用"旋转工具"在三角形的最尖锐的顶点上单击，如图9-135所示，打开"旋转"对话框，输入角度数值，单击"复制"按钮并使用"重复上次操作"的快捷键Ctrl+D进行旋转，即可绘制出最终效果，如图9-136所示。

提示 如何简单绘制修长尖锐的三角形，使用"多边形工具"，在画布上单击，在打开的"多边形选项"对话框中设置边数为2，并绘制小三角形，使用"直接选择工具"选中三角形中的一个顶点，拉远即可。

9.4.2   平均

执行"对象"＞"路径"＞"平均"命令是网络上常见的一种"猎奇"的制作放射状光线的方法，之所以说猎奇，是因为能用到"平均"命令的地方实在不多。这种方法适合在方形内绘制放射状光线，省去了一般绘制方法产生的圆形放射光线还要裁切的麻烦，另外由于虚线间隔可控，也可以绘制出粗细混杂的放射状光线。

使用"矩形工具"绘制矩形，设置粗一点的描边，并勾选"虚线"选项，再使用"虚线"一行最右侧的"使虚线与路径和边角终端对齐，并调整到适合长度"功能，绘制出如图9-137所示的效果，对这段虚线执行"对象"＞"扩展外观"命令，然后再执行"对象"＞"扩展"命令，勾选"描边"选项，扩展出如图9-138所示的效果，使用"直接选择工具"选中扩展后的轮廓内侧的所有锚点，如图9-139所示，执行"对象"＞"路径"＞"平均"命令，选择"两者兼有"选项，即可绘制出最终效果，如图9-140所示。

9.4.3 缩拢工具

"缩拢工具"的原理与"平均"命令的原理类似，不过"缩拢工具"适合正圆形或椭圆形，也能绘制出较平均的粗细混杂的放射状光线。使用"椭圆工具"绘制圆形，并同使用"平均"命令中设置线条的方式一样，绘制出如图9-141所示的效果，按住Alt+Shift键，选择"缩拢工具"，使用该工具在画布上拖曳，即可即时调整缩拢工具的大小，将其调整到比扩展后的圆形轮廓的外圈稍小比内圈稍大的大小，如图9-142所示，选中圆形轮廓，使用"缩拢工具"在接近或在圆形轮廓圆心位置单击即可绘制出最终效果，如图9-143所示。如果是设置粗细不同的虚线样式，如图9-144所示。最终绘制出的效果，如图9-145所示。

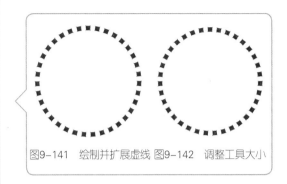

图9-141 绘制并扩展虚线 图9-142 调整工具大小

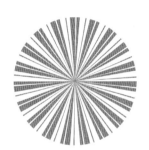

图9-143 完成放射状线条　图9 144 设置粗细不同的描边　图9-145 粗细变化的放射状线条

9.4.4 收缩膨胀

收缩和膨胀是利用了施加膨胀效果后锚点间的路径会向外凸出的原理，其制作的关键是添加锚点，因为添加的锚点数量是可控的，所以也可以控制产生的放射状光线的数量。另外因为收缩膨胀没有选区和工具形状的限制，可以让"任意"形态发生放射状的变化，尽管最终效果还有待商榷（一些奇数边的形状使用这个功能产生的效果并不好）。

使用"形状工具"绘制形状轮廓，使用效果最好的圆形举例，在使用"收缩和膨胀"命令前必须为对象添加上多余的锚点，多次执行"对象">"路径">"添加锚点"命令，为一个对象添加上一些锚点，这个作法类似制作花朵的前期准备（实际就是制作花朵的技巧），如图9-146所示。保持添加锚点后对象的选中状态，执行"效果">"扭曲和变换">"收缩和膨胀"命令，勾选"预览"选项，设置适当的膨胀效果，即可实现最终效果，如图9-147所示。

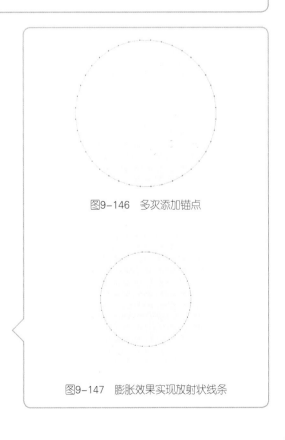

图9-146 多次添加锚点

图9-147 膨胀效果实现放射状线条

图9-148   加粗描边

图9-149   虚线制作成放射状线条

9.4.5   虚线描边

虚线描边大概是最投机取巧的绘制放射线条的方法了，制作方法超级简单，但只适合正圆形，如果赶时间，可以尝试使用这个技巧。按住Shift键，使用"椭圆工具"绘制正圆形，设置描边为较大的数值，根据习惯该数值通常在400~1000（不能大于1000，因为软件不允许），但是在实际操作时要根据绘制的圆形大小来看。设置这样大的描边数值后，圆形大多数会变成一个黑色的圆形填充或粗圆环状，如图9-148所示。此时，在描边面板中勾选"虚线"选项，放射状的效果就绘制完成，如图9-149所示。

提示 如果绘制出的放射状光线中央有重叠的部分，说明圆形的大小不够，调大一下圆形就好了，在调整到合适大小后，执行"对象">"扩展"命令，这样放射状光线就保持不变了（奇怪的是，这里只要"扩展"1个步骤就好了，不需要"扩展外观"操作）。

9.4.6   艺术画笔

这是"虚线描边"的进化版，但是使用范围仍然不够广（限于正圆形和一些椭圆形），根据软件处理艺术画笔的形态而进行拼贴的原理实现，是能够一次性制作出参差变化的放射状光线效果的一种方法。

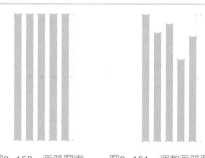

图9-150   画笔图案   图9-151   调整画笔图案

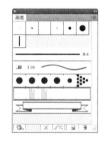

图9-152   制作成图案画笔

这个技巧首先要制作艺术画笔，这里使用的是图案画笔，使用"矩形工具"绘制矩形，并水平复制出一排，最后再使用"矩形工具"绘制出宽度与这排矩形之间的空隙等宽的矩形，去掉描边色和填充色，放在最右侧（或左侧）的矩形旁边，贴紧这个矩形，作为图案画笔图案与图案之间的空隙，如图9-150所示。使用"直接选择工具"调整这一排矩形的高度，绘制出如图9-151所示的效果。将调整好高度的这排矩形拖曳到"画笔"面板，在弹出的"新建画笔"对话框中选择"图案画笔"选项，此时会打开"图案画笔选项"对话框，只需要将着色方法改为"色相转换"，建立一个图案画笔，如图9-152所示。按住Shift键，使用"椭圆工具"绘制正圆形，将这个刚才制作的画笔应用到这个圆形上，即绘制出最终效果，如图9-153所示。

图9-153   画笔制作的放射状线条

9.5 放射状渐变效果

　　紧接上一节的放射状光线的绘制，这一节来看一下如何在 Illustrator 中制作出放射状的颜色过渡渐变效果，放射状的颜色过渡效果也是会经常使用到的一种样式，例如，最容易想到的光盘颜色效果、金属纹理，以及一些不便于归类的对象上（以前有用到这个技巧制作车灯、柠檬、彩色按钮等），学习过了第 2 部分的内容，知道 Illustrator 表面上能够实现的渐变只有两种，一种是线性的，一种是径向的。没有 Photoshop 中花样繁多的渐变效果，尽管如此，还是可以"创造条件也要上"，如图 9-154 所示的光盘实例中为两张效果简单的光盘，其实使用了两种类似但稍不同的方法——都使用了混合。另外还有几种完全不同的技巧也会讲解到，涉及到渐变网格和混合模式，以及外观操作等。

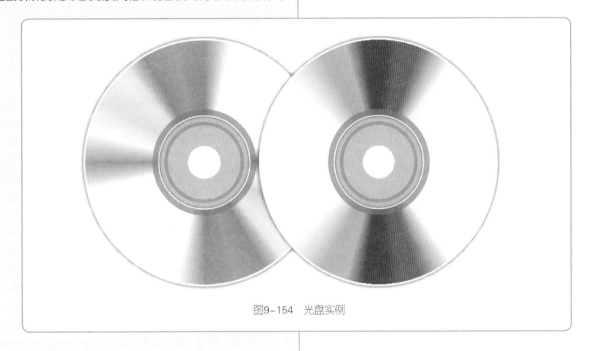

图9-154　光盘实例

9.5.1　直线的混合

实例：光盘1

　　通过将线条放射状排列起来，在线条之间建立混合，使之产生足够多的过渡，整体就会产生放射状的颜色过渡效果，之前在绘制色轮时就使用了类似的原理，下面看看光盘上的颜色效果绘制的具体步骤。

▌Step1 排列线条▐

　　使用"直线段工具"绘制一段线条，使用"旋转工具"将其以线段一个顶点为轴心，旋转15°（自定义旋转轴心的方法都不想再讲了，前面已经提及了很多次），绘制出如图9-155所示的效果。

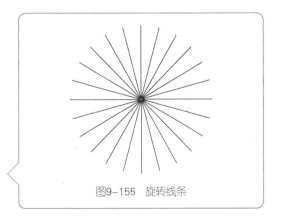

图9-155　旋转线条

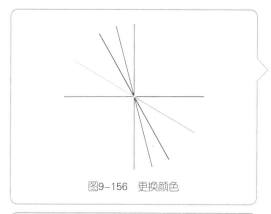

图9-156　更换颜色

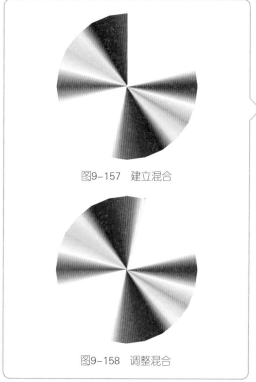

图9-157　建立混合

图9-158　调整混合

Step2　添加颜色

使用"选择工具"选中单独的线段，更换描边的颜色，绘制出如图9-156所示的效果，不要以为删掉了其中的一些线段，图中空白的部分是将线段的颜色更改成了白色而已。光盘上不能全都覆盖彩色的过渡效果，所以，设置这部分白色能增强真实感。

Step3　建立混合

因为线段很多，不必使用"混合工具"一根一根地单击建立混合，直接将所有的线段选中，执行"对象" > "混合" > "建立"命令，这样即可出现如图9-157所示的效果了，仔细观察这个效果，上端的粉色线段似乎没有与其右侧的白色线段建立混合，需要手工调整一下，使用"混合工具"在这两根线段上单击即可，调整后的效果如图9-158所示。

Step4　裁切

制作光盘效果之前需要对前面几步制作出来的放射状彩虹效果进行一些裁切，可以使用剪切蒙版也可以使用不透明蒙版，根据个人喜好设定吧！这里制作了一个圆环形状的剪切蒙版，将这个放射状的彩虹效果裁切了一下，绘制出的效果如图9-159所示。剩下的事情就是绘制各种大小的圆圈、圆环，如图9-160所示。最后组合出一个光盘的效果，太简单了，最终绘制的效果，如图9-161所示（调整了放射状彩虹渐变的透明度，看起来更真实）。

图9-159　剪切混合

图9-160　绘制光盘形状

图9-161　组合

9.5.2　渐变的混合

实例：光盘2

除了使用线段进行混合，还可以使用填充线性渐变的面来混合，这种混合的方式调整起来比较简单，效果也不错，如图9-162所示，但要想要到达到平滑的效果，文件量会很大，下面详细介绍一下。

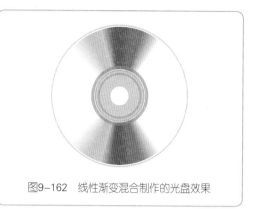

图9-162　线性渐变混合制作的光盘效果

■ Step1　绘制带有渐变色的圆形

　　按照正常的思路使用渐变进行混合应该要使用径向渐变，但实际却需要使用线性渐变，按住 Shift 键使用"椭圆工具"绘制正圆形并填充类似如图 9-163 所示的线性渐变，从"图层"面板中将这个圆形路径拖曳到"新建"按钮上原位复制一层并缩小，绘制出如图 9-164 所示的效果。

图9-163　渐变设置

图9-164　两层渐变轮廓

■ Step2　建立混合

　　使用"混合工具"在步骤1中绘制出的两个圆形上各单击一下，即可在两个圆形之间建立混合，绘制出的效果如图9-165所示，此时还看不到放射状的效果，所以双击"混合工具"，选择"指定步数"，将步数设置的高一些，绘制出如图9-166所示的效果，此时就能看到一些放射状的效果了，如果再进一步将混合的步数增加，放射状的感觉就平滑了，如图9-167所示，增加混合步数的同时，文件量也增大很多，计算机配置比较弱的可能会有一些卡。

图9-165　建立混合

图9-166　调整混合1

图9-167　调整混合2

在成功制作出放射状的简单效果，下面的步骤就是裁切后制作光盘效果了，其具体步骤就不用多说了。一个有趣的发现，如果旋转混合中的一个圆形，会产生如图9-168所示的效果，目前没有想到这种情况可以用来做些什么，但是总是会有用得着的一天。另外，将色谱颜色更换成金属渐变颜色，即可制作出金属放射纹理了，很适合表现一些金属按钮等，如图9-169所示。

图9-168　特殊效果

图9-169　金属按钮

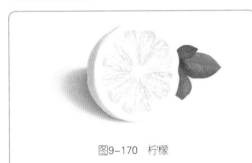

图9-170　柠檬

图9-171　柠檬上的放射状网格效果

9.5.3　放射状的网格

有时候会在一些网格作品中看到放射状的网格效果，如图9-170所示的写实柠檬中用到的放射状网格效果（如图9-171所示），如果对"网格工具"有一点常识都会感觉不好办，绘制一个圆形，使用"网格工具"在中心的位置单击，建立一个十字形的网格并单击，却发现新产生的网格并不会像想象中那样以放射状的形态展开，虽然如此，但是文件中的放射状的网格却是真实存在的，难道要一点一点地调整出来的吗？其实不是，放射状网格并不是直接创建的，需要一个中转的步骤，并且，所谓的放射状的网格实际并不是真的放射状，只是一段"超级弯曲"的弧形网格两端重合形成的。

看了前面一大段的描述，似乎这个放射状的网格很神秘，下面就来揭开它的神秘面纱，看看放射状的网格到底是如何制作的（因为柠檬中使用的网格过于复杂，不便于讲解，使用一个方法相同但是简单的圆形代替一下）。

放射状网格是使用径向渐变扩展实现的，如图9-172所示，使用"圆形工具"绘制一个椭圆形并填充径向渐变，执行"对象">"扩展"命令，选择渐变网格。此时，圆形就会被创建成一个有剪切蒙版的径向渐变网格

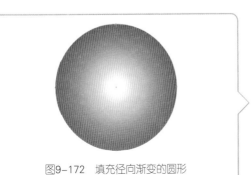

图9-172　填充径向渐变的圆形

对象，如图9-173所示，把剪切蒙版去掉，使用"网格工具"添加网格后就会发现新增的网格线也是指向圆心的，如图9-174所示，前面举例的柠檬实例切面的绘制即是使用这种技巧。

9.5.4 其他

前面介绍了3种最终效果还不错的放射状渐变效果的绘制方法，这里还要介绍两种效果一般的，这里指的效果一般是指在实现放射状效果上，但是作为一种特殊效果，相信它们还是有别的用武之地的。这两种方法都是通过叠加实现的，一是使用混合模式（参见9.3.2节中花朵的制作），绘制填充如图9-175所示的渐变正圆形，并原位复制一层该圆形，旋转90°，将其混合模式设置为"正片叠底"，即可绘制出放射状的渐变效果，如图9-176所示；另一种的原理类似，只是不需要原位复制对象，只需要在"外观"面板中新建外观，如图9-177所示，在新外观中填充不同角度的渐变，再设置新建外观上渐变的混合模式，也可以绘制出放射状渐变效果，如图9-178所示。

图9-173　扩展成为渐变网格

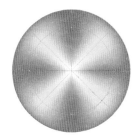

图9-174　添加新网格线

图9-175　线性渐变

图9-176　叠加线性渐变

图9-177　新增外观填色

图9-178　新填色叠加

提示 因为渐变支持带有透明度的渐变（色板中默认显示了几款），所以使用这种渐变效果（渐变两端颜色的透明度都是0），可以代替"正片叠底"混合模式。

9.6 连续的图案

连续图案是一种图案的形式,拥有可以向上下左右4个方向或单独方向连续延伸的特点,通常使用这种类型的图案制作背景,或做一些填充,因为其完美的连续性,所以它可以应付各种形状,应用非常广泛。Illustrator中提供了强大的图案库,如图9-179所示,这些图案作为一种色板,可以从"色板"面板中调出并像填充色彩一样使用。

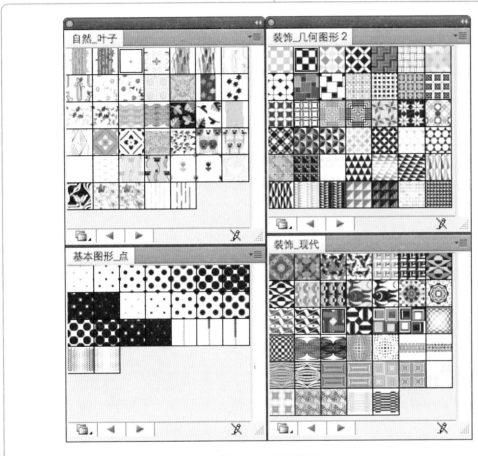

图9-179 自带色板库

尽管在软件中已经有很多的图案可以选择使用,但是面对的设计或插画绘制需要的内容更复杂,这就需要去自定义一些图案,所以这一节要讲解一下如何制作这种图案。

9.6.1 空隙

实例:波普点

先从一个简单的图案开始——波普点,最终完成效果如图9-180所示。这种"波着点"效果的特别之处在于点与点之间的空隙。

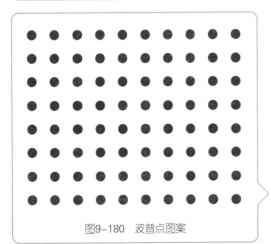

图9-180 波普点图案

■Step1 绘制圆点

　　这是一个由红色圆点组成的平铺图案，理所当然要绘制一个红色的圆点作为图案并拖曳到色板中，（在7.1节中介绍了图案的制作方法）按住Shift键，使用"椭圆工具"绘制一个红色的小正圆形，将这个圆形拖曳到色板中制作成为图案色板。在画布上绘制一个矩形，填充刚才制作的图案，得到的效果如图9-181所示。圆点之间没有空隙，重点就来了，怎么样才能像最终效果呈现的那样？其实原因很简单，这是因为在效果图中只看到了能看见的红色圆点部分，却没看到圆点周围的空隙。

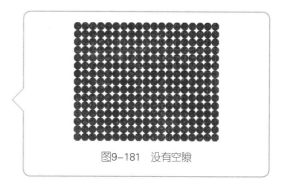

图9-181　没有空隙

■Step2 添加空隙

　　Illustrator中的连续图案拼贴方式是以"矩形"为基础的，也就是说不管图案基础图形是什么形态，当这个基础图形被拖曳到"色板"面板中后，软件都会找出这个图形上下左右顶点的位置，并以此划出矩形的区域（类似选择对象时出现的定界框），根据这个矩形的区域进行拼贴，拼贴的基础图形因为有矩形的限制，不会出现重叠、交叉或空隙的现象。明白了这个原理，也就能知道为什么步骤1中绘制的圆点会被无缝（无缝与前面的"空隙"都是指拼接位置产生的空隙，并不是指基础图形上的空隙）地连接到一起了，为了能够让这些圆点之间拼接后四周产生空隙，必须要制作出一个看不见的空隙并与圆点一起拖曳到色板中制作成为图案，所以，使用"矩形工具"绘制一个方形，并去掉这个方形的描边和填充，然后放到圆点的后一层（最保险的快捷键是Shift+Ctrl+]——将对象移动到最后一层），绘制出如图9-182所示的效果。将这个原先看不见的矩形框组成的基础图形拖曳到"色板"面板中，再将其制作成的图案应用到对象上即可得到最终效果，如图9-183所示。

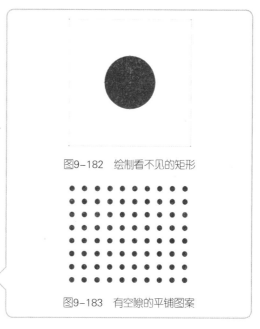

图9-182　绘制看不见的矩形

图9-183　有空隙的平铺图案

提示 为什么要将看不见的矩形框放到对象的后一层？其实在这一步将看不见的矩形放置在任何层次都可以，但是接下来要讲解的更复杂操作，却必须要将看不见的矩形放置在最后一层才会发挥作用，为了统一步骤，统统都将其放到最后一层。

■Step3 颜色与形态变化

　　知道了空隙是如何产生的原理后即可随心所欲地制作出不同的图案，例如图9-184所示的草莓图案，其绘制出的效果如图9-185所示。如果觉得一种颜色的草莓过于单

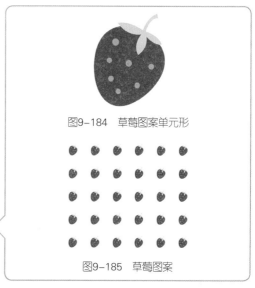

图9-184　草莓图案单元形

图9-185　草莓图案

调，还可以制作出如图9-186所示的图案（像两个

基础图形拼接在一起），绘制出的效果如图9-187所示。

图9-186　双色草莓图案单元形

图9-187　双色草莓图案

9.6.2　连续

连续的图案可以分成两大类，一类是二方连续，图案基础图形会朝两个方向延伸，形成带状的效果，如图9-188和图9-189所示的图案。二方连续图案因为拥有良好的延续性，并且只有两个边受到"拼接"的影响，经常会被应用到一些"环状"对

象的装饰上，例如，碗碟、相框、纺织品边缘等。另外艺术画笔中的图案画笔绘制出的图案效果大多数都是二方连续的，如图9-190所示为软件自带画笔库中的一种图案画笔所绘制出的效果。另外也可以将自制的图案制作成图案画笔，将图9-188的图案制作成的艺术画笔效果，如图9-191所示。

图9-188　二方连续1

图9-189　二方连续2

图9-190　自带图案画笔

图9-191　自制图案画笔

另一类是四方连续，图案会向4个方向铺展开。软件色板库中的图案大多是这种类型，如图9-192所

示，这类图案适合表现"面"的对象，例如，纺织纹样、地砖、各种背景等。

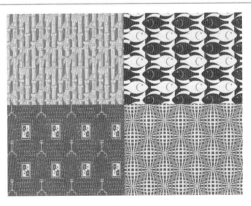

图9-192　四方连续图案举例

要想绘制连续图案，最重要的一步是处理图案单元形的拼接处，在设计过程中，需要接触参考线进行较精确的对齐操作，下面通过两个简单的实例，看一下二方连续和四方连续图案是如何制作的吧。

实例：二方连续

如图9-193所示为一个两种颜色线条交叉延续的图案（如果是平滑的拐角就是绳子的样式），这类的图案会在二维的空间内产生一点三维的感觉，既简单又有趣。

图9-193　交叉线条二方连续

■ Step1 设置参考线 ■

为了保证图案单元形能够顺畅地延伸开，首先要确定图案单元形的范围，这个范围就是使用参考线实现的，如图9-194所示。单纯通过标尺上的刻度来确定参考线的位置未免太麻烦了，所以，使用"对象参考法"，即绘制一些矩形，通过按住Shift键平移矩形来确定参考线的位置，通过参考图中的大矩形，绘制出了四周的参考线，以及平分四周参考线形成的矩形区域的中间一条参考线，通过一个小矩形，绘制出上下两条水平位置的参考线。

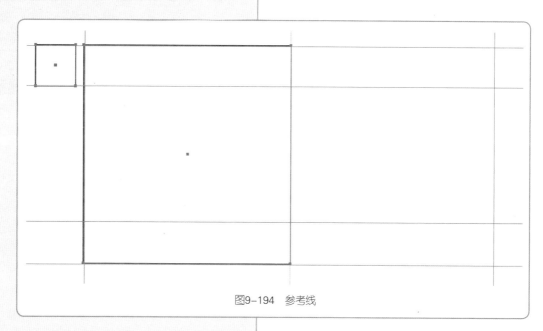

图9-194　参考线

■ Step2 绘制 ■

参考线画好后，下面使用"钢笔工具"进行绘制，绘制时可以开启"智能参考线"的"锚点/路径标签"功能，进行精确定位，对于作者这样懒惰的人来说，反正没开（这是一个不好的习惯），绘制出的效果如图9-195所示。这是一个"V"字的形状，此时也能看出根据小矩形创建出的参考线功能了——确定线条的宽度。为了形成交叉的效果，选中这个"V"，执行"对象">"变换">"对称"命令，选择"水平模式"，单击"复制"按钮，绘制出一个新的"V"，按照参考线的位置摆放好，再换个颜色，如图9-196所示。

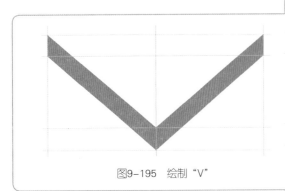

图9-195 绘制"V"

图9-196 复制"V"

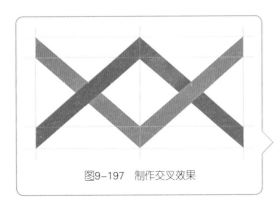

图9-197 制作交叉效果

◼ Step3 调整

步骤2中绘制的双"V"只是简单地堆叠在一起，并没有形成交叉的感觉，所以这一步要进行一些位置关系的调整，在工具箱中选择"剪刀工具"（与"橡皮擦工具"集成在一起），使用"剪刀工具"在绿色"V"的外拐角顶点与内拐角的顶点上单击，将这个"V"剪成两段，并使用"选择工具"选择其中一段，按快捷键Ctrl+[将其移动到橙色的"V"的后方，形成如图9-197所示的效果。

◼ Step4 应用

制作好的图案单元形可以有2种处理方式，一是将其做成图案，以平铺的方式使用，但是显然不是很适合二方连续的对象；二是做成"图案画笔"，这是比较常用的做法。将这个图案单元拖曳到"画笔"面板中，在弹出的对话框中选择"创建图案画笔"选项，单击"确定"按钮，打开"图案画笔选项"对话框，可以在该对话框中设置一下"着色"，如果不想设置，就选择"无"选项，以后需要转换颜色时，还可以从"画笔"面板中双击这个图案单元形创建成的图案画笔，打开这些设置选项。

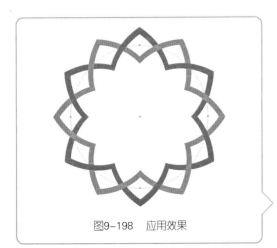

图9-198 应用效果

使用"直线段工具"绘制一条线段，并将这种图案画笔应用到这条线段上，在"描边"面板中，适当调整线段的粗细，即可得到本实例示意效果一样的纹样效果了。除此之外还可以将这个图案应用到其他对象上，例如圆形，如图9-198所示。图案画笔会随着图形的变化改变自身的形态，原本的图案单元形是直线构成的，但是应用到圆形上之后就变成了弧线。

■ **Step5 延伸应用** ■

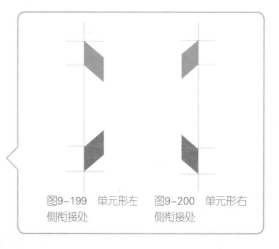

图9-199　单元形左　图9-200　单元形右
侧衔接处　　　　侧衔接处

不知道看过了上述步骤是否明白了二方连续的原理，所以再啰嗦一下，制作二方连续图案的原理就是图案的两端要能拼接上，如图9-199和图9-200所示。如图9-199的左侧将会与如图9-200的右侧拼接在一起，多条横向的参考线也是为了确保不会出现对不齐的情况，除了两端之外，中间的形态就是任意的了，并且可以由此演变出更多、更复杂的图案效果。例如多复制一些"V"的结构，将它们堆叠在一起，形成如图9-201所示的单元形，实际应用的效果如图9-202所示。

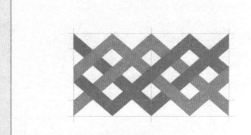

图9-201　更复杂的图案单元形　图9-202　更复杂的图案单元形的应用效果

使用"矩形工具"绘制一个与图9-201所示的图案单元形范围等大的矩形，并完全覆盖住这个单元形，在使用"选择工具"一起选中它们，使用"路径查找器"面板中的"分割"功能，即可将这些图案单元形切割成很多"马赛克"一样的部分，并使用"直接选择工具"选中这些马赛克，单独为它们上色，即可绘制出如图9-203所示的图案单元形，绘制出如图9-204所示的效果。

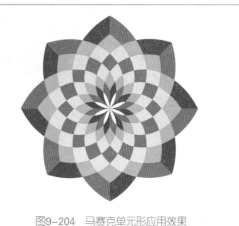

图9-203　马赛克图案单元形　　图9-204　马赛克单元形应用效果

提示 图案单元形绘制出的最终效果之所以变化很大，是因为在"描边"面板中调整了粗细的原因。

根据相同的原理,将马赛克拼出的图案再复杂化一些(又加入了交叉的感觉)即可做出如图9-205所示的图案单元形,绘制出的效果如图9-206所示。

图9-205　马赛克交叉图案单元形

图9-206　马赛克交叉图案单元形应用效果

实例:四方连续

前面讲解到了四方连续就是同时要考虑图案单元形多个方向的延续性,其实,四方连续图形操作起来也非常像处理有空隙的图案,从软件的图案库中可以找到很多地方连续的图案纹样,前面也已经举例过了,如图9-207~图9-210所示的这4种四方连续图案,其中可以看到一些不同的地方,图9-207为无缝交错平铺的类型;图9-208为无缝衔接无交错平铺;图9-209为有间隙衔接交错平铺;图9-210为有间隙衔接无交错平铺。此外还有很多类型,例如,二方连续拼接成的四方连续类型等。

图9-207　无缝交错平铺

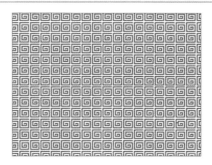

图9-208　无缝衔接无交错平铺

图9-209　有间隙衔接交错平铺

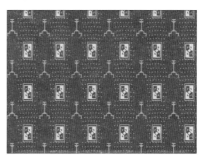

图9-210　有间隙衔接无交错平铺

在二方连续的实例中使用参考线确定图案单元形两端的对齐情况，在四方连续图案的设计中，同样也需要参考线来确定对齐情况，使用参考线制作矩形样式的参考线太麻烦，所以直接按住Shift键，使用"矩形工具"绘制正方形，并将正方形转换成为参考线实现矩形的参考线。下面借助这个矩形的参考线讲解一个四方连续的实例，鉴于重复讲解操作过程太无聊，所以换一个稍微有趣一点的实例讲解一下，有间隙的交错平铺类型的实例，非常像上一节中波谱点状态的实例。

在之前的一本书中使用过了类似的实例，但是现在想想，那个实例似乎没有说清楚，为了弥补一下过失，所以重新制作了这个实例，如图9-211所示，是云朵、彩虹与太阳的平铺图案。

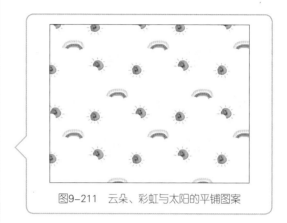

图9-211　云朵、彩虹与太阳的平铺图案

Step1 准备素材（1）

与以往的实例不同，这个实例中的元素是在 Photoshop 中绘制的，启动 Photoshop，新建一个大约 600 像素×600 像素的画布，使用"画笔工具"选择"湿海绵"画笔（是软件自带的，默认粗细为 55 的那个），将画布填充上淡蓝色，并新建图层绘制一些可爱的图形，至于绘制什么都无所谓了，按照自己的喜好来吧。这里绘制的云彩、彩虹以及太阳，如图 9-212 ~ 图 9-214 所示。

图9-212　云朵　　　　　　图9-213　太阳　　　　　　图9-214　彩虹

提示 最终效果没有使用淡蓝色的背景，但是为什么画的时候要使用？其实是不是淡蓝色都无所谓了，主要是因为云彩是白色的，没办法放在白色的背景上表现，另外，这个不能使用透明背景，因为后面要用到实时描摹，实时描摹无法单纯描摹透明背景上的白色。

Step2 准备素材（2）

将步骤1中绘制的3种素材存成jpg或png格式，并拖曳到Illustrator中，并将其执行"对象">"实时描摹">"描摹选项"命令，在打开的"实时描摹"设置对话框中选择彩色模式，并勾选"预览"选项，适当调节颜色数量，得到满意的效果为止。3张素材图片都采用同样的办法。

实时描摹后将这3张图片素材扩展、取消编组，并删掉淡蓝色的背景，将剩下的主体元素再次编组备用。这样的步骤制作出的素材元素如图9-215所示，相比直接在Illustrator中绘制的这些元素，Photoshop中还是有"质感"的多啊！

图9-215　实时描摹后的元素

■Step3　编排素材

将步骤2中描摹的对象执行"编辑">"编辑颜色">"调整色彩平衡"命令，调整一下让它们的搭配更加和谐，调整完颜色后，再通过复制、调整大小等操作，将这些素材组合到一起，形成更完整的素材，如图9-216所示。

■Step4　放置素材

在这个实例还没讲解之前，已经说了参考线的事情，这一步终于要用到这个矩形参考线了，现在矩形参考线的中间位置放置一个素材，为了追求简单，现在这个素材最好不要超出矩形参考线的边界，如图9-217所示。超出边界的对象会在下一个步骤中介绍到。

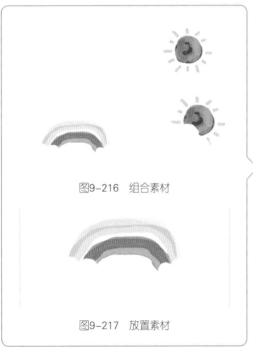

图9-216　组合素材

图9-217　放置素材

■Step5　拼接素材

选择一个云彩素材放到矩形参考线的一个拐角位置，如图9-218所示，这个云彩将被复制成4份，分别摆放在矩形参考线的4个顶点上，但是在此之前，需要再做一些"参照物"，使用"矩形工具"按照矩形参考线的外侧边缘，绘制出两个矩形（形成一个"L"形状），如图9-219所示。

图9-218　放置一朵云彩　　　　　图9-219　绘制参照物

一起选中这个"L"形状，和下面的云彩，按住 Shift+Alt 键水平和垂直复制出另外 3 朵云彩，它们的位置如图 9-220 所示，看到这里我们就明白了，"L"状的参照物是确定对象拼贴位置的，将参照物去掉之后，如图 9-221 所示。

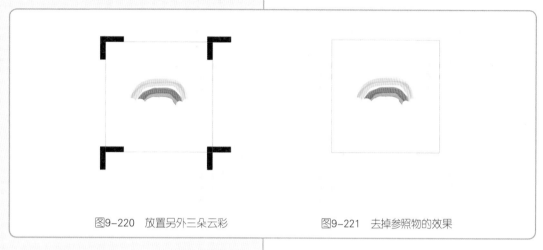

图9-220 放置另外三朵云彩　　　　图9-221 去掉参照物的效果

Step6 制作图案

使用"矩形工具"绘制一个与矩形参考线等大的矩形，并与参考线位置重合，调整到所有对象的最后层，并去掉描边与填色，与其上面的对象编组，将编组后的对象拖曳到"图案"面板中，即可创建成图案（其实这个技巧在前面制作波普点时已经讲解过了）。将图案应用于对象的效果如图 9-222 所示。原理是软件会默认绘制的、看不见的矩形内部为制作成图案后需要保留的部分，在矩形外围的部分都会被隐藏掉，前面的步骤绘制了参照物对齐就是为了解决在矩形内部保留合适的部分问题。

图9-222 平铺图案效果

Step7 更复杂的拼贴

之前还绘制了太阳，但是在前面设计中并没有使用，所以这一步要绘制一个更复杂的拼贴，具体拼贴如图 9-223 所示，图案中涉及到的元素越多，需要的拼贴也就越复杂。绘制出的效果如图 9-224 所示。

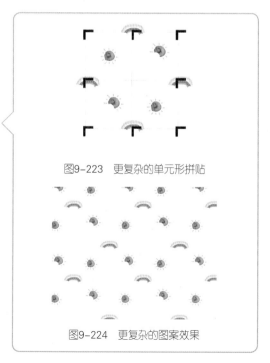

图9-223 更复杂的单元形拼贴

图9-224 更复杂的图案效果

9.7　"雷同"角色和录屏视频

在制作Flash动画时，经常会绘制一些"公用"的元件，例如人物的胳膊、眼睛、环境中的植物、建筑物等，这些元件只要绘制一个就够了，通过复制调整后使用，所以，在Illustrator中是不是也可以尝试类似的做法，即可使用一个或几个简单的"元件"，通过不同的组合来完成一些有趣的作品呢?网络上或一些手持设备应用上有很多通过不同组合制作各种形象的游戏，例如Android的机器人等，因为大多数都涉及到一些版权问题，所以不方便放图上来，这里有一些相关的小实例，如图9-225～图9-227所示，不能算是很典型，就当作是一种思路的参考吧。

图9-225　雷同角色1

图9-226　雷同角色2　　　　　　　　　　图9-227　雷同角色3

作者有一段时间要录制一些操作视频，发现软件的实时渲染可以连贯成一段抽象的动画，于是就录制了一些这类的操作，如图9-228所示，虽然到目前为止都没有找到能够应用这些视频的地方，但是自娱自乐也是不错的，这3个小视频可以在光盘中查看，希望能给你带来一定的启发。

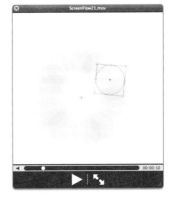

图9-228　3个视频截图

10　探索Illustrator神秘宝藏

- 融化的云朵（网格与混合模式）
- 肌理诞生
- 变身极光
- 奇幻视觉
- 神秘螺旋
- 将错就错
- 电子山水
- 历史的尘封
- 透明贴图

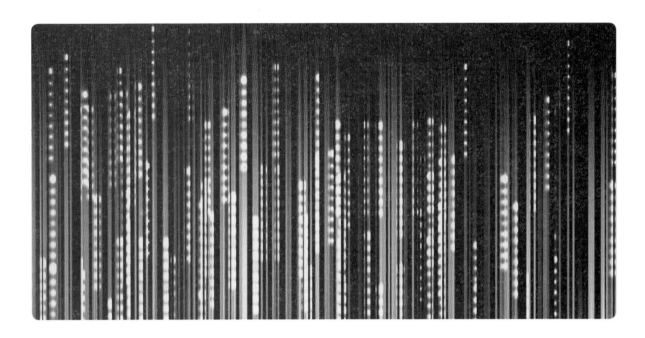

图10-1 云朵

作者始终把学习 Illustrator 当成一种乐趣，各种操作更像是在"玩"，热衷于探索各种软件能够实现的有趣事情，这种探索在其他的软件中似乎很盛行，例如 Photoshop，很多人从中找到各种巧妙的技巧，并将它们写成厚厚的书，让人感觉 Photoshop 是一个非常有趣的、功能强大的软件，其实 Illustrator 何尝不也是这样的呢，一直以来人们都认为 Illustrator 是一个简单的绘画软件——的确是简单。但是却很少发现有人去探索这些妙趣横生的"宝藏"，在最终找到 Onepiece 之前，经过一些整理，就有了本节的各种内容，其实这些内容所需要的技巧大多数在前面已经讲解过了，无非是它们的组合方式与应用角度不同，至于"大秘宝"要什么时候找到，那谁知道呢。

10.1 融化的云朵（网格与混合模式）

关于对象的混合模式能够产生的效果在前面的章节中已经做了详细的讲解，之前一直都是在使用"渐变工具"，但因为"渐变工具"与"网格工具"有千丝万缕的关系，所以就尝试使用"网格工具"绘制"颜色过渡感觉的对象并将它们使用混合模式混合到一起，结果就实现一种云雾缭绕的感觉(之前在讲解混合模式时也是使用云朵的绘制来举例的)。要了解这种效果，作者的一幅作品最合适举例不过了，如图10-1所示，这是在2009年创作的一幅关于各种神话主题的作品（不能提供源文件），其中使用了大量的浮云，所谓的"融化的云朵"，下面详细介绍这种云的画法。

实例：浮云

Step1 绘制网格颜色过渡

　　将画布设置成为RGB颜色模式，使用"椭圆工具"绘制圆形，并填充黑色，这个黑色必须是最黑的黑色，即在"颜色"面板中，R、G、B3色的滑块都在最左侧时产生的黑色。使用"网格工具"在圆形的圆心附近单击，并将新产生的这一个锚点填充为白色，产生一个类似径向渐变的效果，如图10-2所示。为了保证周围的黑色不过渡受到中间白色的影响，所以还需要使用"网格工具"在十字形的网格线上单击几次，将新产生的锚点也填充成那种最黑的黑色，白色的范围被缩小，形成的效果如图10-3所示。

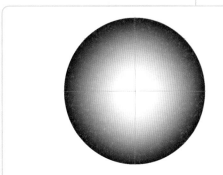
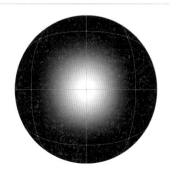

图10-2　添加网格　　　　　　　图10-3　继续添加网格

Step2 制作不规则形状

　　使用"变形工具"，将该工具的大小调整到与步骤1中绘制的对象差不多大的尺寸，对步骤1中绘制的对象进行涂抹，主要控制好中间白色部分的形态，如果出现一些颜色的Bug，可以使用"直接选择工具"单独选中锚点进行调整，使之平滑过渡，这样调整之后，绘制出如图10-4所示的效果。

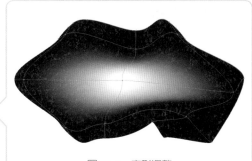

图10-4　变形调整

Step3 融化云朵

　　将步骤2中绘制的云朵放置到一个有色的背景上（白色不可以），并从"透明度"面板中选择"滤色"，这样云朵就融入到背景中了，之前一直存在的黑色都消失了，剩下的就是柔和感觉的白色云朵。使用"选择工具"选中云朵，按住Alt键，复制多个，并让它们互相重叠，即可形成云雾的效果，如图10-5所示。

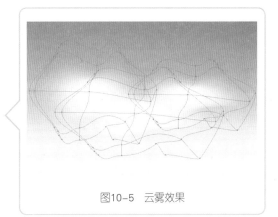

图10-5　云雾效果

10.2 肌理诞生

我们都知道在Illustrator中很难表现出"肌理"感觉，这也是没办法的事情，因为如果要用矢量使计算出细小的斑点（肌理）实现是很庞大的数据量。当然，经常会看到一些国内外的高手将一张照片放到极大的情况下，再使用细密的网格复制出来，用繁重的体力劳动换来真实的肌理感觉，但是要知道，这种肌理在Photoshop之类的软件中是非常容易实现的，这样一来，Illustrator就没有什么优势可言，所以作者一直在追求能够通过Illustrator实现快速的、真实的肌理的个人研究，以至于换来一个"肌理控"的称号。本节将要介绍一个看上去并不是很实用，但是效果却很棒的独家秘籍，这种方法可以快速实现"类矢量"的自然肌理效果，之所以是"类矢量"，那是因为它会产生类似位图的马赛克。

因为这种肌理效果很像一些弹吉他用的拨片材质，所以做了如图10-6所示的实例。

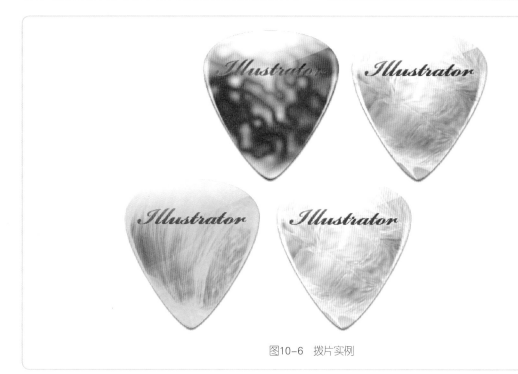

图10-6　拨片实例

图10-7　绘制拨片轮廓

图10-8　使用"网格工具"添加网格

实例：水波纹肌理
Step1 绘制拨片的形状

本节主要是要讲解一下肌理的制作，但是又必须要借助一个载体，这个载体就是拨片，拨片本身是使用"钢笔工具"绘制的外轮廓，如图10-7所示，使用"网格工具"添加的颜色效果，如图10-8所示。

提示 因为拨片是左右对称的，所以只需要使用"钢笔工具"绘制一半即可，另一半可以使用菜单命令复制出来。

Step2 制作水波肌理（1）

本节涉及到两类肌理的制作，先从蓝色拨片的肌理开始讲解，这是一种类似水波纹的肌理效果，制作过程中涉及到很多次"栅格化"，需要有耐心。

使用"椭圆工具"绘制一个圆形，并填充最黑的黑色，使用"网格工具"在圆形的圆心附近单击，建立十字形的网格并将新产生的锚点填充为白色，如图10-9所示，并沿着十字形网格的横向网线继续添加网格，并改变每个锚点的颜色，绘制出黑白间隔的条纹样式，如图10-10所示。

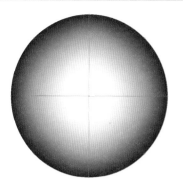

图10-9 添加网格

Step3 制作水波肌理（2）

使用"选择工具"选中步骤2中绘制出的黑白间隔的圆形，并从工具箱中选择"旋转扭曲工具"，调大该工具，并对黑白间隔的圆形进行一些旋转扭曲操作，绘制出的效果如图10-11所示。旋转扭曲后，对其执行"对象">"栅格化"命令（可以不用考虑"栅格化"对话框中的设置），将原本的矢量对象转换成为位图对象。

图10-10 添加黑白间隔的网格

提示 "旋转扭曲工具"的强度默认为50%，作用效果比较明显，所以，在使用时，只需要单击一下就足够了。如果鼠标按下的时间太长，扭曲的效果就太过了。

为什么要将矢量对象转换成为位图对象？因为Illustrator的某些命令，只能对位图对象起作用。

图10-11 旋转扭曲网格

Step4 制作水波肌理（3）

选中栅格化后的对象，执行"对象">"创建渐变网格"命令，设置"行数"和"列数"均为20，这里不做强制要求，只要能保证形成足够多的黑色斑点即可，如图10-12所示。

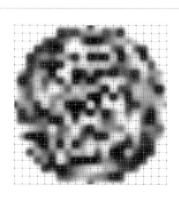

图10-12 创建渐变网格

按住Alt键，使用"选择工具"复制出一层步骤4中绘制出的对象，并将两层对象重叠在一起，注意不要完全重叠，需要错开一些距离，在"透明度"面板中将上面一层的混合模式设置成为"差值"，使之呈现一种反色的状态，此时，就会神奇的出现水波纹的效果，这种肌理就制作完成了，如图10-13所示。应用时将这两层对象编组，并使用剪切蒙版剪切成需要的形状，如图10-14所示。

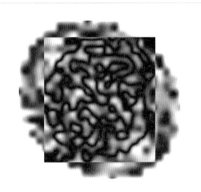

图10-13　两层叠加

图10-14　创建剪切蒙版

因为肌理本身不透明，所以叠加到有色的对象上还需要将剪切后的肌理，再次根据实际需要设置不同的混合模式，拨片实例中使用的是"叠加"，实际效果如图 10-15 所示。

使用"文字工具"输入拨片上的装饰文字，并在"外观"面板菜单中执行"添加新填色"命令，然后再选择一种渐变色，给文字赋予上一层渐变颜色效果，最后将步骤1中使用网格上色的拨片底层添加一点投影，在最上层绘制一层白色的高光（方法参考前面大量出现的图标类型实例），这个拨片设计就完成了，如图10-16所示。

图10-15　叠加效果

图10-16　拨片完成效果

实例：冰川肌理

　　除了蓝色拨片应用的是水波纹肌理，剩下的3种颜色的拨片应用的全是冰川肌理，只是稍微有一点不同，冰川肌理的做法原理与水波纹的几乎完全不同，下面详细介绍一下。

■ Step1 制作冰川肌理（1）

　　将前面水波纹肌理中使用的蓝色拨片底层用"编辑"命令，调整一下色彩平衡，制作出其他不同的颜色，如图10-17所示。然后开始制作冰川肌理，使用"矩形工具"绘制一个纵向的矩形，如图10-18所示。矩形的长宽比例如图中的状态就比较合适，太宽或太窄，最终效果都不大好。

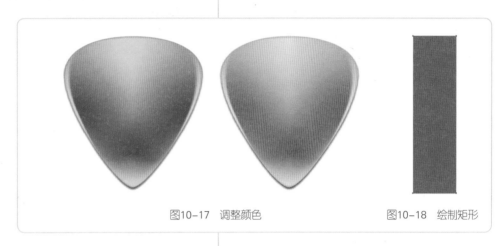

图10-17　调整颜色　　　　　　　　图10-18　绘制矩形

■ Step2 制作冰川肌理（2）

　　选中步骤1中绘制的矩形，执行"效果" > "模糊" > "径向模糊"命令，进行如图10-19所示的设置，绘制出的效果如图10-20所示。

提示 在"径向模糊"对话框中将数量设置为最大，可以保证粗线中足够多的颗粒，将品质设置为"草图"，可以快速渲染并使"颗粒"增大，作者曾试过选择"最好"，最后的效果并不是最好。

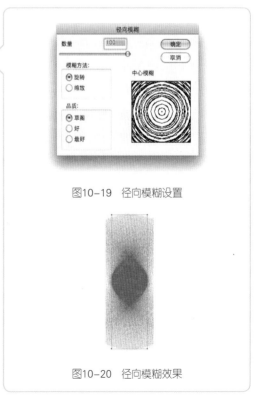

图10-19　径向模糊设置

图10-20　径向模糊效果

Step3 制作冰川肌理（3）

对步骤2中径向模糊后的对象，执行"对象"＞"扩展外观"命令，并使用"膨胀工具"在矩形的中下部单击，制作出类似如图10-21所示的效果，可以将步骤2中制作出的颗粒感觉都拉伸开，形成不规则的肌理效果，继续使用"旋转扭曲工具"进行进一步扭曲操作，这样就能绘制出如图10-22所示的梦幻冰川肌理效果。

冰川肌理应用起来与水波纹肌理一样，都是采用剪切蒙版剪切后使用，所以这里就不多做说明了。

提示 除了"膨胀工具"和"旋转扭曲工具"，还可以尝试这组工具中的其他工具，都能实现意想不到的奇妙效果。

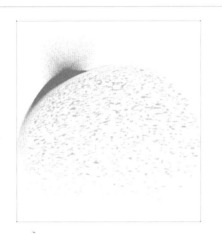

图10-21　膨胀工具

图10-22　旋转扭曲工具

10.3　变身极光

这篇教程也是原创技巧，奇妙的极光颜色效果适合作为"背景"或"壁纸"，如图10-23所示，应用还是比较广泛的。之前在网络上发布过，现在将其重新绘制整理，作为本书的一个实例讲解。

图10-23　极光实例

实例：极光

Step1 制作蒙版（1）

如果考虑印刷，需要将这个文件设置成为 CMYK，但是 CMYK 颜色在制作这个效果时容易出现一些问题，所以先使用 RGB 颜色模式，等文件制作完成后，导出图片，再转换成 CMYK 颜色。既然是在 RGB 颜色模式下，那可以先考虑使用这种效果制作一张桌面背景（网络上有类似的）。使用"矩形工具"绘制一个扁矩形，并填充上黑白径向渐变，如图 10-24 所示。使用"美工刀工具"将这个填充黑白径向渐变的矩形随意划分成很多小块，如图 10-25 所示。

提示 黑白渐变中的黑色要使用最黑的黑色，一般涉及到不透明蒙版之类的操作，黑色都要选用最黑的黑色。在第1部分中也讲解过了关于单黑（K:100）的问题，单黑在蒙版中表现的更像是深灰色，没办法实现完全透明。

图10-24　填充黑白径向渐变的矩形

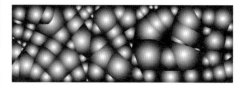

图10-25　划分矩形

Step2 制作蒙版（2）

对步骤1中分割好的矩形执行"对象">"栅格化"命令，处理成位图，继续执行"对象">"创建渐变网格"命令，按照如图10-26所示的数值进行设置，设置行数为较低的数值，列数为较高的数值（最高为50），可以制作出垂直带状的网格效果，这种基于无规律渐变色形成的网格也是随机效果的，所以最终效果会比较自然，如图10-27所示。

图10-26　创建渐变网格设置

图10-27　创建渐变网格效果

Step3 设置极光的颜色

为了增强最终效果的对比，所以先使用了"矩形工具"绘制了一个填充最黑的黑色的矩形，然后复制这个矩形，覆盖住黑色矩形，如图10-28所示。把上面这层换成色谱色，彩虹色不需要自己调整，在"色板"面板菜单中执行"打开色板库">"渐变">"色谱"命令，从打开的"色谱"色板面板中选择一种色谱颜色即可。

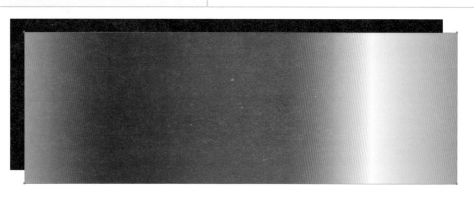

图10-28　黑色矩形叠加色谱渐变

提示 为了表现层次关系,将彩虹色与黑色的位置稍微错开了一些,实际制作时它们是完全重叠的。之所以要这样表示一下,是因为在网上的这篇教程收到很多评论,说不明白放到黑色上是什么意思。如果这样表示一下就应该不会不明白了吧。

■ Step4 添加蒙版

　　选中步骤1中制作的网格,按快捷键 Ctrl+Shift+],将其移动到最上层,将其覆盖到填充彩虹色的矩形上面,如图10-29 所示,注意,实际情况它们这 3 层还是对齐的,然后选中彩虹色矩形和最上层的网格,注意不要选上最下面一层的黑色矩形(在对齐的情况下尤其需要仔细一些),在"透明度"面板菜单中执行"建立不透明蒙版"命令,软件会默认多层对象最上面一层的对象为蒙版,所以这里网格层就被作为了彩虹色矩形的蒙版了。绘制出的效果如图10-30 所示。

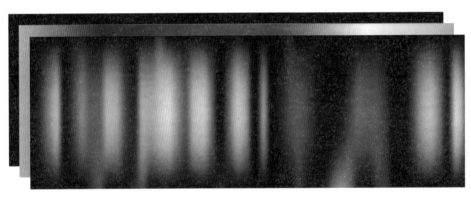

图10-29　将网格对象放置到最上层

图10-30　创建不透明蒙版后的效果

提示 在添加不透明蒙版后,勾选不透明蒙版中的"剪切"选项,可以让蒙版遮盖出来的状态更加整齐。

Step5 增强极光效果

步骤4中绘制出的极光效果不够明亮，这是因为不透明蒙版增加了透明度，所以只需要将添加蒙版后的彩虹矩形多复制几层，累积叠加到一起就会变得明亮起来了，如图10-31所示。如果觉得绘制出的极光效果不够好，还可以将前面复制出多层中的个别层的不透明蒙版调整一下，例如，可以把蒙版中的网格旋转180°，这样即可绘制出颜色感觉比较平衡的极光效果了，如图10-32所示。

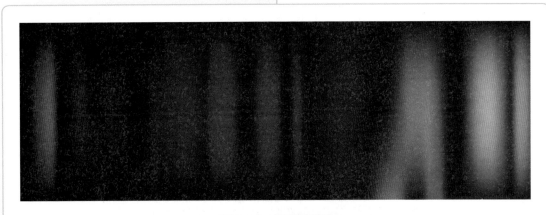

图10-31 多层叠加效果

图10-32 调整个别层次效果

实例：极光效果延伸

明白了这种极光的绘制原理后，即可用同样的方法制作出更多有趣的背景效果，下面就介绍常用的一种。

Step1 绘制竖线

使用"矩形工具"绘制一条纵向的窄矩形，并按住Shift+Alt键，使用"选择工具"水平拖曳复制出一个新的窄矩形，注意距离不要太宽，这样之后，按快捷键Ctrl+D，不断重复平移复制操作，直到绘制出一排窄矩形，将这些矩形设置成一种线性渐变色,效果会如图10-33所示。使用"选择工具"选中所有的这些矩形,再使用"渐变工具"拖曳一下,使它们的渐变统一,形成如图10-34所示的效果。

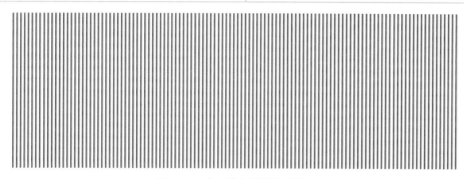

图10-33 为一排窄矩形添加渐变

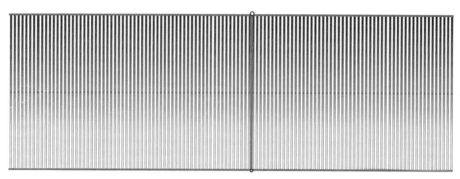

图10-34 统一调整渐变

Step2 调整疏密

很多人看到一堆零散的对象就着急编组,但是这里还不能,因为编组后就不方便调整疏密了,使用"选择工具"选中这些矩形,执行"对象">"变换">"分别变换"命令,在打开的"分别变换"对话框中设置水平缩放,不设置垂直缩放,设置水平移动,不设置垂直移动,旋转栏不调整,勾选"随机"选项后,即可看到疏密变化的矩形了,如图10-35所示。

图10-35 调整疏密

Step3　添加蒙版

　　将这些矩形编组，并使用"极光"实例中添加蒙版的办法，为这些矩形添加不透明蒙版，绘制出的效果，如图10-36所示。

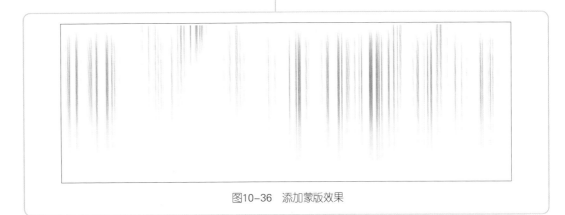

图10-36　添加蒙版效果

Step4　增强效果

　　绘制一个黑色矩形，放到步骤3中绘制完成的对象的下一层，并通过拉伸、复制、堆叠等方法，将步骤3中添加了不透明蒙版的线条对象叠加起来，即可绘制出比较满意的效果了，如图10-37所示，没有具体的要求，个人满意即可。

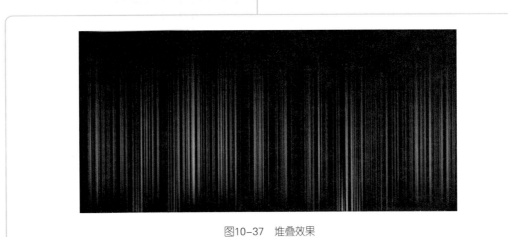

图10-37　堆叠效果

Step5　添加星光

　　为了让画面看起来更丰富，这里还要添加一些星光，使用"矩形工具"绘制小矩形，矩形的大小参考步骤4中绘制完成的极光背景范围，个人觉得，星光要小一点才好看，所以不需要绘制太大，将小矩形添加上亮蓝色与最黑的黑色的径向渐变（这两个颜色在"色板"面板中可以找到），绘制出的效果如图10-38所示。在"透明度"面板中将这个矩形的混合模式设置成"颜色减淡"，并将其拖

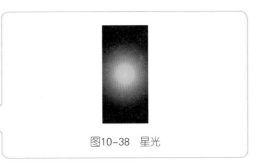

图10-38　星光

曳到"符号"面板中,制作成符号。从"符号"面板中选择这个符号,使用"符号喷枪工具"在步骤4中绘制完成的极光上喷洒,即可绘制出如图10-39所示的效果。如果平移复制这层星光,又可以产生另外一种奇妙的效果,如图10-40所示。

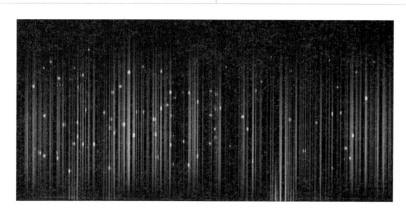

图10-39   喷洒符号

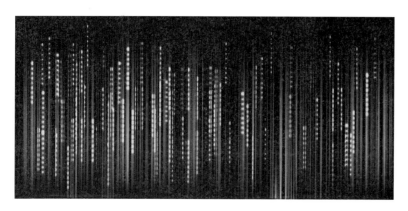

图10-40   平移符号

提示 颜色减淡效果可以制作出强对比的颜色效果,这种模式非常适合强高光效果的星光。

10.4   奇幻视觉

本节的实例为"永动轮",如图10-41所示,本来并不是为了画视错觉图形而画的,只是随便实验后偶然发现的一种奇妙的效果,画完的图形自己旋转了起来,很奇妙,所以打算把它做为一个简单的小实例,虽然本身并没有什么太大的用处(倒是可以做一些有趣的平面设计作品),但是能通过这个实例的方法得到一些日后创作的启发也是很不错的。

实例：永动轮

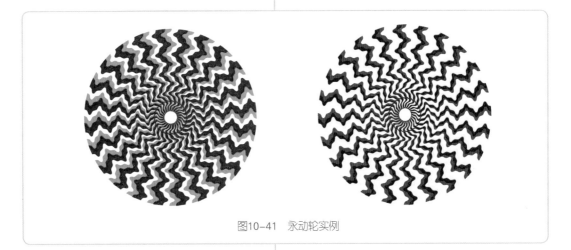

图10-41　永动轮实例

Step1　准备

　　按住Shift键使用"直线段工具"绘制一段垂直的线段，保持该线段的选中状态，从工具箱中选择"旋转工具"按住Alt键，使用该工具在线段下端的锚点上单击，并在弹出的"旋转"对话框中设置旋转角度为6°，并单击"复制"按钮，关闭对话框，回到画布上，按快捷键Ctrl+D，重复旋转复制操作，直到线段旋转一周，绘制出如图10-42所示的样式。

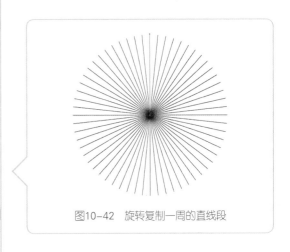

图10-42　旋转复制一周的直线段

Step2　旋转的趋势

　　这一步将把直线逐步弯曲成波折的曲线，首先选中步骤1中旋转出的所有直线，执行"效果"＞"扭曲和变换"＞"波纹效果"命令，按照如图10-43所示的数值进行设置。绘制出的曲线效果，如图10-44所示。这样就制作出了所需要的第1层波纹效果。

图10-43　波纹效果设置1

图10-44　波纹效果1

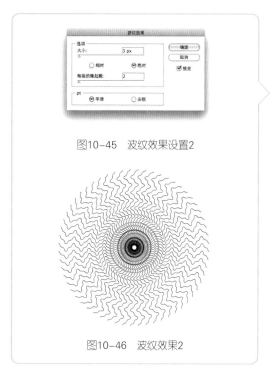

图10-45 波纹效果设置2

图10-46 波纹效果2

为了能继续添加波纹效果,对这层波纹效果执行"对象">"扩展外观"命令,再次执行"效果">"扭曲和变换">"波纹效果"命令,在打开的对话框中按照如图10-45所示的数值进行设置,并最终绘制出如图10-46所示的波纹效果。

Step3 分离元素

将步骤2中绘制的波纹效果曲线再次扩展外观并编组,按住Shift键,使用"椭圆工具"绘制一个大约与波纹效果曲线范围差不多大的圆形,不填色,只保留一个描边,颜色随意,绘制出的效果,如图10-47所示。一起选中波纹曲线和圆形,从工具箱中找到"实时上色工具",并从"颜色"面板中设置颜色为R:0、G:0、B:255(说到这里忽然想到一个重要的事情,这个文件需要在RGB模式下绘制,如果使用CMYK颜色绘制的,现在更改还来得及),使用这个蓝色填充一个空隙,如图10-48所示。填色后,对这个实时上色对象执行"对象">"扩展"命令,并单独提取出蓝色的轮廓,备用。

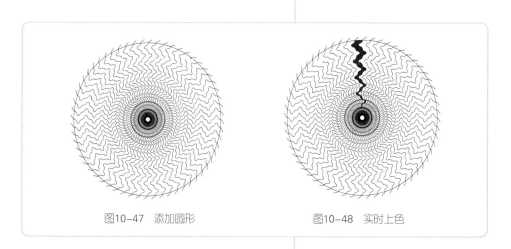

图10-47 添加圆形　　　　　　图10-48 实时上色

图10-49 旋转蓝色轮廓

Step4 再次旋转

选中上一步中提取出的蓝色轮廓,从工具箱中选择"旋转工具",按住Alt键,使用"旋转工具"在蓝色轮廓下方的空白处单击,在打开的对话框中设置旋转角度为15°或20°,单击"复制"按钮,关闭对话框,回到画布上,按快捷键Ctrl+D重复旋转复制操作,直至转完一周,绘制出的效果如图10-49所示。将转完一周的蓝色轮廓编组。

提示 单击的位置需要多次实验一下,以旋转复制出的蓝色轮廓不重叠为妙。

■Step5 永远旋转■

　　单纯的颜色不会产生旋转的感觉，需要一定的对比色才好，所以，从"图层"面板中找到编组后的蓝色轮廓，将其拖曳到"新建"按钮上原位复制一层新的轮廓，并将这层新的轮廓转换为亮黄色（R：255、G：255、B：0），使用定界框将这层黄色的轮廓稍微旋转一下，使黄色轮廓的一部分覆盖住蓝色的轮廓，也不完全将蓝色轮廓空隙的白色覆盖住，如图10-50所示。现在看来仍然没有旋转的感觉，下面还需要做一步，就是将黄色的轮廓的混合模式设置成为"正片叠底"，好了，这样这个轮子马上就自己转动起来了，如图10-51所示。

图10-50　旋转黄色轮廓

图10-51　正片叠底模式

10.5　神秘螺旋

　　螺旋是自然界中的一种常见的形态，例如人的发漩、山羊的盘角、植物的藤蔓、蜗牛和海螺等，周遭的生活中也隐藏了很多螺旋，例如螺丝、弹簧、发条、螺旋楼梯等，螺旋除了有它的实用性之外，在艺术绘画与设计中通常用作装饰，能够带来繁复、古典或神秘的感觉，一些科学家也研究了一些特别的螺旋线，例如"对数螺旋"、鹦鹉螺的壳就完全符合这种螺旋线，奇妙又精美，这种螺旋线被誉为"生命的曲线"。相当巧妙的是，在Illustrator软件中也具备简单绘制类似这种曲线的功能——"螺旋线工具"。另外还有一些其他的办法可以实现旋转操作，下面通过两个实例介绍一下。

10.5.1　黄金分割-鹦鹉螺

　　我们常说"黄金分割"，那黄金分割到底是什么？说白了，黄金分割就是一个比例，用数字表示大约就是1:1.618，凡是符合这个比例的对象都可以称之为黄金分割的对象，例如，人的上身身长与下身身长的比例如果是1:1.618，那我们即可说这个人长得相当标准，符合黄金比例，身材看上去也是最和谐的。还有一个比较著名的例子——鹦鹉螺，前面说道了鹦鹉螺是对数螺旋，数学家可以使用黄金分割的比值在一个矩形内绘制出"鹦鹉螺曲线"，将一个矩形不断地使用黄金比例进行分割，并将分割处的点连接起来就是一条"对数螺旋"，如图10-52所示。鹦鹉螺的生长规律符合这种螺旋。

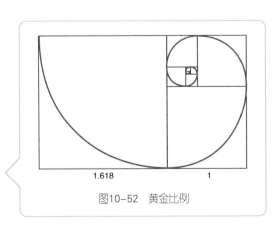

图10-52　黄金比例

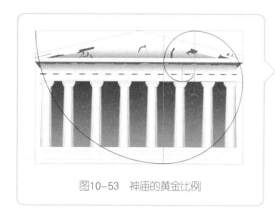

图10-53　神庙的黄金比例

古希腊有帕特农神庙,被奉为"建筑的经典",虽然现在仅存了一些废墟,但是其建筑的精巧仍然让人震撼,如图10-53所示,帕特农神庙的设计竟然也是符合黄金分割比例的。

在发现了黄金分割带来的优美享受之后,很多的平面设计作品与网页设计都将黄金分割应用其中,例如,现在比较火热的一些社交网站的页面设计,其实都是包含黄金分割的。

介绍了一些黄金分割的小知识之后,开始讲解本节的内容,其实本节实例没有用那么精确的黄金螺旋,只是应用到了一个"螺旋线工具"和一些混合效果,实例效果如图10-54所示。

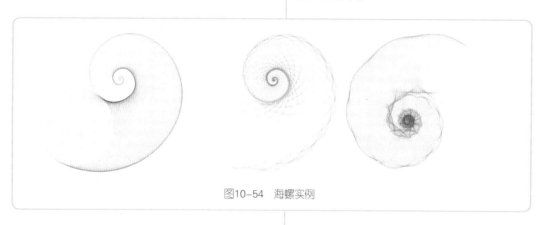

图10-54　海螺实例

Step1 绘制螺旋线

从工具箱中找到"螺旋线工具",使用该工具在画布上单击,打开"螺旋线"对话框,进行如图10-55所示的设置:设置"半径"为200px,"衰减"在70% ~ 80%,段数稍微大一些,这些数值需要自己实验一下,到现在也没有总结出来软件绘制螺旋线的规律,但是觉得照图中的数值设置总是不会有什么太大的问题的,单击"确定"按钮后,画布上可能会出现一个"半径"为200像素的螺旋线,类似如图10-56所示的效果。

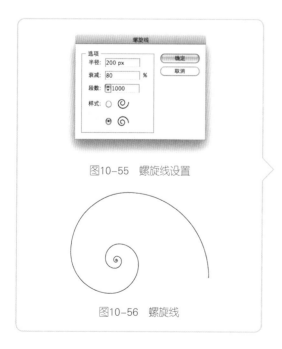

图10-55　螺旋线设置

图10-56　螺旋线

提示 在多次调整源文件之后,绘制的螺旋线已经不是半径200像素大小的了,但是绘制的方法是相同的,所以不必追求绘制出与书中的配图完全一致的效果。另外,衰减在70%时与衰减在80%时绘制出的螺旋线差别还挺大的,根据喜好选择吧。这里有尝试过将黄金分割比数值0.618转换成61.8%,输入到"衰减"文本框中,能得到一个类似"对数曲线"的曲线,作者的数学实在是太差了,没有搞明白原理,如果有兴趣,可以自己研究一下。

■Step2　绘制混合

　　使用"椭圆工具"绘制一大一小两个圆形，不填充颜色，设置描边为不同的颜色，如图10-57所示。使用"混合工具"将这两个圆形建立混合，绘制出如图10-58所示的效果。

提示　软件会自动识别颜色来判断使用何种混合方式，所以有时候两个圆形的混合步数可能不会太多，此时只需要在工具箱中双击"混合工具"，在弹出的"混合"对话框中选择"指定的步数"选项，并输入一个稍大的数值即可。

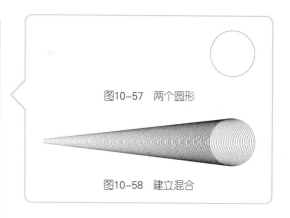

图10-57　两个圆形

图10-58　建立混合

■Step3　替换混合轴与调整混合

　　选中步骤1中绘制的螺旋线和步骤2中绘制的混合，执行"对象" > "混合" > "替换混合轴"命令，即可绘制出如图10-59所示的效果。

　　替换混合轴后，双击混合，进入混合内部，使用"选择工具"选中大圆，按住Shift + Alt键，使用定界框原地等比放大，直到螺旋中的缝隙消失，如图10-60所示。如果感觉混合后的线条太稀疏，可以双击"混合工具"，选择"指定步数"选项，进行调整，这样就能绘制出一个简单又神秘的海螺，如图10-61所示。

提示　替换混合轴后可能出现大圆在内部的情况，如果遇到这种情况，可以执行"对象" > "混合" > "反向混合轴"命令，这样就可以变正常了。

混合两个圆形的描边粗细也会影响最终效果，如果觉得线条不满意，可以在"描边"面板中进行调整。

■Step4　增强效果

　　其实混合和波纹效果这两种方法一直都是作者的最爱，也是经常使用的办法，如果将两者联合起来，做出来的效果那更不必说了，想来一定是很棒的。

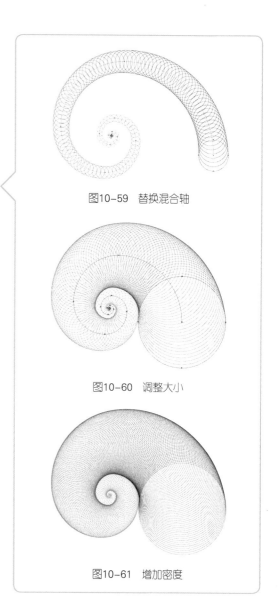

图10-59　替换混合轴

图10-60　调整大小

图10-61　增加密度

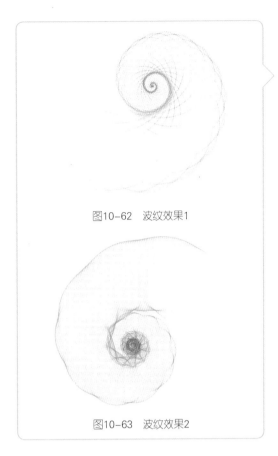

图10-62   波纹效果1

图10-63   波纹效果2

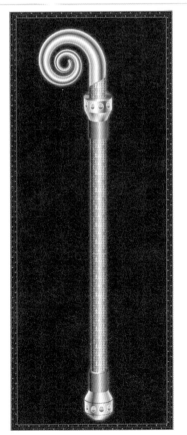

图10-64   权杖实例

可以将混合中的圆形做一点波纹效果(执行"效果">"扭曲和变换">"波纹效果"命令),这样就能做出如图10-62所示的玻璃雕花感觉的海螺;如果将作为混合轴的螺旋线做一点波纹效果,即可绘制出如图10-63所示的立体感颇强的海螺效果。

提示 双击进入混合后,选中混合轴再使用"波纹"效果是不会有任何作用的,要想将混合轴添加上波纹效果,必须先执行"对象">"混合">"释放混合"命令,将混合释放,并单独选中混合轴,进行波纹效果扭曲,然后再对扭曲后的螺旋混合轴执行"对象">"扩展"命令,然后再重复替换混合轴,调整混合等步骤才可以最终绘制出想要的效果。

10.5.2   无尽的螺旋

这一节将要介绍一种类似混合,但是直接使用菜单命令实现的一种螺旋绘制方式,这种螺旋的绘制可以被数字精确地控制,并且效果立竿见影,操作十分快速。

Illustrator的"旋转工具"在Alt键的配合下是可以自定义旋转的轴心的,但是旋转功能太单一,并能按照固定的角度旋转,学习了第2章的知识后,还知道软件中还有2种可以旋转对象的命令,其中一种就是"旋转"功能,另外一种就是"分别变换",该命令是一个比较强大的命令,因为在该命令中同时可以控制对象的缩放、位移及旋转,尽管如此,还是有一点美中不足,那就是"分别变换"命令不能像"旋转工具"那样自定义旋转的轴心,以至于使用分别变换旋转的对象只能根据软件默认的对象旋转轴心旋转,很多有趣的效果都实现不了。

因为"分别变换"命令不能自定义旋转轴心的问题琢磨了好久,终于发现,其实通过增加一个小步骤,即可自定义旋转的轴心了,本节的实例也正是用了这种技巧,让我们来看一下"分别变换"制作奇妙螺旋线的步骤吧。

本节实例为一个权杖,如图10-64所示,权杖头的螺旋效果就是使用前面说要介绍的技巧,而权杖的手柄则是使用了之前在第2部分中图钉实例中使用的混合技巧(所以在这个实例部分就不讲解了)。

实例：权杖

■ Step1 自定义轴心

　　"分别变换"默认的旋转轴心是对象的中心位置，具体是"中心"还是"重心"，不想去研究了，明白了这个道理，即可将需要旋转的对象故意放到偏离中心的位置上。这似乎是一个前后矛盾的描述，看了如图10-65所示就会明白了，图中的填充金属感觉渐变的圆形是要旋转的对象，但是其周围还有两个无填色也无描边的椭圆形，这两个椭圆形就是用来控制旋转轴心位置的。将填充渐变色的圆形与两个椭圆形一起选中，编组后使之成为一个对象，这样软件默认旋转轴心的位置就是两个椭圆形接触的地方，填充渐变色的圆形是偏离这个位置的，并且两个椭圆形因为无填充、无描边，也不会影响画面（最后还会使用"魔棒工具"删除掉）。

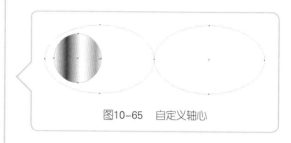

图10-65　自定义轴心

　提示　为什么要把填充渐变的圆形与两个椭圆形编组？这是由于"分别变换"的性质决定的，如果不编组，分别变换会"分别"变换每个对象，这样确定轴心的椭圆形就失去意义了，编组后，3个对象合并成为一个对象，就不会被"分别"变换了。

确定轴心使用的对象并一定要使用椭圆形、两条线段，或者其他任意什么形态都可以，只要是容易判断中心的图形即可。

■ Step2 设置旋转

　　为了形成螺旋的效果，单纯的旋转是不够的，所以，选中步骤1中绘制确定好轴心的渐变色圆形，执行"对象">"变换">"分别变换"命令，按照如图10-66所示的数值进行设置，注意数值不同，效果也会差很多，设置完数值后，单击"复制"按钮，并回到画布上，按快捷键 Ctrl+D，重复缩放旋转操作，填充金属色渐变的圆形就会呈螺旋的方式逐渐延伸开，逐渐形成最终效果，如图10-67所示。

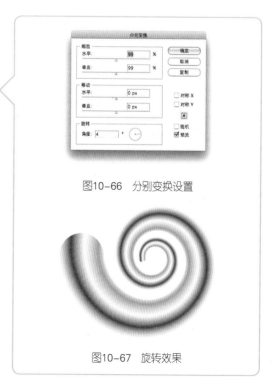

图10-66　分别变换设置

　　将绘制完成的金属感觉的螺旋旋转一些角度，并使用前面讲解过的技巧绘制出权杖的手柄，将所有元素组装到一起就最终完成了，其中涉及到一些简单的细节（例如，权杖手柄上的花纹是用软件自带的图案色板制作的），看到源文件就会明白了。

图10-67　旋转效果

图10-68   雪花实例

10.6   将错就错

在Illustrator中进行一些错误操作是很正常的事情，例如多次使用"效果"命令，把一些不常组合到一起的对象与工具组合到一起，不小心按错的快捷键，甚至前面用作实例的水波纹肌理与冰川肌理绘制等在遇到这些情况时，通常会采取撤销措施，但如果注意观察，有时候一些"搞错"的状态也会带来一些意想不到的效果，将错就错将效果进行到底，本小节就另收录了两个这样的小实例。

10.6.1   雪花实例

如图10-68所示雪花实例中各种各样的雪花，实际都是使用一种技巧绘制完成，下面挑一个比较典型的雪花讲解一下详细步骤。

Step1 绘制基础图形

选择"星形工具"在画布上单击，在弹出的对话框中设置"角点数"为6，单击"确定"按钮后会在画布上建立一个正六角星，如图10-69所示。

选中刚绘制出的正六角星，执行"对象"＞"路径"＞"添加锚点"命令，软件会在每两个锚点之间再添加一个锚点，绘制出的效果如图10-70所示。

提示 按住Shift键，使用"星形工具"拖曳绘制出的星形都不是正星形，如果要想绘制出正星形，需要在按住Shift键的同时按住Alt键。

图10-69   正六角星

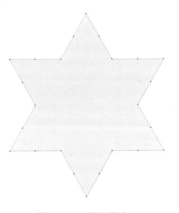

图10-70   添加锚点

■Step2 平均

　　使用"直接选择工具"选中正六角星中间一圈的锚点，如图10-71所示，执行"对象">"路径">"平均"命令，在打开的"平均"对话框中选择"两者兼有"选项，此时，被选中的锚点就会被"平均"到中央的位置，形成如图10-72所示的效果，之所以说将错就错，是因为此前一直不明白"平均"是怎样的命令，当选中所有锚点时，如果使用"两者兼有"，对象就会被缩成一个点，所以决定利用这种特性，选中局部的锚点，制作一些特殊的形状，于是就产生了本小节的实例。

■Step3 不同的波纹效果

　　将步骤2中绘制出的图形使用不同数值的波纹效果，即可绘制出不同感觉的雪花了，十分容易，但是效果又很不错，输入如图10-73所示的数值，可以绘制出如图10-74所示的效果。其他数值自己实验一下就好了，这里还绘制了如图10-75～图10-77所示的一些效果。

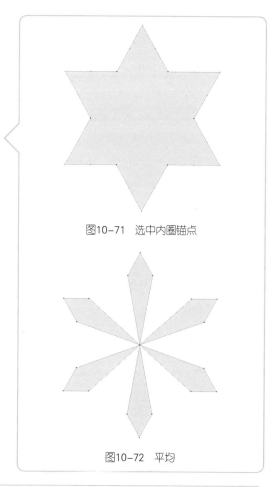

图10-71　选中内圈锚点

图10-72　平均

图10-73　波纹效果设置

图10-74　波纹效果1

图10-75　波纹效果2　　　　图10-76　波纹效果3　　　　图10-77　波纹效果4

Step4 绘制云朵与组合画面

　　使用"椭圆工具"绘制一些重叠在一起的圆形,如图10-78所示。使用"路径查找器"面板中的"联集"按钮将这些圆形合并成为一个对象,如图10-79所示。选中云朵,按快捷键Ctrl+C,复制一下云朵轮廓,保持选中"云朵"状态,在"透明度"面板中为云朵轮廓添加一个不透明蒙版,在"不透明蒙版"面板中单击蒙版的窗口,进入蒙版编辑状态,将刚才复制的云朵轮廓粘贴到蒙版中,让蒙版中的云朵位置与被蒙版的云朵轮廓错开一些,并调整颜色,如图10-80所示是被蒙版的云朵出现一些半透明的部分,感觉像是云朵的起伏,效果图如图10-81所示。

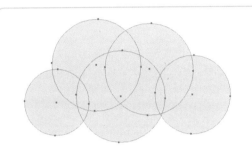

图10-78　重叠在一起的圆形

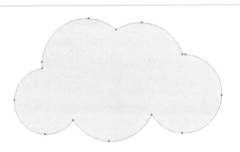

图10-79　联集圆形

图10-80　添加不透明蒙版

图10-81　不透明蒙版效果

提示 蒙版中的彩色对象都会被软件当成同样黑白图像处理,所以蒙版中的浅蓝色,大致相当于浅灰色,浅灰色通常在不透明蒙版中能实现不是很透明的半透明效果。

　　绘制多种不同的雪花,并将这些雪花填充成为不同的颜色,调整大小,旋转方向,如图10-82所示。调整后与云朵组合到一起,即可绘制出一幅较完整的画面。

图10-82　不同的雪花

图10-83　玫瑰花实例

10.6.2　玫瑰花

与雪花一样，如图10-83所示的玫瑰花实例也是偶然诞生的创意，不需要太多的绘画技巧，老少咸宜，初学者能够轻松3步即可绘制出不错的专业级效果。虽然技巧简单，但是这样的玫瑰花看起来一点也不简单，还带有一点复古的感觉，非常适合作为局部装饰，也可以绘制得繁复一些组成单独的画面。下面让我们来看一下绘制玫瑰花的3个具体的步骤吧。

Step1　玫瑰花的颜色与层次

新建画布，不要设置横竖尺寸在1000像素之内。使用"椭圆工具"绘制一个圆形，不设置描边，将填充色设置成为想象中的玫瑰花颜色，如图10-84所示。这里选用了一种最容易出效果的粉红色。使用"网格工具"在圆形的圆心附近单击，建立一个十字形的网格，并将新产生的中央锚点填充成为与粉色差别大一点的颜色（例如，白色或黄色），继续在水平网线上添加网格线，绘制出颜色间隔的效果，如图10-85所示（这个效果在之前绘制水波纹肌理时使用过）。在一定范围内，绘制的颜色间隔越多，最终绘制完成的玫瑰花层次就会越多。

图10-84　圆形

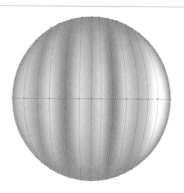

图10-85　间隔网格效果

> **提示**　为什么是在一定的范围内，因为下面的操作是对这些网格进行扭曲操作，本来网格就是一个需要软件大量运算，在扭曲后，软件的运算量会增大，所以在网格线太多的情况下软件会承受不了，出现一些不好的效果。

Step2　花苞感觉

从工具箱中选择"旋转扭曲"工具，按住Shift+Alt键，在画布的空白处单击拖曳，等比改变"旋转扭曲工具"的大小，使工具的大小比步骤1中绘制的圆形网格的范围稍大，在工具箱中双击"旋转扭曲工具"，打开"旋转扭曲工具"选项对话框，按照如图10-86所示的数值进行设置，

图10-86　"旋转扭曲工具"选项对话框

图10-87　旋转扭曲效果

并单击"确定"按钮，关闭对话框，回到画布上，使用"选择工具"选中步骤1中绘制的圆形网格，再切换到"旋转扭曲工具"，使用该工具对准圆形网格的中心位置，单击左键，停留一段时间，之前绘制的圆形网格会被旋转扭曲，注意控制鼠标单击的时间（按下时间越长，扭曲得越厉害，花苞的形态就越不明确），绘制出类似如图10-87所示的效果即可。

Step3　花瓣感觉

步骤2中绘制的感觉有点像未开放的花苞，这一步将使用与"旋转扭曲工具"位于同一组的"皱褶工具"为花苞添加上一点花瓣扭曲的感觉。因为这组工具的大小调节是通用的，所以调节过"旋转扭曲工具"的大小之后，"皱褶工具"就不用调整了，但是仍然需要对"皱褶工具"进行一些细节的调整，在工具箱中双击"旋转扭曲工具"，按照如图10-88所示的数值进行设置。单击"确定"按钮后，回到画布上，仍然使用"选择工具"选中步骤2中绘制的花苞，切换到"皱褶工具"，对准花苞的中心位置，单击左键，对花苞进行一些皱褶扭曲操作，注意停留的时间也不要太长，绘制出类似如图10-89所示的效果就即可。

图10-88　皱褶工具选项设置

图10-89　皱褶效果

Step4　细节调整

其实步骤3中绘制完成的效果已经可以作为最终效果使用了，但是精益求精吗，为了追求一点自然的感觉，又使用"变形工具"对步骤3中绘制出的玫瑰花进行了一些形态的调整，将"变形工具"调小，并用该工具从玫瑰花的中心向外涂抹，改变一下玫瑰花较圆的外形，使玫瑰花呈现一点纺锤形的感觉，如图10-90所示。

图10-90　调整花朵

　　玫瑰花的叶子，也是使用类似的技巧绘制完成的，只是叶子不需要经过"旋转扭曲"那步，使用"钢笔工具"绘制出梭形的叶子形状，并使用"网格工具"添加网格，添加网格后直接使用"皱褶工具"进行扭曲操作即可，绘制出的效果如图10-91所示。将玫瑰花与叶子组合到一起，整个玫瑰花就绘制完成了。

提示 本节的玫瑰花实例会产生大量的锚点，如果计算机的配置比较低，可能会出现一点点卡住的情况，如果遇到这种情况耐心等待就好了，没有其他的办法。

图10-91　叶子效果

10.7　电子山水

　　还是在学校那段时间，接到了一个任务，需要使用矢量表现一些山水画的内容，矢量山水画是比较常见的技巧，如图10-92所示，但是如果还使用画笔之类的模拟水墨的效果未免显得创意不足，画起来自然也没有什么动力，在想了一阵子之后，忽然想起混合可能是个好办法（作者实在是太爱混合了），于是尝试使用线条混合，临摹了几幅古代的山水画，最终效果也还挺不错的，颇具电子感，如下页图10-93所示，把这个作品当成一个实例放到讲解创意的这一章中应该还是挺贴切的，毕竟混合技巧并没有什么创意，创意的只是"使用"混合。

图10-92　矢量山水画

图10-93　电子山水

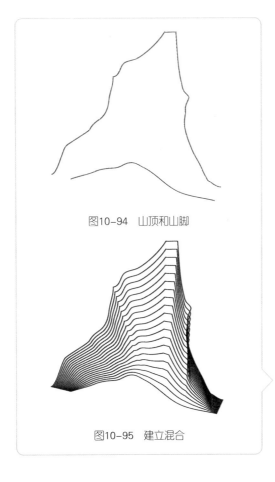

图10-94　山顶和山脚

图10-95　建立混合

中国的山水画通常喜欢留白，就是空着一个位置不画，但是从画面的整体效果来看，不画胜画，观者能以一种"完形填空"的思维去理解这个空白，水、雾、烟、云都是用过留白技巧实现的，所以这个精妙的留白也想把它使用Illustrator实现，如果是直接生硬的留白，Illustrator的矢量感觉未免太生硬，于是就想可以反其道而行之，先画并通过蒙版技巧将不需要的地方透明，这样的效果就好多了——在不透明蒙版中使用网格来实现颜色的任意平滑过渡以产生平滑过渡的透明效果。

实例：电子山水

综合了"混合工具"和网格不透明蒙版两种普通的技巧就绘制出了本节的实例，真实技巧上没有什么难点（第2章中都有过详细的介绍），所以就简单地讲解一下吧。

Step1　绘制山峦

总结了一下使用"混合工具"混合线条绘制山峦的技巧，就是"山顶一根线，山脚一根线，中间来混合"，如图10-94所示，绘制一座小山，山峰形态使用一条线勾勒（山顶），并在山下使用一条线勾勒（山脚），因为两条线之间的距离不同，混合后也会产生不同的疏密变化，使用"混合工具"将两条线条混合，效果如图10-95所示。

提示 将对象混合有一个特点需要注意，那就是混合是有方向性的，如图10-96所示，线段上的箭头表示线条的绘制方向，如果两条线条的方向一致，可以建立正常的混合，如图10-97所示，两条线条的方向不一致，虽然摆放的位置一致，但是建立混合形成的是扭转的效果。明白了这个道理，在以后绘制混合时即可根据需要选择从哪个方向开始绘制。

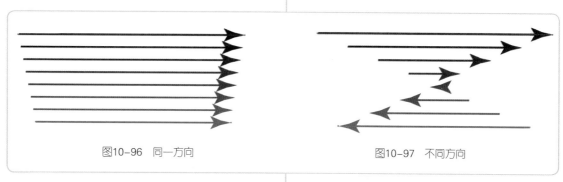

图10-96 同一方向 　　　　　　　　　　图10-97 不同方向

■ Step2 绘制云雾 ▶

　　这里的云雾就是使用在软件中留白（不透明蒙版）的方式绘制的，选中步骤1中绘制的山峦混合，在"透明"面板菜单中执行"建立不透明蒙版"命令，单击"透明度"面板中新产生的方框，进入蒙版编辑状态，在蒙版中先使用"椭圆工具"绘制一个椭圆形，放置在左侧的山脚下，并使用"网格工具"添加网格，绘制出由黑色到白色的颜色过渡，并使用"直接选择工具"进行锚点的位置调整。复制这个网格对象，翻转后放到右侧的山脚下，蒙版的位置及颜色效果，如图10-98所示（实际操作时是看不到的，看到的只有最终效果）。这样山峦的底部就隐藏在云雾中了，最终绘制出的效果，如图10-99所示。

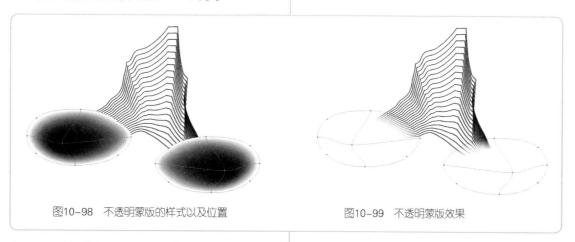

图10-98 不透明蒙版的样式以及位置 　　　　图10-99 不透明蒙版效果

　　多绘制一些这样的山峦，按照疏密的关系叠加成为景致，即可完成一幅由混合与网格蒙版构成的电子风格的山水画。

图10-100　书签

图10-101　手拈莲花图案

图10-102　粗糙化

10.8　历史的尘封

很多时候Illustrator绘制的东西给人的感觉都太"新"，这其中一部分原因就是因为矢量的线条感觉，如果能有办法快速地解决过于平滑线条的办法就好了。这里就有一个，通过对绘制对象的边缘进行一些处理，能够增强绘制对象的绘画质感。本实例为一枚书签的设计，如图10-100所示。书签中使用了手拈莲花的图案，并有斑驳的肌理背景，通常会用实时描摹的办法描摹一些位图实现这种感觉的图像，但其实不需要使用外来置入的位图，在Illustrator中绘制的对象也可以通过一些处理，再实时描摹为有历史感的对象。

Step1　绘制图案

通常绘制此类图案，会建立一种艺术画笔，使用"画笔工具"描摹，但是在这个实例中，为了追求更自然的线条感觉，决定使用"钢笔工具"勾勒，新建画布，将参考图置入（因为版权问题，本书不提供，可以自行下载，网络上此类的素材还是挺多的），使用"钢笔工具"按照参考绘制出如图10-101所示的效果。

"钢笔工具"绘制完成后，可以使用"直接选择工具"对局部的线条进行调整，让线条更加自然。绘制完成的图案还是比较优美的，但是就缺少了一点感觉，矢量的生硬感觉占了上风。

Step2　粗糙化

选中步骤1中绘制的手拈莲花图案，执行"效果" > "扭曲和变换" > "粗糙化"命令，打开"粗糙化"对话框，勾选"预览"选项后，大多数情况下，手拈莲花的图案会变得很混乱，所以还需要进行一些微调，反复测试，直到将手拈莲花图案粗糙成类似如图10-102所示的效果即可。

提示 粗糙化的效果要求尽量不破坏原有线条的感觉，只是在之前的基础上增加一些参差的起伏效果。

Step3　实时描摹

选中步骤2中粗糙化后的手拈莲花图案，执行"对象">"栅格化"命令，可以不用考虑"栅格化"对话框中的设置，直接单击"确定"即可。这样就把原来的矢量对象转变成了一张位图。

选中这张位图，执行"对象">"实时描摹">"描摹选项"命令，打开"实时描摹选项"对话框，默认的黑白描摹模式不用更改，只需要设置其中一项，——"模糊"，适当增大模糊的数值，可以将原本粗糙化造成的尖锐效果"风化"掉，变成圆润的感觉，同时又会损失一部分细节，勾选"预览"选项，不断调节，查看描摹的效果到满意为止，此时，勾选"忽略白色"选项，单击"确定"按钮，将位图描摹好，形成如图10-103所示的效果。

描摹后的位图对象经过扩展后又变成矢量对象，此时即可任意更换颜色，等待组合到书签的设计中。

图10-103　实时描摹

Step4　背景线条

还记得在"极光"实例中是如何绘制粗细不一的线条的吗？这里也使用同样的技巧制作一排纵向的、粗细不一的矩形，如图10-104所示。使用"变形工具"，调大工具的大小，对这一排竖条进行轻微扭曲，制作出一点弯曲的感觉，如图10-105所示。好了，这就是背景线条的原型绘制，下面的技巧就与手拈莲花图案"做旧"的步骤是相同的了，这里就不多做介绍了，绘制出的效果如图10-106所示。

图10-104　粗细不一的矩形

图10-105　扭曲效果

图10-106　完成斑驳效果

■Step5 组合

将手拈莲花图案与背景线条图案组合到一起，为了避免通透的手拈莲花图案被竖条图案影响，这里还使用了一个小技巧。选中手拈莲花图案，执行"对象"＞"路径"＞"偏移路径"命令，打开"偏移路径"对话框，将手拈莲花图案扩张一圈，如图10-107所示，具体扩张多少，根据画面需要设置。在取消编组后，原来的手拈莲花图案不变，另外还能获得如图10-108所示的图案，这个图案中间有空隙（也有可能没有），如果有空隙，软件会判断这个图形是个复合路径对象，所以单击右键，在弹出的菜单中执行"释放复合路径"命令，这样中间的空隙就被释放出来了，删掉释放出来的空隙部分，留下一个完整的手拈莲花扩张后的图形，将这个图形放置在背景竖条图案与手拈莲花图案的层次之间，将这个图形设置成大背景的颜色即可将手拈莲花图案与背景竖条图案区隔开，如图10-109所示。

图10-107　路径偏移　　　　图10-108　获取轮廓　　　　图10-109　组合

图10-110　垃圾筐图标实例

10.9　透明贴图

我们在第9章的第7节中讲解了连续图案的制作方法，在这一节中，我们将结合一种连续的网状图案，使用透明贴图的技巧制作一个简单但是效果又很棒的垃圾筐图标，如图10-110所示，下面让我们来看一下具体的制作步骤吧：

提示　这个垃圾筐图标实例在后面的章节中还会进一步完善，在后面的讲解中，通过一些扭曲的技巧，制作出了装满废纸的垃圾筐图标，这样就可以组成一个回收站图标的两种状态了。

实例：垃圾筐图标

Step1 制作图案1

我们在512×512像素的画布上绘制，使用圆角矩形工具在画布上单击，在弹出的窗口中设置圆角半径为4像素，宽和高设置为40像素左右。单击确定绘制出圆角矩形，然后在描边面板中设置粗细为3pt左右，绘制出图10-111所示的效果。我们使用定界框将这个圆角矩形旋转45度，然后使用"比例缩放工具"水平挤压这个圆角矩形，绘制出图10-112所示的效果，将挤压后的圆角矩形扩展成为轮廓，然后使用直接选择工具删掉左端以及上端和下端的圆角，形成图10-113所示的效果，如图10-113所示的情况是因为路径不闭合造成的，所以我们使用直接选择工具框选如图10-113所示的图形上端的两个节点，按下键盘上的Ctrl+J键，将他们连接到一起，就可以得到图10-114所示的效果了。

Step2 制作图案2

选中步骤1中最终绘制出的图形，"对象">"变换">"对称"，在打开的对称窗口中选择垂直方向的对称轴，然后单击复制，制作出一个该图形的对称效果，如图10-115所示，使用选择工具将这两个对称的图形叠放到一起，形成图10-116所示的效果，这个叠加的部分制作出了垃圾筐上铁丝网编织交叉的部分。有了这个交叉的部分，我们就可以通过复制再组合，形成图10-117所示的效果了。我们前面学习过了连续图案的技巧——要让图案单元形的四周都能衔接上，所以我们通过辅助线划出一个区域，这个区域就刚好能让四周都衔接上，如图10-118所示，我们把辅助线内的区域取下来（不要使用剪切蒙板，要使用路径查找器），形成图10-119所示的图案单元形效果。

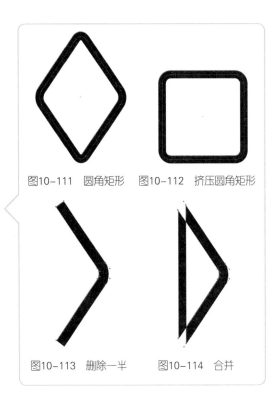

图10-111 圆角矩形　　图10-112 挤压圆角矩形

图10-113 删除一半　　图10-114 合并

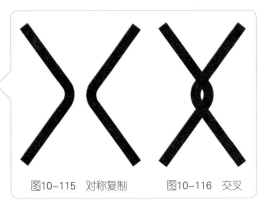

图10-115 对称复制　　图10-116 交叉

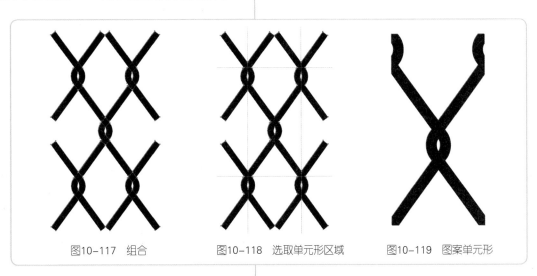

图10-117 组合　　　图10-118 选取单元形区域　　　图10-119 图案单元形

■ Step3 制作垃圾筐展开图

将步骤2中制作的图案单元形拖放到图案面板中制作成为图案,使用矩形工具绘制出高度370像素、宽度1000像素左右的矩形,然后将图案应用到矩形上,绘制出类似图10-120所示的效果,为什么说是类似呢,因为要绘制出图10-120所示的效果还需要进一步

调整,调整前要确保"对象">"变换">"移动"这个窗口下的"对象"与"图案"两个选项都勾选,这样可以在移动填充图案的矩形时,图案的位置不发生变化,然后确保"对象">"变换">"缩放"这个窗口下的"对象"选项勾选,"图案"选项不勾选,这样可以保证调整矩形大小的时候图案不会变化。

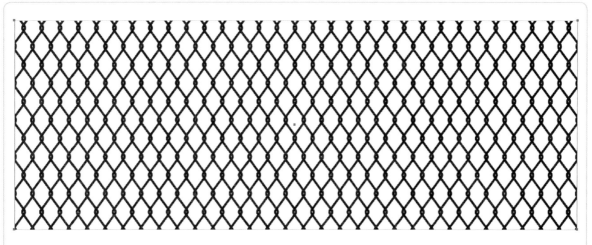

图10-120 填充矩形

确保了以上两个条件之后,我们就要使用定界框对矩形进行一些细微的调整了,要让矩形的两端边缘刚好"卡"在填充图案的能衔接的位置,也就是要保证矩形两端的图案要能衔接上。

使用矩形工具再绘制一高一矮两个与前面调整好的填充图案矩形等宽的矩形,将三个矩形组合到一起,形成图10-121所示的效果。将这个图形在路径查找器面板中联集合并,然后拖放到"符号"面板中制作成符号备用。

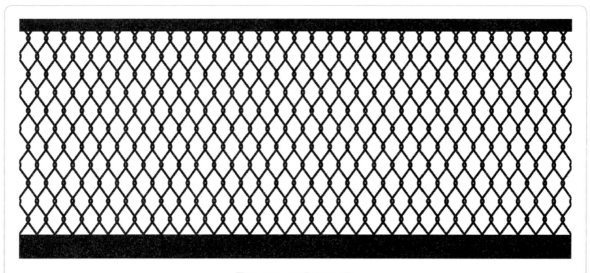

图10-121 垃圾筐展开图

■Step4 3D 贴图 ▨

　　使用"钢笔工具"绘制倒直角梯形，然后使用"效果">3D>"绕转"，将这个直角体型绕成一个桶的形状，如图10-122所示，注意根据倒梯形的直角边的位置（左边或右边）要在3D绕转选项中选择绕转轴是在"左边"还是"右边"，先别着急关闭这个窗口，还要单击"贴图"按钮，然后在打开的"贴图"窗口中，勾选预览，把步骤3中制作的贴图贴到"桶"的外侧面，调整一下贴图的大小与位置（贴图的两端要与框内的展开图的两端对齐），绘制出图10-123所示的效果。我们把3维模型隐藏，就可以得到图10-124所示的效果了，我们的3D垃圾筐效果已经初见成效了。

图10-122　桶的形状　　　　图10-123　贴图　　　　图10-124　隐藏3维模型

■Step5 调整贴图 ▨

　　我们把步骤4中绘制的3D贴图效果扩展，这样就得到了一个很多层剪切蒙板组成的对象，根据之前扩展贴图的经验，我们这里也要把他们一层一层地取消编组和剪切蒙板，但是保留最后一层剪切蒙板——这是因为我们之前使用了图案制作了贴图，直接使用的图案没有扩展后再联集到一起，所以最后完成贴图的时候如果全部取消剪切蒙板，交叉的图案就会被打散，选择起来不方便。绘制出的效果如图10-125所示，最后把可能分散的部分使用路径查找器面板的联集合并到一起——软件有时候会让某些"面"的贴图是断开的（如图10-125所示的垃圾筐的"前面"的贴图是由两部分组成的），这时候就需要我们单独地去把它们合并起来。

图10-125　调整贴图

■Step6　添加效果1

有剪切蒙板，添加颜色效果就会比较麻烦，我的办法是，去剪切蒙板里面把单独的交叉对象都使用路径查找器面板的联集合并成为一个复合路径，然后取消剪切蒙板。这样我们就可以任意地更换颜色不用跳过剪切蒙板了。使用图10-126所示的R:

189、G:190、B:190到R:76、G:83、B:85的渐变色填充在垃圾筐的前面，绘制出图10-127所示的效果。继续为后面添加图10-128所示的R:230、G:230、B:230到R:76、G:83、B:85的渐变色，绘制出图10-129所示的垃圾筐背面效果。

图10-126　渐变色设置1　　　图10-127　前面效果　　　图10-128　渐变色设置2　　　图10-129　背面效果

■Step7　添加效果2

使用椭圆工具绘制出垃圾筐的底和上面的边缘，如图10-130中红色标记的部位，调整层次，让垃圾筐的底位于全部路径的最下面一层，让上面的边缘位于所有路径的最上一层，边缘的椭圆形只设置描边，并使用"使描边内侧对齐"模式，适当地调整后，将这个描边扩展成为轮廓，方便下面为其添加渐变色。

软件的色板库中自带了很多金属渐变色，其中又有很多银色的金属渐变色，垃圾筐还剩下一写部分没有填充渐变色，我们就从这些色板库中选择合适的金属渐变色填充上去，注意光影的变化，绘制出的效果如图10-131所示的效果。

图10-130　底和上面的边缘　　　　　　　图10-131　添加渐变

　　按住键盘上的Alt键，使用选择工具选中并向下拖动垃圾筐底部的轮廓，复制出一层新的轮廓，并调整原来的轮廓颜色，制作出筐底边缘的厚度感觉，如图10-132所示。最后，使用高斯模糊制作出垃圾筐的投影，使用黑白径向渐变以"颜色减淡"模式制作出高光部分，如图10-133所示。

图10-132　绘制筐底边缘厚度

图10-133　添加投影和高光

　　这样，一个简单的垃圾筐图标就绘制完成了，根据画布的大小把垃圾筐的拉小调整一下，同时，因为一些拉伸，一些瑕疵也会暴露出来，需要检查并调整一下。

实例：炸弹

　　下面我们还有一个比较有趣的实例，也使用了贴图功能，如图10-134所示。

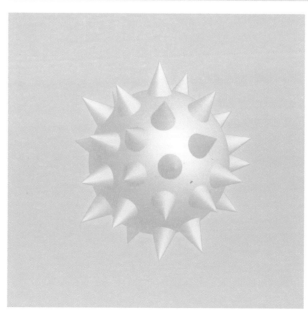
图10-134　炸弹实例

这个炸弹（也可以说是流星锤）的造型是使用3D菜单命令制作的，如果你真的对Illustrator中的3D功能很有把握的话，我相信你会知道使用凸出和斜角以及绕转都是不能直接制作出这种效果的，虽然不能直接来，但是我们还有贴图功能，没错，这个炸弹中的所有的尖刺都是使用了贴图，其实很简单，如图10-135所示，我们需要使用这种形状进行绕转，然后每次只在形成的尖角上贴图，如图10-136所示，通过复制多层，调整不同的方向，如图10-137所示，最后，将这些尖角组合到一个球体上，我们就可以绘制出炸弹的效果了。

所以说，软件的功能是有限的，但是我们却可以打开思路，让有限的功能能发挥最大的作用。

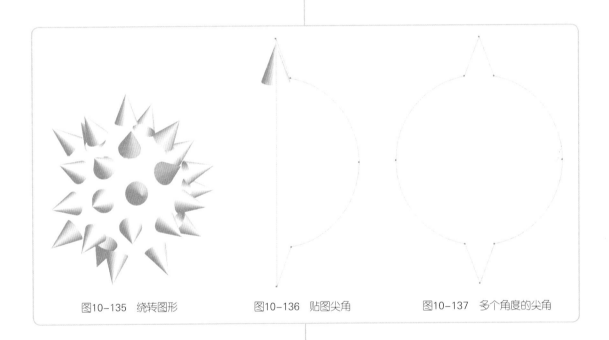

图10-135　绕转图形　　　　图10-136　贴图尖角　　　　图10-137　多个角度的尖角

11　文字情绪

- 文字的字体
- 文字的大小与间距
- 文字的效果

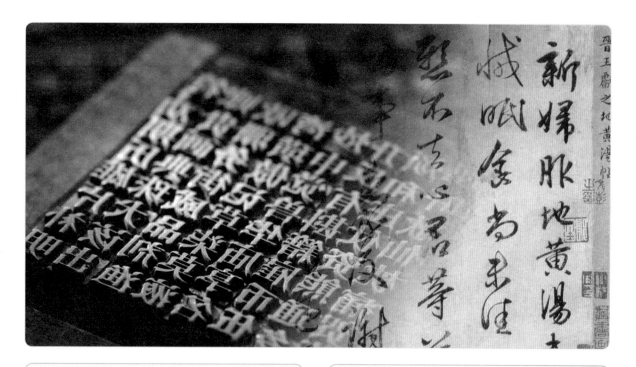

"文字情绪" 通常指一段文字表述的内容给人带来的感受，但剥离或弱化文字本身的含义，就凭文字"本身"也是带有情绪的，这种情绪是通过除了文字意义之外的文字图形或结构属性带来的。

如图11-1（a）所示为文字的字体与其释义的搭配，属于恰当的组合，正确的字体让文字本身的意思表达得更明确。如图11-1（b）所示为将文字的字体做了不恰当的更换，最终要表达的意思就含混不清。虽然这种正确与错误的对比界限会因为进一步的设计而缓和，但基本的文字字体能够带来的感受是不会错的。文字的字体是文字情绪的一种。

（a）文字与文体的搭配恰当的文字与字体搭配

（b）不恰当的文字与字体搭配

图11-1　文字与文体的搭配

如图11-2所示为两种文字内容一致的简单海报，在表达相同的意思的情况下，使用相同的字体，图（b）的海报通过调整文字大小属性的对比及颜色的对比等，使本身的陈述式语气变得比图（a）更有感染力。这个感染力，也是通过文字本身的属性产生的情绪带来的。

（a）　　　　　　（b）

图11-2　海报对比

不知道什么时候开始出现"空格体"这种输入方式，即在每个文字之间都插入空格。在聊QQ时，先输入一段正常的文字，再添加空格（不知道是不是有专门的空格体字体可以用），原来正常的话，在添加空格间距后就有了情绪，或者是表示"强调"，或表示"敷衍"、"无聊"……这种空格其实是一种简易版的字间距调整，而字间距也是文字的属性之一，通过调整文字的字间距也的确可以传达出不同的情绪。

作为本章的开始，以上几个举例中涉及到了文字的"字体"、"大小"、"间距"、"颜色"，其实文字的属性还有一些，下面将通过简单的实例配合介绍文字的各个属性。

11.1　文字的字体

文字最直接呈现给人的印象就是其有各种不同的形态，如图11-3所示，新买的计算机在买回来就已经预装了一些常用（有些不能随意使用）的字体，如果是设计师，计算机里就可能有更多的字体，常常形成庞大的字体库，那么为什么需要准备这么多字体呢？这就涉及本章一开始举例说明的问题了，不同的设计需要用不同的文字字体进行搭配，字体多，可以选择的余地就多，设计工作也会相对轻松一些。

各个地域都有不相同的特定文字体系，而作为中国设计师，大多数情况下，会接触到中文字体与几种外文字体（通常是英文或汉字的拼音），除此之外，还有一些其他的亚洲字体（例如，日文字体、韩文字体或中国少数民族的字体）。

（a）中文字体

（b）英文字体

图11-3

汉字产生的年代非常早，由于受到书写方式、及审美情趣，或者一些社会因素的影响，汉字从最初的商代甲骨文、钟鼎文（如果当时甲骨或钟鼎文算是一种字体的话），在秦代逐渐发展出篆书、隶书，然后在汉代发展出了楷书、行

书、草书，到宋代又出现了宋体……如图11-4所示，时至今日，汉字已经发展出了很多不同类型的字体，这些字体在现代印刷引进后，被进一步完善，直到形成了一种可以存放于计算机中被随时调用的文件，这

些中文字体文件按照形式大致可以划分为"宋体"、"黑体"、"书法体"、"美术体"4种，在这4大类的界定下，每种分类下还存在非常多种类似或迥异的变化。

（a）商代甲骨文

（b）晋代王献之行书

宋体　黑体　书法体　美术体

文鼎CS中宋　方正兰亭黑简体　汉仪魏碑简体　方正水柱-GBK

（c）中文4类字体示意

图11-4　中文字体

中国文字经常被称为"方块字"，不但因为汉字写出来方方正正，更是因为汉字字体的字型规范就是一个方块，以前我们都写过田字格，用来矫正笔迹，这里使用的田字格就是汉字的规范线，如图11-5所示，任何常用汉字都可以套用到这个方块内。

另一种经常接触到的便是英文字体，其实英文字体的称谓并不准确，应该称为"拉丁字体"，只

是我们最经常接触到英文，也比较熟悉，所以这里就使用英文字体做一些讲解。拉丁字体也有很多不同的体系，按照形态可以划分为"衬线体"、"非衬线体"、"手写体"及"其他体"，如图11-6所示，这里的"其他体"也可以细分成"哥特体"、"装饰体"、"图形体"等，其状态类似综合了汉字字体的书法体与美术体的感觉。

图11-5　汉字字体规范

Serif　Sans serif

(衬线体) Times New Roman　(非衬线体) Myriad Pro

Script (Script)　OTHIER

(手写体) Bickham Script Pro　(其他体) Rosewood Std

图11-6　拉丁字体举例

英文字体也有一套书写规范，与汉字不同，这套书写规范是用横线表示的（想象一下英文横格本），如图11-7所示。

图11-7　拉丁字体规范

4条横线把英文字体分成3部分，上伸线表示位于上伸部的小写字母的上伸笔画能达到的顶点所在的水平线。平均线与基线之间构成X高度，之所以称为"X高度"，就是以小写字母X的高度作为标准，表示没有上伸笔画与下降笔画的小写字母的高度。下降线表示位于下降部的小写字母的下降笔画能够达到的最低点的水平线。

有一款字体制作软件——Fontlab Studio，如图11-8所示，在这个软件中需要使用"大写高度线"，如果仔细观察图11-7会发现大写字母的高度并没有达到上伸线的位置，所以，贴着大写字母顶点的这条线规范了大写字母能够达到的高度。

了解一种文字字体的历史及其代表的氛围是非常重要的，下面把汉字字体与英文字体的各项分类分别讲解一下。

11.1.1　中文宋体

宋体诞生于宋代，明代传入日本，因此又被称作为"明体"（日文的宋体称为"明体"），如图11-9（a）所示。宋体在当时被用于雕版印刷，其典型特征是有类似英文衬线体（典型衬线体如Times New Roman字体）的衬线装饰，这种笔画起端和末端的下行、凸起装饰及笔画的粗细变化是为了木版雕刻材料的横向纹理而采取的解决措施，笔画变化如图11-9（b）左侧红色圆圈内所示，右侧文字黑方正兰亭黑的"宋"字，可以对比看到笔画基本无变化。有趣的是，最规范的一套宋体是由中国历史上一个有名的罪人——秦桧发明的，但是因为其罪恶太大，这套字体却不能以他的名姓命名。从秦桧发明这套规范字体之后已经过去了千年，但是这套字体的各种变体依旧占据了人们的视野，所以其不但历史悠久，还影响深远，也是最

图11-8　Fontlab Studio软件图标

（a）

（b）

（c）

图11-9 宋体、明体与活字印刷字模

能被大众接收的一种字体之一。最初宋体的诞生就是为了印刷，但是随着印刷技术的发展，雕版已经不需要了，但是人们却已经适应了这种笔画"怪异"的字体，所以，很多知名的字体设计公司或个人就开始制作现代的宋体字，这些宋体字体有能让报纸文字看起来更清晰更整齐的"报宋"，有用于标题的大标宋、小标宋……分类众多，有的变化也很大，但是不管怎样变化，宋体都是一种带有浓郁的文化格调与书卷氛围的字体，如图11-9（c）所示为活字印刷宋体字模示意。

实例：古老印章

把宋体与甲骨文字体及篆书字体之类的文字字体相比，可算不上古老，但是作为现代中国出报最流行字体却是当之无愧的，另外最重要的一点是，宋体字是能被看懂，现代人不能轻松地辨认用甲骨文与小篆书写的文字，所以，要想做一些给现代人看的设计，大多数情况下，体现历史与文化，宋体就足够了（注意：不一定要用宋体）。

前面讲解了宋体字是诞生于雕版印刷的，最初是雕刻出来的，在雕刻这一点上也刚好契合了印章的感觉，为了强调"古老"，还有必要做一些治印做旧处理，让宋体稍微有一些磨损，下面来看一下如何使用宋体制作一个古老的印章效果，如图11-10所示。

图11-10 印章实例

Step1 输入文字

选择一款较粗的宋体（这里用了一种标宋），使用"直排文字工具"在画布上单击，在输入完成"时光"后，按下回车键，再输入"秘宝"。输入完成后在"文字"面板中调整行间距和字间距，使文字位置看起来平衡稳重即可。制作出的效果如图11-11所示。文字输入后，切换成"选择工具"（会退出文字输入状态），在文字上单击右键，在弹出的菜单中执行"创建轮廓"，将文字扩展。

图11-11 输入文字

提示 "直排文字工具"会以竖排从右往左的方式输入文字，是进行严谨的繁体字排版或古书排版时使用的输入工具，其特点是能带来强烈的中国风和古朴、典雅、庄重的感觉。

Step2 扭曲笔画

因为使用的是宋体，而宋体的横向笔画是最容易"随时光流逝"的，所以将扭曲的效果着重施加在文字的横向笔画上。选中扩展后的文字，从工具箱中选择"皱褶工具"，双击"皱褶工具"，打开"皱褶工具选项"对话框，将"皱褶工具"的强度调低（大约10%），单击"确定"按钮，关闭对话框。回到画布上，按住Alt键在画布上使用"皱褶工具"左右拖曳，调整工具的形状，为了处理横向的笔画，将工具的形状调整了竖向的扁椭圆形，使之能刚好在文字的笔画之间穿梭（根据输入的文字大小调整）。

使用"皱褶工具"在文字的横向笔画上涂抹，绘制出如图11-12所示的效果。

图11-12 皱褶横向笔画

Step3 完善扭曲效果

接下来就是使用手拈莲花实例中做旧的技巧进行操作了，因为步骤方法完全一致，所以就不多讲解了，完成的效果如图11-13所示（更换成朱砂红的颜色）。在绘制完成文字效果图11-13（a）之后，再绘制如图11-13（b）所示的两个嵌套矩形，同样进行做旧处理，绘制出如图11-13（c）所示的效果，最后，将文字与方框组合，即完成印章的最终效果。

（a）做旧文字效果　　　　（b）绘制嵌套边框　　　　（c）做旧边框效果

图11-13 完善印章扭曲效果

11.1.2 英文衬线体

英文衬线体的英文单词是Serif，典型特征是在字母的起端与结束端有多出来的装饰，并且字母笔画变化较为明显。Serif类型字体的这种多余的设计能够起到很好的视觉引导性，是一种适合阅读的字体。曾经有人问说凡是带有装饰的英文字体都是衬线字体吗？我先说不是（因为有可能是装饰体），然后又在纠结能想到的一个字体是否也属于称线体，例如图11-14（a）所示的BASEBALL，感觉经常会在一些棒球比赛中看到这种字体，大学期间学到的相关知识都还给老师了，所以就对这些问题查了一些资料，原

（a）使用Rockwell字体的一些设计

来Serif字体也分成4种类型：旧式衬线体、过渡衬线体、现代衬线体，以及粗衬线衬线体。它们的代表

样式如图11-14（b）所示，Rockwell字体就是属于粗衬线衬线体。

Garamond   Baskerville   Bodoni   **Rockwell**

（旧式衬线体）Garamond   （过渡衬线体）Baskerville   （现代衬线体）Bodoni SvtyTwo ITC TT   （粗衬线衬线体）Rockwell

（b）Serif字体的四种类型

图11-14　Rockwell字体和Serif字体举例

旧式衬线体是由书法演变而来的，笔画特征带有一些使用板状的笔尖书写的感觉（板状的笔尖？例如马克笔，但肯定不是马克笔了，具体当时是用什么笔没有考证），整体感觉笔画的粗细变化不是很明显，只是在一些转折的位置笔画较细，这种字体风格传统，使用起来有一点正式和保守的感觉；过渡衬线体相对于旧式衬线体，在设计上加粗了笔画的粗细对比，又不及现代衬线体的对比强烈，形成一种平和的风格，应用很普遍；到了现代衬线体后，笔画的对比度被刻意加强，一些倾斜也被去掉，整体显得"横平竖直"，虽然风格现代，但是却不易阅读，但是当作一些标题用字还是不错的；再到后来就诞生了粗衬线衬线体，这种字体与其他3个时期的区别最大，其典型特征是几乎没有笔画的粗细对比，到处都加粗。形成一种略显怪异的强势风格，前面也提到了，这种字体在某些运动方面经常发挥作用。

11.1.3　黑体

中文的黑体是在现代印刷术传入之后才被设计出来的，参考了国外的等线类型字体，去掉了宋

体的衬线结构，以及较为明显地粗细变化，整体笔画均匀，相比具有浓郁文化气息的宋体，黑体没有雕刻风格，整体的结构也更具设计感，所以，黑体显得更为现代氛围。起初，黑体字被大量应用于标题，但是随着黑体的发展，黑体的应用越来越广泛，达到了几乎能与宋体字分秋色的水平，大量出现在我们周围的设计对象上。

如果仔细观察黑体，会发现大多数黑体的笔画也并不是没有粗细变化的，并且还有一定的弧度，这些弧度在现代的字体设计中被当作特征保留了下来，如图11-15（a）所示中红色标注的部分，其实在黑体产生之初是为了适应铅字印刷油墨收缩而进行的特殊设计。这种微小的弧度在印刷上可能被忽略掉了，但是如果放到显示设备中，因为弧度导致的像素问题就会影响阅读，所以在前几年，微软推出了"微软雅黑"这种为屏幕显示而设计出来的字体，这种黑体的笔画就几乎没有弧度及粗细变化，如图11-15（b）所示，很多人喜欢把它应用到印刷设计中，当然，没有那些微小的弧度什么的还真是挺好看的（个人浅陋的见解）。

（a）黑体的小弧度   （b）没有粗细变化的笔画

图11-15　中文黑体

　　如图11-16所示为从一个logo字体设计中摘取了"记忆"两个字，并重新与英文组合形成的实例，当时设计中文字体时参考了futura字体。准确地说这个实例中的中文字体因为去掉了一些笔画，具有"错别字"性质，应该归类于"美术字体"了，但是还是有一些"黑体"的特征，可以拿来作为黑体字体的实例。

　　在开始讲解设计步骤之前，先要了解一下Futura字体的一些知识，futura字体是设计师保罗·伦纳（Paul Renner）以包豪斯的理念设计的，没有任何不必要的装饰，属于一种非衬线字体，带有强烈的几何风格，例如正圆的"O"，线条干练整洁，是一种十分个性的字体。

图11-16　中英文匹配实例

Step1 分析字体

　　在设计中文字体时，设想的是一种等线的、干净利索的黑体字风格，所以 futura 就是一个很好的参考，我们来分析一下 futura 的字型特征：线条几乎一样粗细，只是在视觉上做了一些微调，如图11-17（a）所示，红色正圆形表示横向笔画的高度，把等大的正圆形放到纵向笔画上，有一点缝隙，但是视觉上还是感觉一样粗细。不做处理的尖锐锐角拐角，如图 11-17（b）所示，红色圆圈内标注的拐角存在感超强。几何感，如图11-17（c）所示，字母 O 就是一个正圆。大写字母的横向笔画宽度大约位于高度 2 等分的位置，字母宽度变化明显（图例中的 O 与 R 的宽度对比（这条在汉字上用处不大），如图 11-17（d）所示。

E

（a）线条几乎一样粗细

M

（b）不做处理的拐角

O

（c）几何感

MEMORY

（d）字母比例

图11-17　futura字型特征

记忆

（a）微软雅黑

记忆MEMORY

（b）输入英文

记忆MEMORY

（c）加粗中文

图11-18 中英文组合设计

使用"文字工具"先输入"记忆"两个字，使用笔画变化较少的"微软雅黑"字体，如图11-18（a）所示。继续使用"文字工具"输入MEMORY，选择futura字体，将英文字体等比缩放到与中文字等高，放在旁边与中文字体做一个比较，如图11-18（b）所示。会发现雅黑的笔画不够粗，所以下一步需要把中文字创建轮廓，并通过"路径偏移"命令调整路径的粗细，即使用"选择工具"选中文字，单击右键，从弹出的菜单中执行"创建轮廓"命令，保持转换成轮廓的文字选中状态，执行"对象">"路径">"偏移路径"命令，打开"路径偏移"对话框，勾选"预览"选项，增加一点位移，使位移后的文字笔画粗细与英文字体笔画粗细相仿，如图11-18（c）所示。

这些准备工作做好之后，即可根据步骤1中的分析，制定一些设计的规则了，先确定中文字体的笔画要一样粗细，不处理锐角拐角，注意几何感觉，将倾斜的笔画尽量放到垂直或水平的位置，用辅助线标记中间横向笔画的位置，另外，为了让设计出来的黑体笔画更纯粹，所以做了一些处理，使用"直接选择工具"选中笔画末端向上"勾"和一些多出来的笔画等位置处的节点，按Delete键删除，删除后的路径就不封闭了，所以需要再使用"直接选择工具"选中开头两端的节点，按快捷键Ctrl+J，及时封闭路径。删除"勾"和多出来的笔画后，能够有效减少拐角的个数，经过这样一番折腾，大约可以得到如图11-19所示的结果。

图11-19 调整汉字

红色圆圈标注的部分使用"直接选择工具"拖曳节点，把原来"切"掉的拐角再拖曳出来。

被删的乱七八糟的字体就已经准备好改头换面了，把参考线做好，下面就着手把文字的笔画恢复到正常的长度并再次去掉一些用不到的部分，这样就得到图11-20所示的效果。

图11-20 去掉笔画

图11-21 调整弧度

这样我们已经初步完成笔画的简化，下面要进行一些其他规范的调整，首先是"几何感觉"，作者觉得一些标准的弧度（例如，圆形的弧度）会让人产生几何上的不协调感觉，所以要调整一下记忆两个字上的两段弧形，弧形的调整没有特别的技巧，如果不是要求特别严格，按照个人感觉调整即可，如图11-21所示为调整后的效果。将上一步调整后的样式转换成为参考线，这样可以看出调整的位置。

下一步，调整中间横向笔画的位置，在中间中放置一条参考线，使用"直接选择工具"框选节点调整笔画的位置，并将现在高出低于参考线位置的部分都通过调整节点的方式移动到参考线范围内。得到的效果，如图11-22所示。

再使用"矩形工具"绘制一些与文字笔画一样粗细的矩形，把文字的一些笔画补充完整，得到如图11-23所示的效果。这样，这个字体的基本形态就出来了。

提示 笔画之间的距离是如何确定的？笔画的距离关系可以从旁边的英文字体中寻找，以"忆"字举例，左侧的竖心旁结构即可参考字母R上的一些间隙距离，如图11-24所示，红色圆圈标注的部分就是笔画距离类似的位置。

Step4 细节调整

这一步主要调整文字的笔画错落与位置，如图11-25所示，记字的"言"字旁上横的位置，与忆字竖心旁上笔画的位置都应该有一个对齐的标准，这个对齐的标准是两个字共同建立起来的，经过调整之后，会让两个文字看上去更加统一。

对齐后就要从视觉效果上进行一些调整了，现在这两个字看上去有点宽，并且对齐得太刻板，所以，继续使用直接"选择工具"移动节点，使视觉效果与右侧参考的英文字体和谐，这一步调整后的结果，如图11-26所示。

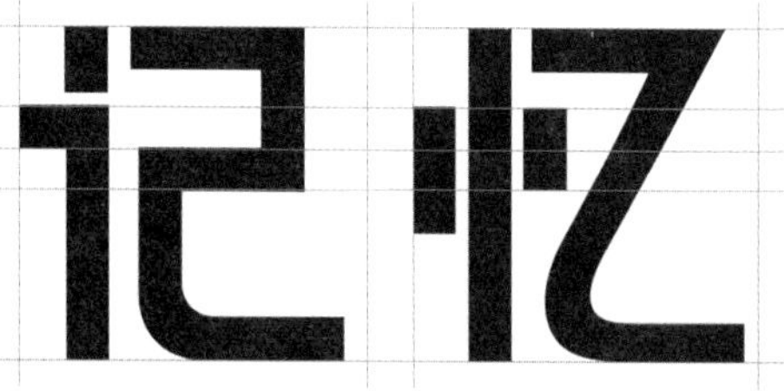

Step5 更像一点

经过一番调整，中文字体有一个基本的模样了，但是观察后觉得与右侧的英文字母还是不够协调，比较后发现缺少一些倾斜的笔画，所以，就考虑把其中的一些笔画改换成与英文字体中接近的倾斜角度，于是就可以得到下图11-27所示的效果，这样看起来与旁边的英文字体就统一多了。

提示 在完成这些修饰之后，还是需要针对笔画上的节点进行一些细微的调整，才能最终应用，制作字体是一件细致繁琐的工作，需要耐心。

11.1.4 英文非衬线体

英文非衬线体的单词是 San Serif，也被称作为无衬线体，对应到中文字体上就是属于与"黑体"感觉差不多的

图11-22 调整高度

图11-23 补充笔画

图11-24 间隙参考

图11-25 调整笔画错落

11-26 进一步调整

图11-27 倾斜笔画

一类字体，非衬线体出现的时间比衬线体要晚一些（19 世纪初，Gothic 字体诞生），所以相对而言风格会更"现代"些，另外因为其本身笔画变化比较少，整体显现出一种厚重的感觉，具有强调性，因此在产生之初很流行于标题或一些着重位置的设计，随着字体的发展，非衬线体逐渐形成了几个不同的风格，如图 11-28 所示，分别是以 Grotesque 字体为代表的早期无衬线体，拥有众多粉丝的过渡非衬线体包括 Helvetic 和 Arial 等字体，还有几何体，前面使

用的 Futura 就是这个时期的字体典型代表，后来出现了"复古"风格的古典体，虽然拥有非常早期的书法雕刻笔画粗细变化等特征，但是其出现的时间却比风格非常现代的几何体要晚一点。

提示 过渡体风格的Helvetica字体是1957年设计的，比1927年出现的几何风格的Futura字体要晚很多。

News Gothic

(早期无衬线体) News Gothic

Helvetica

(过渡无衬线体) Helvetica

Futura

(几何非衬线体) futura

OPTIMA

(古典衬线体) Optima

图11-28 非衬线体类型

11.1.5 书法字体

中国的毛笔书法在世界上独树一帜，造诣很高，自古以来，根据不同时期的审美风格及个人爱好发展出了不同的书写方式，所谓的"真草隶篆"（真指真书），其实中国的书法大致可以分成5种，在"真草隶篆"的基础上再加上楷书，即可概括中国大多数的书法字体风格，如图11-29所示。书法字体大多根据历代名人的笔迹开发，再依据书写的人不同，这些字体也被冠上作者的名称，例如，楷书

有颜真卿的颜体、柳公权（注意不是柳宗元）的柳体、宋徽宗的瘦金体、（这个不是以作者命名）。另外还有一些根据各种书法字体特征开发出来不带个人特征的书法字体，这类字体数量非常多，被大量应用于节庆场合。除了根据毛笔字开发的字体之外还有根据其他一些书写形式开发的字体，例如，钢笔字体，前一阵子一位著名的才女女艺人的字体也被开发成了一种字体，很多人都下载使用，排版起来有清新的感觉。

魏碑字体　草书字体　隶书字体

魏碑（真书）　　　　草书　　　　　　隶书

篆書字體　楷書字體　行书字体

方正水柱-GBK　　　楷书　　　　行书（行楷）

图11-29 书法字体类型

提示 行书是介于楷书与草书之间的一种字体，行书比楷书书写快，又比草书更容易辨认，由此逐渐

发展成为一种颇具特色的字体。

中国的书法在书写时要么气定神闲，要么行云流水，讲究的是一个节奏，通过极高的修养，在不自觉间就让字与字之间形成了美妙和谐的关系。一篇书法作品中的文字可以有大有小，可以有疏有密，欣赏起来有一种节奏明朗的乐趣，但是这种和谐节奏在做成字体文件再在软件中输入出来后就被破坏了，统一的字号与间距会让大多数书法字体变得毫无生气，很多人并不注意这种问题，只是认为书法文字很中国风就直接使用，其实，这是一种错误的做法，如果真的要达到中国风，就要尝试感受书写的乐趣，通过细心地调整将书法文字恢复出前面提到的和谐节奏感。

实例：书法文字

如图11-30所示为一个中国风Logo设计实例，其中使用了书法字体，整体操作比较简单，下面来详细介绍一下。

Step1 挑选字体

首先分析"桃花源"，我们知道《桃花源记》是东晋陶渊明的一篇名作，意境优美，亦真亦幻，其中描述的是人们向往的仙境住所，所以很多地方喜欢用"桃花源"作为名称，而要说明的是，前面曾经提到过晋代的书法盛极一时，所以，选择当时比较出名的、笔体也颇为洒脱自然的行书或草书应该会很合适，不信做一个比较。

使用"直排文字工具"输入"桃花源"3个字。并复制使用几款不同的字体做一个比较，如图11-31所示，黄草简体是最终设计使用的，北魏楷书即一种魏碑体，雕刻感觉明显，感觉太过于强硬与正式，不符合桃花源的意境。方正行楷简体感觉尚可，但是它的问题在于太像计算机字体了，并且应用很广泛，缺少耳目一新的感觉。最后一种是隶书，隶书比行书草书出现的时间更早一些，其感觉有点陈旧，不够灵动所以也不选择。当然还有很多其他的书法字体可以选择，有兴趣的话可以自己比较一下。

图11-30　书法字体实例

桃花源	桃花源	桃花源	桃花源
方正黄草简体	方正北魏楷书简体	方正行楷简体	方正隶书简体

图11-31　字体比较

提示 现在一些网站可以提供历代著名书法文字的查询与下载，这些名家的书法字可以下载，使用"实时描摹工具"描摹下来，效果也非常好。

▌Step2 细节调整

黄草简体毕竟也是一种计算机字体，整体看来还是缺少手写的感觉，所以下面要对"桃花源"3个字进行一些手写感觉的安排。首先，调整大小位置对比，统一的字号多少有些破坏一行字的韵律美感，使用"选择工具"选中文字，单击右键，从弹出的菜单中执行"创建轮廓"命令，将文字转换成为轮廓。创建轮廓后，3个字是编组的状态，此时再次单击右键，执行"取消编组"命令。这样即可单独调整3个字了，选中单个文字，按住Shift键，使用定界框等比缩放，按照自己的感觉进行调整，调整的效果如图11-32所示，图（a）为输入文字状态，图（b）为调整后的状态。

其次，要对书写的连贯性进行一些调整，让文字更加连贯，如图11-33（a）所示，这里要想象一下文字书写的结束与开始的地方，红色箭头标记的为笔迹可以连笔的位置，但是现在看来，这"桃花"两个字连起来有点不给力。所以，通过使用"直接选择工具"调整笔画上的节点位置，并适当做一些整体移动来实现连笔效果，如图11-33（b）所示中红色圆圈标注的部分为调整节点的位置。将原来向左的笔势调整成为向左下的笔势，同时注意"花"字的位置，也稍微向左移动了一些。

（a）　　　　（b）

图11-32　细节调整

（a）书写方向　　　　　　（b）移动节点

图11-33　荒草简体调整

■ Step3 绘制桃花 ▋

文字经过前面两个步骤就基本完成了，下面要把这个logo补充完成，按快捷键Ctrl+K，打开"首选项"对话框，从上面的下拉列表中找到智能参考线，勾选"锚点和路径标签"选项，单击"确定"按钮关闭对话框，回到画布上按快捷键Ctrl+U开启"智能参考线"。

使用"多边形工具"在画布上单击，在弹出的对话框中设置"边数"为5，单击"确定"按钮关闭，此时画布上就会出现一个五边形，因为没有设置大小，所以直接删除。按住Shift键，直接使用"多边形工具"绘制一个大小与单个文字大小差不多的五边形，将这个五边形填充成粉色，如图11-34（a）所示。然后按住Shift+Alt键，使用"椭圆工具"以五边形的一个顶点为圆心，绘制一个与五边形大小差不多的正圆形，将这个圆形填充与五边形相同的粉色，如图11-34（b）所示。按住Alt键，使用"选择工具"将刚绘制出的圆形拖曳出一个新的圆形，并借助智能参考线的参考，将这个新圆形的圆心对准五边形的另一个顶点，就这样重复复制圆形，圆心对齐顶点的操作，最后，一朵桃花形状就绘制出来了，如图11-34（c）所示。选中绘制出的桃花在"路径查找器"面板单击"联集"按钮，将它们合并成为一个轮廓，如图11-34（d）所示。

按住Shift键，使用"椭圆工具"绘制一个小圆形，这个圆形将作为桃花的花蕊部分，大小根据绘制的桃花大小确定。继续使用"矩形工具"在小圆形的垂直位置绘制一个纵向的矩形，一起选中圆形与矩形，在"对齐"面板中单击"水平居中对齐"按钮，然后在"路径查找器"面板中单击"联集"按钮，将它们组合成一个火柴的形态，如图11-35（a）所示。

使用"选择工具"选中这根"火柴"，从工具箱中找到"旋转工具"，按住Alt键，在火柴的底部单击，打开"旋转"对话框，输入角度为36°，并单击复制按钮，让火柴以底部为轴心旋转36°，按快捷键Ctrl+D，重复旋转复制操作，直到绘制出一圈"火柴"（注意在"路径查找器"面板中将它们联集），花蕊就绘制完成了，如图11-35（b）所示。再将花蕊放置到桃花的中心位置，一朵桃花就绘制完成了。

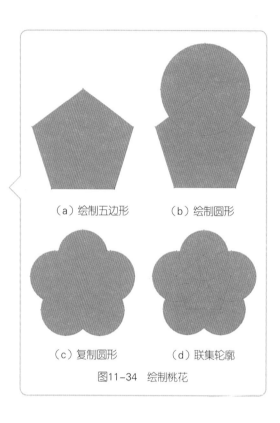

（a）绘制五边形　　　（b）绘制圆形

（c）复制圆形　　　　（d）联集轮廓

图11-34　绘制桃花

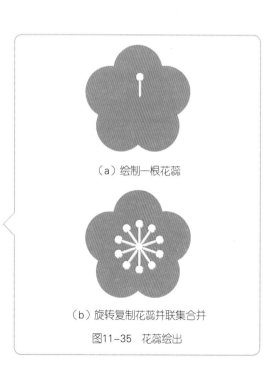

（a）绘制一根花蕊

（b）旋转复制花蕊并联集合并

图11-35　花蕊绘出

Step4 水墨效果与画面组合

　　按住Shift键，使用"椭圆工具"绘制一个正圆形，大小与"桃花源"3个字的高度接近，不设置填充颜色，设置描边为浅灰色，如图11-36（a）所示。打开"画笔"面板，在"画笔"面板菜单中执行"打开画笔库">"艺术效果">"艺术效果_水彩"命令，在这一类型的艺术画笔中选择"水彩描边4"，将这种效果赋予前面绘制的圆形，并在"描边"面板中调整画笔效果的粗细，得到的效果，如图11-36（b）所示。

（a）绘制灰色描边圆形　　　　　　　（b）添加画笔效果

图11-36　背景绘制

　　下面把桃花调整大小后放置在水墨效果的圆环周围，效果如图11-37（a）所示。现在感觉桃花有点太四平八稳，所以需要通过定界框适当地旋转一下桃花图案，让这些桃花有向外"飞"走的趋势，如图11-37（b）所示，经过这样的调整，这个Logo就设计绘制完成了。

（a）桃花组合　　　　　　　　　　（b）旋转桃花

图11-37　桃花组合与调整

11.1.6 英文手写体

英文手写体是一种颇具装饰感的字体，大多数正规的英文手写体都是根据17、18世纪的3位写作大师乔治·贝克汉姆、乔治·雪莱和乔治·斯内尔的笔体设计制作的（资料来自维基百科）。在看一些欧洲历史题材电影时经常会看到当时的人使用鹅毛笔在纸上书写拐很多弯儿好看的文字，这种文字就是最初的"手写体"，同时我们也会发现，虽然这种字体写起来很好看，但却是让现代人难以识别的，所以此类字体很少应用于排版设计，但是我们还是会在请柬上和一些讲求氛围的设计作品中看到，这种字体的应用能产生"罗曼蒂克"的氛围。

英文手写体字体在变成一种字体文件之后，从计算机中输入出来之后的效果其实与真正的手写体还是有很大差别的，这种差别体现在字母与字母之间连接装饰线条的不同，真正的手写体需要特殊处理字母与字母之间的连接，这种连接直接在软件中是需要单独调整的，那么，它需要如何调整呢？还记得前面讲解文字部分，提到过"字形"面板么？这里就是需要使用 "字形"面板中的一些特殊的连接形式替换已经输入的手写体文字，下面用如图11-38所示的请柬文字作为实例进行讲解。

实例：请柬文字

Step1 输入文字

从工具箱中找到"文字工具"，输入 Wedding Invitation，在"字符"面板中选择 Bickham Script Pro 字体，这种字体所拥有的字形比较丰富，可选择的余地比较大。输入的文字效果如图 11-39 所示。

提示 这款字体的行间距比较大，所以先输入了Wedding，然后切换工具，再切换回"文字工具"输入Invitation，这样即可轻松地调整行间距了。

Step2 更换字形1

执行"窗口"＞"文字"＞"字形"命令，打开"字型"面板，使用"文字工具"选项步骤1输入的文字，发现字形中会出现很多备选选项。首先把文字中的大写字母的字形更换一下，让"W"和"I"有更多的花样，使用"文字工具"选中"W"，"字形"面板中会自动跳转到"W"所在的位置，但并不是使用这个字形，通过拖曳"字行"面板的滚动条，从后面找到一个更复杂的"W"，在"字形"面板中双击选中的字形更改，同样，将"I"也更换一下，更换的效果如图11-40（a）所示。

图11-38 请柬文字实例

图11-39 输入文字效果

（a）更换W和I

（b）更换g和n

图11-40　字形更换

更换单词首字母之后，再把尾字母也更换一下，之前的W和I使用的是大写字母的字形，现在更换"g"和"n"，也在"字形"面板中找到感觉合适的字形进行替换，替换后的效果如图11-40（b）所示。

提示　"字形"面板中的字形数量庞大，并且默认显示的比较小，可以通过单击面板右下角的"放大"按钮放大，该按钮在一定的范围内是可以多次单击的。

Step3　去掉一些连接

在更改了单词的首字母之后，第2个字母与首字母的连接就不需要了，所以，这一步把两个单词的第2个字母"e"和"n"，的字形更换成起笔处没有连接线的类型，如图11-41（a）所示。完成效果如图11-41（b）所示。

（a）更换e和n　　　　　　　　　　　　　（b）完成效果

图11-41　调整字形起笔

这样的文字效果与其他的素材组合到一起即可用作婚礼请柬设计，前面介绍了各种创意技巧，赶快发挥一下吧！

11.1.7　中文美术体与英文其他体

中文美术体指的是一些经过特别设计的汉字字体，这些字体往往会有一个主题，但是依旧会符合汉字的规范，如果说宋体黑体书法体看上去都太过老套，那美术体绝对是一个很好的选择，有些美术体的风格硬朗，科技感较强，例如"菱心体"；有些字体饱满醒目，例如"综艺体"；有些字体充满童趣，例如像鱼眼效果一样的"哈哈体"，或有一种日式感觉的胖娃体，这些字体如图11-42所示。

数码　　　综艺　　　幽默　　　料理

汉仪菱心体　　　方正综艺简体　　　汉仪哈哈体　　　方正胖娃简体

图11-42　中文美术体举例

英文其他体只是一种代称，实际上其他体包含众多与衬线体、非衬线体、手写体同样级别的字体，只是它们的分类太多，不便于讲解，所以将它们合并为"其他体"，这些其他体中也包含一些会经常用到的类型，例如一些啤酒上标上会出现"黑体"，这种"黑体"指的是Black-letter，并不是我们所说的中文非衬线体的那种黑体，这种字体曾经在德国甚至欧洲都占据重要地位。因为德国的啤酒比较出名，所以啤酒商标上的黑体字可能表示拥有德国工艺，或者纯粹借德国之名。还有一款知名报纸的Logo也是使用的黑体字，如图11-43所示。

The New York Times

图11-43　纽约时报

除了像"黑体"这样的正式字体，英文其他体中也包含很多"装饰体"，这些字体不拘一格，风格各异，也是我们发挥创意的好途径。在Illustrator中，"钢笔工具"很容易操作，各种图形工具、菜单效果都是我们熟悉的操作方式，所以在Illustrator中设计字体也会更加轻松地展开创意，如果说一套中文字体（注意这里的字体指的是字体文件）的创作是遥不可及的事情，那么设计制作一套英文字体还是相对容易的，可以在Illustrator中设计完成一套字体，并把这套字体复制到FontLab Studio软件中制作成为一套真正可以使用的字体文件，再保存到计算机里，以后即可随时在软件中调用了。

提示　Illustrator结合FontLab Studio还是需要一定的控制技巧的，尤其需要熟练地掌握英文字体的各种基础常识。这种软件结合技巧可以在网络上搜索。

听到这里是不是很有冲动想为自己设计专属的字体？那么，下面就介绍一些在Illustrator中设计美术体字体效果的制作步骤。

实例：分割字体

如图11-44 所示实例中将现有的文字字体做了一些分割处理，形成一种拼贴的效果，可以应用到多种场合。

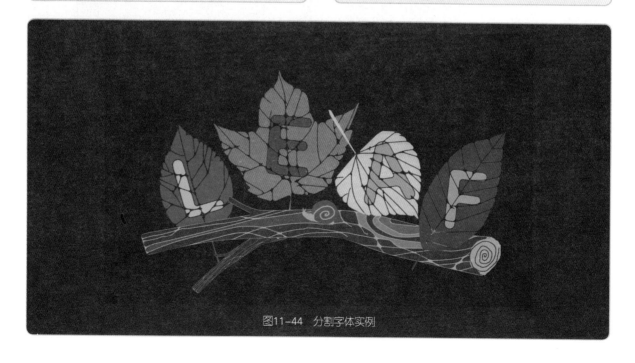

图11-44　分割字体实例

图11-45 输入文字

（a）分割文字

（b）路径偏移效果

图11-46 文字分割

图11-47 圆角化效果

Step1 输入文字

为了清晰起见，先把文字单独拿出来讲解一下，实例效果图中把文字嵌入叶子的方式稍后再做讲解。

新建画布，设置尺寸为1000像素×1000像素，从工具箱中找到"文字工具"，输入LEAF（叶子，或者输入复数）这个单词，在"文字"面板菜单中执行"全部大写字母"命令，将leaf 4个字母都变成大写。然后再从"字体"面板中选择"Arial Rounded MT Bold"字体，这是一种看上去比较具有亲和力的字体（主要是这种字体的圆角带来的感觉），设置字号为200pt，设置为任意填充颜色，不设置描边，其他的设置保持默认，输入后的效果如图11-45所示。使用"选择工具"单击选中文字，单击右键，在弹出的菜单中执行"创建轮廓"命令，将文字转换成为轮廓备用。

Step2 分割

从工具箱中找到"美工刀工具"，选择步骤1中创建为轮廓的文字，使用"美工刀工具"在上面随意地划，注意划开的区域不宜太小，防止后面的操作把太小的区域弄丢，划好的效果如图11-46（a）所示。划分开的区域现在都是紧密联系在一起的，下面我们要做一个操作，将它们之间的间隙变大一点，选中前面划开的文字，执行"对象">"路径">"路径偏移"命令，打开"路径偏移"对话框，将位移的数值设定为-1或-2，单击"确定"按钮，会发现分割后的轮廓向内缩了一圈，这时候把内圈的文字拖到一边，即可看到内圈的文字效果，如图11-46（b）所示。

提示 路径偏移后的对象通常是原始对象跟偏移后的对象编组在一起的，所以需要一些取消编组的步骤。

Step3 圆角化

为了让划开后的各个部分更加柔和，这里还要执行"效果">"风格化">"圆角化"命令，在弹出的"圆角化"对象中输入圆角化的数值为7像素左右，单击"确定"按钮，即可得到如图11-47所示的效果，对这个对象执行"对象">"扩展"命令，保证以后遇到缩放时圆角效果不会改变。

Step4 叶子效果

使用"钢笔工具"绘制一些叶子的外轮廓，如果想不出来是怎么样的，可以用一些照片作为参考。随便选择一个叶子，并把字母放到上面，把文字放到树叶上面的效果，如图11-48（a）所示。为了能让文字与树叶融合到一起，所以要使用文字的轮廓切割树叶的轮廓，这就用到了"路径查找器"面板中的"分割"功能，选中叶子轮廓和文字轮廓，在"路径查找器"面板中单击"分割"按钮，即可把文字嵌入到叶子里面。

将树叶轮廓与文字轮廓一起使用"美工刀工具"分割，如图11-48（b）所示，然后重复前面步骤2中的各项操作，即可绘制出最终效果图中的样式了，至于更换颜色应该不用多说了。

除了特殊类型的字体，在Logo设计中也经常会用到"标准字"，是一种特殊设计出来的，符合品牌或企业个性的字体，这种字体通常是文字组合出现，一种或几种固定的形式，下面用一个促销主题Logo设计实例讲解一下，实例效果如图11-49所示。

实例：促销主题Logo设计

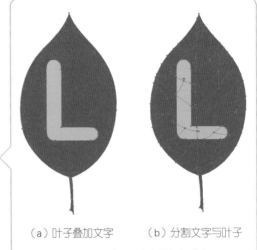

（a）叶子叠加文字　　（b）分割文字与叶子

图11-48　叶子、文字叠加与分割

图11-49　促销主题Logo设计实例

■Step1 输入文字

新建画布，设置画布尺寸为1000像素×1000像素，使用"文字工具"输入"日韩恋歌"4个字，设置字体大小为100pt，选择"方正幼线"体，这个字体比较简单、干净利落，比较符合想要的感觉。输入文字的效果，如图11-50所示。

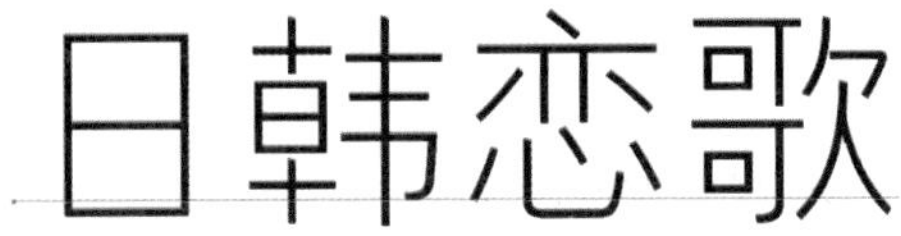

日韩恋歌

图11-50　输入文字

图11-51 高音符号

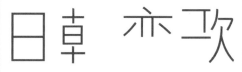

图11-52 去掉笔画效果

Step2 创意联想

这是一个商场的活动主题Logo，主题与"歌"有关，所以会想到音符一类的感觉，再加上"恋歌"的主题，所以就想能不能有一点浪漫的感觉，这种浪漫的感觉又引导到"英文手写体"的一些书写方式上来。

汉字的笔画形态已经"深入人心"，所以多数情况下，汉字的表达只是通过一点趋势即可识别，根据这个特点，就发现"韩"右侧的"韦"，特别像"高音符号"，如图11-51所示，所以打算使用这个符号替代"韦"，融入音乐的感觉。

Step3 细节调整

直接把现成的"高音音符"符号放到字体上有点不搭配，所以需要重新绘制一遍，选中步骤1中输入的文字，单击右键，在弹出的菜单中执行"创建轮廓"命令，创建轮廓后，把不需要的笔画使用"直接选择工具"删除，并将文字的颜色换成主题的粉红色，删除掉的效果如图11-52所示。

Step4 添加笔画1

为了让绘制出的笔画有一点粗细变化，这里要制作一种艺术画笔，使用"矩形工具"在画布上绘制一个与文字笔画差不多高度的扁矩形，不设置描边，设置填充色为黑色，稍微长一点，形成一条"线"的感觉，如图11-53所示。

图11-53 黑色线条

提示 之所以设置填充色为黑色，是为了后面使用艺术画笔的"色相转换"模式更换颜色更容易。

使用"直接选择工具"选中刚才绘制的矩形右端的节点，使用下箭头键，向下稍微移动一些，如果键盘移动的距离比较大，可以使用"直接选择工具"向下拖曳。同样，把矩形右端下侧的节点再向上移动一点，绘制出一端稍窄的形状，如图11-54所示。

图11-54 调整线条

将这个形状拖曳到"画笔"面板中，在弹出的菜单中执行"艺术画笔"命令，然后再在"艺术画笔选项"对话框中选择方向为从左向右描边（通常为默认的），着色选择色相转换。接下来，先来绘制音符，使用"钢笔工具"按如图11-55（a）所示的顺序绘制。

将音符应用前面创建的艺术画笔，并更换成Logo主题的粉色，效果如图11-55（b）所示。如果音符的感觉不够流畅，在应用画笔后再使用"直接选择工具"调整一下节点的手柄，回忆一下第2章中讲解钢笔路径的内容吧！

Step5 添加笔画2

将步骤4中绘制的音符与韩字的左侧组合起来，并绘制其他的笔画，这些笔画的绘制很容易，使用"钢笔工具"绘制路径后应用艺术画笔即可，但是绘制的效果要注意视觉效果的平衡，要根据个人的感觉，如图11-56（a）所示。

除了这些延伸出来的笔画，还有一些笔画做了一些较大的变化，创意的方式主要是根据词义联想，例如恋字下面的"心"，也可以根据整体效果做一些配合，例如歌字中"口"的替换。绘制技巧就不用介绍了吧！添加上这些笔画的效果，如图11-56（b）所示。

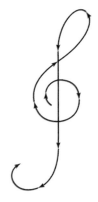

（a）绘制音符的"钢笔工具"单击顺序

（b）完成音符效果

图11-55 绘制音符

（a）组合　　　　　　　　　　（b）调整笔画

图11-56 字形组合与笔画调整

提示 心形的画法可能会让很多人苦恼，这个形状的确不是很好画，很容易不对称，其实画心形有一个特殊的小技巧（虽然本节实例并不是使用这个技巧，而是使用比较麻烦的对称命令）使用"圆角矩形工具"在画布上单击，设置圆角值尽量大一些，设置宽度是高度2倍左右的数值，即可绘制出如图11-57（a）所示的类似感觉的圆角矩形（胶囊形）。

选中这个矩形，在工具箱中找到"旋转工具"，双击该工具，在弹出的"旋转"窗口中输入90°，并单击"复制"

按钮，即可以绘制出一个十字形的效果，如图11-57（b）所示。选中这个十字图形，在"路径查找器"面板中单击"分割"按钮，取消编组后，使用"选择工具"框选十字形右侧和下端的部分，如图11-57（c）所示，删除后剩下的部分就是一个标准的心形图案了，如图11-57（d）所示，将剩下的这个图形在"路径查找器"面板中单击"联集"，合并成一个形状，旋转后即可当作素材备用了，如图11-57（e）所示。

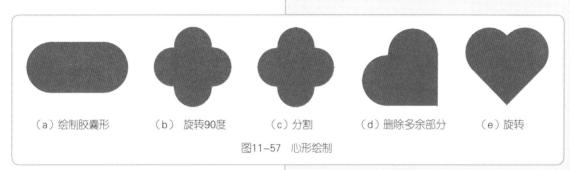

| （a）绘制胶囊形 | （b）旋转90度 | （c）分割 | （d）删除多余部分 | （e）旋转 |

图11-57　心形绘制

■ Step6　氛围营造1

感觉"日"字与"韩"字的笔画太靠近了，所以使用"选择工具"选中"日"字，稍微调整得小一些。调整了文字之后，再把之前绘制的心形放到"恋"字的底部，再与"歌"字的一个笔画的末端相连，为的是让Logo的左右看起来更加平衡，如图11-58（a）所示。经过这两个调整，Logo就绘制完成了，下面即可开始进行氛围的营造了。

首先将前面几步设计制作的文字效果编组。使用"矩形工具"绘制矩形填充白色，并放置最后一层，当作文字的背景。按快捷键Crtl+2，将文字锁定以免影响以后的各项操作，使用"网格工具"在矩形的中央单击，并将新产生的节点填充为主题的粉红色，产生一个虚化扩展的粉红色椭圆形，如果觉得粉红色虚化圆形的范围过大，可以继续使用几个工具添加节点，缩小圆形的范围，绘制出的效果，如图11-58（b）所示。

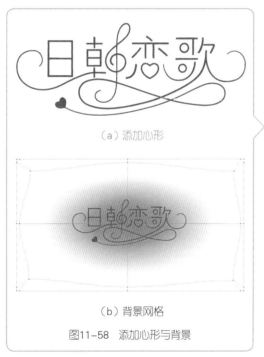

（a）添加心形

（b）背景网格

图11-58　添加心形与背景

■ Step7　氛围营造2

粉红色的文字搭配粉红的底色，显然不是一个明智的做法，所以，为了让画面看上去更好看一些，首先就要把之前锁定的文字取消锁定，然后把文字的颜色更换成为与粉红色能搭配出温馨氛围的白色，效果如图11-59（a）所示。更换颜色之后，再按住Alt键，将文字向上拖曳复制一层，并将下面这层的颜色更换成比背景粉色更深一点的粉红色，使文字产生一点立体感，为了与背景区分，还需要对下层

（a）更换文字颜色

的文字添加一些外发光效果（执行"效果">"风格化">"外发光"命令），最后效果如图11-59（b）所示。

Step8 氛围营造3

　　在粉红色的背景上还要有很多心形和樱花形态的装饰，这些装饰是使用"符号喷枪工具"喷绘的，既然是使用了"符号喷枪工具"，那么，肯定是有符号可以使用的，所以，这一步中需要制作两种符号，第1种是心形符号，这种符号直接使用前面绘制出的心形，颜色更换成为白色，执行"效果">"风格化">"外发光"命令，将这个心形的外发光也设置成为正常模式下的白色，效果如图11-60（a）所示。将心形拖曳到"符号"面板中制作成为符号，备用。樱花素材也是使用的前面实例中使用过的素材，书中提供了源文件，如果不想绘制，可以从源文件中调用。将樱花的混合模式更改为"颜色加深"，然后制作成符号，樱花符号效果如图11-60（b）所示。使用"符号喷枪工具"分别选择两种符号，在文字周围喷洒，喷洒后将这两种符号放置到文字与背景之间的层次，效果如图11-60（c）所示。

（b）增加立体感与外发光

图11-59　字色调整与外发光

（a）心形符号

（b）心形符号

（c）叠加效果

图11-60　装饰制作

提示 别忘了"符号喷枪工具"喷绘后还要结合符号喷枪系列工具的其他工具做一些大小和颜色的调整。

现在看来这两种符号太抢镜，所以使用透明度来控制它们，在"透明度"面板中将这两种符号的透明度调低，效果如图11-61（a）所示。为了增强对比效果，再单独放置一些心形的图案在文字的周围，效果如图11-6（b）所示。

其实在整体的效果完成之后，还添加了一些五线谱感觉的线条，这些线条是使用"钢笔工具"绘制线条后再使用"混合工具"绘制的，混合的方法在前面很多实例中都介绍过，这里就不多介绍了。

（d）调整叠加效果

（e）增加单独的心形

图11-61　心形背景图案绘制

11.2　文字的大小与间距

文字的大小即文字的字号，不同的软件中默认的字号单位不同，在Illustrator中默认为的pt（磅），可以在系统预置对话框还可以进行切换。在Illustrator的"字符"面板中可以设置文字的字号，使文字呈现不同的大小，但是同一字号的字体通常也会出现很多不同的大小，最简单的例子如一些英文字体通常可以看到正常体、粗体及斜体等多种状态，相同字号下，大小样式都不尽相同，这些同种字体的不同变化组合到一起，被统称为"字族"，字族就像是文字的家族，家族下的所有文字虽然各不相同，

但是都属于同一个"祖宗"。如图11-62（a）所示为Helvetica字体字族的部分成员。这款字体以设计精良著称，基本上可以说是设计师必备字体。字族的存在使文字更加易用，但是作为文字量庞大的汉字字体来说，字族的组合太过庞大，并且制作汉字字族并不像英文字体一样"轻松"（只是相比较而言，字体设计从来都不是轻松的事情），所以常用的中文字体大多数没有"字族"，如图11-62（b）所示为"苹果丽黑"的简单字族，虽然很少有字族，但是中文字体的不同形式通常会以单独的字体存在，如图11-62（c）所示。

	Normal	Condensed	Italic
Black	**Illustrator fonts**	**Illustrator fonts**	***Illustrator fonts***
Heavy	**Illustrator fonts**	**Illustrator fonts**	***Illustrator fonts***
Bold	**Illustrator fonts**	**Illustrator fonts**	***Illustrator fonts***
Medium	Illustrator fonts	Illustrator fonts	*Illustrator fonts*
Regular	Illustrator fonts	Illustrator fonts	*Illustrator fonts*
Light	Illustrator fonts	Illustrator fonts	*Illustrator fonts*
Thin	Illustrator fonts	Illustrator fonts	*Illustrator fonts*
Ultra Light	Illustrator fonts	Illustrator fonts	*Illustrator fonts*

（a）Helvetica字体字族

Hiragino San GB(苹果丽黑)		汉仪超粗黑简体	**汉字字体举例**	方正粗粗黑简体	**汉字字体举例**
		汉仪粗黑简体	**汉字字体举例**	方正大黑简体	**汉字字体举例**
W6	**汉字字体举例**	汉仪大黑简体	**汉字字体举例**	方正展挥体简体	汉字字体举例
W3	汉字字体举例	汉仪中黑简体	**汉字字体举例**	方正细黑一简体	汉字字体举例

（b）苹果丽黑　　　　　　　　　　（c）单独字体

图11-62　中英文字体举例

如图11-63（a）所示为一个名片实例，在名片的设计中文字信息显得尤为重要，不但要将文字信息的分类做好，更重要的还要保证名片的最终印刷效果，因为名片的尺寸通常很小，在软件中创建的画布尺寸也不会很大，所以通常状态下，都是以"放大"的形式进行名片上的文字排版，我们把画布放大，文字也随之放大，这样通常会产生一个问题就是，在放大的情况下看文字的字号大小刚刚好。但是实际印刷出来的字却小得看不清，如图11-63（b）所示，所以在进行排版时要在原大的情况下观察文字的大小，现将名片上的文字大小更改为合适的大小，效果如图11-63（c）所示。

（a）放大预览的名片文字

（b）实际大小文字看不清

（c）调整过后的文字大小

图11-63　名片制作实例

前面提到汉字是"方块字"，每个汉字都可以放到一个同样大小的方块里面，形成均衡的感觉，如图11-64（a）所示，如果将这些方块分散开，字间距就会变宽，如果将这些方块缩紧，字间距就会变小，也正是因为汉字形成的方块感觉，若汉字的字间距缩小的过小，以致于两个汉字的笔画相碰，一旦出现那种情况，汉字的排版就会显得拥挤，如图11-64（b）所示。

文字的间距

（a）方块字

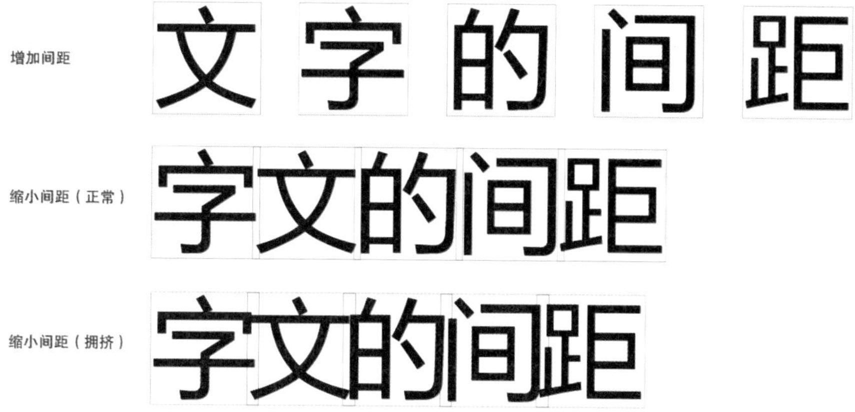

增加间距

文 字 的 间 距

缩小间距（正常）

字文的间距

缩小间距（拥挤）

字文的间距

（b）调整间距

图11-64 中文文字及其间距调整

英文字体不会像汉字那样形成方块的感觉，并且英文字母有宽有窄，如图11-65（a）所示。通常默认的字间距是一种通用状态，如果考究起来，需要调整单词内部字母的间距，因为英文单词各有不同，所以调整也不完全相同，虽然调整起来并不相同，但是还是有一个大致的原则可以遵守的，那就是"弹性"的感觉。我们先来看一下英文字体间距的调整，如图11-65（b）所示。

DESIGN

（a）英文的间距

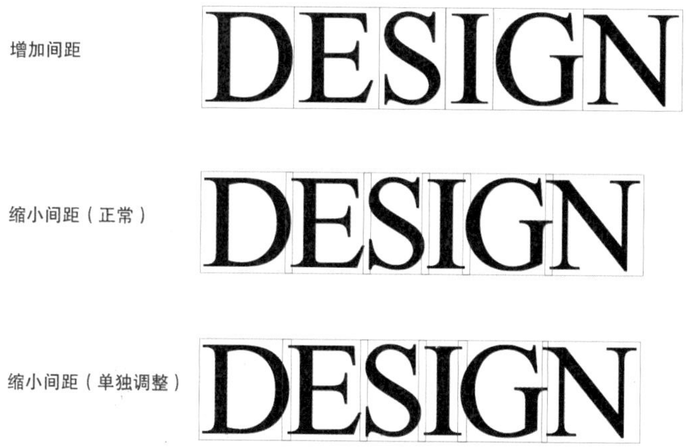

增加间距

DESIGN

缩小间距（正常）

DESIGN

缩小间距（单独调整）

DESIGN

（b）调整间距

图11-65 英文字母间距及其调整

因为英文字母笔画的特殊性，在一定程度上出现笔画位置"交错"也是可以的，输入英文单词之后，可以使用"字体工具"选中文字，将光标停留在字母之间的位置，按下Alt键和左右箭头键，可以单独调整字母与字母之间的距离，前面也提到了一个原则，这个原则就是在两个字母之间放置一个虚拟的"弹力球"，两个字母挤压这个弹力球，当弹力球被"挤压"到不能再挤压的感觉时，两个字母之间的间距就刚刚好（这个原则并不一定通用，字间距的调整是一个很专业的事情，有兴趣的话可以自己研究一下）。

提示 按下Alt键和左右箭头键，不但可以调整英文，也可以调整中文字体。

11.3 文字的效果

前面介绍了各种文字的固有属性，下面要在文字上添加一些外部的效果，因为在软件中有相当多的效果可以使用（前面圆形引发的创意中也有介绍），所以本节将挑选其中几个比较有趣的文字效果，用实例讲解一下，首先要介绍的是一个热狗荧光灯招牌样式的设计，如图11-66所示，其中使用了大量的荧光等文字效果，下面进行详细介绍。

图11-66 热狗荧光灯招牌设计实例

实例：荧光灯文字效果

Step1 设计草图

从工具箱中选择"文字工具"，输入HOT DOG等文字，为了让这些文字移动方便，尽量将单词分开输入。使用"椭圆工具"和"矩形工具"、"圆角矩形工具"等绘制出招牌大致轮廓及热狗图案等，设计草图的感觉大致如图11-67所示。在这个招牌的设计中使用了Cooper black字体（上端的Hot dog字样），以及方正粗圆简体（中间横排文字），还有Lucida Sans Demibold Italic字体（Great）和Santa Fe LET Plain:1.0字体（Open）

图11-67 设计草图

图11-68　细节调整

图11-69　修整

（a）最亮的颜色

组合出大致感觉后，再做进一步调整，首先使用路径文字输入技巧把上端的JIM'S HOT DOG 文字输入，使文字围绕圆圈排列，如果把圆圈转换成输入路径，圆形就会"消失"，但是还是需要这层圆形，所以，在将圆形转换成文字路径之前，先原位复制一层备用。因为下一步还要进行一些路径删除的操作，所以需要把各种重叠在一起的部分调整一下位置，使剪接后不至于产生很多细小的线段，例如Great所在的圆角矩形框，将其稍微向左移动一下，即可覆盖住下面的矩形左上角，将来删除的时候会更加方便。另外，一个招牌的左右平衡感是很重要的，所以别忘了把文字的位置重新仔细移动一下，经过这样一番调整，得到的效果如图11-68所示。

Step2　修整

所谓的修整就是根据霓虹灯的感觉，删除一些将来可能会干扰视线的线条，这些线条包括与主体形象重叠的线条，以及位于后方的一些线条，删除的方法是使用"添加锚点工具"在线条交叉的位置单击，产生一个新的节点，然后使用"直接选择工具"选中不需要的部分，按Delete键删除。删除后的效果肯定会与之前的草图看起来感觉不同，所以可以适当调整一下招牌上对象的大小，增加一下细节。这样删除调整后，将整体的招牌设计置于黑色背景上，并将文字创建轮廓，不设置填充，所有的线条转换成为白色，如图11-69所示。

提示　在这一步的调整中删除了Open文字中O的左侧延伸出去的笔画，增大了热狗图形，使它冲出圆形的范围、在原有的圆形外部又增加了一个圆形，同时上端文字的范围也要增大一下。因为感觉热狗的右上方比较空，所以增加了一些"热气"线条。

Step3　轮廓荧光文字效果

前面说了好多都是在讲解如何绘制这个招牌，但是介绍文字的效果才是本节的重点，下面即可把招牌中涉及的荧光字体类型进行分别介绍。

首先介绍轮廓文字效果，这种字体效果实现起来非常简单，首先设置文字的描边颜色，这个颜色的设置很重要，这也是作者在最近开始研究荧光类型文字遇到的问题，通常人们以为软件颜色中如图11-70（a）所示的这些颜色会有非常符合荧光文字的感觉，其实不是！使用这些颜色模拟霓虹灯的灯管会非常黯淡，效果一点也不好，所以为了让这些灯亮起来，我们要选择"发白"一点的颜色，这些颜色的明度更高，更接近霓虹灯的真实感觉，效果也更好，如图11-70（b）所示。

解决了霓虹灯灯光的颜色问题，那发光是如何制作的呢？其实也很简单，就执行"效果">"风格化">"外发光"命令即可，不同颜色的霓虹灯设置成为不同的发光颜色即可。使用"外发光"命令时最好勾选"预览"选项，根据预览的情况设置外发光的模糊数值，并注意将模式设置为"正常"，透明度设置为100。

根据上面介绍的办法，应用到热狗招牌的设计中，绘制出的效果如图11-71（a）所示，会发现发光效果不明显，要解决这个问题不需要再次设置外发光效果（实际上设置了也不会有所改观），只需要将所有的对象原位复制一层即可，两层对象叠加在一起，发光效果立刻就明显了，如图11-71（b）所示。

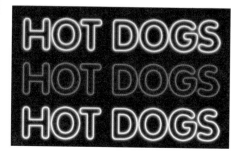

（b）发白的颜色

图11-70　霓虹灯颜色问题

（a）添加外发光

（b）多层叠加

图11-71　发光效果问题

提示 结合"图形样式"面板可以事半功倍。把制作的外发光效果对象（注意不能是编组的）拖曳到"图形样式"面板中即可创建一个与被插入的对象相同的图形样式，以后选中其他对象，只要在"图形样式"面板中单击该样式，被选中的其他对象就会被赋予这种样式，省去了打开菜单调整的麻烦，如果创建的样式够多，那以后就可以轻松随意更换霓虹灯的颜色效果了。

（a）居中的线条

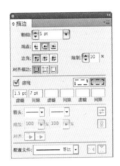

（b）虚线描边设置

（c）虚线效果

图11-72　点光荧光文字设计

　　Open字样的荧光设计与前面介绍的轮廓文字效果不同，在文字的中间有点状的光源，为了实现这一些点状的光源，必须想办法创建出一些居中的线条，其中最容易控制的创建居中的线条的办法就是"画"，对于数量较多的文字这个方法就不合适了，如图11-72（a）所示为在Open文字中间绘制的居中线条。

　　在Illustrator中很容易绘制虚线，利用虚线这一点将居中的线条转换成串联的圆点效果，如图11-72（b）所示为这里在"描边"面板中设置的样式，描边的大小根据个人的绘制大小设定，需要强调的是，应该使用"圆头端点"模式，并在勾选"虚线"选项之后，需要设置一个虚线和一个间隙，通过调整这两个数值，可以调整出接近圆形的每个虚线点并让虚线点之间产生合适的距离。经过这一步的调整，得到的效果如图11-72（c）所示。

　　外圈的粉红色可以使用之前创建的样式，但是内部的虚线描边一定不要使用之前的样式，单独为中间的虚线描边设置一下外发光，并将外圈的文字做一个比描边颜色深一点的颜色填充，这样得到的效果如图11-73（a）所示。同样，为了增强发光效果，原位复制一层，得到的效果如图11-73（b）所示，这样点光荧光文字效果就绘制完成了。

（a）设置外发光

（b）多层叠加

图11-73　外发光设置效果

提示　实例中Open文字的最终效果与前面讲解的步骤实现的效果不完全相同，因为实例中使用的是"路径偏移"命令，使用"路径偏移"命令扩展出了一层较大的轮廓，而居中的描边就是原来的轮廓。所以在这点差别上，最终效果也不相同，但是因为原理相同，就不多做讲解了。

为了突出招牌中主体物，例如，热狗的图形等，需要把目前绘制完成的部分描边在"描边"面板中加粗一点，形成粗细对比效果，如图11-74（a）所示。

除了纯霓虹灯管组合出的效果还可以添加上一些"灯箱"背景，这些轮廓使用"钢笔工具"绘制并置入最后一层，填充与霓虹灯管相同的颜色即可，效果如图11-74（b）所示，总之，可以进行创意发挥，自己发挥一下吧！

（a）调整粗细变化

（b）添加背景色

图11-74 招牌细节调整

实例：立体文字效果

学习了发光文字效果，让我们来看一下如图11-75所示的这种又"发光"又有些立体效果的文字效果——果冻文字效果。本节实例模拟了果冻的透明感觉，用简单的几个步骤即可实现，下面详细介绍具体步骤。

图11-75 立体文字效果

Step1 发光效果1

使用"文字工具"输入 Jelly 字样，并在"字符"面板中选择 Arial Rounded MT Bold 字体，设置字体大小为210pt。如果没有 Arial Rounded MT Bold 字体，可以使用"方正粗圆简体"代替。输入文字后，将文字设置为 R:57、G:181、B:74 这种颜色（"色板"面板中的第 3 个绿色），最后将文字创建轮廓，绘制出如图11-76（a）所示的效果。

选中扩展后的文字轮廓，执行"对象"＞"路径"＞"偏移路径"命令，设置"偏移"数值为-6像素左右，单击"确定"按钮，关闭对话框，现在在偏移后的路径与原来的路径通常情况下是编组在一起的，所以需要取消

（a）转曲文字

（b）便宜路径并模糊

图11-76　发光效果制作

（a）复制一层并放置到后方

（b）调整节点位置

图11-77　立体效果制作

图11-78　增加高斯模糊

（a）侧边

编组，并使用"选择工具"将偏移后的文字单独选出（注意不要移动位置），编组。将编组后的偏移文字轮廓的颜色设置为R：83、G：255、B：157，并执行"效果" > "风格化" > "高斯模糊"命令，设置高斯模糊的数值为6像素左右，绘制出的效果如图11-76（b）所示。

提示　"路径偏移"为-6，"高斯模糊"为6，这两个数值之间存在必然的关系，首先因为路径偏移向内缩小了6像素，而高斯模糊后的效果会把虚化的文字向外扩张6像素，这样以来，高斯模糊后的文字轮廓就不会超出下面一层文字轮廓，文字的明确边缘就会被保存下来。

Step2　立体效果

通常会使用3D命令来实现文字的立体效果，但是这种简单角度的文字大可不必那么麻烦，直接复制一层正常的文字轮廓放置在最后一层并向下移动一些位置即可，将这层的颜色设置成为R：0、G：104、B：55，绘制出的效果如图11-77（a）所示。注意经过步骤1中的发光效果绘制，选中最先创建文字轮廓可能不会很方便，也为了以后更容易选择其他对象，选中步骤1中高斯模糊后的偏移文字轮廓，按快捷键Ctrl+2将其锁定。这样直接的复制只是形成了一个上层一个下层的模拟3D效果，但是在一些细节上还不够好，所以需要借助"直接选择工具"将最下层轮廓的一些节点移动一下位置，让3D效果更真实，调整的位置如图11-77（b）所示。最下层的对象会因为上面的对象阻挡不容易选中，还是一样的，将它锁定吧。

Step3　发光效果2

目前实现的立体效果有点沉闷，所以为最下层的对象添加一点内发光效果，选中最下层的轮廓执行"对象" > "风格化" > "内发光"命令设置不透明度为50左右，模糊大小为6，经过这样的调整，绘制出的效果如图11-78所示。

按快捷键Ctrl + Alt+2，将所有对象解锁，本来是要单独解锁某些对象的，但是本人不喜欢从"图层"面板中找路径，所以就这样吧，解锁后，再次用快捷键锁定高斯模糊的一层，一起选中最早创建出来的文字轮廓与最下层的文字轮廓，按住Alt键拖曳复制出来，将这一组轮廓对象放到旁边的位置，从"路径查找器"面板中单击"减去顶层"按钮创建出立体文字"侧边"的轮廓，如图11-79（a）所示，选中这个轮廓，执行"对象按钮" > "路径">"路径偏移"命令设置数值为-1或-2像素左右,将这组轮廓缩小一圈。同样,缩小的轮廓还是与之前的轮廓在一起,把缩小的轮廓保留,再一点一点删除原来的轮廓。将这些轮廓设置成如图11-79(b)所示的渐变样式,其中亮绿色的颜色数值为R:83、G:255、B:157,注意要让每个分开的单独轮廓都要完整地出现径向渐变的效果,某些情况下应用渐变,软件会把这些轮廓当作是一个轮廓,填充一个统一的渐变,如果遇到这种情况可以检查是否对象是复合路径或编组等情况。

（b）渐变设置

图11-79　添加内发光效果

将填充渐变的轮廓编组,并放回之前绘制的立体文字的侧面部分,并在"透明度"面板中选择"颜色减淡"混合模式,这样得到的效果如图11-80所示。果冻胶状中折射的光线效果很轻松地实现了。

图11-80　侧边发光效果

Step4　添加一些细节

这些细节主要包括使用不透明蒙版的方式添加一些强高光,如图11-81(a)所示。一些绿色的投影,如图11-81(b)所示;并且继续使用"路径查找器"面板切割出了立体文字"背面"的轮廓,并用"正片叠底"模式叠加在文字上面,实际效果不明显,所以可以忽略。各种细节方法简单,并且在之前的很多实例中都已经讲解过,这里就不多介绍了。

提示 文字效果的方法就介绍完成了,实际上实例最终效果中将字体的角度做了一点调整,不过方法没有改变。

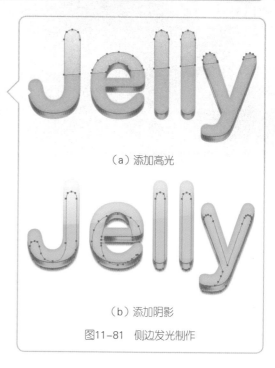

（a）添加高光

（b）添加阴影

图11-81　侧边发光制作

（a）正常格子花纹

（b）放大格子花纹

图11-82   桌布格子花纹

绘制一个盘子和一片桌布当作这些字体的场景，首先绘制桌布效果，桌布上的图案是使用一种软件自带图案色板绘制的，在"色板"面板菜单中执行"打开色板库">"图案">"装饰">"古典"命令打开"装饰_古典"色板，使用"矩形工具"绘制矩形，从中选择"格子花纹3 颜色"，将这个花纹应用到矩形之后，格子的效果显得很小，如图11-82（a）所示。所以，需要执行"对象">"变换">"缩放"命令对这些格子花纹进行一些缩放，当然，前提是要取消勾选缩放窗口中的"对象"选项，勾选 "图案"选项，设置等比缩放200%左右，绘制出的效果如图11-82（b）所示。

下面为这些格子花纹添加透视效果，选中填充格子花纹的矩形，执行"对象">"扩展"命令，直接单击"确定"按钮，关闭"扩展"对话框，将填充在矩形内的格子图案扩展。保持扩展后矩形的选中状态，在工具箱中找到"自由变换工具"，把鼠标放到矩形左上角，单击鼠标，并按住Ctrl键，此时鼠标指针会变成一个灰色箭头的样式，使用这种样式下的鼠标即可拖动对象的形态，使对象发生扭曲，利用这个原理，将矩形的左上角点向右平移，同理，再将右侧的节点向左侧平移（也可以平移矩形下端的两个节点的位置），平移后的效果如图11-83所示，如果平移一次不够好，可以进行多次平移。平移后的对象会变小，使用"定界框"拉伸缩放一下即可。

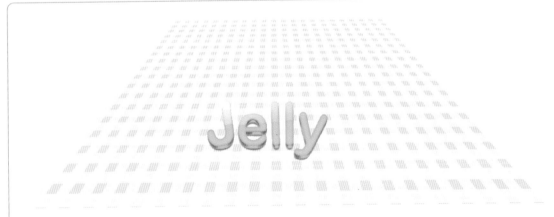

图11-83   为花纹添加透视效果

使用"矩形工具"绘制一个矩形，填充一种比方格图案颜色浅的黄色，并放置在最后一层，使用不透明蒙版将这层浅黄色的接近前端的部分变透明（透出底色），使整体的效果产生前面亮后面暗的效果，如图11-84所示。这样的效果会增强透视效果。

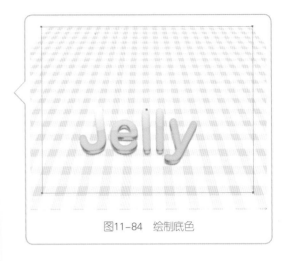

图11-84　绘制底色

■Step6 盘子绘制

还记得前面介绍圆形创意时的一个图钉绘制的实例吗？这里的盘子绘制即是使用与图钉的绘制相同的技巧，如图11-85（a）所示为混合之前盘子的各层位置关系，要说为什么看起来不像盘子？因为盘子的下面都已经在画面外了，所以形态是什么样的不重要了，只要能在画面中出现好的视觉效果即可。

将桌布 、盘子与果冻字体组合到一起，为了增强效果，还需要在果冻字体的下方添加一些液体感觉，如图11-85（b）所示，使用的技巧是与果冻字体相同的技巧。

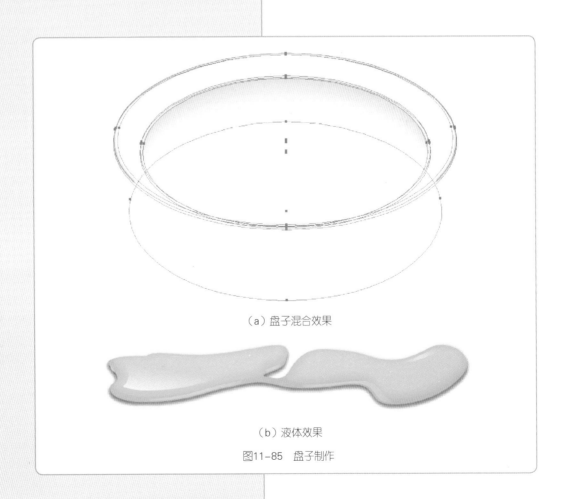

（a）盘子混合效果

（b）液体效果

图11-85　盘子制作

图11-86　牛仔布料效果字体

实例：肌理文字

　　在表现肌理上，Illustrator虽然不如Photoshop，但是这不能阻碍Illustrator表现肌理效果，并且有时还可以使用一些别出心裁的技巧绘制出逼真的肌理效果，本节实例将一种模拟Jeans肌理感觉应用于字体设计，创建出一种视觉效果颇为逼真的牛仔布料效果字体，如图11-86所示，下面来看一下这种肌理字体的设计绘制步骤。

Step1　制作肌理（1）

　　按住Shift键，使用"直线段工具"绘制垂直的线段，设置线段粗细为2pt，同时按住Shift+Alt键，使用"选择工具"水平移动复制线段，平移的距离约是线段粗细的2倍大小，平移复制后继续多次使用快捷键Ctrl+D，重复平移复制操作，绘制出一片垂直的线段，如图11-87（a）所示。使用"直接选择工具"，框选这一排直线段的下端的节点，并向右侧拖动，使垂直的线条倾斜，倾斜的角度大约是50°。

　　将倾斜后的线段扩展成为轮廓，执行"效果"＞"扭曲和变换"＞"粗糙化"命令，设置大小为3像素，"绝对"模式，"细节"为34英寸左右，在"pt"栏中选择平滑模式。单击"确定"按钮，即可将倾斜的线段转换成一些粗糙的轮廓了，如图11-87（b）所示。

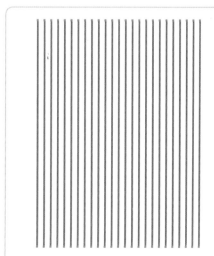

（a）绘制线条

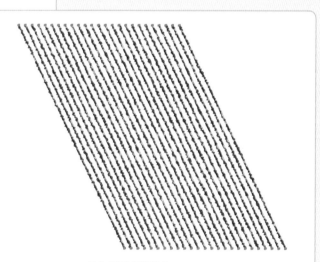

（b）倾斜并粗糙化

图11-87　肌理制作（1）

Step2　制作肌理（2）

　　将步骤1中制作的粗糙化轮廓效果，执行"对象"＞"栅格化"命令，使用默认设置，单击"确定"按钮即可，选中栅格化成位图的对象，执行"对象">"实时描摹">"描摹选项"命令，进行如图11-88（a）所示的设置，"阈值"减小可以让粗糙化后的线条不那么粗，设置"模糊"数值，可以让粗糙化后线条的尖锐感觉减轻，单击"确定"按钮后，即可得到类似牛仔布纹的一种肌理效果了，如图11-88（b）所示。单独一层肌理实现的效果还不够好，所以将前面实时描摹出的对象扩展，并按住Alt键水平拖曳复制出一层新的对象，形成两层对象相间的效果，将如R：15、G：38、B：134和R：246、G：249、B：255两种颜色分别赋予两层对象，并使用"矩形工具"绘制一层比倾斜线条肌理范围稍大的矩形放置在最后一层，填充R：63、G：811、B：21这种颜色，即可产生比较逼真的蓝色牛仔布效果，如图11-88（c）所示。

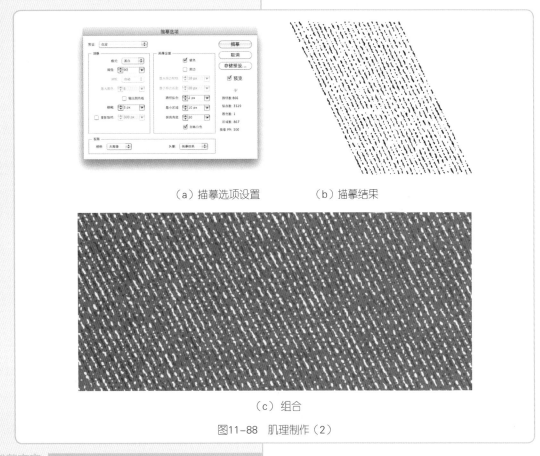

（a）描摹选项设置　　　（b）描摹结果

（c）组合

图11-88　肌理制作（2）

Step3 裁剪文字

使用"文字工具"输入HOME字样，使用的是Bebas字体，字号大小为226pt，如果没有Bebas字体可以使用Impact字体代替，在文字上单击右键，在弹出的菜单中执行"创建轮廓"命令，将创建轮廓后的文字轮廓按住Alt键拖曳复制一层到旁边备用。为了模拟牛仔布料的参差边缘，还需要为扩展后的文字轮廓添加一点粗糙化效果，粗糙化的数值设置如图11-89（a）所示，绘制出的效果如图

（a）粗糙化设置

（b）粗糙化文字轮廓

（c）剪切蒙版

图11-89

11-89（b）所示。注意对粗糙化后的文字轮廓，执行"对象">"扩展外观"命令。将文字轮廓叠加到步骤2中绘制的肌理上，然后一起选中文字轮廓和下面的肌理，单击右键，在弹出的菜单中执行"创建剪切蒙版"命令，牛仔布效果就被文字裁剪下来了，效果如图11-89（c）所示。

Step4　缝线与阴影效果

　　找到步骤2中备用的文字轮廓，选中后执行"对象">"路径">"偏移路径"命令，勾选"预览"选项，设置为-5像素左右的数值，单击"确定"按钮后将编组在一起的原轮廓删除，在"描边"面板中设置偏移后的文字轮廓为虚线，具体设置如图11-90（a）所示。将虚线设置成为橙色，如果想要效果更好一些，并将虚线轮廓扩展外观，并将虚线轮廓应用渐变色效果，如图11-90（b）所示。

提示　虚线描边扩展成为轮廓之后再添加渐变时，软件会默认把整个对象当成一个整体添加渐变，而不会为组成虚线的每个小轮廓添加渐变，如果不想渐变是一个整体的，就需要把扩展后的虚线轮廓多次取消编组，然后再逐个释放复合路径。

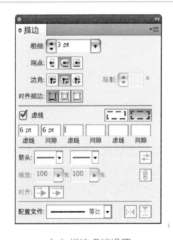

（a）描边虚线设置

（b）应用渐变色

图11-90　缝线制作

选中虚线文字轮廓，执行"效果"＞"风格化"＞"投影"命令，适当添加一点点投影，增强缝线的立体感，选中下层的牛仔布文字，也添加一些投影，最终形成的效果如图11-91所示。

图11-91　文字完成效果

实例最终效果图中还使用了土黄色的牛仔布效果，其中涉及到的技巧与牛仔布字体的方法基本相同，本书的光盘中提供了源文件，可以自己研究一下。

实例：图形文字

之前的实例都是在已有的文字基础上作一些更改并取得某种效果，能够发挥的余地不够，其实，完全可以自己写一些有趣的字体出来，例如，本节实例中的"铅笔"字体，如图11-92所示，使用Illustrator CS5中的便捷功能，可以轻松实现，下面介绍一下这种字体的设计绘制技巧。

图11-92　铅笔字体实例

提示　这个实例的绘制需要使用Illustrator CS5以上的版本。

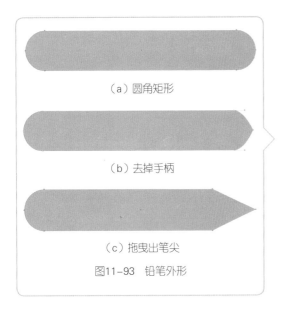

（a）圆角矩形

（b）去掉手柄

（c）拖曳出笔尖

图11-93 铅笔外形

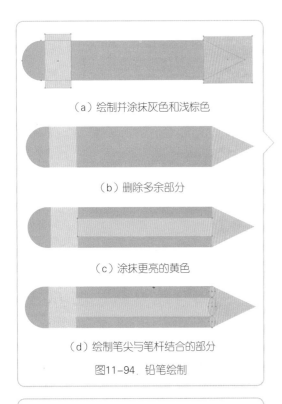

（a）绘制并涂抹灰色和浅棕色

（b）删除多余部分

（c）涂抹更亮的黄色

（d）绘制笔尖与笔杆结合的部分

图11-94 铅笔绘制

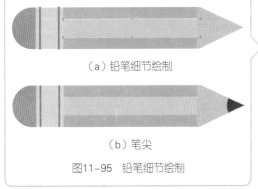

（a）铅笔细节绘制

（b）笔尖

图11-95 铅笔细节绘制

▌Step1 画一根铅笔的外形

从工具箱中找到"圆角矩形工具"，在画布上单击，尺寸设置为宽300像素、高度50像素左右，将圆角数值设置得大一些，这里设置的是20，单击"确定"按钮，绘制出的圆角矩形，将圆角矩形的颜色设置为色板中的一个中黄色（R：247、G：147、B：30），效果如图11-93（a）所示。选中圆角矩形，使用"删除锚点工具"在右侧圆角顶点上单击一次，删除一个重合的节点，并使用"锚点转换工具"在同一位置单击，绘制出如图11-93（b）所示的效果，继续使用"锚点转换工具"在圆角矩形的右端上下两个节点处单击，去掉节点的手柄，使原来的弧形转折转换成为尖锐的拐角，最后使用"直接选择工具"选择最右端的尖角的顶点，向右拖曳一下，制作出铅笔的笔尖形状，如图11-93（c）所示。

▌Step2 画出铅笔的细节（1）

接下来要使用艺术画笔功能，经过前面章节的讲解，一定知道艺术画笔有很多不支持的效果，所以，这一步就在各种限制下制作一种最简单的效果即可。使用"矩形工具"在铅笔外形轮廓的左侧和右侧各绘制一个小矩形并分别填充灰色和浅棕色，位置大小如图11-94（a）所示，一起选中这个矩形与下层的铅笔轮廓，在"路径查找器"面板中单击"分割"按钮，将分割后的对象取消编组，使用"选择工具"删除上面和下面多余的部分，形成如图11-94（b）所示的效果，这一步操作分割出了铅笔的橡皮擦部分和削去的笔尖部分。从"图层"面板中找到分割后的铅笔轮廓中间的轮廓路径，拖曳到"新建"按钮上复制一层，并按住Alt键，使用定界框纵向缩放，使形成的轮廓高度大约是铅笔整体高度的1/3左右。将这个轮廓的颜色填充为更亮一点的黄色，形成的效果如图11-94（c）所示。使用"椭圆工具"绘制出3个小圆形，大小、位置与颜色，如图11-94（d）所示，这三个圆形作为铅笔削去的笔尖与笔杆结合的部分。

▌Step3 画出铅笔的细节（2）

在制作画笔之前，继续使用"矩形工具"绘制一些小矩形并更换已经绘制出的部分颜色，作为铅笔上的一些更小的细节（橡皮橡皮金属圈上的凹痕及铅笔棱角处的高光感觉），位置如图11-95（a）所示，另外，同样也使用"路径查找器"面板中的分割功能，制作出笔尖部分，如图11-95（b）所示。

将制作完成的铅笔笔杆更换成不同的颜色，可以使用"色板"面板中的颜色，也可以使用"颜色"面板中的滑块调整，当然也可以执行"编辑">"编辑颜色">"调整色彩平衡"命令实现，只是调整时注意要单独选中笔杆部分，经过这样的调整，绘制出的效果如图11-96所示。

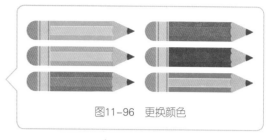

图11-96　更换颜色

Step4 制作画笔

将前面几步中绘制的铅笔分别拖曳到"画笔"面板中，以黄色的铅笔举例，拖曳到"画笔"面板中的时候在弹出的对话框中选择"艺术画笔"选项，然后在"艺术画笔"选项对话框中进行如图11-97（a）所示的设置，设置的技巧是利用"在参考线之间伸展"模式，只要设置完成参考线，参考线两端的对象都不会被拉伸，能维持基本的状态，将这个原理应用到铅笔上，橡皮擦和笔尖部分在参考线之外，而笔杆在参考线之内。对话框中参考线（虚线）的位置可以直接拖曳调整（这也是为什么起点和终点的数值那么零碎的原因），经过调整之后，单击"确定"按钮，一个铅笔艺术画笔就创建出来了。同理，把其他颜色的铅笔也拖曳到"画笔"面板中，制作成相同类型的画笔。画笔制作完成后使用画笔工具试验一下效果，如图11-97（b）所示。

经过实验，发现铅笔的橡皮擦和笔尖虽然不会被拉伸，但还是会随着线条的扭曲发生较大变化，考虑到这一点，在绘制线条时要注意起点与终点的把握。

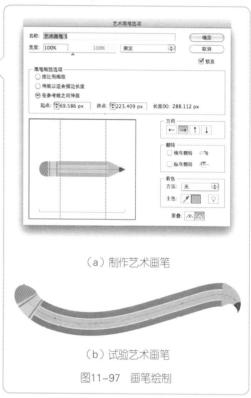

（a）制作艺术画笔

（b）试验艺术画笔

图11-97　画笔绘制

Step5 绘制字体

使用"钢笔工具"绘制出Pencil文字，注意前面创建画笔时，画笔的方向是从橡皮擦指向笔尖，所以在绘制时也要考虑这一点。"钢笔工具"绘制出的线条与方向如图11-98（a）所示。还记得前面介绍过的的防止钢笔工具不断连接新的节点的技巧吗？切换一下工具再切换回"钢笔工具"继续绘制。

将各种颜色的铅笔艺术画笔应用到前面绘制的Pencil线条上，如果出现笔画太粗或太细的情况，可以在"描边"面板中输入数值调整，调整之后，得到的效果如图11-98（b）所示，这样铅笔效果文字就绘制完成了。另外，铅笔艺术画笔也不光是能用在字体设计上，还可以尽情发挥创意，赶快试试吧！

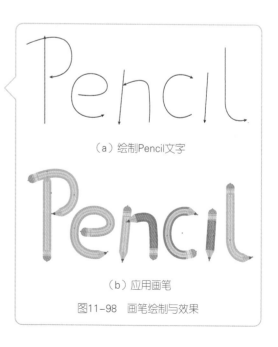

（a）绘制Pencil文字

（b）应用画笔

图11-98　画笔绘制与效果

实例：综合效果文字

　　有一阵子在玩"植物大战僵尸"，游戏的美工细节做得很棒，所以作者就参考了这款游戏中的一些感觉设计了一个生化版的僵尸字体实例，如图11-99所示，结合了发光、立体、肌理等多种效果，虽然在前面已经分别介绍了以上几种效果的绘制技巧，但是本节实例中又使用了一些不同的创意技巧，毕竟Illustrator的功能是非常多的，发挥创意的余地很大，下面就介绍一下这款"综合"效果文字的具体设计绘制步骤。

图11-99　生化僵尸字体字体

■ Step1 扭曲的文字效果

　　使用"文字工具"输入ZOMBIES字样，在"字符"面板中设置字体为Aller Display，字号设置为170磅。在文字上单击右键，从弹出的菜单中执行"创建轮廓"命令将文字扩展。作者总是喜欢使用粗糙化效果为文字的边缘带来一些扭曲的效果，这里也不例外，选中扩展后的文字轮廓，执行"效果">"风格化">"粗糙化"命令，按照如图11-100（a）所示进行设置，绘制出的效果如图11-100（b）所示。

（a）粗糙化设置

ZOMBIES

（b）粗糙化效果

图11-100　扭曲文字绘制

作者实验过直接使用"粗糙化"命令调整出最终效果图中那种文字边缘起伏不是很明显的效果，但是效果总是不够好，所以这里使用前面曾经讲过的一个办法，在手拈莲花、时光秘宝这两个实例中都用到了先粗糙化然后栅格化最后实时描摹的办法，这里也是一样的操作，在"实时描摹"对话框中进行如图11-101（a）所示的设置，通过调整模糊数值，降低了边缘的参差对比，最终实时描摹后扩展的效果如图11-101（b）所示。

Step2 立体效果

步骤1中制作完成的字体整体看上去还是太正规，需要把它取消编组后通过移动位置、拉伸定界框等办法把字母重新组合，组合后的字母更富于变化，有一股"张力"。注意将字母调整后不要着急编组，这里不使用编组，按住Alt键，单击"路径查找器"面板中的"联集"按钮，将这些分开的文字轮廓合并成为一个复合路径并设置颜色为R：0、G：146、B：69，如图11-102所示。

之前的果冻字体中使用叠加的办法实现了一种简单的立体效果，但是在本实例中需要一种更具透视感的立体效果，要想实现这种效果就需要借助3D命令，选中组合成复合路径的文字轮廓，执行"效果">3D>"凸出和斜角"命令，在3D凸出和斜角对话框中进行如图11-103（a）所示的设置。将文字的角度调整成朝前的角度，增加透视，体现出立体感觉。比较特别的是使用了"斜角"效果，这个效果可以让立体化后的文字边缘不是那么尖锐，最终效果会更贴近"生化"带来的粘嗒嗒、光滑的感觉，将光源的位置设置为最顶端，这样的设置可以凸出文字的侧面，但是这样正面不就因为缺少光照而发暗，的确会这样，但是正面不需要使用"凸出和斜角"命令直接生成的效果，所以只要体现侧面就好了。经过这样的设置，单击"确定"按钮，可以看到的效果如图11-103（b）所示。

按住Alt键，使用"选择工具"将凸出和斜角后的立体文字效果拖曳并复制一层到旁边备用。

（a）描摹选项设置

（b）实时描摹效果

图11-101　调整模拟数值后的文字扭曲效果

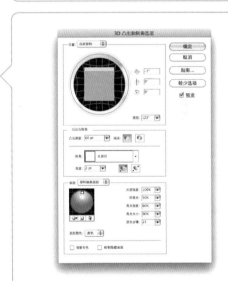

（a）3D凸出和斜角选项设置

图11-102　调整位置并联集

（b）3D效果

图11-103　立体效果绘制

（a）渐变效果(1)

（b渐变效果（2）

图11-104　添加渐变效果

图11-105　图案效果

图11-106　叠加效果

■Step3 边线效果

　　对步骤2中备份的立体文字效果执行"对象">"扩展外观"命令，扩展外观后会产生很多细小部分，我们只需要在取消编组后将文字的正面取出来即可，其他的部分一并选中删除，免得影响操作的流畅度（扩展后的3D效果文件量很大），将正面的文字轮廓放到那个没有扩展外观的凸出和斜角立体文字效果上，并设置成为从R：70、G：106、B：45到R：78、G：108、B：171颜色的线性渐变，效果如图11-104（a）所示。

　　能够看出来之前设置的"斜角"效果会在立体文字的边缘产生一圈平滑的边线效果，先不管这个边线怎么样，下面选中这层添加渐变的正面文字轮廓，执行"对象">"路径">"偏移路径"命令，设置偏移大小为-2像素左右，将偏移后的轮廓颜色设置为从R：0、G：255、B：0到R：140、G：198、B：63的线性渐变，绘制出如图11-104（b）所示的效果。这样在之前的第1层叠加轮廓的颜色配合下，文字的边线产生了一定的厚度效果，像是包裹着荧光绿色液体的硬壳。

■Step4 肌理效果

　　继续选中步骤3中最后一次路径偏移后的轮廓，再次设置路径偏移，这次设置较大的数值，可以在 -5~-6 左右，这样可以偏移出一个零碎的轮廓，将这个轮廓从编组中取出，在"色板"面板菜单中执行"打开色板库">"图案">"自然">"自然_动物皮"命令，打开"自然_动物皮"图案色板，从中选择"美洲鳄鱼"，将这个图案应用到刚才偏移出来的轮廓上，效果如图 11-105 所示。

提示 图案的花纹可能会太小了，如果图案花纹太小，可以执行"对象">"变换">"缩放"命令调整，别忘了在"缩放"对话框中取消勾选"对象"选项，勾选"图案和效果"选项。

　　将这个图案效果进行一些高斯模糊，设置高斯模糊数值为3.5左右，将高斯模糊后的对象放置到步骤3中制作的正面轮廓上，并在"透明度"面板中将其透明度调整到50%左右，混合模式选择为"强光"，实现的效果如图11-106所示。这个效果的添加制作出了荧光绿色液体的浑浊效果。

完成了浑浊效果，下面来为其增加一点颗粒杂质，首先复制一层步骤3中任何一层正面轮廓并按快捷键Ctrl+Shift+]，将其放置到最上一层的位置，从"图案"色板中找图案，在"色板"面板菜单中，执行"打开色板库">"图案">"基本图形">"基本图形_纹理"命令，在打开的基本图形_纹理图案色板中选择"USGS 22砾石滩"将这个图案赋予这层轮廓，同样也需要调整一下大小，调整完大小之后需要执行"编辑">"编辑颜色">"调整色彩平衡"命令，在弹出的对话框中将原本黑色颗粒杂质调整成为一种暗绿色，效果如图11-107（a）所示，将这层杂质放置到立体文字上，形成的效果如图11-107（b）所示。

（a）颗粒图案

（b）组合效果

图11-107 叠加颗粒杂质效果

■ Step5 细节调整

这一步中我们来制作文字的整体黑色边线，以及一些高光效果，首先按住Alt键，使用"选择工具"拖曳复制"凸出和斜角"制作的3D文字效果，就是那个没有扩展的文字对象，将复制出的这个3D对象栅格化，并执行"对象">"实时描摹">"描摹选项"命令，打开"实时描摹"选项对话框，勾选"预览"选项，将"阈值"调大，当预览效果中文字上一些白色的线条消失时，即可停止调整了，再勾选"忽略白色"选项，单击"确定"按钮，将立体的文字效果整体描摹下来。描摹下来的轮廓需要扩展，扩展后的效果如图11-108（a）所示。执行"对象">"路径">"路径偏移"命令，设置为3像素左右，单击"确定"按钮，关闭对话框，绘制出如图11-108（b）所示的效果。这3像素就是立体文字整体边线的厚度，将这个黑色轮廓放置在所有对象的后面，也就是最后一层，并与立体文字效果对齐，绘制出如图11-108（c）所示的效果。

（a）描摹整体文字效果

（b）路径偏移

（c）组合效果

图11-108   综合美化效果的细节调整

提示 路径偏移后的对象还保留了原来大小的轮廓，因为不需要更换颜色，在源文件中就没有删除，如果要求考究一些的话，建议删除。

按住Alt键，使用"选择工具"拖曳复制一层新的步骤4中填充"USGS 22砾石滩"图案的轮廓，将这个轮廓的颜色更改为R：0、G：255、B：0，保持选中状态，在"透明度"面板菜单中执行"创建不

透明蒙版"命令，并从"透明度"面板中新增的小方框中单击进入蒙版编辑状态，在蒙版中绘制一个参差不齐的轮廓，并填充黑白渐变，轮廓的形态与位置如图11-109（a）所示。勾选"透明度"面板中的"剪切"选项，将多余的轮廓去掉，最后，将这个不透明蒙版对象放置在立体文字效果上，形成如图11-109（b）所示的效果。

（a）不透明蒙版

（b）组合效果

图11-109   综合美化效果的最终组合

Step6 氛围

在文字效果绘制完成后，在后面又绘制一个象征生化意义的罐子，看上去有好多光还有一些玻璃质感，但其实绘制起来很简单，比较起来之前的地

球仪实例的绘制都比这些罐子要复杂，完全可以自己绘制想要的风格，不明白的可以从光盘中提供的源文件查看。

12 图形感受

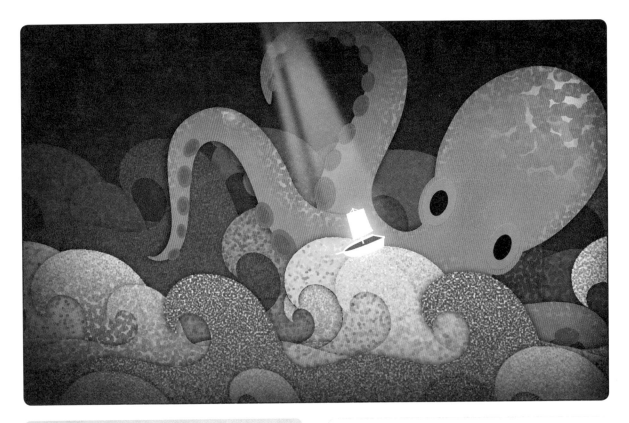

12.1 点、线、面

这里的图形指的是根据对象的外貌、形态设计或绘制出的各种符号，形状可以作为真实"图像"的简笔画，我们来看一个示例，如图12-1所示为眼睛的图形，可以理解为如图12-2所示的真实的眼睛照片的"简笔画"，又如图12-3所示的水滴图形，

也可以理解为如图12-4所示的树叶上即将滴下的水滴简笔画。当我们把眼睛图形与水滴图形组合到一起，即可意会出一个表达"哭泣"的图形，如图12-5所示，这是一种会意，并且在哭泣图形中，原本的水滴图形符号也会转变成"泪水"，这也是一种会意。

图12-1 眼睛图形

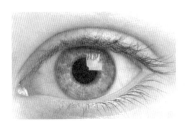

图12-2 眼睛照片

图12-3 水滴图形

图12-4 水滴照片

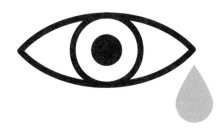

图12-5 哭泣图形

本章的章节为"图形感受"，则指的是各种符号单独出现或组合出现以呈现各种意义传达及趋势。包括由于图形的形状或颜色带来的丰富联想，如图12-6所示的圣诞树图形，可以引起节日氛围的联想，当看到这个符号时，总是会知道圣诞节就要到了之类的信息，甚至是圣诞打折季的联想；如图12-7所示为一条警戒线的图形，黄色与黑色的交替组合总是给人以危险、禁止靠近的感觉，有一种可爱的小动物——蜜蜂，身上也是这两种颜色，虽然可爱，但是大多数人还是觉得蜜蜂是"可怕"的。

还包括由图形的趋势感觉带来的心理震动，如图12-8所示的树叶图形，这片嫩绿色的叶子在画面中的感觉却是飘落的，会引发伤感的情绪，如果换成是花瓣，林妹妹估计就要开始《葬花吟》了；又如图12-9所示的平衡石的效果，不用多说什么，这是一种危险的平衡感，虽然看上去是平静的效果，但其实其中却蕴含着紧张的因素，所以也就不明白了，很多以放松为卖点的商家却选用平衡石作为背景图，虽然氛围很棒，但这算什么放松！

图12-6 圣诞树图形

图12-7 警戒线图形

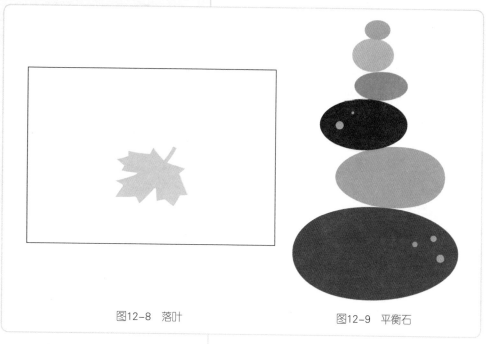

图12-8 落叶　　　　　图12-9 平衡石

最后，还包括各种效果能辅助产生的视觉刺激，如图12-10所示的青花瓷花纹效果模拟，左侧的宝花图案显得很干涩缺少青花瓷的感觉，但是叠加了模糊效果与不透明蒙版效果之后，就变得温润了很多，也会更贴近青花瓷的感觉，这就是一些效果能带来的简单视觉刺激。

图12-10 青花瓷

图形的样式多种多样，如图12-11所示，观察这些图形会发现如果直接使用平面构成要素的"点、线、面"去套用到图形的分类上已经不足够了，但是如果尝试在Illustrator中绘制一些图形，假如使用"钢笔工具"，那么第1步是如何开始的呢？肯定是单击，

确定一点，并绘制另一点，两点连成一线，继续绘制，线又围绕成为面，最后面与面或者直接与线和相对的"点"组成最终的图形，这样看来，其实，不管多复杂的图形都是通过点线面组成的，下面结合Illustrator的特性来讲解一下软件中的点、线、面。

图12-11　图形的样式举例

12.1.1　相对的"点"

在平面构成中，"点"是一个没有外形的也没有大小的元素，就像在Illustrator中使用"钢笔工具"单击形成的对象一样，我们看不见它，它只是标记了一个坐标位置而已，但是我们使用笔随便在纸面上点一下，就会产生一个可见的称之为"点"的区域，然后在这个"点"上面放一只蚂蚁，对我们来说，这"点"就是一个点，但是对蚂蚁来说，这个点下的一

笔所形成的区域就是一个有面积的"面"。所以，真正对我们有视觉意义的"点"其实都是相对的，通过与周围的对象甚至是空间对比，如果那个对象的面积够小，那我们就会把那么个对象当作点，如图12-12所示的旋转轮形，在一定范围内我们不会把它当作点，但是当把它放到比它大很多倍的圆环上，它就已经是一个点了，如图12-13所示。

图12-12　旋转轮形图形

图12-13　看上去是一个点

前面介绍的点即是点本身，但其实点在设计绘制应用中还有一种标记视觉中心虚拟的非本身点，如果用英文解释一下就是前面介绍的点是Dot，而接下来要介绍的点更适合翻译为Point，这种点用于安排画面的视觉中心，如图12-14所示，这是一幅首饰的广告，画面中安排了很多点，首先，画面中跳脱的绿色豌豆可以整体标注成一个点，这个点是我们首先看到的，因为它最吸引眼球，然后可以看到藏在豌豆中的戒指（或者看到外面的两个简单的豌豆并快速忽略掉它们），因为这个点与之前的豌豆不同，接下来的其

他点，就交给观者自己去安排了，因为设计师的目的已经达到了，成功地抓住观者的眼球，吸引眼球后再去看其他的信息……这是视觉中心"点"在图像中的应用。如果将这种应用放到Illustrator能胜任的设计绘画中其实也是一样的，如图12-15所示，以作者的一幅插画作品举例，很明显，在绘制时确定的视觉中心点是画面中央填充亮橙色的怪鸟，然后为配角们也分配了点，但是为了不影响主角，配角都被藏到画面后方的黑暗中，经过这样的安排，观者的思考就更容易被牵引，主次也会比较分明。

图12-14 首饰广告设计

图12-15 插画作品

"点"作为平面设计和插画中经常出现的一种元素，除了简单地直接绘制外，还有一些特别的技巧能够生成一些特殊的"点"效果，下面就简单地介绍几种"点"的创意绘制技巧。

实例：点状化海鸟

说起点的效果，一下就能想到在"效果"菜单中

还有一个"点状化"命令，该命令可以把对象变成由密集的点填充的效果，有趣的是，单色对象转换成为点状化之后并不是单色的，该命令会自动使用一些和谐的颜色搭配出有趣的缤纷效果，如图12-16所示，我们将要讲解的这个实例也就是利用这个有趣的地方，制作出绚丽的色彩效果，下面开始详细介绍绘制"章鱼"的具体步骤。

图12-16 章鱼插图

图12-17 草图

图12-18 确定视觉焦点

图12-19 绘制波浪

图12-20 调整

图12-21 绘制章鱼

Step1 确定视觉的"点"

作者打算把这幅作品设计成为纸板拼贴的效果，设想以后绘制的对象都是简单的轮廓，下面先开始绘制一下草图，如图12-17所示。草图可以确定大致要绘制的内容及内容的位置，在草图中粗略地绘制了翻滚的波浪、遇难的小船及巨大的章鱼，在画面中，小船与章鱼这两个角色才是主角，所以，当画面绘制完成后，其他的部分不能抢了这两个地方（点）的风头，并且两个点之间也要安排好主次关系，画面中确定的视觉中心点，如图12-18所示。

Step2 绘制

新建画布，设置画布尺寸为"宽度"为1000像素、"高度"为700像素，使用RGB颜色模式（虽然应该使用CMYK颜色）。其实每次写到"绘制"两个字时都很纠结，因为技巧是可以解释的，但绘制却没办法讲解，所以，下面直接使用"钢笔工具"绘制出波浪的形态，不能说是使用"钢笔工具"一下就绘制出了完美的曲线状态，所以先绘制了一个大致的轮廓，如图12-19所示，使用"直接选择工具"调整了节点，使线条最终变得平滑流畅，如图12-20所示。

波浪绘制一个就足够了，其他的波浪都是由这一个轮廓调整出来的。下面开始绘制章鱼，同样，也是使用"钢笔工具"绘制出章鱼的轮廓，并填充橙黄色如图12-21所示。如果觉得凭空想象不出章鱼的样子可以参考一些其他的插画作品，毕竟类似主题的插画作品非常多，当然，也可以参考照片。章鱼的触手不用一次性画出来，可以一根一根地画，触手的轮廓叠加在一起，再经过一些处理还可以产生一些立体效果。

提示 橙黄色与紫色存在一定的互补关系，颜色对比强烈，并且下面还要使用更多的冷色系，例如蓝色、绿色等，出冷与暖色系的橙黄色形成对比，这样的对比可以突出填充暖色系橙黄色的主题物，即强调了其中一个点。作为另一个点的小船，我们先不着急绘制，因为画面没准合适，在后面的绘制中也许会有更合适的。

Step3 为波浪添加有质感画面的"点"

在添加点效果之前，先按住Alt键，使用"选择工具"拖曳复制一层新的轮廓，将这层新的轮廓和原来的轮廓对齐或重叠，并在"路径查找器"面板中单击"联集"按钮，将它们合并，绘制出如图12-22所示的轮廓效果，这样一个轮廓上就有两个波浪了，后面不断复制堆叠效果的工作量也会少一些。

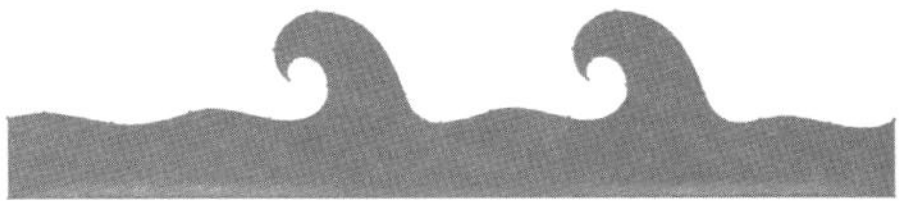

提示 绘制出的波浪形态不同，叠加组合的位置也不尽相同，可以根据绘制的波浪轮廓来找一个最合适组合的位置，将两层轮廓叠加起来。

选中有两个波浪的波浪轮廓，执行"效果">"像素化">"点状化"命令，设置"单元格大小"为3，绘制出比较小的点状效果，如图12-23所示。从"图层"面板中将这层路径拖曳到"新建"按钮上原位复制出一层新的轮廓，并在"外观"面板中双击"点状化"选项，重新打开"点状化"对话框，设置"单元格大小"为7或8，绘制出较大颗粒的点状化效果，将这层轮廓的颜色变成同为冷色系并且与紫色很搭的蓝色，效果如图12-24所示。此时，之前绘制的紫色点状化效果就被完全遮盖了，接下来我们就把蓝色轮廓不透明蒙版处理，让它露出其下方的紫色轮廓，选中蓝色的轮廓，在"透明度"面板菜单中执行"创建不透明蒙版"命令，然后单击"透明度"面板中新增的方框，进入蒙版编辑状态，在蒙版中按照波浪的范围绘制一个矩形，并将这个矩形填充为垂直方向的黑白线性渐变，黑色在上方。经过这样的调整，我们就绘制出了如图12-25所示的波浪效果，波浪是由紫色的小点效果过渡到蓝色的大点效果。这样做的好处是可以在以后堆叠波浪时通过点的大小对比，清晰地分辨出波浪的轮廓。

提示 如果单纯的叠加效果不够好看，还可以尝试使用"透明度"面板中的混合模式，在实例中使用了"强光"模式，绘制出的效果如图12-26所示。但是这个实例效果是在这种模式下，转换成CMYK颜色模式会变得难看。

Step4 为章鱼添加看得见的"点"

目前的章鱼还只是一个外轮廓，在添加点效果之前，先把章鱼的一些特征完善一下，首先使用"椭圆工具"绘制基层重叠在一起的轮廓，当作章鱼的眼睛，然后使用同样的技巧，再绘制出章鱼的吸盘，如图12-27所示，把眼睛和吸盘放到章鱼的触手的边缘上，并且适当地调整前后顺序以增强立体感，得到的效果如图12-28所示。

图12-22 组合波浪

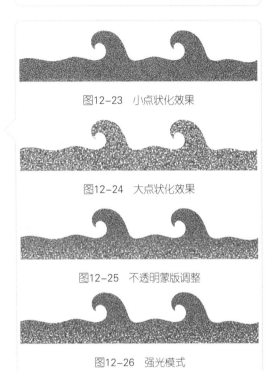
图12-23 小点状化效果

图12-24 大点状化效果

图12-25 不透明蒙版调整

图12-26 强光模式

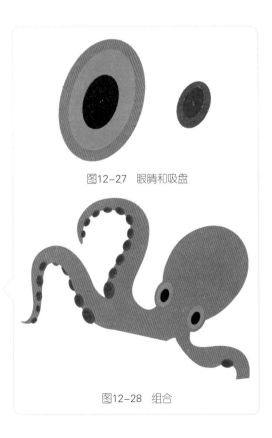
图12-27 眼睛和吸盘

图12-28 组合

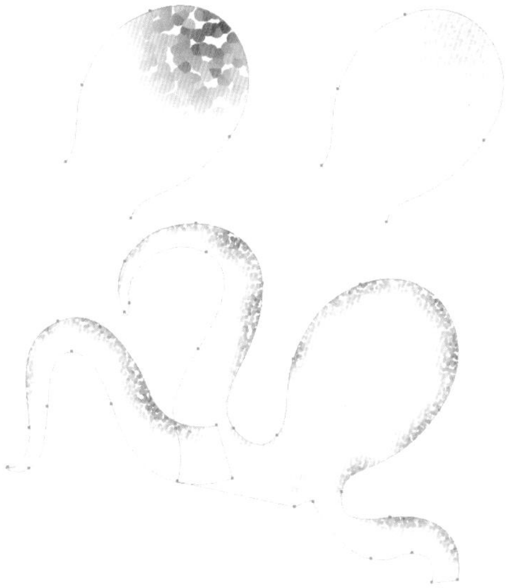

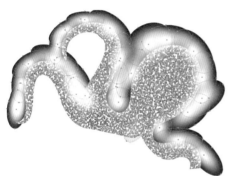

图12-29　叠加层次

几乎与为波浪添加点状化效果的方法相同，我们也使用了多层叠加的办法，叠加的层次如图12-29所示。而不同的是，在不透明蒙版中使用了一点小技巧，通过在不透明蒙版中连续使用互相融合的径向渐变绘制出了围绕章鱼身体周围的点状化肌理。那么，在不透明蒙版中融合的径向渐变究竟是如何融合的？很简单，将这些径向渐变转换成为"滤色"混合模式即可融合黑色的部分，减少黑色部分对边缘点状化效果的影响，这一圈不透明蒙版被释放出来的样子，如图12-30所示。

Step5　组合画面

首先绘制一个与画面等大的填充深蓝色的矩形放置在最后一层，当作画面的背景。将前面几步绘制的波浪和章鱼的最下面一层轮廓都执行"效果"＞"风格化"＞"外发光"命令或者执行"效果"＞"风格化"＞"投影"命令，设置成为"正常"模式的黑色，制作出投影的效果，如图12-31和图12-32所示，增加了投影就会增强地板拼贴的感觉。首先将波浪通过按住Alt键拖曳复制的办法绘制出多层，并调整前后顺序、大小与颜色，制作出一片波涛汹涌的海面效果，别忘了，还有一艘小船，所以要在章鱼"触手"可及的位置安排一些高起来的波浪，我们会把小船放置在波浪的顶端，让章鱼来把它拍碎……经过这样的安排，效果如图12-33所示（看上去很乱，但是只要保证画面范围内是"有型"的即可。安排好波浪之后，把章鱼放到水里，根据草图的位置，将其安排在画面的右侧，效果如图12-34所示。为了表现章鱼是在水中而不是水边，所以还需要复制前面组合出的波浪降低透明度后，放置暗色背景与章鱼之间的层次，调整出如下页图12-35所示的效果。

图12-30　不透明蒙版样式

图12-31　为章鱼添加投影

图12-32　为波浪添加投影

图12-33　安排波浪

图12-34　安排章鱼

图12-35　增加层次

为了画面"远处"的波浪不与前方的波浪样式太类似，还需要移动一下位置。

Step6　小船与画面的焦点

使用"钢笔工具"在波浪上绘制出小船使用白色，一是为了表现一会儿要添加的光线效果，另一个是为了与周围的画面区分开，将绘制完成的小船编组，并添加外发光，这样绘制出的效果如图12-36所示。使用"钢笔工具"绘制光线的轮廓，并做一些高斯模糊，在高斯模糊后再添加不透明蒙版效

果，完成效果如图12-37所示。这样画面基本就绘制完成了，但是感觉主体物还是不够明显，到处都有明亮的部分，不知道往哪看，所以，先按照画面的大小绘制一个黑色的矩形，并使用"网格工具"在矩形上添加节点，将新增的节点都填充成白色，绘制出的效果如图12-38所示。将这层网格对象的混合模式设置成为"正片叠底"，好了，周围的环境都暗下去了，如图12-39所示。这有点像照片的暗角效果，因为中间的对象比较明亮，所以视觉的焦点自然而然地会落到画面的中心部位。

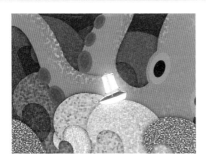

图12-36　小船

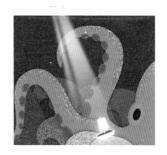

图12-37　光线

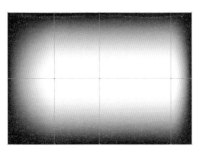

图12-38　暗角

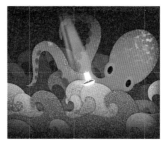

图12-39　叠加效果

提示 在开始时，把画面的明暗区分为白色，参考图12-40所示。然后与背景完成的效果做对比，由于章鱼离墨画部的喷射时完全遮挡，小船上方一片黑暗在中，不会经近这种光意，最终将卷曲回眼睛黑色，了光，把明部处理一下微色。

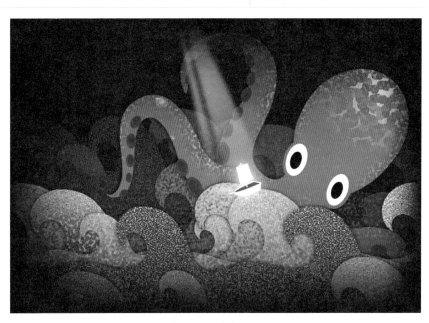

图12-40　章鱼眼睛

图12-41　简单的线

图12-42　线的形式

平面构成中将"线"定义为"点"的移动轨迹，这有点像使用铅笔画图，铅笔在纸张上不断地创建相对的点，然后点与点紧密连接变成一条线。Illustrator中的线通常不需要那么复杂，所有的点只需要简化成起点和终点就好了，使用"钢笔工具"即可将任何两个点连接起来，形成简单的线。简单的线在前面也介绍过，如图12-41所示。这一点与Illustrator中绘制一个点的状态不同，Illustrator中绘制的线是看得到的，并且会形成不同的形式，如图12-42所示。

不同形式的"线"就会给人带来不同视觉感受，想象一下看到平静的海面在天际形成一条天际线，我们的心情是平静的（胸怀也是宽阔的），如图12-43所示。当海啸来临的时候，水平的天际线就变得起伏不定，此时我们的心情显然不是好一番"海阔天空"的壮阔景象，大概只是想着赶快逃跑吧，如图12-44所示。当然，我们欣赏大海时并不是被那所谓的"线"吸引了，这里只是想用这个举例"线"能给人带来的感受。

图12-43　平静的海面

图12-44　海浪

与"点"的隐性功能一样，线也具有引导视觉的作用（可见或不可见），一条线可以像一个路标一样，把视线或对象不自觉地引导向一个关联的位置。

本节讲解"线"的相关内容，想起来在Illustrator中，有这样几种引导线可以放在一起讲解一下，其实之前的章节中已经都涉及到了，所以这里就简单地做一下介绍。第1种是"混合的混合轴"，这是一种能够引导混合对象的线条，如图12-45所示的鹦鹉螺实例，主要技巧就是使用螺旋的混合轴；第2种是文本引导线，文字可以按照文本引导线的方向进行排列，如图12-46所示的瓶盖实例中绕圈文字的制作技巧。第3种是"画笔"，尤其是图案、散点、艺术、书法、画笔等，它们的绘画规律就是按照"画笔工具"绘制出的线条进行图案排列复制或拉伸（与图案喷枪的原理类似），如图12-47所示的危险艺术字中使用的图案画笔原理。

图12-45　鹦鹉螺实例

图12-46　瓶盖实例

图12-47　危险文字实例

图12-48　编织效果

图12-49　线条绘制的作品

图12-50　生日卡片实例

另外，在Illustrator中也不容易像Photoshop那样轻松地使用"铅笔工具"或者画笔系列工具平涂一个区域，并且平涂不会产生自然的叠加感觉，所以在Illustrator中这种画法并不常见，但是Illustrator还是带有一些可以让对象变成线条感觉的功能，例如图12-48所示的使用"涂抹"功能制作的编织效果，这个功能可以模拟涂抹的感觉，但是模拟的结果也比较僵硬。一般都不会用来表现"涂抹"。

最后，想说的是平涂不是Illustrator的强项，但是绘制线条绝对是Illustrator的优势，不但可以快速更改线条趋势，还可以便捷地调整线条的粗细，以及制作虚线（在Photoshop中制作虚线可麻烦了），如果想尝试使用线条绘制一幅作品，如图12-49所示，或者作品中需要大量的线条，那么Illustrator一定是个不错的选择。

实例：生日卡片

记得小时候还流行过生日赠送卡片这种事情，但是现在就不流行这种看上去颇为"文艺"的做法了，现在过生日是要收到"礼物"的，尽管如此，我们还是可以为要好的朋友或亲人设计一张专属的生日卡片，再加上"礼物"，那不是更加完美吗？，并且，自己动手的乐趣也是买不到的，不是吗？本节有一个简单的生日贺卡小实例，如图12-50所示，其中使用了一种特制的画笔，下面介绍一下具体的制作步骤。

Step1　写下生日快乐

新建画布，设置需要的尺寸，设置颜色模式为CMYK（前提是需要把它印出来，而如果是在网络上传播，使用RGB颜色会比较好），使用"钢笔工具"勾画出文字的外轮廓，不必太工整，按照一种轻松、随意的感觉去绘制就好了，绘制完成的文字效果如图12-51所示，将绘制出的文字分别更换上不同的颜色，形成如图12-52所示的效果。

HAPPYBIRTHDAYTOYOU

图12-51　勾勒出文字

HAPPYBIRTHDAYTOYOU

图12-52　更换颜色

将这一段"生日快乐"横向排列，并拖曳到"画笔"面板中，在弹出的对话框中选择"图案画笔"选项，在弹出的对话框中不用设置其他选项，直接单击"确定"按钮关闭对话框，将这一段文字制作成为一个艺术画笔，备用。

提示 之前的章节中讲解过自己制作文字字体，似乎很适合应用到本节的实例中，的确是这样的，但是制作字体的过程太麻烦琐了，对于一些不需要输入很多字的情况下，即可使用图案画笔代替文字引导线，实现起来轻松，效果也不差。

Step2 画一点其他的东西

如果有一个数位板，可以使用"铅笔工具"快速绘制出一些蛋糕或蜡烛的形态，如果没有，那就使用"钢笔工具"绘制，也不算麻烦。这些对象也可以使用网络上一些免费的素材制作，这里绘制的对象效果如图12-53所示。将这些对象组合到一起，并在后面添加上一个有花边效果的椭圆形，这个椭圆形的边缘效果也是使用图案画笔制作的（之前的章节介绍过），组合起来的效果如图12-54所示。

图12-53 蜡烛、蛋糕、星星

图12-54 组合

提示 最终组合起来后还使用了一点粗糙化，这些对象的边缘产生一点粗糙的感觉会显得更有手绘感觉。

Step3 线条引导的文字

在已经组合好的图案外圈再使用"椭圆工具"绘制一个稍大的椭圆形，并从"画笔"面板中选择步骤1中制作的文字图案画笔，为这个椭圆形应用该画笔，即可绘制出如图12-55所示的效果，如果觉得

颜色还可以再调整一下，推荐执行"编辑">"编辑颜色">"重新着色图稿"命令，如图12-56所示。在打开"重新着色图稿"对话框中可以单击"将颜色组限制为某一色板库中的颜色"按钮（这个按钮的名字很长），在弹出的菜单中选择软件自带的很多种颜色组合，作为替换，这里选择了一组"冰淇淋"颜色，调整后的效果如图12-57所示，看上去的确是甜蜜的感觉。

图12-55 添加外圈文字画笔

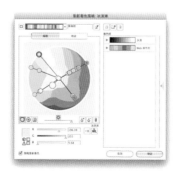

图12-56 更换颜色

图12-57 更换颜色效果

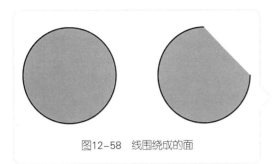

图12-58 线围绕成的面

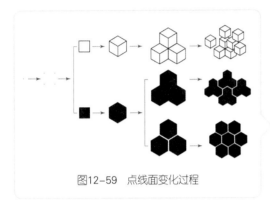

图12-59 点线面变化过程

12.1.3 线围绕成的"面"

平面构成中形容面是线的移动轨迹，想起来有点像使用滚刷蘸上油漆在墙面上划过一样，形成一条宽线条，实际上我们也知道，软件中也不需要这么复杂去制作一个面，只需要将一段弯折的线条封闭路径或在不封闭的情况下直接填充颜色，即可形成一个面，如图12-58所示。

面可以说是平面构成的"终极"形式了，面几乎能代表所有可见的对象，点放大了是面，线扩展之后也是面，即使通过Illustrator的3D效果菜单将一个面变成立体效果，也不能将这个面的等级上升为体，因为在"平面"的世界里，不管对象是怎样的，它们都是二维的。要说看到的明明就有很多立体的对象，更何况哪些三维软件难道都是二维的吗？它们当然不是三维的，因为没办法绕到屏幕后面去看到那些所谓的三维图像的背面（印刷到纸面上也是没办法看到的），我们看到的都是虚拟的。在平面世界中，三维只不过是千万种"面"效果中的一种罢了，有一种由点到线到面再到"体"最后又变成面的一个有趣的过程图，如图12-59所示，我们能在途中看到所谓的"体"只不过是通过六边形中间的3条棱来进行的常识判断而已，当六边形全黑时，还是会以为它是一个面。

一种图像模式特别符合这个由"线"组成面的特征，其能形成很有趣的视觉效果，这就是Photoshop中的"位图"效果，"位图"效果只允许使用黑色和白色表现图像，在其多种不同的呈现形式中有一种就是"线条"，我们来看一下这种模式下图像的效果，如图12-60所示。艺术家利用这种原理已经创作出一些有趣的名画复制品，但是这些名画都是"一笔"绘制出来的，有兴趣的话可以在网络上搜索一下。

图12-60 位图效果

12.2　图形的创意形式

在之前的章节中介绍了"点、线、面"这类组成图形的基本形式，但是如何将这些基础图形再次经过组合才能形成具有创意的图形呢？这些基础图形的组合又存在什么样的规律呢？本节就来解决这些问题。

现在的美术高考越来越多，很多学生都要赶在考试之前奔赴各种考前培训班去学习，我们想众多的读者中肯定也有类似的情况，在考前班学习，如果将来有志向要学习平面设计一类学科的同学大多数会经历一种叫"平面"或者类似的（不同的地方名称不同）的培训，上课时会画很多"创意"，然后强加一个寓意在上面用来表达某种观点之类的，作者记得当时总是"爱护地球"，"保护环境"之类的十分冠冕堂皇的创意。好吧，似乎有点跑题，之所以说这样一段就是想引入关于本节所要讲的内容：其实我们（或者大多数人）在考前培训中学到的创意技巧便是本节所说的"图形创意形式"。图形创意形式被划分成若干种类，这种划分的作用是让我们更容易去理解图形究竟是如何进行的创意，但并非是将世界上的种种图形都划分了一

个范围，需要将图形硬生生地套用到某种创意形式中。另外，图形本身也是非常复杂的，一个画面上的图形可以同时属于多种图形创意，这种情况也是十分常见的，所以当我们在学习这一节的时候主要还是去理解创意的技巧，能够在以后的设计绘制中带来一点启发就足够了，没必要生搬硬套。

另外，图形的创意形式只是单纯地从创意技巧上去划分了图形的形式，没有包括图形的效果样式等，也正是因为这些都是一些概念性的技巧，所以在Illustrator中并不都能将这些技巧都通过工具与功能的辅助去简单地完成，多数情况下还是需要一些人为的控制才能完成创意。

12.2.1　共生

中国人历来讲究天地阴阳协调，万物和谐共处，所以在很多艺术创作中都有此种思想的体现，印章中讲究阴刻阳刻风味不同，如图12-61和图12-62所示，传统绘画创作中以留白作为烟云水景，如图12-63所示。剪纸艺术以去留表现细节，如图12-64所示，日常生活中有常见的铜钱纹等，如图12-65所示、万字纹，如图12-66所示等。

图12-61　阴刻

图12-62　阳刻

图12-63　山水留白

图12-64　剪纸

图12-66　万字纹

图12-65　铜钱纹

图12-67　唯吾知足

图12-68　八卦

图12-69　Fedex的Logo设计

图12-70　WWF的Logo设计

诸如此类的创作皆是共生形式的一些体现，所谓共生，即"不可分割的两部分或多个部分互相借用、共用一条边界或一部分形成一个连贯整体的图形表达样式。"又如中国传统艺术中一些典型的共生表达样式的作品，如图12-67所示的"唯吾知足"铜钱，铜钱上的4个字分别借用铜钱的方孔为"口"字，组成完成的文字，又形成了一个连贯的有趣的视觉效果，就颇值得玩味。在例如我们熟悉的不能再熟悉的"太极八卦图形"，如图12-68所示，阴、阳双"鱼"互相借用了中间的一条边界互相咬合，达到平衡。

前面的介绍都停留在中国的一些传统文化上，其实，关于共生图形的应用也有非常现代的一面，例如图12-69所示的"Fedex"的Logo设计，E与X组合后，中间的空隙形成了一个"箭头"的创意，用于表达快递自然是非常合适的，再如图12-70所示的"WWF(世界自然基金会)"的Logo设计，Logo中只保留了熊猫的黑色部分，但是通过黑色部分围绕成的图形也能够完整地判断出熊猫的形态。说到这里，其实也能感觉到这两个Logo的表现形式与之前的中国传统图形（尤其是唯吾知足）有一些微妙的差别，这个差别的原因就是因为共生图形创意还细分成两类，一类即还是"共生"，如上述中国传统纹样所示的样式，另一类就是"正负形"，也称为"翻转图形"，如阴刻的印章、山水的留白及后来展示的"Fedex"和"WWF"的Logo设计。

在Illustrator中也有两种功能能够轻松实现共生表达形式，分别是"美工刀工具"和"路径查找器"面板，我们使用"美工刀工具"将绘制出的对象划开，对象就会变成两个拥有共通边界的共生图形；如果选中两个或多个对象，在"路径查找器"面板中单击"分割"按钮会得到拥有共同边界的共生图形，如果单击"差集"按钮则能得到对象的负形。

提示　也有的人把关于文字的图形设计单独归为一类，称为"文字图形"，但没有说必要，因为"文字即图形"嘛。

12.2.2　同构与异形

作者一直觉得"同构"太容易与"共生"的意思混淆，觉得将"同构"换成"替换"就更容易理解了。"同构"这种创意形式表现出来的就是将图形的部分或局部替换为另外一种图形，就像南瓜马车把原来的车棚替换成为南瓜一样。如图12-71所示为一幅关于商场节能主题的插图，其中将植物的花朵替换了成了节能灯，将叶子替换成了各种商场内的商品，如果把同构这种创意形式再做一次细分，这种商场节能主题插图中使用的同构创意技巧应该属于"异形同构"，这里的异形并不是大战铁血战士的那种异形，也不能理解成将对象变成奇异的形状，此处的异形为动词，强调转换（异）形态（形），指的是从形态上替换掉原来的图形。除了异形同构这种创意形式，

还有"异质同构"与异形一样这里要强调转换，"质"指的是转换对象的质感，并且替换的对象在形态上要与被替换的对象差别不大，即还能看出原来是什么对象，只是质感变了。在设计课上，一些经典的"绝对伏特加"广告图片经常会被拿来讲解这种创意形式，其广告的主要形式就是在画面中隐藏一只"绝对伏特加"的瓶子，瓶子可以是各种质感的对象，但是瓶形是绝对不会变化，如图12-72~图12-74所示。

图12-71　商场节能主题宣传设计

图12-72　绝对伏特加广告1　　图12-73　绝对伏特加广告2　　图12-74　绝对伏特加广告3

与单独被拎出来的"文字图形"设计一样，也有人把"影子"设计也单独提取出来作为一种单独存在的形式，其实，关于影子的设计十分类似"同构"的替换概念，即把对象的影子替换成为另外的东西，这类形式在一些"讽刺漫画"中常见。

12.2.3　双关

语言方面的一语双关在日常生活中经常听到，吃鱼时说"年年有鱼"指的是年年有"余"。打破了碗可以说是"碎碎平安"却不是说碗碎掉了就平安了，指的是谐音"岁岁平安"，通常这些说法都是话中有话，尤其话语中表达出来的隐藏意思才是

这句话要表达的重点，这种语言方面的双关在平面图形的设计创意中也是适用的，并且把这种图形的创意方式也叫做"双关"。同听出话里有话一样，双关的图形通常是一个表面的图形暗含着一个隐藏的图形，而隐藏的图形也往往是创作者想要表达的意思，如下页图12-75所示的关于咖啡的标示设计，咖啡的香气与Coffee巧妙地结合在一起。又如下页图12-76所示的，傲慢的孔雀图形设计，将一个傲慢女士的发型与一只开屏的孔雀结合在一起，表达出了双关的含义。如下页图12-77所示为之前的一个项目，在一块玉佩中围绕出了一个"玉"字，玉佩中有玉字，这也是一种双关。

图12-75　咖啡Logo设计

图12-76　傲慢的孔雀

图12-77　玉佩与玉字

图12-78　鸭子和兔子

图12-79　人脸花瓶

网络上经常会流行一些"你能从这张画中找出多少张人的面孔？"之类的图片，大多使用景观通过前后的叠加使人感觉到面孔的存在，这些都是以双关的技巧创作出来的。还有一些图形本身界限模糊的双关图形，如图12-78所示的鸭子和兔子，就属于这种偏极端的双关表达，同一种图形，有的人第一眼看到是鸭子，有的人第一眼看到的是兔子，他们不能说是谁是主要要表达的观点。

双关图形与共生图形通常会有一些交集，如图12-79所示的人脸花瓶，人脸与花瓶共生，又同时表达人脸与花瓶双重的意思。

12.2.4　聚集

"一行大雁往南飞，一会儿排成一个一字，一会儿排成一个人字……"用这个场景来解释"聚集"这种图形创意技巧再合适不过了，当众多的"大雁"这种单独的图形个体，组合成为"一"或者"人"这样新的图形，就是"聚集"这种图形表达形式的典型特征。以单一或多种图形个体，组合成为新的图形。聚集通常会给人"集少成多"、"众人合作力量大"等之类感觉，通常表达需要很多对象共同去完成的一件事情的情况，同时因为会以更多的单独个体存在，也能为画面带来缤纷多彩、细节丰富的感觉。

2011年深圳大学生运动会的会徽"欢乐的U"揭晓，使用了很多圆点形状的图案排列成为一个微笑的符号，如图12-80所示，这种设计创意技巧就是"聚集"的一个非常好的示例。

在Illustrator中有一些功能可以帮助我们轻松地布局这种创意技巧，首先能想到的是"符号喷枪工具"，使用该工具可以快速地将提前制作的符号以不规则的方式喷洒出去，并用符号系列工具进行调整，其优点是可以喷洒几

Universiade SHENZHEN 2011

图12-80　欢乐的U

乎所有能在Illustrator中绘制的对象，缺点是一次只能喷出一种符号。第2个能想到的是一个菜单命令——"分别变换"，通过"分别变换"能够将规则排列的图形变得大小、位置皆不统一，形成富于变化的效果，通常会让这个命令与"创建对象马赛克"或重复上次操作等操作配合使用。然后还能想到散点画笔及图案画笔等，通过制作较为复杂的画笔图案，也再通过画笔绘制出来也能形成不错的聚集效果。

提示 以上所说的诸多工具、命令等实现出来的效果都是杂乱的聚集效果，这里的意思是聚集在一起的对象可能会互相重叠，间距大小都不能确定，也有人问，如何实现那种特别规整的聚集效果，就是

单独的对象与对象之间的距离差不多一样，但是排列却是"见缝插针"的，有点类似色盲图谱或不规则的石板路效果，当时觉得这是个有趣的问题，但是经过了很多实验，发现石板路之类的效果很容易（前面也介绍过了），如果是像色盲检测图那样规则的圆点聚集拼贴的效果实现起来的确困难，目前能想到的办法就是手工调整一下，如果看到这个还未解决的问题，忽然有灵感，不妨通过书中的联系方式告知作者。

如图12-81所示的使用多种花朵形的图案聚集成为的一个心形，主要还是使用手工调整的方式逐步拼贴起来的，是个体力活儿。

图12-81

12.2.5 异变

异变由一种图形对象变成"异样"的另外一种图形对象，并且强调"过程"的一种图形表达形式。这是一种从"进化"模式中引申出来的一种图形表达形

式，可以通过如下页图12-82所示的人类进化图所表现出来的过程，读出人类发展变化方向，同理，在其他的进化过程中也能相应地察觉到创作这个图形的人所要表达的内容。

图12-82　异变

12.2.6　隐形

将单一的视觉图像图形，故意制作成"缺损"、"缺失"的形态，通过人的完形心理将整体的图形补充完整，从而理解其中的意思。单一的视觉形象中最常见的是"剪影"。

12.3　图形的趋势

我们平常看到一个放在桌子上的设计作品集或者插画作品就能够感受到舒服或不舒服，挂画的时候能够感觉到是否挂歪，再或者看设置一张日出的桌面壁纸、看到街景的照片中有人在路上散步、汽车飞驰而过，如图12-83所示，开动的车与静止的车……，我们似乎可以不假思索地感受到面前事物的一些趋势，在"趋势"的引导下，我们再做出像这个Logo的位置有点歪、是日出而不是日落、认识到照片中的人也不是静止不动的在《艺术与视知觉》中也阐述了"感受"只能是"观看"或"发现"的结果，而不是"观看"或"发现"来已进行

的工具（或能力）。照这样的理论，我们通常会发现"跟着感觉走"往往也会带来不错的，甚至比科学地计算出来的安排更舒服。

即便是跟着感觉走，但是还是没有解释出来为什么我们会首先产生感觉，关于这个问题的解释似乎没有定论，但是在《艺术与视知觉》中有一个很好的切入点，那就是我们是通过"比较"来获得这些感觉的，如果说起比较，那么，肯定是有两个或者两个以上的对象才能比较，套用到本节要讲的"图形的趋势"上似乎是不成立的，单独存在于画面上的图形也是有趋势的，但是却"没有"比较，这是为什么呢？原因很简单，因为我们把比较的对象的范围设定得太窄，一个单独的图形趋势的产生是由这个图形与其周围的空间对比产生的，如图12-84所示（中间的图形位置向左偏了），放到软件中那就是图形周围的画板范围，放到纸面上，那就是图形与纸张大小范围……总之，单独的对象是不可能产生趋势的，另外，世界上也不存在"单独"的对象。

图12-83　飞驰的汽车

图12-84　图形与周围的空间

图形的趋势在艺术与视知觉中被形容成为一种"力"，通常会用有没有"张力"去形容一个图形，但是不要忘了，图形的张力并不是图形本身产生的，一定是需要对比的，所以当下次客户或老板说"你这个Logo的设计感觉没有张力！"之类的话时，别只想着去在Logo上做文章，考虑一下Logo周围的"东西"或许会更有帮助一些。

提示 关于日出日落还曾经有一个故事，在几年前在一本宣传册中使用了"日出"的照片，希望能有一个好的寓意，但是客户却以为是"日落"，感觉像在形容他们的企业"日薄西山"，以致于造成了误会。所以，在绘制或者使用类似的素材时还是要注意人与人的认识差别。如图12-85所示的图片你觉得是日出还是日落呢？

图12-85　日出还是日落

前面提到了"位置"可以用来作为对比的条件，其实可以用来作为对比的条件还有很多，例如图形的大小，如图12-86所示的一大一小两个正方形，第一眼，我们即可直接判断它们之间的落差，并随后产生"近大远小"的联想，小的蓝色正方形给人的感觉似乎在远方，又或有要向前或者远离的趋势等。

图12-86　位置对比

颜色对比，如图12-87所示，同样的造型，但是颜色给人带来的感觉，左边的对象在质量上要更重一些，注意强调的是"质量"，这种质量上感觉大概是由联想引发的，其实这里要说的是其实右侧的要更"重要"一些，因为浅色的对象看起来会比深色的对象"体积"或"面积"更大。

图12-87　颜色对比

形状与方向，如图12-88所示的两根相同长度的线段，因为两端的拐角呈现内敛和扩张的方向而造成长度不同的错觉，还有如图12-89所示的位于同心圆中的矩形，因为同心圆不断缩小的趋势带来的矩形边缘向内收缩的错觉，此类的例子不胜枚举。除了这些关于图形自身属性的对比，在《艺术与视知觉》中还记录了"内在兴趣"、"孤立"、"集中性"等，作为一本软件的教程，并没有必要深究这些"对比"（有的也说不上是对比）的可行性，我们只要知道其中一些的原理并能够在软件中熟练地实现即可。

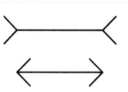

图12-88　两根长度相等的线段

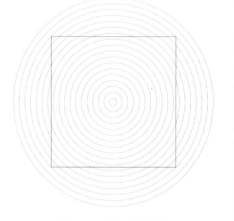

图12-89　"收缩"的方形

不难发现，这本书中有很多地方都没有具体要求数值，只是希望作为读者的你们能够做一些自己的判断，而不是完全被教程中的数值牵引，技巧固然重要，但是感觉也是要培养的，但为什么提倡"跟着感觉走"，就是因为感觉在某些时候真的是"对"的，由于人这种奇怪的动物偏执的感觉形成的习惯，有的时候我们就是要满足了这些习惯，最终作品才会赏心悦目。其实，说到这里，我们也能看到本节内容的大致方向了，一是图形属性带来的趋势，二是人的习惯带来的趋势。其实，这两部分内容都是对平面从业人士必修的《艺术与视知觉》一书中第1章内容的简陋总结，如果想了解更多，不妨自己买一本研究一下。

12.3.1　位置

关于图形的位置我们用之前的树叶实例再做一下变化，如图12-90~图12-92所示的3幅图中，树叶分别被安排在"一张纸"的不同位置（因为叶子需要对比周围的空间范围不确定，所以必须要使用一个边界界定一下），图12-90所示的叶子给人的感觉是静止的，图12-91所示的叶子似乎有一阵风把它吹起来了，马上就要飞走的感觉，而图12-92所示的叶子却呈现出一种下落的感觉，很明显，它们都是同一个角度的同一片叶子，但会给人呈现不同的感觉，这是因为它们受到的"力"不同，图12-90所示的叶子位于纸张对角线的交叉点，所有的力是互相抵消的，所以画面看上去是静止的，而图12-91中的叶子明显地受到来自角落的"拉力"，马上就要飞出去了。至于图12-92，只是从纸张的重心上向下偏移了一点，就会受到纸张下边缘的吸引，感觉要下落，虽然有下落的感觉，但是它的位置表现得却比下图12-90中叶子所在的位置要"感觉稳定"很多。

图12-90　静止的叶子

图12-91　飞走的叶子

图12-92　下落的叶子

提示 很多人喜欢把Illustrator的画板隐藏起来用开始画画，因为那样会感觉不受拘束，但其实Illustrator及所有的平面软件的画板功能除了规定画布尺寸外，还有一个功能就是让我们能够快速地找到对象趋势的最佳平衡点，让画面看起来舒服。

12.3.2　大小

前面的简单介绍中，已经说过了图形的近大远小，这是使图形产生空间感的一个最简单、最直接的办法，如图12-93所示的这个使用透视网格绘制的窗户图形。或者前后关系更加明显的图形叠加效果如图12-94所示。

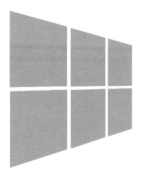

图12-93　透视

图12-94　层叠

像图12-93和图12-94所示的这两种现象似乎是一个谁都知道的常识，好吧，这种事情的确不用多介绍，但是如果下面把这个圆形放大到与正方形等宽，再来看一下对比效果，对比效果如图12-95所示。仔细观察会发现明明与正方形等宽的圆形会比正方形显得小（当然，本来就是小，面积上都差好多），所以，如果想让这个圆形与正方形的比例大小看起来"般配"，那就需要单独调整一下，调整可以是把圆形拉大一下，或者是把正方形缩小一下，这样调整后的效果，如图12-96所示，这样看来两边就匀称多了。

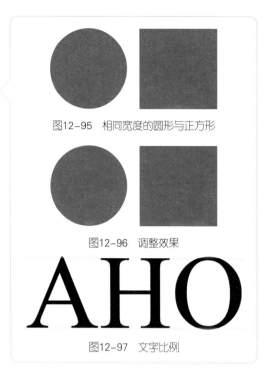

图12-95　相同宽度的圆形与正方形

图12-96　调整效果

要说，这种调整有什么用？其实我们一直都在用，如图12-97所示的实例就明白了，下图中的A（代表三角形）和O（代表圆形）都要比正常高度的H（代表正方形）要多出一些，使它们看起来大小很均匀，不但作为示例使用的这种字体有，我们平常使用的英文字体通常都会有这种针对视觉效果的设计，但是因为我们平常不会经常设计字体，所以多数情况下，我们还是要把这种原理应用到一些图形设计上，例如LOGO设计。

AHO

图12-97　文字比例

除了近大远小的透视效果，通过对象的大小对比也能够造成"聚集"小的对象、向大的对象靠近的趋势，有众星捧月的感觉，同时，大小的对比也会让大的对象产生主角、领导的感觉，这种做法在一些超市的的宣传单上很常见，通常促销的当季产品都会被放大，消费者收到时也会首先注意到那些较大的对象信息。

透视效果是在Logo设计中经常使用的技巧，通过将一个平面的图形3D化，制作出空间的感觉，能够为呆板的平面图形增色不少，当然有时候还会带来一些寓意，本节也将介绍一个3D化的Logo图形设计实例，如图12-98所示，下面就介绍一下具体步骤。

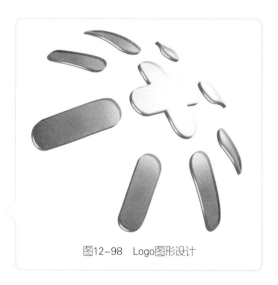

图12-98　Logo图形设计

实例：Logo图形设计

Step1 绘制平面图形

使用3D菜单效果的好处就是可以不用手工控制"远处"的对象与"近处"对象的大小比例，只需要绘制出一个正视角度的平面图形即可，正因为是直接绘制正视角度的图形，所以绘制起来非常方便，实例中只是简单使用了"圆角矩形工具"做了一些简单的旋转堆叠，绘制出的效果如图12-99所示。其实，这里完全没有必要根据实例中的样式绘制，可以任意绘制一些形态简单的图形，如图

图12-99　绘制图形

图12-100　参考图形1

图12-101　参考图形2

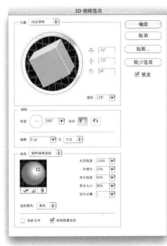

图12-102　3D绕转选项设置

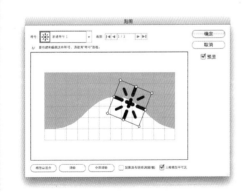

图12-103　贴图设置

12-100和图12-101所示，注意这里是简单的图形，因为太复杂的图形，在执行3D菜单命令时运行会比较缓慢。

将绘制完成的平面图形设置成为黑色（黑色在实际操作中比较容易辨认），并拖曳到"符号"面板中制作成为符号，备用。

Step2　近大远小的透视效果

这一步将透视效果设计得相对复杂一些，观察实例最终效果图也能发现，平面图形呈现的3D趋势是稍微鼓起的效果，这种效果执行"效果">3D>"扭转"命令这种简单的透视命令是实现不了的，所以这里执行"效果">3D>"绕转"命令，其实最终效果中那个稍微鼓起的效果是通过将平面图形以贴图的方式贴在一个圆球上制作而成的，说起这种做法会不会比较熟悉？没错，在之前的"甜甜圈"实例、"地球仪"实例中都用到了这种技巧，所以其具体实施步骤就不用多介绍了。只是要注意的是，因为平面图形并不是要贴满整个球体，平面图形太大，贴图就会被球体的"极点"扭曲的过于严重，平面图形太小，又看不到明显的3D效果，所以需要在对话框中勾选"预览"选项，反复调整才行，调整对话框如图12-102和图12-103所示。这一步绘制出的效果如图12-104所示，对这个对象执行"对象">"扩展外观"命令，然后取消编组并释放剪切蒙版后，即可把3D透视后的黑色平面图形轮廓提取出来了（删除剪切蒙版的轮廓），如图12-105所示。

提示　别忘了增大"透视"的数值，之前的实例中都没有使用"3D绕转"对话框中的"透视"设置，增大透视能让平面图形的冲击力更强。

图12-104　3D贴图效果　　图12-105　扩展

Step3 立体效果上的立体效果

将步骤2中制作透视效果的轮廓取消编组（如果有编组的话），保持对象的选中状态，并按住Alt键，在"路径查找器"面板中单击"联集"按钮，将这些分散的轮廓合并成为一个复合路径，然后对这个复合路径应用如图12-106所示的三段式的径向渐变效果，从左到右颜色分别是R：20、G：220、B：225，R：0、G：153、B：255，R：0、G：71、B：186，应用后渐变效果的中心会有点偏，所以使用"渐变工具"从图形的"十字形"的位置向外拖曳，将颜色最亮的位置设置在凸起3D图形的顶点上，这样就能从颜色效果上增强对象的立体效果。其实渐变的颜色不一定要是蓝色，可以根据个人的设计理念或客户要求设计，这样绘制出的效果如图12-107所示。

经过这样的设计，一个简单透视效果的Logo图形就绘制完成了。如果觉得这个图形的透视感是有了，但是还是有点单薄，那就继续学习下面的步骤吧。

为了为单薄的透视效果增加一点厚度，这一步中还是要使用"3D"命令，不同的是，这一步使用"凸出和斜角"命令，在执行这个命令之前需要将之前填充渐变色的对象渐变色更换成单纯的白色（白色效果会更容易分辨凸出的厚度，而渐变效果在3D命令中会被转变成位图效果，图像质量会变差），选中转变成黑色的Logo图形，执行"效果">3D>"凸出和斜角"命令，打开"凸出和斜角"对话框，如图12-108所示。勾选"预览"选项，设置凸出的厚度，根据个人绘制的图形自行决定即可，设置完成凸出厚度还要再次设置一点透视，在透视上增加透视会抵消一部分，所以要根据预览的情况一点一点地调整，调整到合适的感觉即可，绘制出的效果如图12-109所示。

Step4 提取层次

首先将凸出和斜角化的对象扩展外观，扩展外观后的对象会有几层编组和一些剪切蒙版需要取消，当这些工作都做完后，使用"选择工具"删除剪切蒙版的轮廓，得到如图12-110所示的效果。图中的效果看上去没什么特殊，其实因为"3D凸出和斜角"命令会产生一些"断裂"，所以需要使用"选择工具"把位于相同层次的对

图12-106 渐变设置

图12-107 完成效果

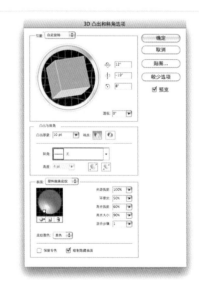

图12-108 3D凸出和斜角选项设置

图12-109 3D效果（侧面是白色）

象逐个选择出来，并按Alt键在"路径查找器"面板中单击"联集"按钮，将它们合并成为一个复合路径。因为在"3D凸出和斜角"对话框中勾选了"绘制隐藏表面"选项（这个功能在表现透明效果时很有用），所以会产生能够用到的层次，如图12-111~

图12-123所示，分别是上层、侧面层及底层。当我们把这3个层次都处理好之后，可以使用"选择工具"将它们分别选中，拖曳到另外一个位置再对齐成原来的样式，这样剩下用不到的轮廓就被保留在原地，使用"选择工具"框选后删除即可。

图12-110　3D扩展　　图12-111　3D顶层　　　图12-112　3D侧面层　　　图12-113　3D底层

Step5　质感效果

重新组合到一起之后，首先将顶层对象应用之前介绍过的渐变效果，并在"透明度"面板中将其透明度设置为70%左右，经过这样的设置，就能看到底层轮廓了，透明的效果也就产生了，如图12-114所示（侧面因为目前还是白色的，所以看不到）。接下来为侧面轮廓添加效果，首先将侧面轮廓转换为较深的蓝色，如图12-115所示。发光感觉的操作其实就是果冻字体中使用的技巧——使用路径偏移制作了一层较小的轮廓并填充了使用"变

亮"混合模式的径向渐变，效果如图12-116所示。最后，把底层轮廓释放复合路径并编组（这一步中的操作可以在步骤4中直接将底层轮廓编组而不是变成复合路径，但是操作时需要什么效果总是要随机应变的，所以也不能算是累赘步骤吧），将底层轮廓应用与顶层相同渐变的"反向"样式（在渐变面板中单击"反向渐变"按钮），因为是编组对象，所以编组内每个对象都被单独应用了渐变效果，如图12-117所示。于是，最终可以得到如图12-118所示的效果了。

图12-114　3D调整顶层透明度　　　　图12-115　3D更换侧面的颜色

图12-116　3D侧面高光　　　图12-117　3D底层渐变效果　　　图12-118　3D完成效果

Step6 细节调整

　　步骤5中绘制完成的效果与最终效果还有一点差别，就是边缘的感觉上与光泽效果上有点不同，这是因为我在最后又将顶层对象向内路径偏移了一点，并将偏移出来的缩小轮廓填充了黑白径向渐变（白色在中间），如图12-119所示，并设置混合模式为"滤色"，这样绘制出的效果即如图12-120所示。添加一层这样的轮廓就会感觉最终效果的图形边棱角更圆滑，颜色效果也自然了一些。

12.3.3 颜色

　　图形的颜色本身即可带来感受，例如，红色可以代表热情、血腥、暴力、喜庆等；绿色可以代表平静、和平、环保、自然、清新、酸、嫉妒、恶心、辐射等。我们能看到同样是一种颜色，带来的感受确大相径庭，再例如黑色，在中国通常的设计作品中很难运用，因为中国人认为黑色是"丧色"，但是黑色在日本却是可以代表春天的颜色，中国人这种观念我们无法去纠正，但也不能总投其所好，所以只能随机应变了。

　　前面说到的红色、绿色、黑色，当看到这两个字的时候这两种颜色立刻浮现在脑海当中，那是因为我们记住了颜色的相貌，即所谓的色相，这是通常我们对颜色的第一印象，也是最容易判断的一个颜色属性，赤橙黄绿青蓝紫这样的基本色相口诀，如图12-121所示是我们小时候就会背的，记住了这个，即可对任何一样东西做出颜色的判断了，虽然不一定准确，但是"西瓜的皮是绿的，瓤是红色的，籽是黑色的"这种程度我还是可以达到的，至于西瓜皮是橄榄绿、翠绿还是草绿之类的我们就需要好好思考了，以至于现在更倾向于使用RGB和CMYK颜色色值来判断一个颜色，听上去还是很高科技的。

　　其实使用RGB和CMYK颜色来判断的颜色并不能都单独作为一种色相存在，色相除了那7种颜色的基本色相，还包括很多其他的色相，例如，赭石色、桃红色之类的，如图12-122所示（在没有专色印刷的情况下，只能是模拟效果）。

　　除了这些被单独分成的色相，通常还会遇到深红、深绿、浅蓝、黑紫之类的颜色，这些颜色的色相分别就是简单的红、绿、蓝、紫，但是它们与标准基本色相的差别也是显而易见的，造成这种差别的原因就是它们的明度

图12-119　添加黑白径向渐变

图12-120　完成效果

图12-121　七色

图12-122　赭石色与桃红色

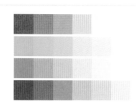

图12-123   明度差别

图12-124   明度比较

图12-125   "色相/饱和度"对话框

图12-126   "调整颜色"对话框

图12-127   "调整饱和度"对话框

图12-128   联想

图12-129   辐射效应

不同，如图12-123所示。在基本色相与其他色相中添加白色，可以造成颜色的明度增大（例如制作浅蓝），添加黑色则会降低明度（例如制作深红色、深绿色或紫色），那么标准的基本色相与其他色相的明度都是一样的吗？当然不是，除了这种添加白色和黑色制作出的明度差别，色相本身也是有相当大明度差别的，如图12-124所示，不用说就能感觉到黄色的明度非常高，而其两端的蓝色和红色的明度就要偏低。

在Photoshop中，有一个功能称为"调整色相/饱和度"，当打开这个对话框时，如图12-125所示，在对话框中能够看到3个调整选项，第1个是"色相"，就是之前讲解的内容；第3个是"明度"，是接着"色相"之后讲解的内容，是颜色的第2个属性；还剩下一个第2项，那就是"饱和度"，"饱和度"其实就是颜色的第3个属性，也称为"彩度"，指的是颜色的鲜艳程度。

要说我们不是一本讲解Illustrator的书籍吗？为什么前面会使用Photoshop中的菜单命令举例？其实只是为了更方便一些而已，因为在Illustrator中没有这三项集成在一起的菜单命令，在Illustrator的"编辑"菜单中，只有"编辑"＞"编辑颜色"＞"调整色彩平衡"命令——兼顾调整色相与明度的功能，如图12-126所示（其实Photoshop中也有，只不过分工更详细），和"编辑"＞"编辑颜色"＞"调整饱和度"命令——用来调整彩度，如图12-127所示。至于为什么Illustrator中没有那种集成的窗口大概是由矢量软件的性质决定的吧。

在本节一开始时就介绍了颜色能够引起的视觉联想从而产生对画面上东西的主观认识，如图12-128所示左侧深色物体（容易联想起很重的钢铁），在质量上比右侧的浅色物体（用以联想起轻质的塑料）重，但是其实在视觉上表现出来的结果却是完全相反的，如果不考虑绘制的图形代表的实际对象是什么，那单纯地从视觉上会感到其实还是浅色的对象稍微"重要（大）"一些，这种现象被称为"辐射效应"。一般来说，浅色的图形都会比相同面积的深色图形要"重"，如图12-129所示的浅色圆形与深色圆形的对比。必须去尽量屏蔽掉这个"重"的意义，这样才能更好地理解。

说到对比，前面的那种视觉上"重"的对比还不能算是最直接的，之前讲到了颜色的3种属性，分别是色相、明度和彩度，因为颜色的这3种属性而产生的对比才是我们第一印象中颜色的对比，例如因为色相属性产生的"补色对比"，包括"红与绿"、"橙与蓝"、"黄与紫"，如图12-130所示。关于这3种补色有各种表达其对比产生感受的顺口溜，因为大多涉及到各种不雅词汇，所以就不一一列举了。

图12-130 红与绿、橙与蓝、黄与紫

其中红与绿的搭配通常会被我们认为是"俗"、"土"的感受，其中主要原因是因为补色对比是颜色的色相对比中最强烈的一组，两种颜色没有一点交集的部分，所以对于总是希望趋于平和的人类感受来说，这两种颜色搭配在一起太残忍了，一直以总是会联想起一些不好的事情，没错，这3组颜色搭配带来的感受没有褒义词（排除一些故意追求这种对比效果的，例如，扭秧歌这类民间艺术之类的）。但为什么我们看到西瓜，不会觉得西瓜好土又好俗，圣诞节的常青树与红袜子搭配起来也蛮好看的，同样是红绿搭配为什么感觉又不同了呢？那是因为它们可能并不是极端的补色对比，或者是因为他们的明度或彩度影响了对比的效果。如图12-131所示的圣诞配色感觉，其中就使用了调整红色与绿色明度与彩度的做法，如图12-132所示。

图12-131 圣诞插图

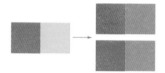

图12-132 红与绿的搭配

形容色相的对比有一个色环，如图12-133所示，色环上的颜色如果处在正对面附近的位置，那它们的对比就是极端的，如果是色环上的颜色与左邻右舍作对比，那它们的对比就非常弱，所以总结的规律就是以一个颜色为基准，距离这个颜色最远的颜色与之对比最强，距离这个颜色越近，色相对比越弱。

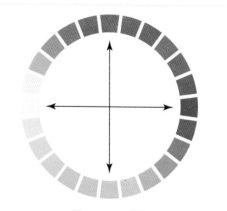

图12-133 色轮

颜色的第2个属性对比是"明度"，想象一下黑夜行路，远处有一点昏黄灯火的景象，一点点灯火足够吸引人继续前进，如果把这个景象画成画面，那就是一个非常典型的"明度"对比，黄色（灯光）的明度本身就很高，周围的黑夜氛围伸手不见五指，那明度接近于最低的黑色，黄色与黑色的对比，使得灯光纵然很小，但是却无限希望，黑夜在一点灯光的衬托下也越发黑暗。好俗套的电影场景，不过解释明度对比的问题还是不错的。

颜色的最后一个属性就是"彩度"，"彩度"对比也有一个很好的实例举例，当我们把一张RGB颜色的图片转换成CMYK颜色时那种失落感就基本是彩度的对比造成的，

图12-134 插画

这同一张图片的前后对比，如果在一张画面上有的地方颜色饱和度高，有的地方饱和度低，那我们肯定是要喜欢饱和度高的地方，同时能够引起足够的注意力，还是使用之前的一张作品来举例，如图12-134所示，中间的怪鸟饱和度要高出其周围对象的饱和度，这样就造成了对比，使人的注意力更久地停留在它的身上。

前面光是讲解了各种对比，其实颜色之间还是有和谐的时候吗，关于颜色和谐就不多从原理上解释了，不如下面来看一个实例，如图12-135所示，看看实例中是如何解决颜色的和谐问题。

图12-135 心情随笔

实例：心情随笔

Step1 打草稿

行路途中，总是能遇到一些让人愉悦的美好景色，现在多数人会直接拍下照片，上传到微博，马上与周围的人分享，但有时候，还可以让这样美好的景色通过绘画的方式记录下来，自从看了《笔记大自然》这样的书，就觉得记录也可以慢下来（虽然是速写），让美好的感觉印象更深。

因为软件的限制，手持设备中不能装上Illustrator，所以多数情况下，可以使用照片作为参考。

使用"铅笔工具"或者"艺术画笔工具"从"画笔"面板中选择一种比较细的艺术画笔就可以开始速写了，没有功底并不能阻碍我们，只要敢画就好。如图12-136所示，可以绘制一个这样的草稿，有点像不会画钢笔速写的人画的钢笔速写的感觉，当然，可以绘制得更好一些。

图12-136 钢笔速写

Step2 颜色丰富

　　并不是只有使用尽量多的颜色才能让画面的颜色变得丰富，之前讲解过对比，其中就有颜色属性的对比，如果能够熟练地运用颜色属性的对比，就能通过少量的颜色制作出富于变化的颜色效果。我们先来看一下实例中使用的色彩属性对比，如图12-137所示，其中有对比十分强烈的补色对比，还有明度与彩度对比，另外，在实例中也使用了很多"正片叠底"效果，"正片叠底"能够让两种颜色叠加后产生另外一种颜色，由此也可以使用少量的颜色制作出更多的颜色。前面提到的对比技巧可以制作出很多对比的颜色，画面中存在这样多的对比，那么，为什么颜色还是看起来是和谐的呢？那是因为我们还有让颜色和谐的一个妙招——让颜色中都含有统一的成分，如图12-138所示，例如，红色与绿色的补色对比，如果让红色和绿色这两种颜色中都包含一点黄颜色的成分，那么，它们的对比就会被削弱，看上去既有对比产生的丰富感，又有统一成分带来的和谐感觉。

　　如果颜色中包含的颜色控制不好，那就使用渐变色，使一组对比的颜色中的每个颜色都过渡到一个相同或类似的颜色，这样可以达到与包含颜色同样的效果。

Step3 自由绘画

　　如果是在纸面上使用水彩绘画，那么，自然要从亮的部位开始画起，但是在Illustrator中却不必顾及这些，反倒是前后层次顺序要注意一下，所以，先从背景开始画起，首先将之前的草稿编组，并新建图层，将草稿放入到新建的图层中并锁定这个图层，回到之前的图层中，使用"铅笔工具"或"钢笔工具"绘制一些流动感觉的轮廓，并按照步骤2中提到的技巧填充上渐变的颜色，如图12-139所示。接下来，继续用同样的技巧绘制向日葵的花瓣部分，如图12-140所示。最后，使用较深的颜色绘制出向日葵的花蕊部分及叶子部分，如图12-141所示。

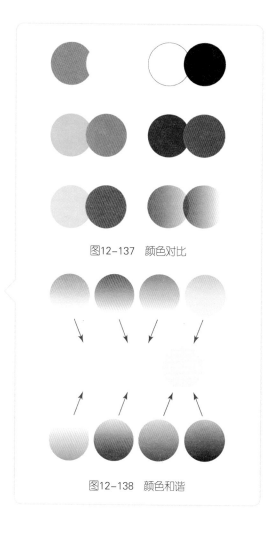

图12-137　颜色对比

图12-138　颜色和谐

图12-139　流动感觉背景轮廓

图12-140　花瓣

图12-141　花蕊与叶子

使用"钢笔工具"或"铅笔工具"绘制如图12-142所示的墨点泼洒效果轮廓,将这个轮廓填充任意颜色并拖曳到"画笔"面板中制作成为艺术画笔,选用这个艺术画笔在已经基本绘制完成的画面

上随意地拖曳几下,制作出墨点的效果,将这些墨点艺术画笔扩展为轮廓,然后填充成与周围颜色和谐的渐变色,并将其混合模式设置为"正片叠底",这样,一幅"速写"就绘制完成了。

图12-142　墨点效果

在Illustrator中可以轻松地绘制出各种图形符号,例如圆点、曲线、圆形、矩形、三角形等,不同的形状能够带来不同的视觉感觉,例如正方形给人以四平八稳,保守刻板的感觉,圆形则更加平易近人却不是很稳定。在设计绘画时我们多数情况下会通过直觉判断该选择何种形状的图形,不过这种感觉因人而异,所以就不多做介绍了。下面来看一个示例,如图12-143所示为使用"多边形工具"绘制的两个相同大小的等边三角形,这两个三角形的方向不同。通过观察这两个三角形,能够看出来左侧的三角形给人稳定的感觉,右侧的却是给人以不稳定的、快要倒下的感觉,如果这种感觉还不是很明显的话,让我们加一条水平线看一下,如图12-144所示。这是图形的方向感通过人本身的

视觉感觉,通过联想得到的心理感受,那么,了解这个到底有什么用?我们来回想一下之前的"桃花源"实例中使用的桃花图形符号,将原本四平八稳的挑花图形符号稍微转一下角度就形成了桃花飞出的感觉,这个桃花飞出去的效果就是利用这个原理设计的,同理,如果把三角形下面的黑色水平线想象成为一段水平排版的Logo文字,上面的三角形作为一个Logo的符号,这两个Logo就会形成完全不同的视觉感受,记得还在上学的时候,客户(尤其是保守派的客户)是非常不喜欢带有倾斜感觉的Logo设计的,因为他们发现Logo中蕴含着"要倒"、"不稳"等因素而不是换一种说法就是"灵动"、"腾飞"之类的词汇时,他们就会果断地拒绝这个Logo的设计,当然,现在的设计氛围已经好多了,所以到处都能看到一些"一碰就倒"的Logo设计。

图12-143　两个三角形　　　　图12-144　添加水平线

12.3.5 人们的"习惯"

人的感觉真的是很复杂，科学的平衡位置也不一定能让人感觉舒服，就像黄金比例这样一个分割点的存在，明明是将对象放在纸张的"重心"（对角线的交点）的位置就是平衡的，但是却不如将对象摆放得偏一点让人感觉舒服，这也就是那些在背后指点江山的众神们经常说的，"你这个放在中间傻愣傻愣的，往边儿上挪一挪"的最直接体现。在《艺术与视知觉》这本书中，将这种习惯的位置总结成了"上下左右"，解释起来就是画面安排上，上比下重，左比右重，也就是说如果把一个画面分成上下两部分，那应该在下面适当地增加内容、面积或加重颜色等，这样才会使画面不会很"飘"。如果把画面分成左右两部分，那就应该在画面的右侧安排更多的内容，这样画面才不会向一边倾斜。

提示 这样的总结只是一种通常的状态，实际应用时还是要根据实际情况随机应变的。

12.4 图形的构成

在前面讲解的内容其实已经涉及到一些本节将要讲解的内容，例如，图形的大小，单独的图形本身并看不出来大小（与周围的空间作对比的情况除外），只有存在两个或两个以上的图形才能比较出图形的大小，通过这种大小的对比再来产生不同的感受，这种多个图形组合到一起的情况就是本节要介绍的内容。本节的内容其实相当于平面设计当中的"平面构成"，这是学习设计一定要了解的内容，但是通常这些内容都被笼统地介绍过了，与本书的主角Illustrator的关系究竟怎么样，却很少有介绍的，考虑到这一点，本节在内容安排上也着重考虑了Illustrator中的平面构成技巧，下面分别来看介绍一下。

12.4.1 重复构成

"重复"单从表面意义上来讲就是将图形复制，并将复制的副本都并列起来展示，如图12-145和图12-146所示。但这样的组合状态只能作为一种重复构成的极端例子，一般情况下，更偏向于把拥有相似感觉的、统一风格的图形对象组合到一起，如图12-147所示。从更宽泛的意义上理解"重复"这种构成方式，最终形成的组合效果也会使对象形成一种有秩序的、和谐的美感。

图12-145 重复构成图案1

图12-146 重复构成图案2

图12-147 相似感觉、统一风格的图形组合

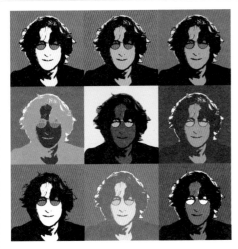

图12-148　波普效果实例

在Illustrator中也有一些功能能够产生"重复构成"的效果，包括之前在很多实例中涉及到的"图案"色板，以及非常贴切重复这个操作的"符号喷枪工具。除了这两个功能，剩下的大多数重复构成都需要动手逐步调整，说起这种动手调整的重复构成，让作者想起著名的波普艺术家——安迪·沃霍尔，在他的各种经典作品中经常会看到大量重复使用不同颜色的丝印著名人物头像，几乎可以说重复就是他作品的"灵魂"。他作品的艺术意义与流行程度不必言说，单是他的作品中那种丝印的特有效果也成了众人模仿的样式，其实在Illustrator中相当容易去实现那种做法，如图12-148所示的波普效果实例，下面就介绍一下这种特殊的丝印重复构成效果，在Illustrator中的绘制技巧。

提示　为什么说在Illustrator中适合表现丝印效果，因为Illustrator在描绘细腻的风格上表现欠缺，这一点与丝印的状态非常相似——丝印因为颜料和丝印版的限制很难表现颜色的过渡效果，所以大量使用色块拼接叠加去表现颜色（现在也有使用四色技术制作的丝印，但是最终效果缺乏印刷中丝印那种特殊魅力）。

实例：波普效果

Step1 保留更多的细节

在制作这一类效果之前，首先要选择一张光线效果合适的照片，最好是能做到明暗层次分明，背景比较单纯的照片，这样在实时描摹后才能取得明确的人物轮廓，以及更容易处理的色块区域。

这里使用了一张约翰·列农的照片，在本书的光盘中也提供了这张照片，如图12-149所示。如果暂时没有合适的照片可以从光盘中找出来使用并学习本节的实例制作技巧。将照片置入软件中，选中照片，执行"对象">"实时描摹">"描摹选项"命令，打开"描摹选项"对话框，勾选"预览"选项，直接使用默认的描摹参数描摹的效果并不好，感觉面部的阴影太浓重了，细节也太粗糙，如图12-150所示。所以，在"黑白"模式下，降低"阈值"到90左右，描摹出更明亮的画面，将"重新取样"增大到350左右，"描摹选项"对话框中的设置如图12-151所示。增大"重新取样"可以强制增多细节，因为增大"重新取样"数值相当于增加图片的分辨率，描摹的结果也就越细，增加细节固然是好的，但是也会产生一些马赛克效果，不过这个马赛克效果在不放很大的情况下不会很明显。单击"忽

图12-149　照片　　图12-150　直接实时描摹

图12-151　描摹选项设置

略白色"按钮，最后单击"确定"按钮，关闭对话框，描摹出来的结果，如图12-152所示，将这个描摹后的照片扩展，备用。

图12-152　调整后描摹效果

Step2 分版

因为丝网印刷时，颜色是一块一块的，前面描摹出来的黑色算作是一部分，还需要将人物的脸部、头发、眼镜及背景分别绘制出色块区域，颜色搭配任意，绘制出的效果如图12-153所示，如果你有数位版，那使用"铅笔工具"围绕着这些区域简单地绘制一个大致轮廓即可，将这些色块放置到黑色的后方，因为这些黑色的阻挡，所以色块的边缘也没必要很整齐，叠加黑色后的效果如图12-154所示。比较特别的是头发位置的处理，这部分要使色块故意地从边缘显露出来，如图12-155所示，形成丝印的特别风格。

图12-153　绘制色块　　　　图12-154　放置到黑色后面　　　　图12-155　头发边缘效果

图12-156　码放整齐

图12-157　更换颜色

只是使用软件的"色板"面板中的颜色即可搭配出很
"波普效果"的感觉，所以将步骤2中绘制完备的头像施
加颜色色块并复制多个，并摆放整齐，如图12-156所示，
即可使用"选择工具"选中色块并将原本的颜色替换成新
的颜色，如图12-157所示，不用担心颜色不够"波普"，
随意就好了。

12.4.2　渐变构成

之前的神秘螺旋实例中，使用了线条的混合制作出
了梦幻的海螺效果，这种通过混合实现的由大到小的变
化其实就是"渐变"构成的一种形式。渐变构成的对象
大多按照一定的规律排列组合，这些规律包括大小、颜
色、强弱等，如图12-158所示，排列的结果给人带来
韵律与节奏的美感，是一种具有"叙事性"的图形组合
方式。如果再通过主次关系的调整，还能起到强调主体
对象的作用。

图12-158　渐变构成示意

12.4.3　发射构成

"发射"顾名思义就是将图形"发射"出去。咳！
好像没解释一样，其实就是因为太容易理解了，所以解释

起来反而困难了，"发射"构成的组合形式类似找到一个焦点，图形对象或从这个点向外扩散，或者都反过来，向这个焦点靠拢。我们通常会用"活力四射"来形容人或者事物，这句话也可以用来形容"发射"构成能够产生的效果，如图12-159所示的车辆广告插图，车辆周围的建筑元素都分别朝向各个方向，十分动态，反而是在中间的位置形成了一个稳定的焦点，让人更容易注意到车辆上，毕竟是车的广告嘛。

图12-159　汽车广告插图

12.4.4　特异构成

说起这种构成方式可能是某些规则强迫症人士最痛恨的一种构成了吧，如果你看到如图12-160所示的样式来自网络名图的图片有"轻微不适"的话就说明你正在受这种强迫症所害。这张图所展示的就是一个偏离"正常"位置的方块，引起了人的注意，大多数人都想把它放回原来位置的冲动，如果不谈我们想去执行的操作，但是这个方块能够引起人的注意力就能说明这种构成方式的特点——构成中的图形对象通过打破规律，特立独行，从而从众多平凡规律的对象中跳脱，成为视觉的焦点并引发进一步的操作（通常情况下是记住它，然后这个广告就成功了）。

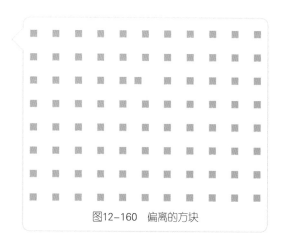

图12-160　偏离的方块

以上的强迫症举例只是一种特殊的形式，其实在实际使用中，可以让图形对象更复杂化，特异的形式也不仅仅是位置，还可以是颜色、内容、大小、方向等。

12.4.5　对比构成

之前在图形的趋势中讲解了图形的位置、大小、颜色、形状、方向等，这些统统都可以作为对比的内容，相比渐变组合有规律的对比、特异组合的"特异"特性对比组合则更为笼统。如图12-161所示，关于五行龙的绘制，5条龙之间有方向对比、颜色对比等。

图12-161　五行龙

12.4.6　矛盾空间

"矛盾空间"是一种在现实世界中不存在的空间结构，虽然三维的现实世界中不存在，但是在二维的纸面上，却可以被表现出来，当我们看到矛盾空间的时候会觉得它又是正确的，又是错误的，十分巧妙。历史上一位专注于此的矛盾空间大师——埃舍尔，他的矛盾空间作品我们再熟悉不过了，如图12-162和图12-163所示。

图12-162　埃舍尔作品——Belvedere

图12-163　爱舍尔作品——Concave and Convx

矛盾空间能够同时表现两个或多个视点，通过矛盾空间，我们在图形构成上就能给观众带来多个视觉焦点，两个视觉焦点之间被巧妙并"矛盾"地联系在一起，能够引发人的兴趣或一些思考。

实例：立体Logo设计

如图12-164所示为一个为一个艺术机构设计的在线使用的Logo，其中的Dimensions 可以解释为维度之类的意思，开始理解这个"维度"的时候的确不是很好联想，但是恰巧看到了埃舍尔的"蚂蚁"——蚂蚁在魔比乌斯环上爬行，这不就是一个有趣的点吗，这里说的不是蚂蚁，而是蚂蚁脚下的魔比乌斯环，这种环就像把一张纸条，扭转一下再首尾连接在一起，如图12-165所示。

图12-164　Logo设计

图12-165　魔比乌斯环

这种环形形成一种有趣的"矛盾"空间关系，并且套用到维度的意思上，也会产生很积极的意义联想。经过这样的启发，就设计了带有"魔比乌斯环"性质的Logo，具体步骤如下。

一想到纸带，我们一下就想到使用"矩形工具"绘制矩形即可，如图12-166所示，但是这条矩形要通过什么方式才能将它扭曲起来？有很多方法，首先可以使用"封套扭曲"功能，我们来试试使用"封套扭曲"功能扭曲一段矩形的办法，如图12-167所示。

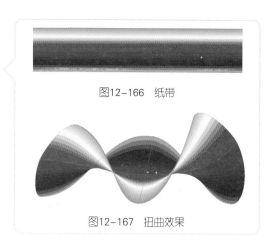

图12-166　纸带

图12-167　扭曲效果

这样扭曲的效果看上去是可以的，但是要想调节成为首尾相接的环形有点太麻烦了。如图12-167所示的扭曲的彩虹丝带效果，其技巧是先绘制彩虹丝带（使用色谱渐变，扩展成为指定对象即可），然后绘制一个与彩虹丝带范围大小差不多的矩形，覆盖在彩虹丝带上，将彩虹丝带与矩形一起选中执行"对象" > "封套扭曲" > "用顶层对象建立"命令，或者直接执行"用网格建立"命令，可以把彩虹丝带封套在矩形中，选中封套对象，在画布的上方的控制栏内选择"编辑封套"模式，现在的封套是一个矩形，所以可以使用"网格工具"为这个矩形添加网格，直接使用"网格工具"在矩形的中央单击，形成一个居中的十字形网格线，然后使用"直接选择工具"移动矩形网格上的各个节点位置即可把彩虹丝带扭曲成为如图12-167所示的形状了，这种封套扭曲同样适用于图片。

提示　在制作封套时Illustrator经常会出现显示不了对象"背面"的情况，如图12-168所示，遇到这种情况后我也没办法，多试几次吧。

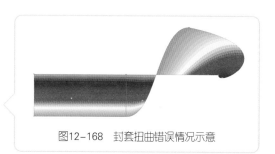

图12-168　封套扭曲错误情况示意

了解了这个技巧后，先不着急去设计这个魔比乌斯环，先把之前一个看上去不大完整的实例补充完整（本人非常极其擅长跑题），还记得10.9节有一个回收站的垃圾筐图标实例吗？在那个实例中只绘

制了一个空的垃圾筐，还需要一个回收站已满的图标，所以，打算使用封套扭曲图片的技巧把垃圾筐内的废纸补充上去，先来看下图12-169所示的最终效果图。

图12-169　垃圾筐实例最终效果

首先需要使用"矩形工具"绘制如图12-170所示的矩形，然后使用"网格工具"随意添加一些明暗效果。将这个添加网格的矩形对象栅格化，如图12-171所示，其实不栅格化也行，除非你的计算机配置高。栅格化网格对象后再使用"钢笔工具"绘制弯曲绕弯的轮廓效果，让轮廓有绕圈的感觉可以增加最终效果的混乱度，将这个轮廓的大小调整到与栅格化后的网格对象差不多的尺寸，并叠加在

一起，如图12-172所示，执行"对象"＞"封套扭曲"＞"用顶层对象建立"命令，软件经过一小段时间的运算即可将前面的栅格化的网格对象揉成一个纸团了，因为实现添加了明暗效果，所以纸团效果看起来颇为逼真，如图12-173所示。接下来就用类似的技巧多绘制一些纸团（可以用报纸、照片等，然后将这些纸团与垃圾筐组合到一起，即可完成一组回收站的图标设计了。

图12-170　矩形

图12-171　明暗效果

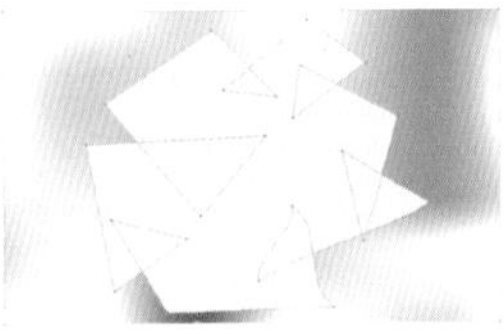

图12-172　弯曲的线条

图12-173　纸团效果

Step1　尝试制作一圈"纸带"

前面我们混入了一个回收站图标的实例，但其实主要目的是补充一下关于封套扭曲的一些知识，封套扭曲的确是一个扭曲对象的好办法，但是好像并不适合这节要讲解的实例，所以只能是随便实验了，如果是使用"混合工具"，可以使用圆形的混合轴，使用线条进行混合，这样就能制作出环绕一圈的混合效果，让我们来试试，实验的效果如图12-174所示（有两种混合的模式），发现这并不是我们想要的效果，线条混合不能将对象环绕得很有

立体感，那我们再试试使用"面"进行混合，我们有前面的海螺实例作基础，想象一下效果应该不会很差，如图12-175所示，可以形成一个很好的圆形感觉，但就是没有绕一下，形成"魔比乌斯环"的翻转效果，我们尝试将实例中的圆形旋转、挤压等操作，会发现变化不大，只是在圆形被挤压时会有一点扭转的感觉，所以使用"直接选择工具"将圆形上的节点位置移动一下，让圆形发生扭曲，就会发现，这样就得到一个还能比较满意的状态，如图12-176所示我们就用这个技巧开始绘制。

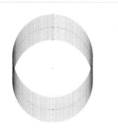 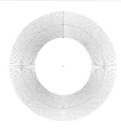  

图12-174　线的混合效果（两种模式）　　图12-175　面的混合效果　图12-176　扭曲圆形混合效果

在实例中，索性就把ART这3个字母创建轮廓后，当成之前混合中扭曲的圆形，发现效果还不错，相比扭曲的圆形制作出来的环状，字母制作出来的更具有立体感，将文字的轮廓作一点调整，效果如图12-177所示的未替换混合轴之前的混合的状态，以及如图12-178所示的用圆形替换混合轴后的效果（使用了"直接选择工具"对文字的轮廓作了一些调整）。

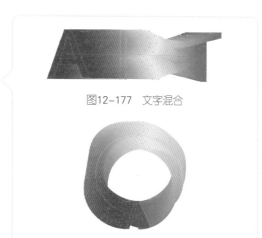

图12-177　文字混合

■Step2 细节调整

因为混合制作出来的环形首尾衔接并不好，所以需要单独使用"钢笔工具"绘制一个轮廓覆盖在上面，并按照混合上的颜色规律使用渐变颜色填充，如图12-179所示，填充时要多实验一下，避免因为颜色不融合造成"钢笔工具"绘制的轮廓显露出来。为了强调体积的感觉，再使用"钢笔工具"绘制一些沿着环状方向延伸的两头尖的轮廓，并填充白色，在"透明度"面板中将这些轮廓添加上不透明蒙版，如图12-180所示，将这些白色的细小轮廓作为这个立体造形上的棱角高光。

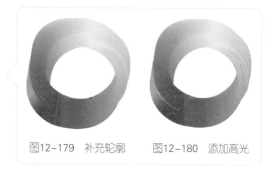

图12-179　补充轮廓　　图12-180　添加高光

■Step3 添加文字

使用"文字工具"输入Logo文字，并结合Alt键进行微调字间距，将文字与图形组合到一起，注意配合到一起的平衡感觉，并尝试制作出多种图形与文字的组合，如图12-181所示。

图12-181　组合文字

12.4.7 肌理构成

所谓肌理即通过组合一些图形，使这些图形形成形态、颜色、疏密、大小、浓淡之类的变化，从而表现出的质感，如瓷器的开片裂纹的质感、木材的木纹质感，如图12-182所示，纺织品的纹理质感，如图12-183所示，金属的拉丝质感，玻璃的透明质感等，但是插画作品或平面设计作品如果不通过特殊工艺，是无法触摸到画面中表现的对象

肌理的，但是这些肌理通过人的"视觉质感（人的常识）"就能让人感受到画面中表现对象的质感"摸"起来如何，所以这些肌理在设计绘画中也显得尤为重要。如图12-184所示的写实柠檬的肌理绘制以及如图12-185所示的瓷器绘制。虽然在Illustrator中表达肌理效果在多数情况下都是比较复杂的，需要掌握相当多的技巧，但是如果找到一些技巧绘制起来还是非常轻松的。

图12-182　木纹肌理

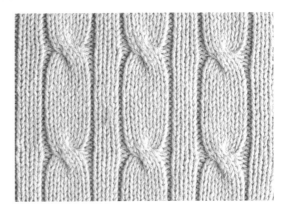

图12-183　纺织品肌理

图12-184　柠檬肌理

图12-185　瓷器肌理

实例：裂纹肌理研究

在前面的实例中讲解了一下"水波纹"及"冰川纹理"的绘制，这种类型的肌理大多是利用Illustrator的一些效果自然生成的，比较随机，也不受控制，但是通常肌理都有它的规律与特征，所以，有时还需要去手工绘制一些，本节就将如图12-185所示的开片瓷茶碗上的肌理绘制做一下讲解，学习一下如何去分析一种肌理并用工具实现它，当然，世界上的肌理有千万种，实例中的一种技巧是不能通用的，要想能轻松绘制自己需要的肌理效果，还是需要多多研究。

Step1　搜集并分析素材

搜集素材时，可以发挥各大搜索引擎的实力，找到最能代表这种肌理的最典型的图片实例，需要了解瓷器的开片效果是如何的，所以就找到了如图12-186和图12-187所示的照片，其实这两张已经差不多可以分析出这种裂纹的一些规律了：首先是裂纹中都有几条非常长的，连贯的裂纹，然后在连贯的长裂纹基础上再分成其他互不侵扰的小裂纹，最后还看到裂纹有深浅的变化，知道以上3条，即可开始绘制了。

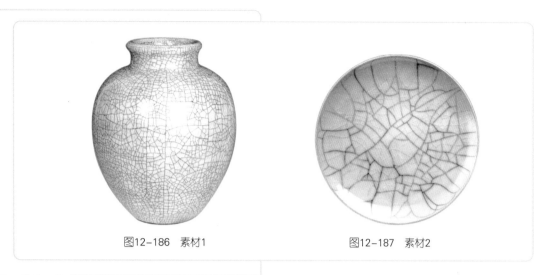

图12-186 素材1　　　　　　　　　　图12-187 素材2

Step2 最合适的工具

　　如果要绘制这种线条的肌理可以考虑使用"钢笔工具"（太繁琐）、"铅笔工具"（没有数位板画不直）、"画笔工具"（与"铅笔工具"一样）、"直线段工具"配合扭曲（没试过，不过肯定会跑偏）、"美工刀工具"（比较合适），所以就决定使用"美工刀工具"了。

　　使用"矩形工具"绘制一个扁的矩形，将矩形的填充色去掉，只保留描边，设置描边颜色为黑色，如图12-188所示。下面使用"美工刀工具"来切割这个矩形，注意要按照之前分析出来的规律，先将矩形纵向分割成为几列，如图12-189所示，这几列之间的纹理就是长的连贯纹理，然后单独选出一列，将剩下的几列全部锁定，防止切割影响到，将选中的一列分割成很多小块，如图12-190所示，最后，用同样的技巧，把所有的区域都分割好，这个裂纹的肌理就绘制完成了，如图12-191所示。

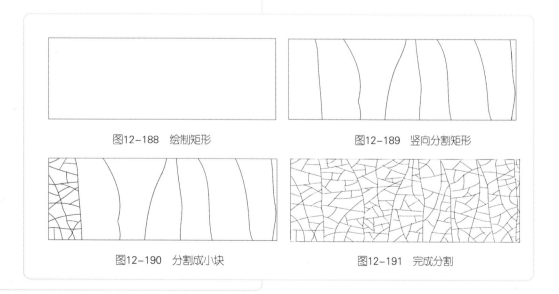

图12-188 绘制矩形　　　　　　　　　图12-189 竖向分割矩形

图12-190 分割成小块　　　　　　　　图12-191 完成分割

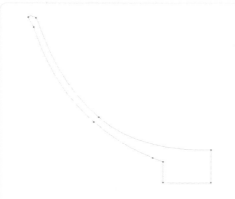

图12-192 茶碗的半边轮廓

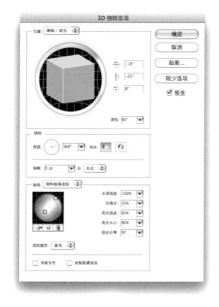

图12-193 3D绕转选项色绘制

提示 在试图将这个肌理制作成贴图时，发现在描边情况下不管怎么弄，3D绕转后都显示不出来，不知道是什么原因，也不知道这个问题是不是普遍的，如果遇到前面说的问题，解决办法就是将描边扩展成为轮廓，扩展成轮廓后再将它们在“路经查找器”面板中“联集”成为一个复合路径，成为一个复合路经后上面的节点数量有点太多，为了减少软件的运算量，执行“对象”>“路径”>“简化”命令，在“简化”对话框中勾选“预览”选项，做一些适当调整，虽然会失真一些，但是效果不会太影响。

Step3 3D贴图命令

使用“钢笔工具”绘制出碗的半边轮廓，如图12-192所示，再执行“效果”>3D>“绕转”命令将茶碗制作出来，绕转的参数设置如图12-193所示。绘制出的茶碗效果如图12-194所示。在“图层”面板中将茶碗所在的路径拖曳到“新建”按钮上原位复制一层，并将之前的肌理制作成为符号，在“样式”面板中双击刚才复制出来的茶碗的“3D绕转”效果样式，重新编辑，将已经制作成为符号的裂纹肌理贴到茶碗的内外壁上，并选中“三维模型不可见”选项，用这样的技巧制作出贴合茶碗的裂纹肌理效果，如图12-195所示（已隐藏了之前绘制出来的茶碗）。将这层肌理对象扩展外观，取消编组与剪切蒙版后，删除不需要的部分，最后剩下如图12-196所标注的蓝色后面层与红色前面层。

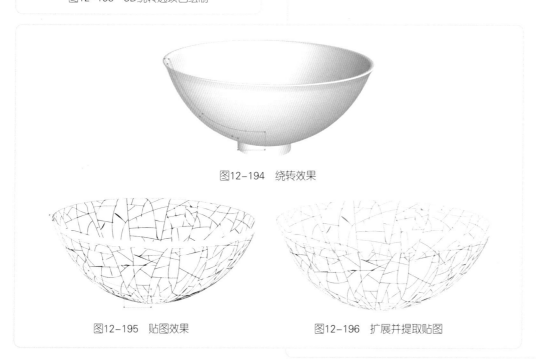

图12-194 绕转效果

图12-195 贴图效果

图12-196 扩展并提取贴图

■Step4 调整细节1■

　　将步骤3中最后保留的两层裂纹肌理放到茶碗上，其实如果是按照前面的步骤做的，那这些肌理就直接在茶碗上了，如图12-197所示。将两层肌理的颜色设置成为深棕色（也可以使用"吸管工具"从照片上取色），将两层肌理分别调整透明度，让外壁的茶碗透明度比内壁的肌理透明度低一些（更不透明一些），绘制出的效果如图12-198所示。

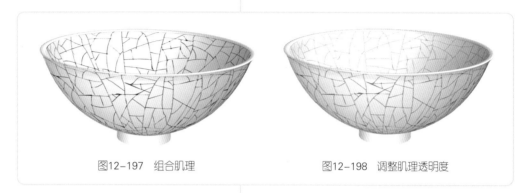

图12-197　组合肌理　　　　　　　　图12-198　调整肌理透明度

　　我们将调整过透明度的两层肌理轮廓，分别在"图层"面板中将其所在的路径拖曳到"新建"按钮上，各自原位复制一层，并将新复制出来的这两层都应用一点高斯模糊，模糊的程度不要太大。最后，将这两层高斯模糊后的对象透明度再次降低一些，绘制出的效果如图12-199所示，实现的是裂纹的颜色渗透效果。将这两层高斯模糊的对象在"图层"面板中再次拖曳到"新建"按钮上，原位复制，并执行"对象">"变换">"对称"命令选择垂直方向的轴，将这两层轮廓翻转过来，因为本身这个茶碗的角度设定得不是很正，所以附着其上的肌理在对称翻转之后会有一点错位，使用"自由变换工具"调整一下，同时将透明度再次降低，得到的效果如图12-200所示，实现的是浅裂纹的效果。

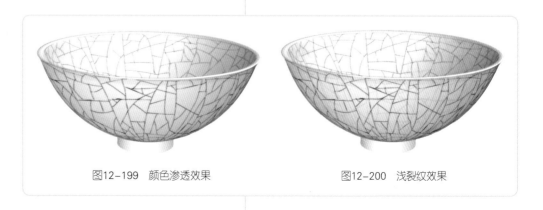

图12-199　颜色渗透效果　　　　　　　图12-200　浅裂纹效果

　　茶碗的碗口处因为叠加了一些肌理变得不"利索"了，所以使用剪切蒙版将茶碗内壁的肌理剪切一下，剪切蒙版的位置如图12-201所示，剪切完的效果如图12-202所示。

图12-201　剪切蒙版位置

图12-202　剪切蒙版效果

　　碗底也使用剪切蒙版制作，剪切蒙版的位置如图12-203所示，剪切的对象使用缩小后的肌理轮廓两层（一层是正常轮廓，另一层是高斯模糊后的轮廓），剪切完成后再使用"椭圆工具"配合高斯模糊等制作出茶碗的投影与背景等，这样一个茶碗就绘制完成了，如图12-204所示。

图12-203　剪切蒙版

图12-204　完成效果

13　版面气质

- 区域
- 对齐
- 节奏

图13-1　版式网格1

图13-2　黄金比例

Illustrator并不是一个专业排版软件，它的主要功能是针对矢量绘制，所以在排版的功能上会比较弱，并且Adobe公司有专门的排版软件——InDesign，处理板式设计大多是在InDesign中完成的，需要矢量绘画时才会切换到Illustrator，这两个软件的解合度还是很高的。鉴于Illustrator的排版功能比较弱，所以本章的内容也不会很多，从一些大概的排版上需要注意的事情进行一些内容安排。

当拿起一本小说，通常注意首先注意到的是文字内容，但是作为一个设计师，通常还是会受到一点"职业病"的影响而另外注意一下这本小说的排版情况，一本小说的排版情况不仅直接影响着阅读的流畅度，还默默地影响着我们的感受，就像是对面走来一位作家、一位画家或者其他的职业人，我们不必去对这个人有所了解，只是从这个人的举止散发出来的气质即可判断出这个人的职业范围，同样的，版面也是具有气质的，这种气质是在设计师排版时设计的，如图13-1所示的经典版式网格和如图13-2所示的黄金分割比板式网格参考线，这种参考线是看不到的，但是当文字与图片摆放进去后，它们的气质就通过文字图片代为散发开来了。

虽然Illustrator的排版功能稍弱，但是如果要处理一些没必要开启庞大又专业的InDesign设计或绘制项目，此时Illustrator中的排版功能就不可或缺了，所以下面将Illustrator中能用到的一些排版功能介绍一下。首当其冲的就是"字符"与"字符样式"这一组面板，如图13-3所示，这两个面板在之前的章节中已经详细介绍到了，然后就是"段落"与"段落样式"这一组面板，如图13-4所示。"段落样式"面板相当于更高级一些的"字符样式"面板。

说起版面，不要以为就是像小说一样那种密密麻麻的文字排版才叫排版，其实排版的文字不在多少，甚至可以完全是图片的排版，明信片、名片、Logo、招牌、折页、海报、包装、书籍，所有这些关于文字排列的形式都可以称作为"排版"。如图13-5~图13-7所示为各种排版举例。

图13-3 "字符"面板

图13-4 "段落"面板

图13-5 排版示意1

图13-6 排版示意2

图13-7 排版示意3

13.1 区域

使用"文字工具"在画布上单击，即可输入文字，但是要想将文字形成一个段落，手动按回车键却不是一个好办法，此时我们就需要使用"文字工具"拖曳出文本框，或者使用"区域文字工具"在一些图形上单击，前面也讲解过了这个工具的具体用法，使用这些工具即可把文字输入到大多数形态的区域内，如图13-8所示。

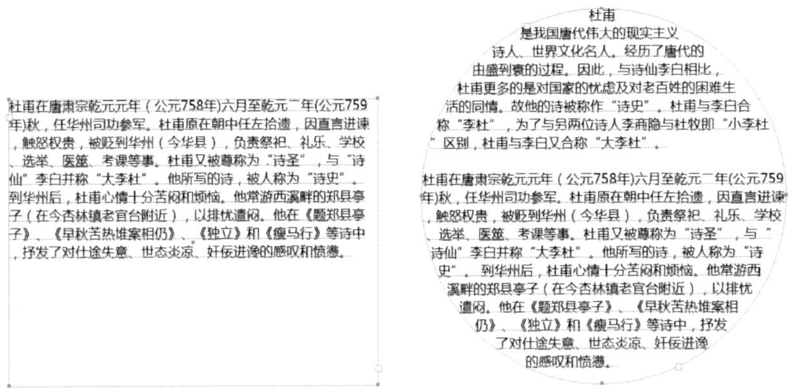

杜甫在唐肃宗乾元元年（公元758年）六月至乾元二年(公元759年)秋，任华州司功参军。杜甫原在朝中任左拾遗，因直言进谏，触怒权贵，被贬到华州（今华县），负责祭祀、礼乐、学校、选举、医筮、考课等事。杜甫又被尊称为"诗圣"，与"诗仙"李白并称"大李杜"。他所写的诗，被人称为"诗史"。到华州后，杜甫心情十分苦闷和烦恼，他常游西溪畔的郑县亭子（在今杏林镇老官台附近），以排忧遣闷。他在《题郑县亭子》、《早秋苦热堆案相仍》、《独立》和《瘦马行》等诗中，抒发了对仕途失意、世态炎凉、奸佞进谗的感叹和愤懑。

杜甫
是我国唐代伟大的现实主义
诗人、世界文化名人。经历了唐代的
由盛到衰的过程。因此，与诗仙李白相比，
杜甫更多的是对国家的忧虑及对老百姓的困难生
活的同情，故他的诗被称作"诗史"。杜甫与李白合
称"李杜"，为了与另两位诗人李商隐与杜牧即"小李杜
"区别，杜甫与李白又合称"大李杜"。
杜甫在唐肃宗乾元元年（公元758年)六月至乾元二年(公元759
年)秋，任华州司功参军。杜甫原在朝中任左拾遗，因直言进谏
，触怒权贵，被贬到华州（今华县），负责祭祀、礼乐、学校
、选举、医筮、考课等事。杜甫又被尊称为"诗圣"，与"
诗仙"李白并称"大李杜"。他所写的诗，被人称为"诗
史"。到华州后，杜甫心情十分苦闷和烦恼，他常游西
溪畔的郑县亭子（在今杏林镇老官台附近)，以排忧
遣闷。他在《题郑县亭子》、《早秋苦热堆案相
仍》、《独立》和《瘦马行》等诗中，抒发
了对仕途失意、世态炎凉、奸佞进谗
的感叹和愤懑。

图13-8　文本框和区域文字

在排版设计中，尤其讲究文字信息的区域划分，要做的是将不同类型的信息归类，并排列到一个相对区隔的区域内，最简单的例如名片，我们会把名片上的人名、职位、联系方式、公司地址等做一个区分，不同类型的信息之间可以通过加高行间距或摆放在不同的位置来加以区分，使人阅读起来更容易，如图13-9所示。

李 玉庭　推广部经理

地址：北京市 昌平区 高教园8区 8号楼 8单元 808室

电话：010-12345678　传真：010-23456789
手机：12345678910　邮箱：Studio11@vip.com

图13-9　简单的名片信息区域划分

除了文字与文字、文字与图片、图片与图片之间要划分区域，形成不同的文字内容区间，我们还要将文字与空白划分开，就像绘画中的留白一样，在排版中也需要保留一些合理的空白（不一定是无内容的）位置，让版面看上去是轻松的、透气的、有风格的。注意，不要故意去制造一些空白的位置，那样很容易让人理解为印刷或显示错误。

13.2　对齐

软件中提供了一些对齐的工具，包括"对齐"面板中的对齐工具以及"段落"面板中的段落对齐方式，这些功能都可以帮助我们实现整齐的效果，整齐的美感似乎是人类一直追求的，整齐的排版不能说一定就是好的，但至少看起来像是修剪过的草坪，虽然可能不好看，但是至少说明是有整理过

的。当我们在处理文章的插图时，插图可能有很多个，那这几张插图多数情况下是要被对齐的，如图13-10所示。

版面的对齐并不是版面上的一个或某几个局部的对齐，对齐是要从设计的整体入手考虑，一个3折页，那折页的一面3个小页需要考虑对齐，一本小册

图13-10　对齐

子，那小册子的每一页都要考虑有一个统一的对齐样式，使读者产生连贯的视觉感受。

提示 通过设定一个公用的版面网格系统，可以让对齐更加轻松。

13.3　节奏

超市的宣传单上总是把打折最厉害的商品放大，放在最醒目的位置，这样做的好处是，我们能够首先看到这个商品，并被打折信息吸引，然后再

关注到其他商品，这里涉及到的就是一个版面的节奏问题，上一小节提到了对齐的问题，虽然对齐是"美"的，但是一望无际的草原也总是需要有几个小山丘高低起伏才更美不是吗？所以在版面中还需要在对齐的情况下去加强一些信息，弱化一些信息，造成版面的强弱对比，产生一定的节奏感，这样的版面才不会乏味，豪无重点可言，例如如图13-11所示模拟的海鲜推荐广告图片，如果只是单纯的对齐，就会缺乏重点，此时就需要把首推的海鲜放大，与不首推的海鲜形成较大的大小对比，如图13-12所示。这样我们即可一眼看出哪个是重点，哪个不是重点了。

图13-11　模拟海鲜广告，缺少节奏

图13-12　调整节奏后

14 创意生活

- 手机壁纸
- 公仔设计
- 为宠物画张肖像
- 设计橡皮章子的图案
- 设计十字绣的图案
- 原创的QQ动态表情

在几年前，随着照片修饰的流行，Photoshop成功地融入到我们的生活，本来是一个颇为专业的修图、设计兼绘画的软件，现在街头巷尾，几乎无人不知。尽管后来，这种趋势又被更简单易用于专攻的美图软件改变，但是却无法改变人们看到好看的或不好看的照片都会说"P了吧"，与这种流行度形成对比的是与Photoshop同属一家的Illustrator，但它的流行度却远远不够，甚至很多从事设计这一行业的人也都不会使用，会使用的人多数情况下还是把它当做是一个工作的工具，这种情况让一个一直以来对Illustrator情有独钟的作者来说，感觉就太悲惨了，所以，在之前的章节中都涉及了一些非工作时需要的实例，并且在本章又单独整理了几个实例，希望能让更多的人发现Illustrator的有趣之处，通过Illustrator的帮助，更有创意地处理周围的事情。

14.1　手机壁纸

现在走在大街上，看到各种拥有巨大屏幕的手机已经不稀奇了（虽然十分耗电），从最开始的3.2英寸到3.5英寸再到4英寸以上，不但尺寸在发生变化，连分辨率也水涨船高，写书的过程中也得知某家的手持

设备的分辨率已经达到2048×1536，当时就震惊了，以后可以把桌面壁纸直接塞到一个小屏幕（相对的小）中使用了，但是要知道，30寸（2560×1600）以下的计算机壁纸尺寸是不够的。不过还好，这样的尺寸也不会普及得过快，当前大多数情况下我们还停留在640像素×480像素或者640像素×960像素这样的尺寸下。我们会从很多网站中下载到各种壁纸，但是作为设计师、插画师或有志于提高生活创意水准的非相关从业人员来说，我们会忍心让自己的个性随大流吗？所以个人的专属壁纸是相当有必要的吧！

如果说想要自己的美照当桌面壁纸，那自然是用不到Illustrator的（大概是太多人把自己的照片当壁纸才导致Illustrator流行不起来），Illustrator顾名思义，还是一个画画的工具，所以如果手头有Illustrator，那就拿起鼠标或画笔，来学习下面的实例吧。

实例：炫彩风格

如图14-1所示的类似风格大多大同小异，所以也还不能完全称之为个性，不过因为其制作方法非常简单，所以可以顺利上手，这种风格在Android系统的手机上比较常见。

▌Step1 尺寸与参考线

　　新建画布尺寸为640像素×480像素，如果是设置自己的手机壁纸，就根据自己手机的屏幕尺寸设置，颜色模式为RGB，单击"确定"按钮关闭窗口，即可建立一个640像素×480像素大小的画板，如果曾经在网上下载过类似的壁纸，在计算机上预览的时候还是色彩斑斓的，但是设置到手机上却感觉颜色不够丰富，因为Android界面设计的多屏公用壁纸导致很多颜色都隐藏在"下一个屏幕"中，所以，我们为制作出主屏上的色彩效果就必须设置参考线以规范下面的填色操作。

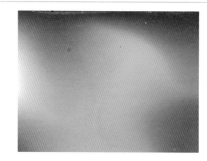

图14-1　选材风格壁纸

　　640像素×480像素的壁纸适用的屏幕大小是320像素×480像素，所以，使用"矩形工具"在画布上单击，在弹出的"矩形"对话框中输入320像素×480像素，单击"确定"按钮，绘制出一个矩形，按住Alt键，使用"选择工具"拖曳复制这个矩形，制作出一个新的矩形，将两个矩形摆放在画板上，刚好可以把画板一分为二，按快捷键Ctrl+R，打开标尺，从左侧的标尺上拖曳出两条参考线，分别放在两个矩形的中心点的位置。两条参考线中间的位置就是主屏的区域。如图14-2所示，不同的手机这个安排可能不同，具体安排可以去网络上查找一下。

图14-2　安排参考线

提示　如果没有显示参考线，需要按快捷键Ctrl+"，显示参考线，选中矩形，可以看到矩形的中心点，个别情况，矩形的中心点被隐藏，还可以参考定界框。

▌Step2 丰富颜色

　　使用"矩形工具"绘制一个640像素×480像素的矩形，并在"对齐"面板中选择"对齐画板"模式，并将矩形与画板对齐，从"色板"面板中选择一种颜色填充到这个矩形上面，这里选择的是紫色，因为紫色与其他颜色的融合都不算难看。使用"网格工具"在矩形中部，靠近右侧的参考线的位置上单击，并将新增的节点填充为绿色（R：34、G：181、B：115），如图14-3（a）所示，继续使用"网格工具"在如图14-3（b）所示的位置继续创建新节点，将新增的节点填充为色板中的橘黄色（R：247、G：147、B：30），边缘上的锚点填充为亮黄色（R：252、G：238、B：33），紫色与黄色是补色，填充的橘黄色中有一些红色的成分，可以减弱紫色与黄色造成的强烈对比，同时，橘黄色中的红色也可以与旁边的绿色形成一些对比，这样以来颜色就会丰富起来，同时也不会对比过于强烈。

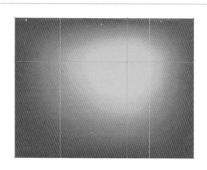

（a）添加绿色

（b）添加橘黄色与亮黄色

图14-3　填充颜色

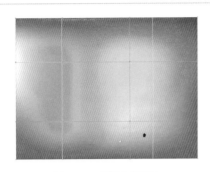

图14-4 继续添加颜色

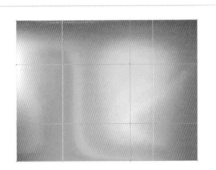

图14-5 继续添加颜色

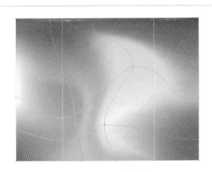

图14-6 扭曲效果

Step3 添加对比的颜色

使用"网格工具"继续添加网格，如图14-4所示，将新增加的节点分别填充R：247、G：147、B：30和R：43、G：165、B：227，这两种颜色是强烈的补色关系，可以活跃画面。同时，步骤2中添加橘黄色节点后在左侧边缘产生 的节点填充的亮黄色，形成与紫色的补色对比。绿色节点右侧边缘的节点填充深蓝色（R：32、G：68、B：139），使之与画面的整体颜色产生一些明度对比。

Step4 继续丰富颜色

如图14-5所示，使用"直接选择工具"或"网格工具"：，将左下角的锚点填充红色（R：237、G：28、B：36），右下角和右边下数第2个锚点填充亮紫色（R：101、G：7、B：251），右上角填充为藏蓝色（R：27、G：20、B：100）。

Step5 流动的色彩

使用"直接选择工具"或"网格工具"将矩形内部的节点的位置移动一些，如图14-6所示，因为节点的位置被改变，之前的平滑颜色过渡就会变得比较强势，形成"颜色流"的效果，通过制作出一些"S"状态的线条，颜色也就流动起来了，注意将尽量多的颜色都放置在参考线划定的主屏幕范围内，这样实际应用效果才会有颜色很丰富的感觉。

扭曲后，这种绚彩风格的壁纸就绘制完成了，我们把它导出成为图片，即可导入到手机中使用了。

实例：从Kuler中选择颜色

如果说实例1只是单纯地使用"网格工具"添加点颜色而已，未免太简单了，那下面就来讲解一个"绘制"出来的壁纸，其中实例中使用简单的图形做了组合，并结合非常方便的"Kuler"功能选择了当下最流行的颜色搭配。

Step1 画一座山

有一个好的灵感又不想让它闲置，那最好的方法就是把它画出来，然后还要让它不单单是一张画作，需要赋予它一些实用价值，而各种设备上的壁纸就是一个最好的发挥价值的场所。在绘制这个实例之前，看了一些关于城市建筑的简单插图，其中大多数都有一个特点就是使用"零件"很像前面介绍的雷同角色，感觉就像游戏中建立一个农场菜园一样，城市中的所有对象都是分开绘制的，然后将它们按照一定的角度组合到一起，可以随时调整位置，这样就能产生很多不同的场景。所以作者按照这种思路也绘制了一个小零件——一座山，只是简单的色块，下面先说一下如何绘制这个小山，按住Shift键使用"矩形工具"绘制一个正方形，并填充任意颜色，再次按住Shift键，使用定界框将正方形旋转45°，然后使用"直接选择工具"选中将旋转后的正方形上下两端的节点，将其拉伸成为如图14-7（a）所示的形状，如果再讲究一些的话，可以将拉伸后下端的角度调整为120°（120°拼接后可以形成大多数游戏中使用的视角，制作120°的方法又很多，自己想一下吧）。按住Alt+Shift键，使用选择这个拉伸后的形状，并垂直向上拖曳到大约这个形态高度1/3的位置，然后按快捷键Ctrl+D，再重复一下上次操作，即可得到如图14-7（b）所示的效果，选中这个3层轮廓组成的对象，在"路径查找器"面板中单击"分割"按钮，使用"选择工具"将分割后形成有用的部分选择出来，有用的部分，如图14-7（c）所示，并将剩下的轮廓删除。

■ Step2 kuler 颜色 ■

如果有人问，如何绘制出一些漂亮的色彩搭配，在以前，会说使用"实时描摹工具"描摹一些颜色漂亮的图片，将描摹后的颜色导入到色板后即可使用之类的技巧，虽然这个技巧也是很棒的，但是终究不大方便，下面再介绍一种更加方便的可惜颜色搭配数量比较少的"在线"技巧，那就是"Kuler"颜色，执行"窗口">"扩展功能">Kuler命令，可以打开"Kuler面板"，如图14-8（a）所示，这是一个需要联网使用的功能，在Adobe的网站上注册即可更方便地使用了。"Kuler"面板的功能一目了然，如果没有明确的目的性，就选"随机"选项，或者最受欢迎之类的，如果有主题，即可输入一些文字自己搜索一下，当然是不支持中文的。

从中选择了一组颜色有点陈旧感觉的蓝色系，并在"Kuler"面板中单击这组颜色，从弹出的菜单中执行"添加到色板面板"命令，如图14-8（b）所示。这样这组颜色就会出现在你的色板当中，将这组颜色应用到步骤1中绘制的小山上，效果如图14-8（c）所示。

使用"矩形工具"绘制一个与小山形状差不多尺寸的矩形，将这个矩形放到最后一层，并将这个矩形的一侧对齐小山的中间位置（可以开启智能参考线辅助对齐），一起选中矩形与下面的小山轮廓，在"路径查

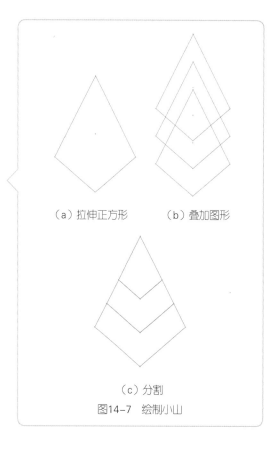

（a）拉伸正方形　　（b）叠加图形

（c）分割

图14-7　绘制小山

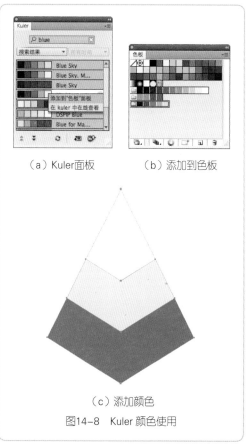

（a）Kuler面板　　（b）添加到色板

（c）添加颜色

图14-8　Kuler 颜色使用

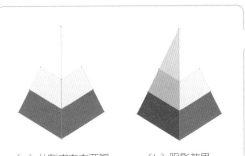

（a）分割成左右两瓣　　（b）阴影效果

图14-9　阴影绘制

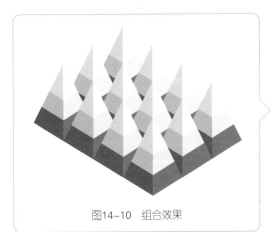

图14-10　组合效果

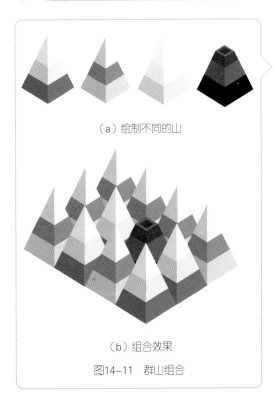

（a）绘制不同的山

（b）组合效果

图14-11　群山组合

找器"面板中单击"分割"按钮，将小山从中间分成两半，删除多余的轮廓，形成如图14-9（a）所示的效果，为了制作出小山的立体感觉，再使用"选择工具"选中分割成两瓣的小山的左半边的3个轮廓，按快捷键Ctrl+G将它们编组，并在"图层"面板中将这个编组拖曳到"新建"按钮上原位复制出一层新的轮廓，将这个新复制出来的轮廓取消编组，并在"路径查找器"面板中单击"联集"按钮，将其合并成为一个轮廓，将这个轮廓填充为黑色，并在"透明度"面板中降低透明度，绘制出阴影效果，如图14-9（b）所示。

Step3　组建一个景观

将有阴暗面的小山编组，并通过按住Alt键拖曳复制的技巧复制出几层新的轮廓，并将它们组合到一起，效果如图14-10所示。大概组成一个3列4排的样子，具体多少组根据个人喜好吧！

在这个小插图中设计了几种山：雪山、普通山、冰山和火山，所以将这几种山分别设置成为合适的颜色，为了表现出火山口的效果，还需要绘制一些矩形，配合"路径查找器"面板一些功能将火山的山尖去掉，并使用"钢笔工具"绘制出火山口的效果。当然，这些颜色也可以从"Kuler"中选择。设置完成各种颜色的山的效果，如图14-11（a）所示。把这些山组合到一起，效果如图14-11（b）所示（还没有组合冰山）。

提示　"Kuler"颜色被添加到色板中后，可以不必用选中轮廓单独设置颜色的原始更换颜色的办法，整体选中对象，执行"编辑"＞"编辑颜色"＞"使用预设值重新着色"＞"颜色库"命令，打开"颜色库"对话框，并在对话框中选中"文档色板"选项，打开"重新着色图稿"窗口，在这个窗口中，可以使用之前导入到色板的"Kuler"颜色轻松整体地替换山峰的颜色了，虽然颜色有时候不如手动调整的那么自然，但还是很有用的。

Step4　调整景观

为了使画面上的山峰有一些节奏并为后面绘制其他元素作准备，所以还需要对排列好的山峰作一些大小的调整，以及删除一些山峰，留出空隙。位于前端的山峰大小调整起来会导致不整齐的感觉，所以主要调整隐藏在后方的山峰，此时使用"钢笔工具"绘制出地面的厚度，并把冰山安排在周围。调整的效果如图14-12所示。

Step5 添加一些细节

使用"钢笔工具"绘制出山中的河流和山上的隧道，有什么技巧可以说吗？这个真没有，只要画就行了，注意画的时候对象的角度要与山峰的角度一致（可以使用绘制一些线条制作成参考线，参考一下绘制的方向）。绘制出的效果如图14-13所示。

Step6 添加烟雾效果

在前面融化的云朵实例中，讲解了如何制作逼真的云朵效果，这里可以把这个技巧应用到插图中，如图14-14所示，我们绘制一些"云朵"放置在山峰的周围，并更换一下云朵的颜色，制作成火山的烟雾效果。如果此时没有绘制一个整体的大背景，"滤色"模式的这些烟雾在白色的地方会显出黑色，此时即可为整个画面添加上一个有颜色的背景，除了白色，其他任何颜色都可以，当然，背景颜色越浅，烟雾的效果越不明显。

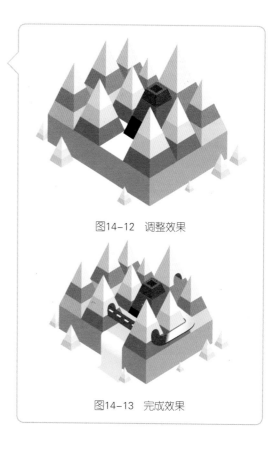

图14-12 调整效果

图14-13 完成效果

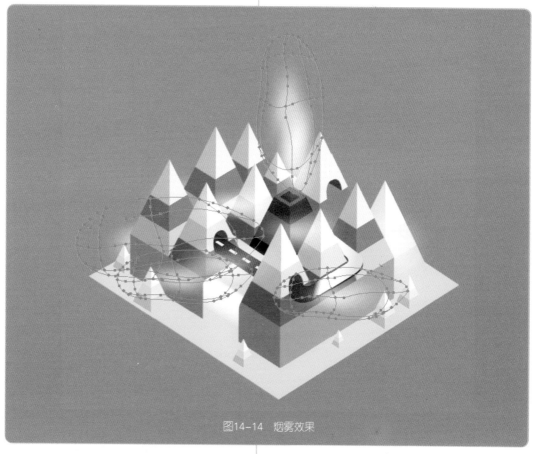

图14-14 烟雾效果

图14-15   延伸制作

如果想保留白色的背景，那该如何操作呢？"滤色"模式肯定是不行了，也先别着急删除之前绘制的烟雾网格，使用"矩形工具"或"椭圆工具"绘制一个矩形或圆形并填充白色（或者任意颜色，填充什么颜色，就会制作出什么颜色的烟雾），然后把这个网格效果与矩形或圆形叠加在一起，并将网格效果放置在上面一层，选中网格和其下面叠加的矩形或圆形，在"透明度"面板菜单中执行"创建不透明蒙版"命令，然后在"透明度"面板中勾选"剪切"选项，此时原来位于上层的网格对象就会变成不透明蒙版中的蒙版对象，将之前绘制的矩形或圆形转变成不会有黑色干扰的烟雾效果了。

Step7 做一些变化

前面绘制了各种山、烟雾和其他的一些零件，有了这些条件即可尽情地发挥一下了，例如，可以尝试规则的排列，还可以尝试不规则的任意排列效果，或者制作一个超现实的场景，如图14-15所示。

14.2   公仔设计

之前帮朋友绘制了几个"熊"造型的搪胶公仔。画之前是在Illustrator中设计的草稿，后来，这个做法就启发了作者，因为在Illustrator中可以很方便地绘制线条、形状，并可以随意调整，所以就想在书中设计一个这样的设计实例，于是就搜集了一些关于搪胶这方面设计的源文件，想到了搪胶，就想到纸模，不是那种很复杂的非常立体的纸模，一些简单的也都可以在Illustrator中设计制作出来，再通过打印的方式印刷到纸张上，最后做成成品。

图14-16   小悟空

如图14-16所示是张予设计的"小悟空"公仔，因为他总是做这种工作，所以绘制得还是比较专业的，下面让我们来看一下如何设计一个这样的公仔吧！

实例：小悟空（天天）

Step1 "三"视图

在设计一个公仔之前，我们首先需要把公仔的形态绘制出来，多数情况下可以根据实物照片，或者客户给的尺寸，或者是从网上找到一些很流行的公仔的尺寸模板。根据这些条件，通过"形状工具"配合"钢笔工具"即可绘制出公仔的正面、背面，以及侧面或者顶面等几个角度，小悟空这个实例只绘制了正面和背面，但是设计的喷涂图案本身比较简单，所以有正背两面就足够了，如图14-17所示。

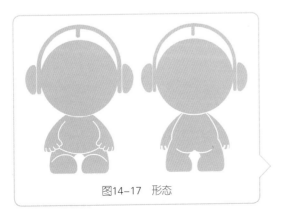

图14-17   形态

Step2 画一半

因为这次设计的公仔图案是对称的，所以只需要绘制一半，然后另一半使用"对称"命令即可。我们使用"钢笔工具"配合"形状工具"设计出小悟空的半边，将重要的图案尽量集中在中间位置，四周延向侧面的图案要简单一些。使用"钢笔工具"或者"图形工具"绘制出的对象不设置填充色，将描边颜色设置成黑色，并在"画笔"面板中选择一款椭圆形的书法画笔（如果低版本没有这种画笔，可以自己制作一种笔触稍微有些变化的艺术画笔代替），个别地方绘制出来的线条需要在"描边"面板中设置成为虚线，最后绘制出的效果如图

14-18所示。这里使用了剪切蒙版裁切掉了多余的部分，以方便下一步进行对称操作。

提示 这一步不必要绘制得太细，因为很多地方的图案是不需要对称效果的，所以这些图案就等下一步再补充上去。

选中前面已经被剪切蒙版剪切好的左半边对象，执行"对象">"变换">"对称"命令，选择出方向的对称轴，单击"复制"按钮，将左半边的对象复制出右半边的，然后使用"选择工具"将它们与左半边的图案对齐，形成如图14-19所示的效果。

图14-18　绘制一半　　　　　　　　　　　　图14-19　对称效果

Step3 添加细节

因为之前使用了画笔，所以在对称之后可能会有一些接缝上的问题，如图14-20（a）所示，所以我们来单独调整一下，使用"钢笔工具"绘制一些小的轮廓覆盖在接缝处，如图14-20（b）所示。将

其他的一些接缝也同样处理一下。然后再绘制出身上的一些小装饰，如图14-20（c）所示，将这些小的装饰，摆放在公仔上，效果如图14-20（d）所示。

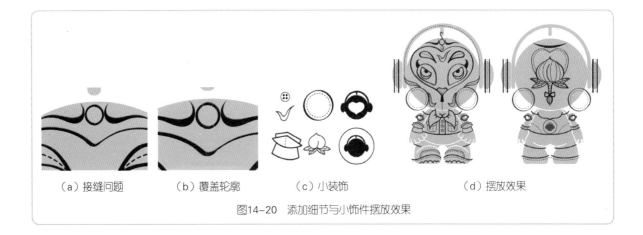

（a）接缝问题　　　（b）覆盖轮廓　　　（c）小装饰　　　　　　（d）摆放效果

图14-20　添加细节与小饰件摆放效果

■Step4　制作图案

在公仔的"围巾"和"裤子"上有一些音符的图案，我们需要单独制作一下，使用"钢笔工具"结合"图形工具"绘制出多种音符，并将它们组合到一起，使用"钢笔工具"绘制出裤子与围巾的外轮廓，将这两种外轮廓分别作为两部分图案的剪切蒙版，将这些图案剪切成为裤子与围巾的形状，如图14-21（a）所示，最后，将这些图案放到公仔上，效果如图14-21（b）所示。

（a）围巾、裤子图案与剪切蒙版

（b）组合效果

图14-21　图案绘制

前面的所有步骤都是制作公仔上的黑色线条图案，这一步中将之前绘制的黑色线条都填充上不同的颜色，绘制出如图14-22所示的效果。考虑到工厂制作公仔成本的问题，所以不要使用太多种的颜色（如果是自己手绘，那就无所谓了），并且也需要尽量少一些渐变色的效果。

图14-22　上色

提示　为了方便工厂知道公仔上各个部分的平面展开样式，以及一些地方的立体效果，我们还需要将一些难以表现的部分单独绘制出来，并在公仔上标注位置。

14.3　为宠物画张肖像

每天登录微博都能发现很多人上传了自己的小宠物，并且关注的一些漫画家还有插画师，他们还经常会把自己的宠物或看到过的小动物画下来，于是，设计了这样一张宠物肖像画的实例，如图14-23所示。其实，在本书的最后一部分讲解一些绘制技巧已经完全没有必要了，我们通常能够使用到的绘制技巧在之前的章节中已经都涉及到了，所以简单地介绍这个实例，主要还是提供了一种生活的创意。古人云，"拳不离手，曲不离口"。绘画这种事情也是一样的，如果我们能够在闲暇的时候找点东西来画一下，然后再发发微博，还真是一举两得的好事情。

图14-23　宠物肖像

我们经常会说画出来的某人或某物传神，其实就是所绘之物的某些重要的特征被表现出来，至于本身可能还达不到"逼真"的程度，我们在自由绘制的时候自然没必要有太多的条条和框框，觉得"传神"就已经足够了。本实例中绘制的雪纳瑞，有长长的白眉毛，还有浓密的大胡子，至于其他能够传神的特征还真是比较难懂，大概必须需要它的主人亲自解说了。

实例中几乎没有用到什么技巧，只是单纯地使用"钢笔工具"或"铅笔工具"勾勒出了线条，然后上色，简略的步骤如图14-24所示。说实话，这种不需要太多技巧的教程是最难写的了，因为不能总是写绘制这个，绘制那个，所以，还是赶快自己动手，画一张自己宠物的肖像吧。

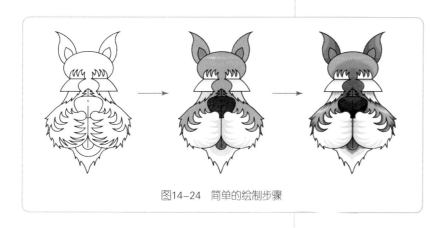

图14-24　简单的绘制步骤

（a）橡皮章音符

（b）橡皮章航海日记

图14-25　橡皮图章手工作品

14.4　设计橡皮图章的图案

在家呆的时间久了，自然就会喜欢做一些手工的东西，但周围有很多手工达人，与他们的水平一比真是惭愧。橡皮图章是一种把橡皮当成印章雕刻材质再印制出来的手工作品，如图14-25（a）和图14-25（b）所示，材料很容易获得，雕刻起来也不费力，只要把图案设计好，所有人都可以轻松上手，说起设计图案，如果手绘功底不"彪悍"的话，Illustrator肯定是个不错的选择，所以就班门弄斧一下，简陋地介绍一下制作橡皮图章的大致步骤吧！首先准备雕刻工具和材料自不必多说了，其中关于雕刻用的橡皮可以是专门的雕刻橡皮，也可以是硬一点的绘图橡皮，甚至连铅笔上的小橡皮也可以拿来一刻，各种橡皮，可以尽情选择，但是不管是绘图橡皮还是铅笔橡皮之类的，在雕刻之前基本都需要把需要雕刻的图案拓印到橡皮上，所以这里就可以发挥Illustrator的绘图优势了。首先需要准备一台喷墨打印机或找到一个能喷墨打印的复印店（能打印黑白图案的即可），然后需要准备一些硫酸纸，硫酸纸作为拓印的媒介，因为其本身是透明的，所以可以比较好地观察拓印的情况。

如图14-26（a）所示，我们在Illustrator中输入一个简单的文字，或者使用现成的网络图片素材，新建一个A4（或者A5，根据打印的费用来考量）大小的以"mm"为单位的画板，把这些图案都放到新建的画板中，在"变换"面板中查看这些图案的尺寸，并根据手头有的橡皮材料大小或者设计的大小进行调整，此时不要相信自己在屏幕中看到的大小，一切都以"变换"面板中的尺寸为准，如图14-26（b）所示。图案排列好之后，即可把这个A4的文件直接执行"文件">"打印"命令打印出来（使用硫酸纸打印），或者将文件导出成图片后到复印店中使用硫酸纸打印出来。

提示 橡皮图章的图案最好要精简为轮廓，在设计的时候不要考虑颜色和颜色的过渡效果，并且要处理好去掉的部分与保留部分的关系，如果一开始不会画，可以先研究一些素材。

如果不支持硫酸纸打印（不过这种情况很少），也可以使用普通的复印纸打印，并将硫酸纸放到普通打印纸打印出来的图案稿上进行铅笔描摹。

当硫酸纸打印稿出来后，即可把图案用剪刀裁剪下来，剪的时候不要碰到图案部分，将剪下来的图案贴到橡皮上，注意手别抖。图案就会被拓印到橡皮上了。

提示 有的手工达人说这个办法并不好用，从一些手工达人那搜集到这些资料后还没实践，一般都用直接描的，所以在软件中设计完成后，如果不能从硫酸纸上拓印下来，可以再使用铅笔描摹一遍。

拓印到橡皮图章上之后就是具体如何雕刻了，应该怎么说呢？我们这是一本讲解Illustrator技巧的书籍吧，所以不是很相关的技巧这里就不多做介绍了，本书的光盘中有"自由的猞猁"提供的橡皮图章刻制教程，也可以从站酷网站上查阅到。其实雕刻并不难，主要拼的是耐心与细心。雕刻完成后的效果如图14-27（a）和图14-27（b）所示。

（a）制作图案

（b）排列到画板上

图14-26　橡皮图章图案

（a）龙字橡皮图章效果

（b）橡树皮图章效果

图14-27　雕刻完成的橡皮图章

14.5　设计十字绣的图案

本节实例可以教会你如何在Illustrator中设计出精确的十字绣图案，不过作者没有绣过十字绣，所以以下教程与前面的橡皮图章一样，是参考"自由的猞猁"的制作步骤设计的，下面具体介绍一下步骤。

■■ Step1 确定尺寸

通常人们会去买现成的样稿，买回来按照样稿

标记的位置一点一点地绣出来，这样的十字绣自然是诚意十足，但是却缺乏一点创意，很多人都想自己动手设计一个十字绣的样稿吧！但是当我们开始设计时遇到的第一个问题就是怎么画得跟买回来的样稿一样？别着急，一点一点地来。开始之前，需要先确定一下我们要绣的大小，绣的大小不用尺寸来标记，因为十字绣本身是小格子的，所以我们使用格子的数量来计算。拿出一块布，先用笔在布料上数出需要绣的格子，然后标记一下，如图14-28所示，标记为50格×50格。

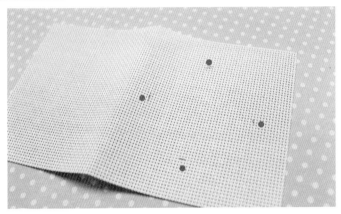

图14-28　标记

了解了布料上的格子数量，启动Illustrator，新建画板，设置单位为"mm"（毫米），并将大小设计在A4~A3（这样的尺寸最方便打印），颜色模式设置为CMYK颜色。新建画布后，从左侧的工具箱中找到"矩形网格工具"，该工具与"直线段工具"集成在一起，注意不是绘制颜色的那个"网格工具"。双击这个工具，打开"矩形网格工具选项"

对话框，在对话框中设置一下矩形网格的范围，将宽度与高度设置为相同的数值，然后，设置水平与垂直分割线，因为是分割线，所以如果十字绣的大小是50格×50格，那分割线就是49×49，如图14-29（a）所示，单击"确定"按钮关闭对话框，画板上就会出现一个50格×50格的矩形网格如图14-29（b）所示。

（a）矩形网格工具选项设置　　　　　（b）网格效果

图14-29　十字绣网格设计

Step2 像素画

在之前的实例中介绍了在Illustrator中绘制像素画技巧的实例，如图14-430（a）所示，这里也是使用相同的技巧——使用"实时上色工具"填充矩形网格形成的方格区域。既然要填充方格那总不能随便填吧，我们还是有设计图案的将图案绘制出来，或者使用现成的图案，并将这个图案缩放到矩形网格的范围大小，如图14-30（b）所示。有了这个平滑的图案参考，即就可开始绘制像素画了，选中矩形网格，并从工具箱中找到"实时上色

工具"，沿着这个平滑图图案的边缘把这个图案逐渐"画"成像素画，画的时候可以参考平滑图案在小方格内的大小来计算到底要不要填充像素点，即所占范围小于半格就不填充像素，大于等于半格就填充像素，当然不要硬磕这个规则，否则有些地方就连接不起来了，绘制过程如图14-30（c）所示。这样即可把图案的边框绘制出来，如图14-30（d）所示。边框绘制完成后，再更换其他颜色，把所设计图案的颜色效果绘制出来，如图14-30（e）所示。

（a）像素画实例

（b）安排图案 　　　　　　　　　　（c）绘制边框过程

（d）边框完成效果 　　　（e）填充色彩及单色效果

图14-30　十字绣制作

提示 之前还有一个创建对象马赛克实例，这个技巧可以将图片对象转变成为马赛克效果，所以就想

到了如果是要制作写实类型的十字绣作品，那这个功能肯定能够帮上大忙。但是因为转换成为马赛克

后的图像可能会涉及过多的颜色，这在绣制时会造成麻烦，所以又想到了"魔棒工具"，把该工具的数值设置在一定的范围内，可以将接近的颜色都一起选中，然后统一把这些颜色更换成一种颜色，这样绣制起来应该就会轻松多了吧。

将这个图案打印出来，即可成为很有个性的十字绣图案参考了，绣制的过程就不说了，来看一下如图14-31（a）所示的最终效果吧。我们之前的像素画实例是直接在方形网格中创作的，所以，如果我们没有图案参考，也不妨试试直接在网格中创意一番，如图14-31（b）所示，把这个图案绣出来的结果，如图14-31（c）所示，是不是很有创意？

（a）完成效果　　　　　　　　　　　（b）创意图案

（c）创意图案完成效果

图14-31　创意十字绣效果

14.6 原创的QQ动态表情

我们在网上聊天的时候使用的动态表情是一种Gif格式的文件，这种格式的文件可以使用Photoshop或Flash生成，在Photoshop中打开这种文件后，可以在"动画"面板中看到组成动态画面的"帧"，每一帧都有一些不同，连续起来就形成动画，动画中出现的"情节动作"越复杂，那需要的帧数就越多，我们要绘制的也就越多，还好对于QQ表情这种东西，我们的要求并不算太高，意思到了就足够了，再则如果帧数太多也会导致文件变大，在网络上传输也会比较慢。

虽然Illustrator不能直接导出Gif动画，但是其本身的绘画方式却非常适合制作动画，如果结合Photoshop或Flash，制作起来也是非常便捷的。下面有几个QQ表情的实例，有简单的2~3帧组成的，也有比较复杂的，下面让我们展开来看一下。

如图14-32（a）所示，只是简单地将闪亮的星星大小调整了一下，制作成动态效果后，就会出现"闪亮登场"的感觉了。如图14-32（b）所示的"V5"，也只使用了2帧图像，下面就使用"V5"这个实例简单讲解一下如何制作一个"表情"。

（a）闪亮登场　　　　　　　　　　（b）V5

图14-32　动态表情

Step1 准备文件

首先，需要在Illustrator中新建多画板，新建多画板的技巧在前面已经讲解过了，这里就不多介绍了，先在一个画板内绘制表情的一帧，然后复制到另一个画板中进行动作调整，如图14-33所示。

图 14-33　绘制帧

提示 在新建画布时不使用多画板，然后使用"选择工具"选中对象，再使用"画板工具"选中画板，并按住Alt键拖曳复制画板，包括画板与画板内的对象一起被拖曳复制，这样可以更容易实现多帧对齐。注意在控制栏中选择"移动/复制带画板的图

稿"选项，这样画板中的图稿才能一起被移动。

导出文件，勾选"使用画板"和"全部"选项，如图14-34所示，将所有的帧都导出图片，为了方便归类，可以把导出的文件都放到一个文件夹中。

图14-34 导出

Step2 在Photoshop中制作

按照之前在Illustrator 中绘制的对象尺寸新建文件，如图14-35（a）所示，并将之前绘制的文件拖曳到Photoshop中并对齐，在"窗口"菜单中打开"动画"面板，使用"转换为帧动画"模式，这样就能从"图层"面板和"动画"面板中看到之前绘制的2帧文件了，如图14-35（b）所示。

Step3 调整动画

图14-35（b）的"动画"面板中2帧间显示的延续时间已经被调整为0.3s，模式已被调整成"永远"，这与默认的时间与状态是不同的，具体延续时间与循环模式可以单击"播放"按钮查看，并做出选择。

（a）新建文件

（b）"动画"面板

图14-35 在Photoshop 中制作动画

我们通过使用选中"动画"面板中的一帧，并在"图层"面板中显示一层，隐藏其他层的做法，

实现每一帧画面的不同，如图14-36（a）和图14-36（b）所示。

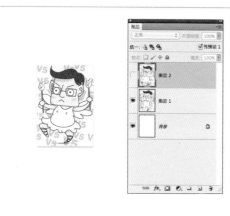

（a）第1帧 　　　　　　　　　　　　　　　　　（b）第2帧

图14-36　动画调整

Step4　导出

　　动画制作完成之后，不能使用正常的保存模式，需要执行"存储为Web和设备所用格式"命令，如图14-37所示，选择Gif格式，并根据左侧的显示效果，设置颜色数量等其他选项，并要注意显示

效果左下角的生成文件大小，如果为了保存的效果比较好就设置了较高的显示效果，文件会变大，下载起来就会比较慢。设置完成后，单击"储存"按钮，这个QQ表情用的Gif文件就制作完成了。

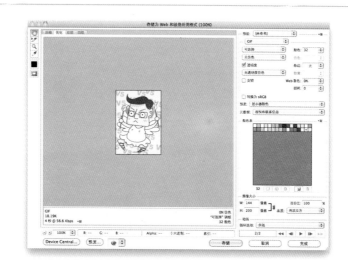

图14-37　存储文件

提示　因为Gif使用了索引颜色，所以过多的颜色会导致文件变大，但是在表现一些渐变颜色效果时，往往需要很多颜色才能足够平滑，这就需要设计时进行适当的取舍。

　　光盘中提供了一整套这款QQ表情，如果安装了比较新的Photoshop版本，就可直接打开Gif文件查看动画中帧的情况。

最热门的网络表情首映地

潘斯特，小幺鸡，彼尔德，哎呦熊，魂儿喵喵，恐小龙，吉祥宝儿，兔啾啾，招财童子，六八，鼹鼠乐乐...

最走红的人气作者出没地

郑插插，崇子，喵魂，Hello菜菜，碳碳，天朝羽，马里奥小黄，哎呦3，ppoqqcom...

| 表情 | 1000+ | 搜索站酷 |

中国第一家专业设计师交流平台
每年到访创意设计相关人士26,000,000
交流围绕广告、互动、摄影、动漫、影视等12大创意设计领域
平均每年上传原创设计作品600,000余张
站酷网 专业设计师聚集地

leewiART

国际数字图形艺术推广机构
International Computer Graphic Art Promoting Organization

leewiART 介绍

数字图形（Computer Graphic）是以计算机为主要工具的艺术创作类型及相关产业，现在广泛应用于电影、动画、游戏、漫画、插画等行业。数字图形艺术作品是艺术与技术的完美结合，高科技技术的发展为艺术创作带来了方法与效率的根本性提升，它让艺术家更多关注艺术语言的创新与想象力的挖掘，让艺术回归了其原始的形态，是当代艺术发展中非常重要的组成部分。

leewiART 作为国际数字图形（CG）艺术推广机构，致力于提高 CG 艺术在当代艺术中的位置和价值。我们签约并推介优秀的 CG 艺术家，积极将 CG 艺术作品转化为更具收藏价值的实体艺术品，同时发掘与拓展 CG 艺术创作的新领域，定期举办高质量的展览、比赛及慈善公益活动，打造 CG 艺术领域的综合平台。

leewiART 目前由**中文艺术社区、画廊和艺术书店**三部分组成。

leewiART 数字图形（CG）艺术社区

leewiART 数字图形（CG）艺术社区是数字图形艺术家们作品展示、沟通与成长的中文网络平台。该平台汇聚了众多顶尖的华人数字图形艺术家及作品，引进全球优秀的年鉴及比赛机会，发现并推荐具有潜力的年轻艺术家，为游戏，电影，动画，漫画，插画等行业提供大量的美术人才。该社区代表了中国数字图形领域的整体发展水平，为行业机构、艺术院校和政府提供了解该领域的窗口。

- 拥有最多国际美术赛事举办经验的中国机构
- 诸多全球顶级 CG 赛事，征稿和展览的中国区唯一合作伙伴
- 签约拥有 CG 领域中国最多的优秀艺术家资源
- 与游戏电影等文化领域中的顶尖机构合作紧密

网址：**http://www.leewiart.com**

leewiART 画廊

leewiART 画廊致力于建立数字图形（CG）艺术作品的收藏、展示及销售平台。画廊定期签约和推介该领域顶尖艺术家和优秀作品，提供世界领先的数字艺术作品制作平台（DAPMP），其作品质量与保存时间已达到美术馆可收藏级别，并得到全球众多 CG 艺术家及艺术机构的广泛认可。同时我们与世界各地的画廊及相关机构合作以共同拓展数字图形艺术作品的销售渠道，目前我们已在美国，加拿大，荷兰，中国，新加坡等地建立合作，作品销往世界多个国家。

网址：**http://gallery.leewiart.com**

leewiART 艺术书店

leewiART 艺术书店致力于向广大艺术爱好者提供高质量的原版艺术画册，目前已收藏来自世界各地涵盖艺术家作品集、动漫游戏设定画集、大师经典教程及各类工具书等 1000 多种艺术画册，且约 200 种已经绝版。我们不仅销售艺术图书，同时定期开放位于北京的工作室，欢迎大家前来免费阅览与交流。

网址：**http://shop.leewiart.com**

Tiffa Novoa By Andrew Jones
插图作者：安德鲁·琼斯

www.leewiart.com

我喜欢用一种有趣并且引人入胜的
方式创作那些能够反映我们
现代生活方式的绘画作品

Jon Burgerman | 插画师

PIONEERS OF NOW
创世先锋

屏幕绘画 | 高清显示屏 | 人体工程学设计
使用新帝液晶数位屏在屏幕上自然直观的进行创作，正如Jon Burgerman以他特立独行的方式创作自画像一样

interactive pen display

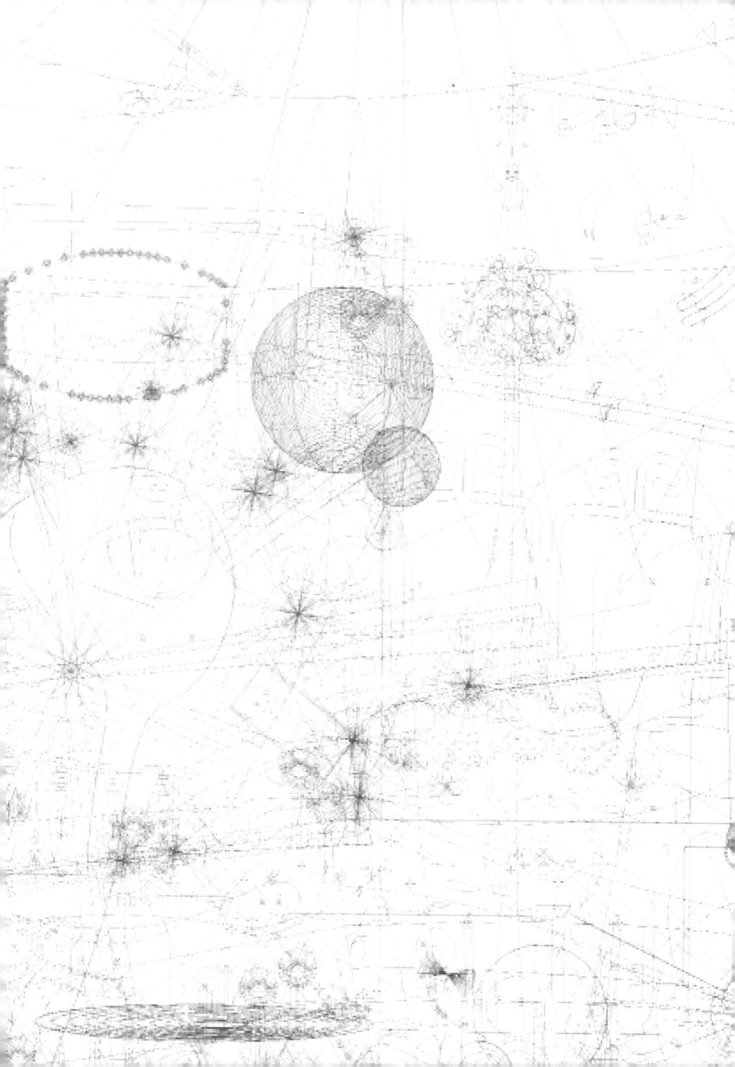

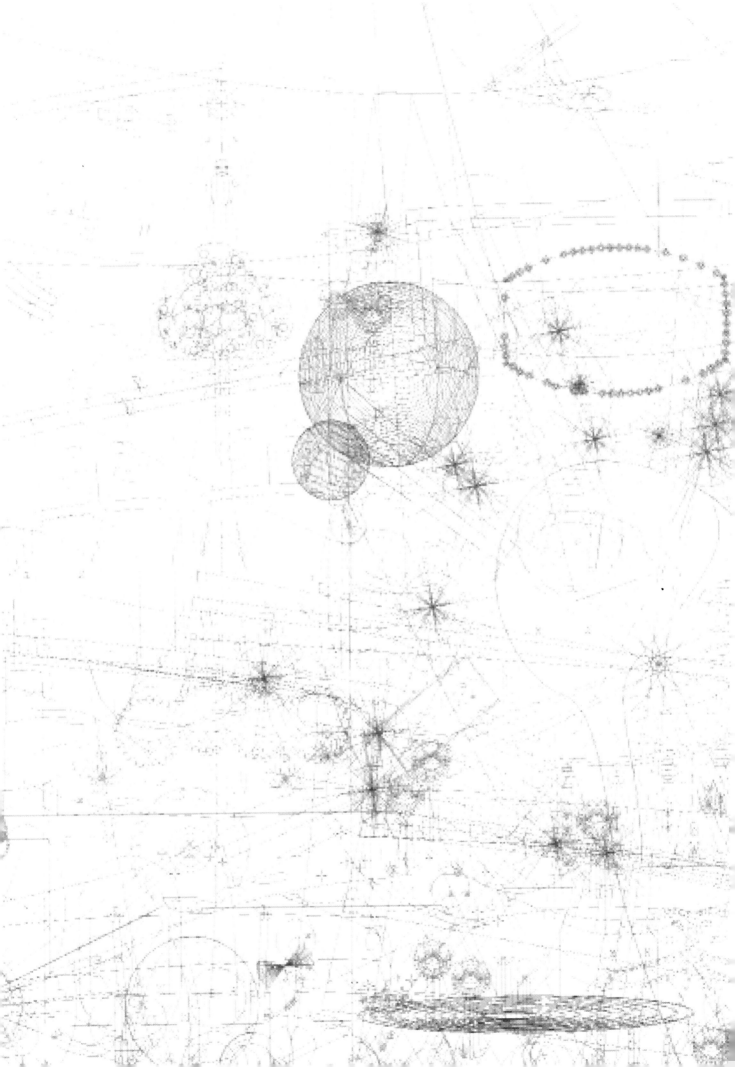